高等职业教育“十二五”规划教材

工程材料及应用

丁文溪 主编

周龙德 徐晓刚 副主编

王建勋 主审

U0234815

中国石化出版社

内 容 提 要

本书是高等职业教育过程装备与控制工程专业“十二五”规划教材。全书以讲清概念、强化应用为教学目的，突出实用性、综合性、科学性、先进性，系统地讲述了过程装备中常用材料的基本知识。本书除绪论外，共分十章，分别是：金属的力学性能，纯金属晶体结构与结晶，金属的塑性变形与再结晶，二元合金与铁碳合金相图，钢的热处理，工业用钢，铸铁，非铁合金与粉末冶金材料，非金属材料与复合材料，典型零件的选材及热处理工艺分析。

本书可作为高等职业教育过程装备与控制工程专业的教材，也可作为企业职工培训教材，还可供相关专业技术人员阅读参考。

图书在版编目(CIP)数据

工程材料及应用／丁文溪主编．—北京：中国石化出版社，2013.8

高等职业教育“十二五”规划教材

ISBN 978-7-5114-2284-2

Ⅰ.①工… Ⅱ.①丁… Ⅲ.①工程材料-高等职业教育-教材 Ⅳ.①TB3

中国版本图书馆 CIP 数据核字(2013)第 181688 号

未经本社书面授权，本书任何部分不得被复制、抄袭，或者以任何形式或任何方式传播。版权所有，侵权必究。

中国石化出版社出版发行

地址：北京市东城区安定门外大街 58 号

邮编：100011　电话：(010)84271850

读者服务部电话：(010)84289974

http://www.sinopec-press.com

E-mail:press@sinopec.com

北京科信印刷有限公司印刷

全国各地新华书店经销

*

787×1092 毫米 16 开本 17.75 印张 445 千字

2013 年 8 月第 1 版　2013 年 8 月第 1 次印刷

定价：35.00 元

前言

《工程材料及应用》是过程装备与控制工程专业的专业基础课。通过该课程学习，学生可以对过程装备与控制工程应用的各种材料有一个较为全面、概括性的了解，为学生学习专业课程和毕业后从事过程装备设计、制造和维修工作奠定基础。

本书在编写过程中，认真贯彻了国家教育部《关于加强高职高专教育人才培养工作的若干意见》文件精神，依据1999年教育部组织制定的《高职高专教育基础课程基本要求》和课程组《高等学校工程专科机械工程材料教学基本要求》，紧紧围绕过程装备与控制工程专业培养目标，结合高职高专教育的特点，以讲清概念、强化应用为主旨，对教材内容进行分析取舍、结构优化，在充分汲取高职高专探索培养技术应用型专门人才方面所取得成功经验的基础上编写而成。

本书主要内容包括：金属的力学性能，纯金属晶体结构与结晶，金属的塑性变形与再结晶，二元合金与铁碳合金相图，钢的热处理，工业用钢，铸铁，非铁合金与粉末冶金材料，非金属材料与复合材料，典型零件的选材及热处理工艺分析等。

本书在编写过程中着力突出少学时、宽口径、重技能的教学要求，侧重于技术应用，由浅入深、循序渐进。以掌握基本概念、强化应用、扩大知识面为教学重点，以注重能力培养为宗旨，尽量多列举常见的典型机械零件选材及工艺实例，并增加实际生产所用的图表资料等，以便于查阅使用；力求做到图解直观形象，尽量联系现场实际，同时精选了八个实训项目，力求培养学生独立思考、分析和解决实际问题的能力及善于探索创新的能力；通过教学活动培养学生的工程意识、经济意识和环保意识；每个单元都配备了思考与应用题，引导学生积极思考，培养学生灵活应用理论知识的能力。

参加本书编写的有丁文溪(绪论、第一章、第五章、附录一、附录二)、周龙德(第二章、第三章、第四章、第六章、第七章)、徐晓刚(第八章、第九章、第十章)。全书由丁文溪任主编，周龙德、徐晓刚任副主编，王建勋教授任主审。

本书可作为高等职业教育过程装备与控制工程专业的教材，也可作为企业职工培训教材，还可供相关专业技术人员阅读参考。

由于编者理论水平和教学经验所限，书中难免有谬误或不妥之处，恳请广大读者批评指正。

编者

目　录

绪论

在现代工业社会里，信息、能源、材料和生物工程称为现代技术的四大支柱，而能源、信息和生物工程的发展，在某种意义上又依赖于材料的进步。材料科学的发展在现代工业社会中占有举足轻重的地位。

材料是人类用来制作各种产品的物质，是人类生活和生产的物质基础。历史学家以石器时代、陶瓷时代、青铜时代来划分古代史各阶段，而今人类正跨入人工合成材料的新时代。工程材料是指具有一定性能，在特定条件下能够承担某些功能，被用来制造各类机械、车辆、船舶、建筑、化工、能源、仪器仪表、航空航天等工程领域产品的材料。工程材料种类繁多，应用的场合也各不相同。

按材料的化学组成分类，可将工程材料分为金属材料、高分子材料、陶瓷材料、复合材料四类。

(1) 金属材料　金属材料可分为黑色金属材料和有色金属材料两类。黑色金属材料是指铁及铁基合金，主要包括碳钢、合金钢、铸铁等；有色金属材料是指铁及铁基合金以外的金属及其合金。有色金属材料的种类很多，根据它们的特性不同，又可分为轻金属、重金属、贵金属、稀有金属等多种类型。金属材料具有正的电阻温度系数，一般具有良好的导电性、导热性、塑性、金属光泽等，是目前应用最广泛的工程材料。

(2) 高分子材料　以高分子化合物为主要组分的材料称为高分子材料，可分为有机高分子材料和无机高分子材料两类。有机高分子材料主要有塑料、橡胶、合成纤维等；无机高分子材料包括松香、淀粉、纤维素等。高分子材料具有较高的强度、弹性、耐磨性、抗腐蚀性、绝缘性等优良性能，在机械、仪表、电机、电气等行业得到了广泛应用。

(3) 陶瓷材料　陶瓷材料是金属和非金属元素间的化合物，主要包括水泥、玻璃、耐火材料、绝缘材料、陶瓷等。它们的主要原料是硅酸盐矿物，又称为硅酸盐材料，由于陶瓷材料不具有金属特性，因此也称为无机非金属材料。陶瓷材料熔点高、硬度高、化学稳定性高，具有耐高温、耐腐蚀、耐磨损、绝缘性好等优点，在现代工业中的应用越来越广泛。

(4) 复合材料　复合材料由基体材料和增强材料两个部分复合而成。基体材料主要有金属、塑料、陶瓷等，增强材料则包括各种纤维、无机化合物颗粒等。根据基体材料不同，可将复合材料分为金属基复合材料、陶瓷基复合材料、聚合物基复合材料；根据组织强化方式的不同，可将复合材料分为颗粒增强复合材料、纤维增强复合材料、层状复合材料等。复合材料具有非同寻常的强度、刚度、高温性能和耐腐蚀性等，这是它的组成材料所不具备的。

在上述四种基本类型材料中，金属材料具有良好的导电性、塑性与韧性；陶瓷材料则具有高的硬度但脆性很大，且大多是绝缘材料；而高分子材料的弹性模量、强度、塑性都很低，多数也是不导电的。这些材料的不同性能都是由其内部结构决定的。从使用的角度看，对于一个机械产品，人们总是力求其使用性能优异、质量可靠、制造方便、价格低廉，而产品的使用性能又与材料的成分、组织及加工工艺之间的关系非常密切。

从材料学的角度看，材料的性能取决于其内部结构，而材料的内部结构又取决于成分和加工工艺。所以，正确地选择材料，确定合理的加工工艺，得到理想的组织，获得优良的使用性能，是决定机械制造中产品性能的重要环节。

《工程材料及应用》课程主要由金属的力学性能、金属学基本知识、钢的热处理、常用金属材料、非金属材料以及机械工程材料的选用等部分组成。

学完本课程应达到下列基本要求：

（1）熟悉常用工程材料的成分、组织结构和性能的关系及变化规律。

（2）掌握常用工程材料的种类、牌号、性能及用途，能够对典型的机械零件、刀具和模具等合理正确地选用工程材料。

（3）了解金属材料强化的各种方法(固溶强化、细晶强化、变形强化、第二相强化和热处理强化等)及其基本原理。

（4）具有正确选择零件热处理工艺方法及确定热处理工序位置的能力。

（5）具有对常用工程材料制件进行工艺性分析的能力。

（6）了解与本课程相关的新材料、新技术、新工艺及其发展概况。

工程材料是一门理论和实践紧密结合的课程，因此要求学生在学习过程中不仅要掌握材料的一些最基本的理论知识，还要具备一定的实践技能。教材中热处理方法的选择及确定热处理工序位置、工程材料的选用等内容，尚需在后续的专业基础课、专业课、课程设计、毕业设计中反复实践，巩固提高。在教学实践中必须注意密切联系实际，要求学生通过对学习内容的实际运用加深对课程内容的认识，从而使所学知识能够彼此贯通，提高学生实践与创新能力。

第一章 金属的力学性能

本章导读：通过本章学习，学生应掌握金属材料的主要力学性能(强度、塑性、硬度、冲击韧性、疲劳强度)判据的含义；为以后各章中学习金属组织结构与性能关系打下良好的基础；熟悉力学性能试验的基本原理、试验方法。

金属材料在现代工农业、国防、交通运输等各部门是应用最广泛的材料，这不仅是因为其来源丰富，而且因为其具有良好的使用性能和工艺性能，因此被广泛用来制造机械零件和工程结构。所谓使用性能是指金属材料在使用过程中表现出来的性能，包括力学性能、物理性能(如电导性、导热性等)、化学性能(如耐蚀性、抗氧化性)等。所谓工艺性能是指金属材料在各种加工过程中所表现出来的性能，包括铸造性能、锻造性能、焊接性能、热处理性能和切削加工性能等。

为了正确、合理地使用金属材料，必须了解其性能。在机械行业中选用材料时，一般以力学性能作为主要依据。力学性能是指金属在外力作用下所表现出来的特性。常用的力学性能判据有：强度、塑性、硬度、冲击韧性和疲劳强度等。金属力学性能判据是指表征和判定金属力学性能所用的指标和依据。判据的高低表示了金属抵抗各种损伤能力的大小，也是设计金属材料制件时选材和进行强度计算的主要依据。

第一节 强度与塑性

一、强度

强度是指金属材料在外力作用下抵抗塑性变形和断裂的能力。由于所受载荷的形式不同，金属材料的强度可分为抗拉强度、抗压强度、抗弯强度和抗剪强度等。各种强度间有一定的联系，而抗拉强度是最基本的强度判据。

金属材料受外力作用时，其内部产生了大小相等、方向相反且沿横截面均匀分布的抵抗力，称为内力；单位横截面积上的内力称为应力，用 σ 表示。强度和塑性是通过拉伸试验测得的。

1. 拉伸试验

试验前，将被测金属材料制成一定形状和尺寸的标准拉伸试样，如图 1－1 所示。

图中 d_0 为试样原始直径(mm)，l_0 为试样原始标距长度(mm)。试样分为长试样和短试样。对圆形拉伸试样，长试样 $l_0=10\,d_0$；短试样 $l_0=5\,d_0$。

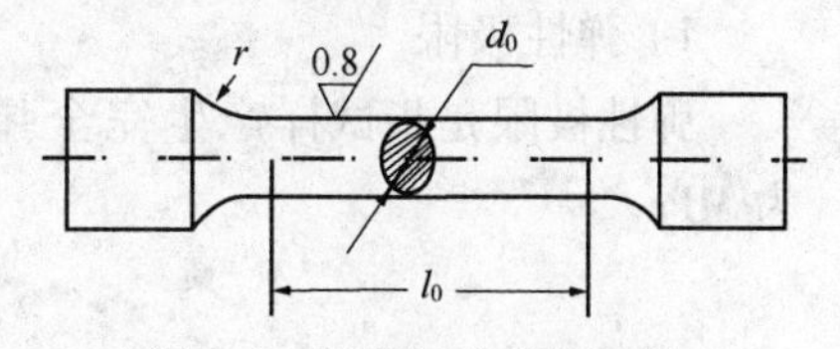

图 1－1　圆柱标准拉伸试样

试验时，将标准试样装夹在拉伸试验机上，缓慢地进行拉伸，使试样承受轴向拉力，直至拉断为止。试验机自动记录装置可将整个拉伸过程中的拉伸力和伸长量描绘在以拉伸力 F 为纵坐标，伸长量 Δl 为横坐标的图上，即得到力－伸长量曲线，如图 1－2 所示。当拉伸力由零逐渐增加到 F_e 时(即曲线上 OE 段)，试样的伸长量与拉伸力成正比例增加，试样随拉伸力的增大而均匀伸长，此时若去除拉伸力，试样能完全恢复到原来的形状和尺寸，即试样处于弹性变形阶段。当拉伸力超过 F_e 后，试样除产生弹性变形外，还开始出现微量的塑性变形。塑性变形是指金属在外力作用下，发生不能恢复原状的变形，也称永久变形。当拉伸力增大到 F_s 时，曲线上出现水平(或锯齿形)线段，即表示拉伸力不增加，试样却继续伸长，此现象称为“屈服”。拉伸力超过 F_s 后，试样产生大量的塑性变形，直到拉伸力为 F_b 时，试样横截面发生局部收缩，即产生“缩颈”。此后，试样的变形局限在缩颈部分，故能承受的拉伸力迅速减小，直至拉断试样(曲线 K 点)。

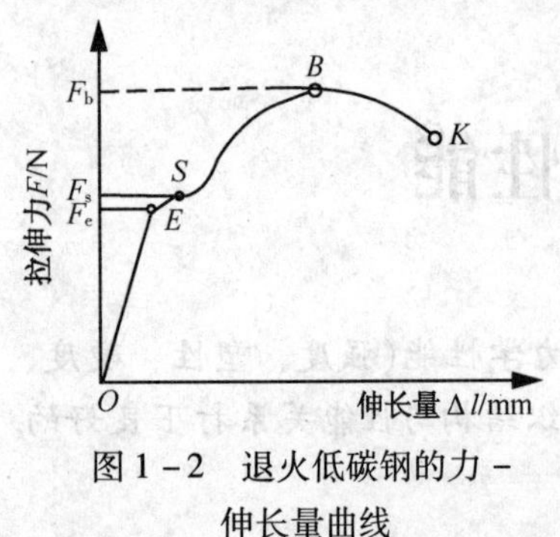

图 1－2　退火低碳钢的力－伸长量曲线

2. 强度的主要判据

目前，金属材料室温拉伸试验方法采用 GB/T 228—2010 新标准，但由于原有的金属材料力学性能指标是采用旧标准进行测定和标注的，所以原有旧标准 GB/T 228—1987 仍然被使用，本教材仅为叙述方便而采用旧标准，在工程实践中则必须使用新标准。关于金属材料强度与塑性的新、旧标准名词和符号对照见表 1－1。

表 1－1　金属材料强度与塑性的新、旧标准名词和符号对照

GB/T 228—2010 新标准		GB/T 228—1987 旧标准	
名　词	符　号	名　词	符　号
断面收缩率	Z	断面收缩率	ψ
断后伸长率	A 和 $A_{11.3}$	断后伸长率	δ_5 和 δ_{10}
屈服强度	—	屈服点	σ_5
上屈服强度	R_{eH}	上屈服点	σ_{su}
下屈服强度	R_{eL}	下屈服点	σ_{sL}
规定残余伸长强度	R_r，如 $R_{r0.2}$	规定残余伸长应力	σ_r，如 $\sigma_{r0.2}$
抗拉强度	R_m	抗拉强度	σ_d
弹性极限	R_e	弹性极限	σ_e

金属材料的强度是用应力来度量的。常用的强度判据有：弹性极限、屈服点和抗拉强度。

1）弹性极限

弹性极限是指试样产生完全弹性变形时所能承受的最大应力，用符号 σ_e 表示，单位为 MPa。

$$\sigma_e = \frac{F_e}{A_0}$$

式中　F_e ——试样产生完全弹性变形时的最大拉伸力，N；

A_0——试样原始横截面积，mm^2。

弹性极限 σ_e 是弹性元件（如弹簧）设计和选材的主要依据。

2）屈服点（屈服强度、屈服极限）

屈服点是材料产生屈服现象时所承受的应力值，用符号 σ_s 表示，单位为 MPa。

$$\sigma_s = \frac{F_s}{A_0}$$

式中　F_s——试样产生屈服时的拉伸力，N。

有些金属材料，如高碳钢、铸铁等，在拉伸试验中没有明显的屈服现象。因此，GB 10623—2008 规定，以试样去掉拉伸力后，其标距部分的残余伸长量达到规定原始标距长度 0.2% 时受到的应力，为该材料的条件屈服点，用符号 $\sigma_{0.2}$ 表示。

σ_s 和 $\sigma_{0.2}$ 是表示材料抵抗微量塑性变形的能力。零件工作时通常不允许产生塑性变形，因此，σ_s 是设计和选材时的主要参数。

3）抗拉强度（强度极限）

抗拉强度是指试样拉断前所能承受的最大拉应力，用符号 σ_b 表示，单位为 MPa。

$$\sigma_b = \frac{F_b}{A_0}$$

式中　F_b——试样被拉断前的最大拉伸力，N。

σ_b 表征材料对最大均匀塑性变形的抗力。σ_s 与 σ_b 的比值称为屈强比，屈强比越小，零件工作时的可靠性越高，因为若超载也不会立即断裂。但屈强比太小，材料强度的有效利用率降低。σ_b 也是设计和选材时的主要参数。

二、塑性

塑性是指金属材料在载荷作用下产生塑性变形而不破坏的能力。金属材料的塑性也是通过拉伸试验测得的。常用的塑性指标有伸长率和断面收缩率。

1. 伸长率

伸长率是指试样被拉断后，标距长度的伸长量与原始标距长度比值的百分比，用符号 δ 表示。

$$\delta = \frac{l_k - l_0}{l_0} \times 100\%$$

式中　l_0——试样原始标距长度，mm；

l_k——试样被拉断后的标距长度，mm。

长试样和短试样的伸长率分别用 δ_{10} 和 δ_5 表示，习惯上 δ_{10} 也常写成 δ。伸长率的大小与试样的尺寸有关，对于同一材料，短试样测得的伸长率大于长试样的伸长率，即 $\delta_5 > \delta_{10}$。因此，在比较不同材料的伸长率时，应采用相同尺寸规格的标准试样。

2. 断面收缩率

断面收缩率是指试样被拉断后，缩颈处横截面积的最大缩减量与原始横截面积比值的百分比，用符号 ψ 表示。

$$\psi = \frac{A_0 - A_k}{A_0} \times 100\%$$

式中　A_k——试样被拉断处的横截面积，mm^2。

断面收缩率不受试样尺寸的影响，因此能较准确地反映出材料的塑性。

材料的伸长率和断面收缩率愈大，则表示材料的塑性愈好。塑性好的材料，如铜、低碳钢，适合进行轧制、锻造、冲压等压力加工工艺；塑性差的材料，如铸铁，不能进行压力加工，只能用铸造方法成形。而且用塑性较好的材料制成的机械零件，在使用中万一超载，能产生塑性变形而避免突然断裂，增加了安全可靠性。因此，大多数机械零件除要求具有较高的强度外，还必须有一定的塑性。

第二节　硬　度

硬度是衡量材料软硬程度的指标，它表示金属材料局部体积内抵抗塑性变形或破裂的能力，是重要的力学性能指标。材料的硬度与强度之间有一定的关系，根据硬度可以大致估计材料的强度。因此，在机械设计中，零件的技术条件往往标注硬度。热处理生产中也常以硬度作为检验产品是否合格的主要依据。材料的硬度是通过硬度试验测得的。

硬度试验方法较多，生产中常用的是布氏硬度、洛氏硬度和维氏硬度试验法。

一、布氏硬度

布氏硬度的测定是在布氏硬度试验机上进行的，其试验原理如图 1－3 所示。用直径为 D 的淬火钢球或硬质合金球作压头，以相应的试验力 F 将压头压入试件表面，经过规定的保持时间后，去除试验力，在试件表面得到一直径为 d 的压痕。以压痕单位表面积上承受的压力表示布氏硬度值，用符号 HB 表示。以淬火钢球为压头时，符号为 HBS；以硬质合金球为压头时，符号为 HBW。

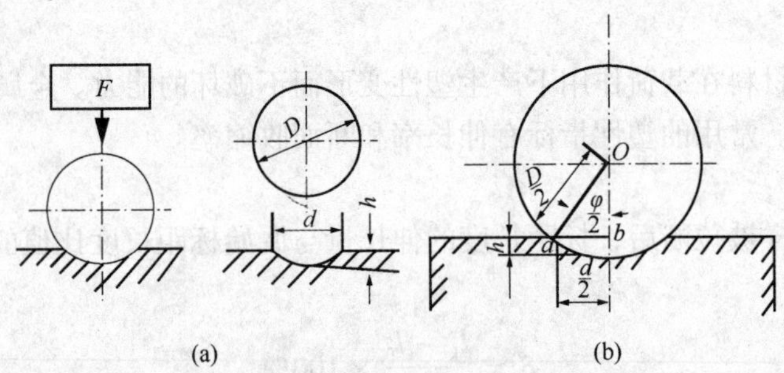

图 1－3　布氏硬度试验原理示意图

$$\text{HBS(HBW)} = \frac{F}{A_{压}} = \frac{F}{\pi Dh} = \frac{2F}{\pi D(D-\sqrt{D^2-d^2})} \quad \text{kgf/mm}^2 \quad（试验力 F 的单位为 kgf）$$

$$\text{HBS(HBW)} = 0.102\frac{2F}{\pi D(D-\sqrt{D^2-d^2})} \quad \text{kgf/mm}^2 \quad（试验力 F 的单位为 N）$$

式中　$A_{压}$——压痕表面积，mm^2；

D，D，h——压痕平均直径、压头直径、压痕深度，mm。

上式中只有 d 是变数，只要测出 d 值，即可通过计算或查表得到相应的布氏硬度值。

布氏硬度试验时，应根据被测金属材料的种类和试件厚度，选用不同直径的压头、试验力和试验力保持时间。通常，压头直径有五种（10mm、5mm、2.5mm、2mm 和 1 mm）；F/D^2的比值有七种(30、15、10、5、2.5、1.25、1)，可根据金属材料种类和布氏硬度范围选择 F/D^2值，见表 1－2。

表1-2　布氏硬度试验规范

金属种类	布氏硬度范围/HBS(HBW)	试样厚度/mm	$0.102F/D^2$	钢球的直径/mm	试验力 F/kN(kgf)	试验力保持时间/s
黑色金属	140~450	6~3	30	10.0	29.42(3000)	12
		4~2		5.0	7.355(750)	
		<2		2.5	1.839(187.5)	
	<140	>6	10	10.0	9.807(1000)	12
		6~3		5.0	2.452(250)	
非铁金属	>130	6~3	30	10.0	29.42(3000)	30
		4~2		5.0	7.355(750)	
		<2		2.5	1.839(187.5)	
	36~130	9~3	10	10.0	9.807(1000)	30
		6~3		5.0	2.452(250)	
	8~35	>6	2.5	10.0	2.452(250)	60

试验力保持时间：钢铁材料为10~15s，有色金属为30s，布氏硬度值小于35时为60s。

实验时布氏硬度不需计算，只需根据测出的压痕直径 d 查表即可得到硬度值。d 值越大，硬度值越小；d 值越小，硬度值越大。布氏硬度一般不标注单位，其表示方法为：在符号HBS或HBW前写出硬度值，符号后面依次用相应数字注明压头直径、试验力和保持时间(10~15s不标注)。例如，120HBS10/1000/30表示用直径10mm的淬火钢球作压头，在1000 kgf(9.807kN)试验力作用下，保持30s所测得的布氏硬度值为120。

布氏硬度试验法压痕面积较大，能反映出较大范围内材料的平均硬度，测量结果较准确、稳定，但操作不够简便，又因压痕大，故不宜测试薄件和成品件。HBS适于测量硬度值小于450的材料；HBW适于测量硬度值小于650的材料。

二、洛氏硬度

洛氏硬度试验原理如图1-4所示。它是用顶角为120°金刚石圆锥体或直径为1.588mm淬火钢球作压头，在初试验力和总试验力(初试验力+主试验力)先后作用下，将压头压入试件表面，保持规定时间后，去除主试验力，用测量的残余压痕深度增量(增量是指去除主试验力并保持初试验力的条件下，在测量的深度方向上产生的塑性变形量)来计算硬度的一种硬度试验法。

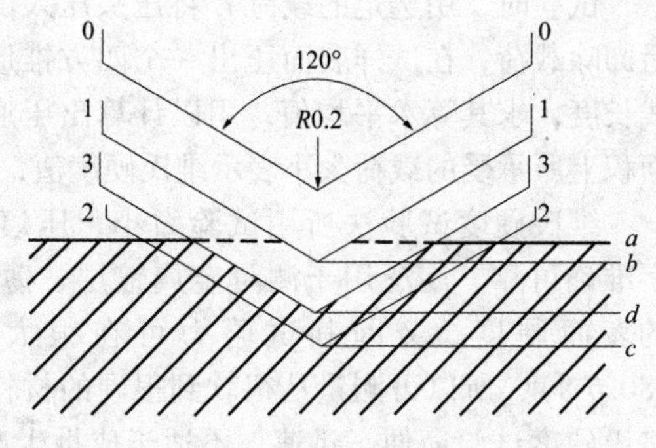

图1-4　洛氏硬度试验原理示意图

图中0－0为压头与试件表面未接触的位置；1－1为加初试验力10kgf(98.07N)后，压头经试件表面压入到b处的位置，b处是测量压入深度的起点；2－2为初试验力和主试验力共同作用下，压头压入到c处的位置；3－3为在卸除主试验力，但保持初试验力的条件下，因试件弹性变形的恢复使压头回升到d处的位置。因此，压头在主试验力作用下，实际压入试件产生塑性变形的压痕深度为bd(bd为残余压痕深度增量)。用bd大小来判断材料的硬度，bd越大，硬度越低；反之，硬度越高。为适应习惯上数值越大，硬度越高的概念，故用一常数K减去$bd/0.002$作为硬度值(每0.002mm的压痕深度为一个洛氏硬度单位)，直接由硬度计表盘上读出。洛氏硬度用符号HR表示。

$$\mathrm{HR} = K - \frac{bd}{0.002}$$

金刚石作压头，K为100；淬火钢球作压头，K为130。

为使同一硬度计能测试不同硬度范围的材料，可采用不同的压头和试验力。按压头和试验力不同，洛氏硬度的标尺有多种，但常用的是HRA、HRB、HRC三种，其中HRC应用最广。洛氏硬度表示方法为：在符号前面写出硬度值，如62HRC、85HRA等。洛氏硬度的试验条件和应用范围见表1－3。

洛氏硬度试验操作简便迅速，可直接从硬度计表盘上读出硬度值；压痕小，可直接测量成品或较薄工件的硬度。但由于压痕较小，测得的数据不够准确，通常应在试样不同部位测定三点取其算术平均值作为硬度值。

表1－3　洛氏硬度试验条件和应用范围

标尺符号	所用压头	总载荷/N	测量范围 HR	应用举例
HRA	120°金刚石圆锥	588.4	60～88	碳化物、硬质合金、淬火工具钢、浅层表面硬化钢等
HRB	ϕ1.588mm 淬火钢球	980.7	25～100	软钢、铜合金、铝合金、可锻铸铁
HRC	120°金刚石圆锥	1471.1	20～70	淬火钢、调质钢、深层表面硬化钢

注：HRA、HRC所用刻度为100，HRB为130。

三、维氏硬度

维氏硬度试验原理基本上与布氏硬度相同，也是根据压痕单位表面积上的载荷大小来计算硬度值。所不同的是采用相对面夹角为136°的正四棱锥体金刚石作压头，见图1－5。

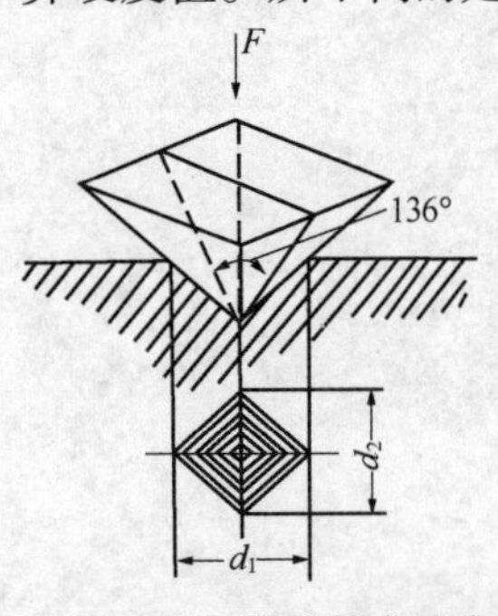

图1－5　维氏硬度试验原理示意图

试验时，用选定的载荷F将压头压入试样表面，保持规定时间后卸除载荷，在试样表面压出一个四方锥形压痕，测量压痕两对角线长度，求其算术平均值，用以计算出压痕表面积，以压痕单位表面积上所承受的载荷大小表示维氏硬度值，用符号HV表示。

维氏硬度试验法所用试验力小，压痕深度浅，轮廓清晰，数字准确可靠，广泛用于测量金属镀层、薄片材料和化学热处理后的表面硬度。又因其试验力可在很大范围内选择(49.03～980.7N)，所以可测量从很软到很硬的材料。但维氏硬度试验不如洛氏硬度试验简便、迅速，不适于成批生产的常规试验。

第三节　韧性与疲劳强度

一、韧性

强度、塑性、硬度都是在缓慢加载即静载荷下的力学性能指标。实际上，许多机械零件常在冲击载荷作用下工作，例如锻锤的锤杆、冲床的冲头等。对这类零件，不仅要满足在静力作用下的强度、塑性、硬度等性能判据，还应具有足够的韧性。

金属材料抵抗冲击载荷作用而不破坏的能力称为冲击韧度。材料的冲击韧度值通常采用摆锤式一次冲击试验进行测定。

按 GB/T 229—2007《金属材料夏比摆锤冲击试验方法》规定，将被测材料制成标准冲击试样，如图 1-6 所示。

试验时，将试样缺口背向摆锤冲击方向放在试验机支座上[见图 1~7(a)]，摆锤举至 h_1高度，具有位能 mgh_1，然后使摆锤自由落下，冲断试样后，摆锤升至高度 h_2[见图 1~7(b)]，此时摆锤的位能为 mgh_2。摆锤冲断试样所消耗的能量，即试样在冲击力一次作用下折断时所吸收的功，称为冲击吸收功，用符号 A_K表示(U 型缺口试样用 A_{KU}、V 型缺口试样用 A_{KV})，单位为 J。

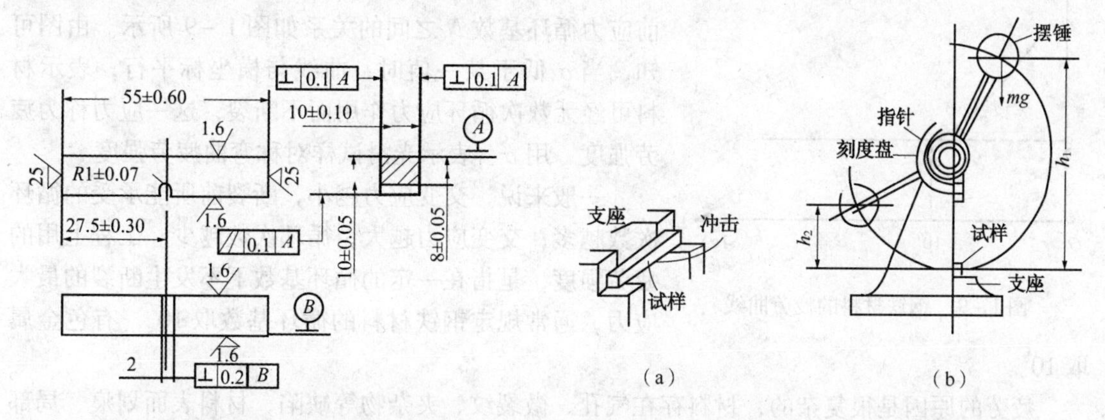

图 1-6　夏比 U 型缺口试样　　图 1-7　摆锤式冲击试验原理示意图

$$A_K = mgh_1 - mgh_2 = mg(h_1 - h_2)$$

A_K值不需计算，可由冲击试验机刻度盘上直接读出。冲击试样缺口底部单位横截面积上的冲击吸收功，称为冲击韧度，用符号 α_K 表示，单位为 J/cm²。

$$\alpha_K = \frac{A_K}{A}$$

式中　A——试样缺口底部横截面积，cm²。

冲击吸收功越大，材料韧性越好。

上述实验是在室温(10~35℃)下进行的。如果在较低的温度下，材料可能脆断，这种现象称为冷脆现象。为了研究因温度变化材料由塑性状态向脆性变化的规律，可在不同温度测定韧性值。图 1-8 即为某种材料的冲击韧性与

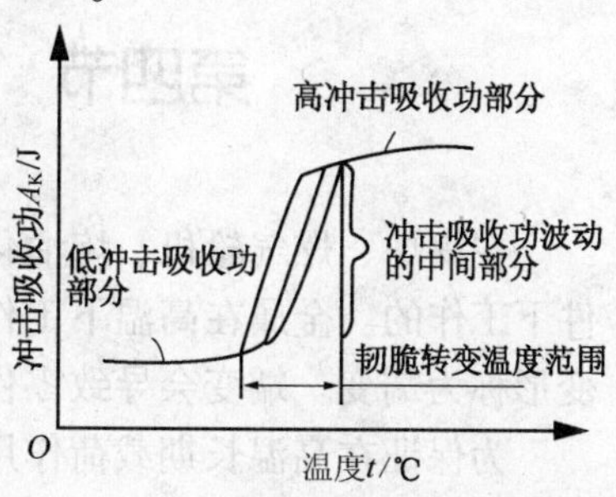

图 1-8　温度对冲击吸收功的影响

温度的关系曲线。显而易见，冲击吸收功 A_K 值随温度降低而减小，在不同温度的冲击试验中，冲击吸收功急剧变化或断口韧性急剧转变的温度区域，称为韧脆转变温度。韧脆转变温度越低，材料的低温抗冲击性能越好。这对于寒冷地区和低温下工作的机械结构尤为重要。

冲击吸收功大小还与试样形状、尺寸、表面粗糙度、内部组织和缺陷等有关。因此，冲击吸收功一般作为选材的参考，而不能直接用于强度计算。

应当指出，冲击试验时，冲击吸收功中只有一部分消耗在断开试样缺口的截面上，冲击吸收功的其余部分则消耗在冲断试样前缺口附近体积内的塑性变形上。因此，冲击韧度不能真正代表材料的韧性，而用冲击吸收功 A_K 作为材料韧性的判据更为适宜。国家标准现已规定采用 A_K 作为韧性判据。

二、疲劳强度

许多机械零件(如齿轮、弹簧、连杆、主轴等)都是在循环应力(即应力的大小、方向随时间作周期性变化)作用下工作。按循环应力大小和方向不同，零件承受的应力分为交变应力和重复应力两种。零件在循环应力作用下，在一处或几处产生局部永久性累积损伤，经一定循环次数后产生裂纹或突然发生完全断裂的过程，称为疲劳(疲劳断裂)。疲劳断裂前无明显塑性变形，因此危险性很大，常造成严重事故。据统计，大部分零件的损坏均是由疲劳造成的。

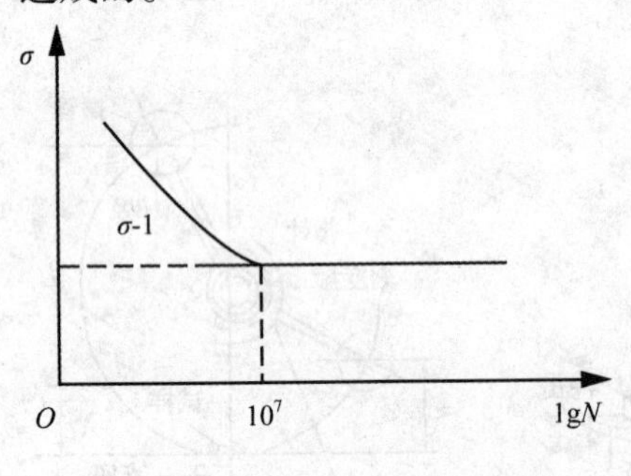

图 1－9　钢铁材料的疲劳曲线

实验证明，金属材料能承受的交变应力 σ 与断裂前应力循环基数 N 之间的关系如图 1－9 所示。由图可知，当 σ 低于某一值时，曲线与横坐标平行，表示材料可经无数次循环应力作用而不断裂，这一应力称为疲劳强度，用 σ_{-1} 表示光滑试样对称弯曲疲劳强度。

一般来说，交变应力越小，断裂前所能承受的循环次数越多；交变应力越大，循环次数越少。工程上用的疲劳强度，是指在一定的循环基数下不发生断裂的最大应力，通常规定钢铁材料的循环基数取 10^7，有色金属取 10^8。

疲劳的原因是很复杂的，材料存在气孔、微裂纹、夹杂物等缺陷，材料表面划痕、局部应力集中等因素，均可加快疲劳断裂。为提高零件的疲劳强度，除了在设计时应考虑结构形状，避免应力集中外，还可通过提高零件表面质量(如减小表面粗糙度值)和进行表面淬火、喷丸处理、表面滚压等使表面产生残余压应力等提高材料的疲劳强度。

第四节　金属的蠕变极限与持久强度

在锅炉、燃气轮机、炼油化工设备及航空、汽车发动机中，有许多零件是长期在高温条件下工作的。金属在高温下工作时，虽然所受应力小于 σ_s 但也会逐渐产生塑性变形，这种变形称为蠕变。蠕变会导致零件形状尺寸变化，甚至破裂造成事故。

为保证在高温长期载荷作用下的机件不致产生过量变形和断裂而破坏，要求金属材料具有一定的蠕变极限和持久强度。蠕变极限是材料经受高温长期载荷作用下塑性变形抗力的指标。

一、蠕变极限

在给定温度(T)下和规定的时间(t)内，使试样产生规定蠕变速率(v)的应力值，以符号σ_v^T表示，单位为MPa(其中v为稳态蠕变速率,%/h)。

在过程装备制造中，规定的蠕变速率v大多为1×10^{-5}%/h或1×10^{-4}%/h。例如，$\sigma_{1\times10^{-5}}^{600}=60$MPa，表示在温度为600℃的条件下，蠕变速率为$1\times10^{-5}$%/h的蠕变极限为60MPa。

蠕变极限表征了金属材料在高温长期载荷作用下对塑性变形的抗力，但不能反映断裂时的强度及塑性。与常温下的情况一样，材料在高温下的变形抗力与断裂抗力是两种不同的性能指标。因此，对于高温材料还必须测定其在高温长期载荷作用下抵抗断裂的能力，即持久强度。

二、持久强度

金属材料的持久强度，是在给定温度(T)下，恰好使材料超过规定时间(t)发生断裂的应力值，以σ_t^T(MPa)来表示。这里所指的规定时间是以机组的设计寿命为依据。例如，对于锅炉、汽轮机等，机组的设计寿命为数万乃至数十万小时，而航空喷气发动机则为一千或几百小时。某材料在700℃承受400MPa的应力作用，经100000h后断裂，则称这种材料在700℃、100000h的持久强度为400MPa，写成$\sigma_{1\times10^5}^{700}=400$MPa。

对于设计某些在高温运转过程中不考虑变形量的大小，而只考虑在承受给定应力下使用寿命的机件来说，金属材料的持久强度是极其重要的设计指标。

蠕变现象的产生，是由三个方面的因素构成：温度、应力和时间。碳钢在300~400℃时，在应力的作用下即能明显地出现蠕变现象。当温度在高于400℃时，即使应力不大，也会出现较大速率的蠕变。合金钢的温度超过400~450℃时，在一定的应力作用下就会发生蠕变，温度愈高，蠕变现象愈明显。因此设计某些在高温运转过程中不考虑变形量的大小，而只考虑在承受给定应力下使用寿命的机件来说，金属材料的持久强度是极其重要的性能指标。

思考与应用

一、判断题

1. 机器中的不同零件，当受到外力作用时，其外力大的，则应力也一定大。(　　)

2. 对同一机器中受力不同的零件，材料强度高的一般不会变形，材料强度低的一般先产生变形。(　　)

3. 对没有明显屈服现象的材料，其屈服强度可用条件屈服强度表示。(　　)

4. 对同一金属材料，短试样的伸长率值大于长试样的伸长率值。(　　)

5. 布氏硬度试验时，压痕直径越小，则材料的硬度越低。(　　)

6. 布氏硬度试验具有测定数据准确、稳定性高等优点，所以主要用于各种成品件的硬度测定。(　　)

7. 洛氏HRC标度硬度实验，压头是顶角为120°的金刚石圆锥体，因压头硬度高，实验后压痕小，所以可测定淬火钢零件的硬度。(　　)

8. 洛氏硬度实验时，一般需测试三次，取三次读数的算术平均值作为硬度值。（　）

9. 洛氏硬度实验时，压头压入被测材料表面深度越大，其硬度计表盘上的指针转过的角度越大，则硬度计的读数值越大。（　）

二、选择题

1. 拉伸实验可测定材料的(　　)。

A. 强度　　B. 塑性　　C. 硬度　　D. 冲击韧度

2. 有一淬火钢成品零件，需进行硬度测定，应采用(　　)。

A. HBS　　B. HRA　　C. HRB　　D. HRC

3. 材料库需对部分钢材进行硬度测定，应采用(　　)。

A. HBS　　B. HRB　　C. HBW　　D. HRC

4. 有一渗碳零件，需进行硬度测定，应采用(　　)。

A. HBW　　B. HRA　　C. HRB　　D. HRC

三、填空题

1. 材料的力学性能是指材料在______作用下所表现出来的______，力学性能主要包括有：______、______、______、______等。

2. 内力指材料在______作用下内部产生的______力；应力指______的内力。

3. 强度指材料在外力作用下抵抗______和______的能力，强度指标主要有______和______。

4. 塑性指材料在外力作用下产生______的能力。常用的塑性指标是______和______。

5. 屈服强度指材料______的应力，用符号______表示。抗拉强度指材料______所能承受的______应力，用符号______表示。

6. 伸长率指试样被拉断后，标距长度的______与______的百分率，用符号______表示。断面收缩率指试样被拉断后，断裂处横截面积的______与______的百分率，用符号______表示。

7. 硬度是指材料抵抗比它______其表面的能力。常用的硬度指标有______和______两种。

8. 150HBS10/1000/30，表示用直径______在______试验力作用下保持______测得的布氏硬度值为______。

9. 冲击韧度是指材料抵抗______的能力。冲击韧度值以______表示。

四、问答题

1. 机械零件在工作条件下可能承受哪些负荷？这些负荷会对机械零件产生什么作用？

2. 15 钢从钢厂出厂时，其力学性能指标应不低于下列数值：$\sigma_b = 375$ MPa、$\sigma_s = 225$ MPa、$\delta_5 = 27\%$、$\psi = 55\%$，现将本厂购进的 15 钢制成 $d_0 = 10$mm 的圆形截面短试样，经过拉伸试验后，测得 $F_b = 33.81$kN、$F_s = 20.68$kN、$L_1 = 65$ mm、$d_1 = 6$ mm。试问这批 15 钢的力学性能是否合格？为什么？

3. 下列各种工件应该采用何种硬度试验方法来测定硬度？写出硬度符号。

(1)锉刀；(2)黄铜轴套；(3)供应状态的各种碳钢钢材；(4)硬质合金的刀片；(5)耐

磨工件的表面硬化层。

4. 有关零件图图纸上，出现了以下几种硬度技术条件的标注方法，请问这种标注是否正确？为什么？

(1)600～650HBS；(2)230HBW；(3)12～15HRC；(4)70～75HRC；(5)HRC55～60kgf/mm^2；(6)HBS220～250kgf/mm^2。

5. 有一紧固螺栓使用后发现有塑性变形(伸长)，试分析材料的哪些性能指标没有达到要求。

6. α_{KU}的含义是什么？有了塑性指标为何还要测定α_{KU}？

7. 疲劳破坏是怎样产生的？提高零件疲劳强度的方法有哪些？

8. 金属材料有哪些工艺性能？哪些金属与合金具有优良的可锻性？哪些金属与合金具有优良的可焊性？

9. 什么叫金属的蠕变？高温强度指标有哪些？

五、应用题

一批用同一钢号制成的规格相同的紧固螺栓，用于A、B两种机器中，使用中A机器出现了明显的塑性变形，B机器产生了裂纹。试从实际承受的应力值说明出现上述问题的原因，并提出解决该问题的两种方案。

第二章　纯金属晶体结构与结晶

本章导读：通过本章学习，学生应了解晶体与非晶体、晶格、晶胞、晶格常数的意义；掌握三种常见金属晶格类型及实际金属晶体结构；掌握多晶体概念；了解晶体缺陷及其对金属性能的影响；了解结晶概念及结晶基本过程；掌握金属晶粒大小及控制、金属同素异晶转变；了解铸锭组织及形成原因。

不同的材料具有不同的性能，其根本原因在于材料的内部组织结构不同。因此，要掌握材料的性能就必须研究材料的内部组织结构。固体材料按内部原子聚集状态不同，分为晶体与非晶体两大类。固态金属及其合金基本上都是晶体物质。

第一节　纯金属晶体结构

一、晶体结构的基本知识

1. 晶体与非晶体

内部原子按一定的几何形状作有规则地重复排列的物质称为晶体[见图 2－1(a)]，如金刚石、石墨和固态金属及合金等，晶体具有固定的熔点，呈现规则的外形，并具有各向异性特征。内部原子无规律地堆积在一起的物质称为非晶体，如玻璃、松香、沥青、石蜡等，非晶体没有固定的熔点，且各向同性。

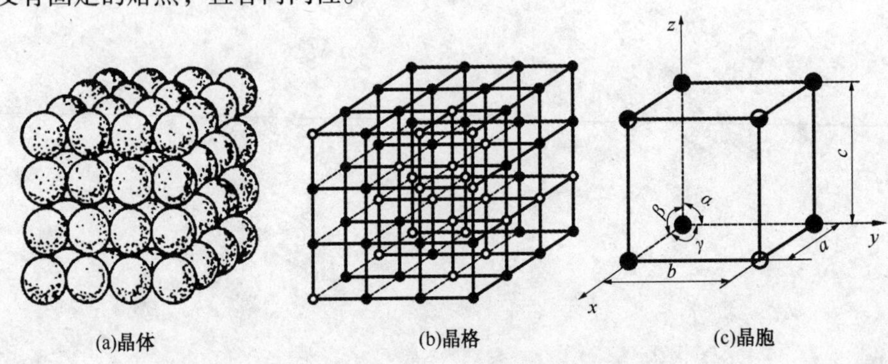

图 2－1　晶体、晶格与晶胞示意图

2. 晶格、晶胞与晶格常数

为了便于研究晶体中原子的排列规律，假定理想晶体中的原子都是固定不动的刚性球体，并用假想的线条将晶体中各原子中心连接起来，便形成了一个空间格架，这种抽象的、用于描述原子在晶体中规则排列方式的空间几何图形，称为晶格[见图 2－1(b)]。晶格中线条的交点称为结点。

晶体是由原子周期性重复排列而成的，因此，通常只从晶格中选取一个能够完全反映晶格特征的、最小的几何单元来分析晶体中原子的排列规律，这个最小的几何单元称为晶胞［见图 2－1(c)］。实际上整个晶格就是由许多大小、形状和位向相同的晶胞在三维空间重复堆积排列而成的。

晶胞的大小和形状常以晶胞的三条棱边长度 a、b、c 及棱边夹角 α、β、γ 来表示，如图 2－1 (c)所示。晶胞的棱边长度称为晶格常数，以埃(Å)为单位来表示($1\text{Å}=10^{-10}\text{m}$)。

各种晶体由于晶体类型和晶格常数不同，呈现出不同的物理、化学及力学性能。

二、常见金属晶格类型

1. 体心立方晶格

体心立方晶格的晶胞是一个立方体，其晶格常数 $a=b=c$，在立方体的八个顶角和立方体的中心各有一个原子(见图 2－2)。每个晶胞中实际含有的原子数为 $(1/8)\times 8+1=2$ 个。属于体心立方晶格的金属有 α 铁(α－Fe)、铬(Cr)、钨(W)、钼(Mo)、钒(V)等。

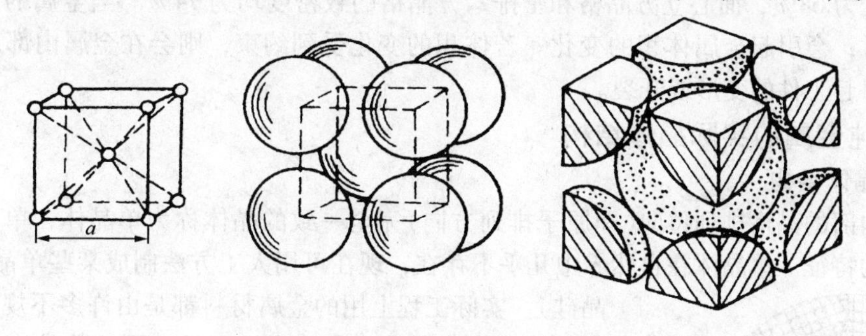

图 2－2　体心立方晶胞示意图

2. 面心立方晶格

面心立方晶格的晶胞也是一个立方体，其晶格常数 $a=b=c$，在立方体的八个顶角和立方体六个面的中心各有一个原子(见图 2－3)。每个晶胞中实际含有的原子数为 $(1/8)\times 8+6\times(1/2)=4$ 个。属于面心立方晶格的金属有 γ 铁(γ－Fe)、铝 (Al)、铜(Cu)、镍(Ni)、金(Au)、银(Ag)等。

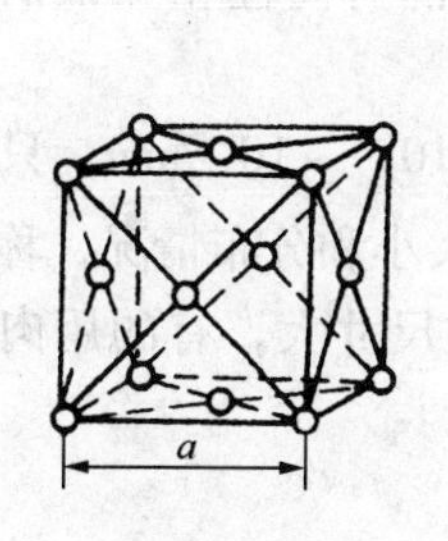

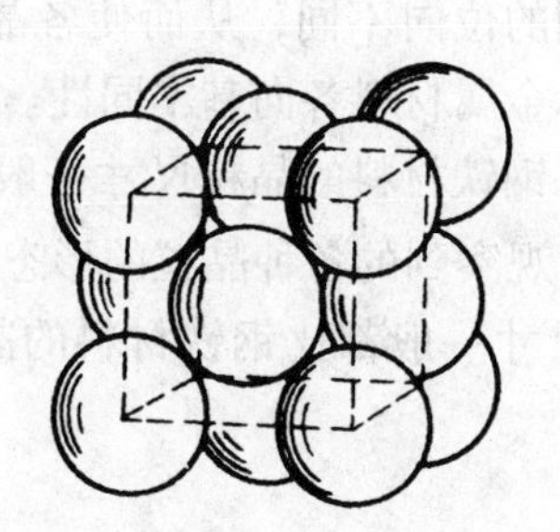
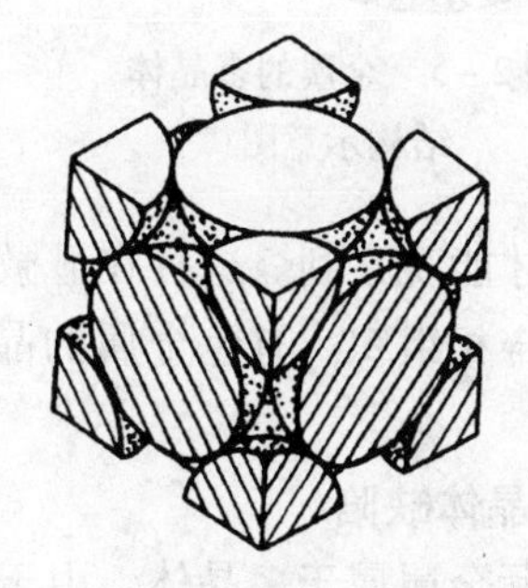

图 2－3　面心立方晶胞示意图

3. 密排六方晶格

密排六方晶格的晶胞是个正六方柱体，该晶胞要用两个晶格常数表示，一个是六边形的边长 a，另一个是柱体高度 c。在密排六方晶胞的十二个顶角上和上、下底面中心各有一个原子，另外在晶胞中间还有三个原子，如图 2－4 所示。每个晶胞中实际含有的原子数为 $(1/6)\times 12+(1/2)\times 2+3=6$ 个。具有密排六方晶格的金属有 α 钛(α－Ti)、镁(Mg)、锌(Zn)、铍(Be)等。

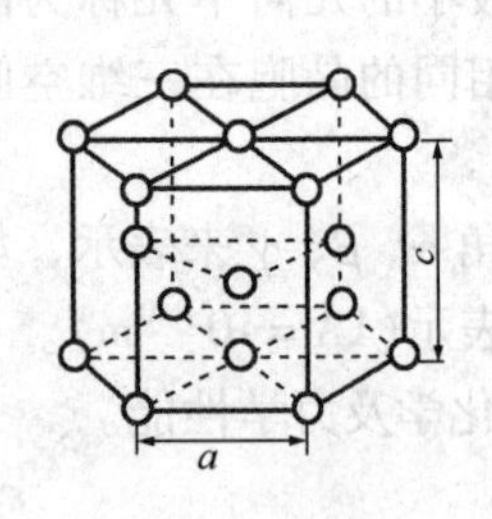

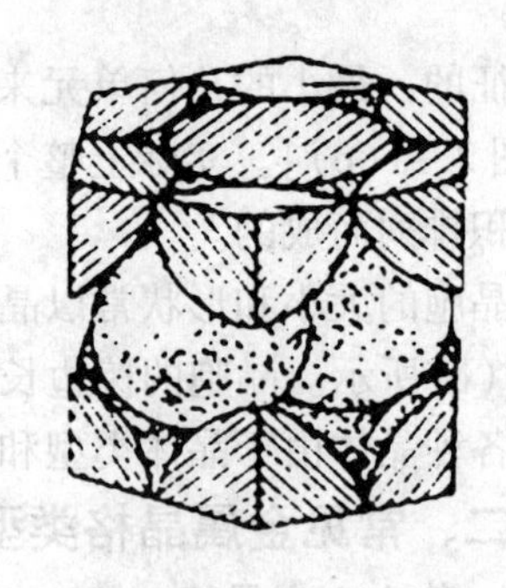

图 2-4　密排六方晶胞示意图

在不同类型晶格的晶体中，原子排列的紧密程度是不同的，通常用晶格的致密度(晶胞中所含原子的体积与该晶胞的体积之比)表示。在三种常见的金属晶体结构中，体心立方晶格的致密度为68%，面心立方晶格和密排六方晶格的致密度均为74%。当金属的晶格类型发生转变时，会引起金属体积的变化。若体积的变化受到约束，则会在金属内部产生内应力，从而引起工件的变形或开裂。

三、纯金属的实际晶体结构

1. 多晶体结构

晶体内部的晶格排列位向(即原子排列方向)完全一致的晶体称为单晶体，单晶体具有各向异性的特征。单晶体在自然界中几乎不存在，现在可用人工方法制成某些单晶体(如单晶硅)。实际工程上用的金属材料都是由许多不规则的、颗粒状的小晶体组成。这种不规则的、颗粒状的小晶体称为“晶粒”。每个晶粒内部的晶格位向是一致的，而各晶粒之间位向却不相同(相差30°~40°)，如图2-5所示。由许多晶粒组成的晶体称为多晶体。一般金属材料都是多晶体结构。多晶体材料中晶粒与晶粒之间的交界面称为“晶界”。由于多晶体是由许多位向不同的晶粒组成，其中各晶粒间排列的位向不同，从而使各晶粒的有向性相互抵消，所以实际金属材料各向基本同性。

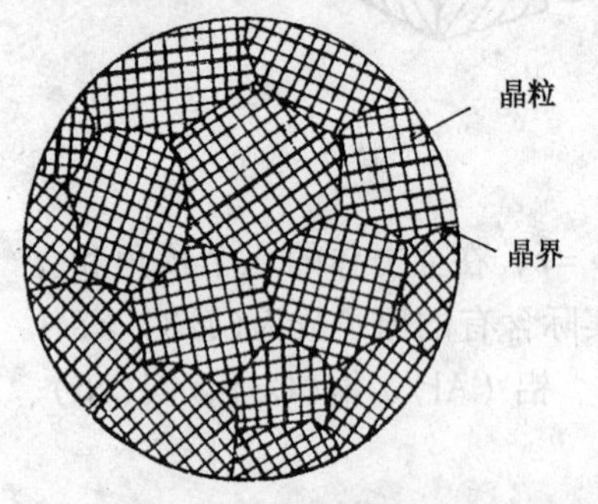

图 2-5　金属的多晶体结构示意图

钢铁材料的晶粒尺寸一般为10^{-1}~10^{-3}mm，只有在显微镜下才能观察到。这种在显微镜下观察到的各种晶粒的形态、大小和分布情况，称为显微组织或金相组织。有色金属的晶粒尺寸一般都比钢铁材料的晶粒尺寸大，有的用肉眼可以看到。

2. 晶体缺陷

实际金属属于多晶体，由于结晶条件、原子热运动及加工条件等原因，会使晶体内部出现某些区域的原子排列受到干扰和破坏，出现局部的不完整，这种区域被称为晶体缺陷。根据晶体缺陷的几何形态特点，可将其分为以下三种类型。

1）点缺陷

点缺陷是指长、宽、高尺寸都很小的缺陷。最常见的点缺陷是晶格空位和间隙原子，如图2-6所示。在实际晶体结构中，晶格的某些结点往往未被原子占有，这种空着的结点位置称为晶格空位；处在晶格间隙中的原子称为间隙原子。在晶体中由于点缺陷的存在，将引起周围原子间的作用力失去平衡，使其周围原子向缺陷处靠拢或被撑开，从而使晶格发生歪扭，这种现象称为晶格畸变。晶格畸变会使金属的强度和硬度提高。

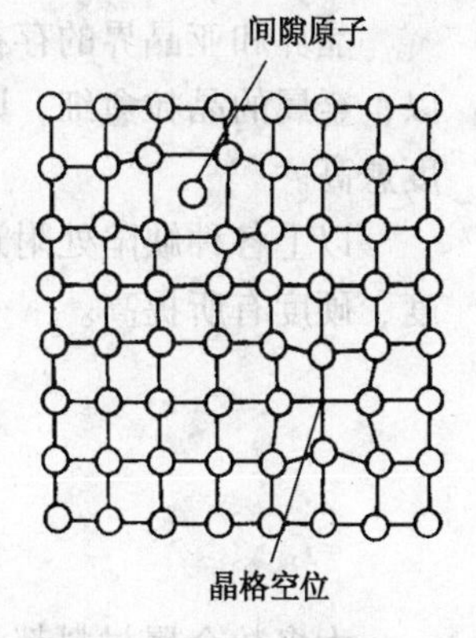

图 2-6　晶格空位和间隙原子示意图

2）线缺陷

线缺陷是指在晶体中呈线性分布(一个方向上的尺寸很大，另两个方向上尺寸很小)的一种缺陷，主要是各种类型的位错。所谓位错是晶体中某处有一列或若干列原子发生了有规律地错排现象。位错的形式很多，其中最简单而常见的是“刃型位错”，如图 2-7 所示。由图可见，晶体的上半部分多出了半个原子面，它像刀刃一样切入晶体中，使上、下两部分晶体间产生了错排现象，因而称为“刃型位错”。*EF* 线称为位错线，在位错线附近晶格发生了畸变。位错的存在对金属的力学性能有很大的影响。例如冷变形加工后的金属，由于位错密度的增加，强度明显提高。

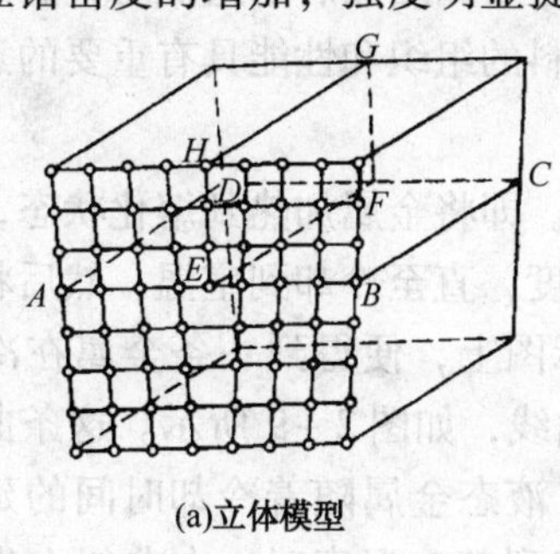

(a)立体模型

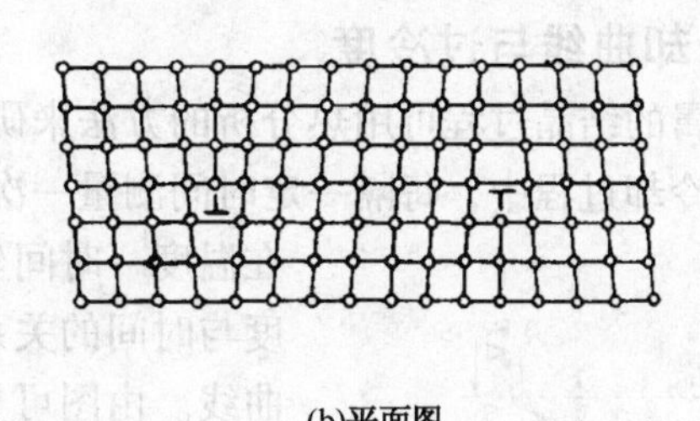

(b)平面图

图 2-7　刃型位错示意图

晶体中位错的数量可用位错密度 ρ 来表示：

$$\rho = \frac{L}{V}$$

式中　V——晶体的体积，cm^3；

L——位错线的总长度，cm。

当金属材料处于退火状态时，位错密度为 $10^6 \sim 10^8\ cm^{-2}$，强度最低，但经过冷变形加工后，金属材料的位错密度可达到 $10^{11} \sim 10^{12}\ cm^{-2}$，由于位错密度增加使金属的强度明显提高。

3）面缺陷

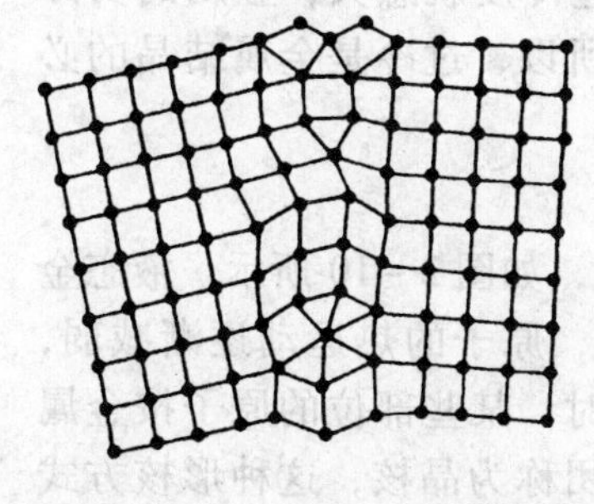

图 2-8　晶界的结构示意图

面缺陷是指在在晶体中呈面状分布(在两个方向上的尺寸很大，第三个方向上的尺寸很小)的缺陷。面缺陷的主要形式是晶界和亚晶界，它是多晶体中晶粒之间的过渡区域。由于各晶粒之间的位向不同，所以晶界实际上是原子排列从一种位向过渡到另一种位向的过渡层，在晶界处原子排列是不规则的，如图 2-8 所示。

在每个晶粒内，其晶格位向并不像理想晶体那样完全一致，而是存在许多尺寸很小、位向差也很小的小晶块，这些小晶块称为“亚晶粒”，两相邻亚晶粒的界面称为“亚晶界”。亚晶界是由一系列刃型位错组成的小角度晶界，其原子排列不规则，也产生晶格畸变。这种具有亚晶粒和亚晶界的组织称为亚组织。

晶界和亚晶界的存在，使晶格处于畸变状态，在常温下对金属塑性变形起阻碍作用。所以，金属的晶粒愈细，则晶界和亚晶界愈多，对塑性变形的阻碍作用愈大，金属的强度、硬度愈高。

以上各种缺陷处附近晶格均处于畸变状态，直接影响到金属的力学性能，使金属的强度、硬度有所提高。

第二节　纯金属结晶

大多数金属材料都是经过熔化、冶炼和浇铸得到的，即由液态金属冷却凝固而成。由于固态金属是晶体，故液态金属的凝固过程称为结晶。金属结晶后的组织对金属的性能有很大影响。因此，研究金属的结晶过程，对改善金属材料的组织和性能具有重要的意义。

一、冷却曲线与过冷度

液态金属的结晶过程可用热分析的方法来研究。即将金属加热到熔化状态，然后使其缓慢冷却，在冷却过程中，每隔一定时间测量一次温度，直至冷却到室温，然后将测量数据画在温度－时间坐标图上，便得到一条金属在冷却过程中温度与时间的关系曲线，如图2－9所示。这条曲线称为冷却曲线。由图可见，液态金属随着冷却时间的延长，温度不断下降，但当冷却到某一温度时，在曲线上出现了一个水平线段，则其所对应的温度就是金属的结晶温度。金属结晶时释放出结晶潜热，补偿了冷却散失的热量，从而使结晶在恒温下进行。结晶完成后，由于散热，温度又继续下降。

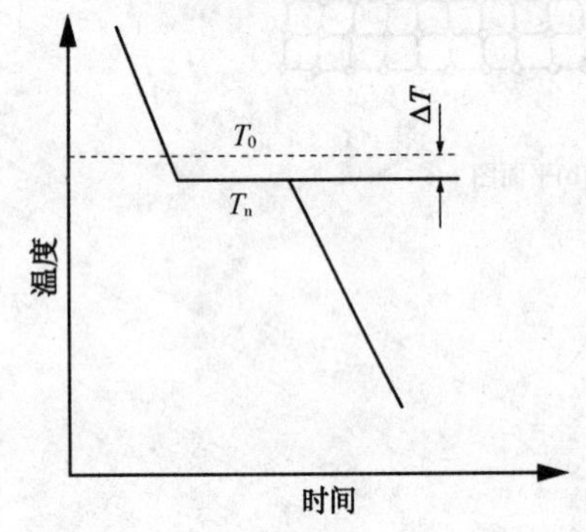

图2－9　纯金属的冷却曲线示意图

金属在极其缓慢的冷却条件下（即平衡条件下）所测得的结晶温度称为理论结晶温度（T_0）。但在实际生产中，液态金属结晶时，冷却速度都较大，金属总是在理论结晶温度以下某一温度开始进行结晶，这一温度称为实际结晶温度（T_n）。金属实际结晶温度低于理论结晶温度的现象称为过冷现象。理论结晶温度与实际结晶温度之差值称为过冷度，用 ΔT 表示，即 $\Delta T = T_0 - T_n$。

金属结晶时的过冷度与冷却速度有关，冷却速度愈大，过冷度就愈大，金属的实际结晶温度就愈低。实际上金属总是在过冷的情况下结晶的，所以，过冷是金属结晶的必要条件。

二、纯金属的结晶过程

纯金属的结晶过程是晶核不断形成和晶核不断长大的过程，如图2－10所示。液态金属中原子进行着热运动，无严格的排列规则。随着温度下降，原子的热运动逐渐减弱，原子活动范围缩小，相互之间逐渐靠近。当冷却到结晶温度时，某些部位的原子按金属固有的晶格，有规则地排列成小的原子集团，这些细小的集团称为晶核，这种形核方式称为自发形核。晶核周围的原子按固有规律向晶核聚集，使晶核长大。在晶核不断长大的同时，又会在液体中产生新的晶核并开始不断长大，直到液态金属全部消失，形成的晶体彼此接触为止。每个晶核长大成为一个晶粒，这样，结晶后的金属便是由许多晶粒所组成的多晶体结构。

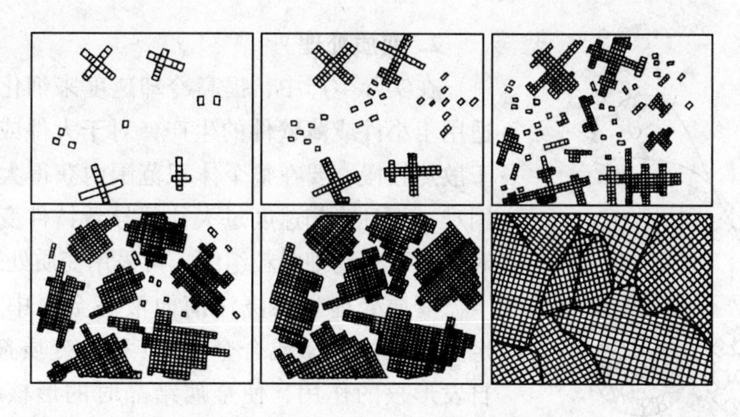

图 2－10　金属结晶过程示意图

金属中含有的杂质质点能促进晶核在其表面上形成，这种依附于杂质而形成晶核的方式称为非自发形核。能起非自发形核作用的杂质，其晶体结构和晶格参数应与金属的相似，这样它才能成为非自发形核的基底。自发形核和非自发形核同时存在于金属液中，但非自发形核往往比自发形核更为重要，起优先和主导作用。

晶核形成后，当过冷度较大或金属中存在杂质时，金属晶体常以树枝状的形式长大。在晶核形成初期，外形一般比较规则，但随着晶核的长大，形成了晶体的顶角和棱边，这些顶角和棱边的散热条件优于其他部位，因此在顶角和棱边处以较大成长速度形成晶体的主干(也称一次晶轴)。同理，在主干的长大过程中，又会不断生出分支(二次、三次晶轴)，最后填满枝干的空间，结果形成树枝状晶体，简称“枝晶”，如图 2－11 所示。

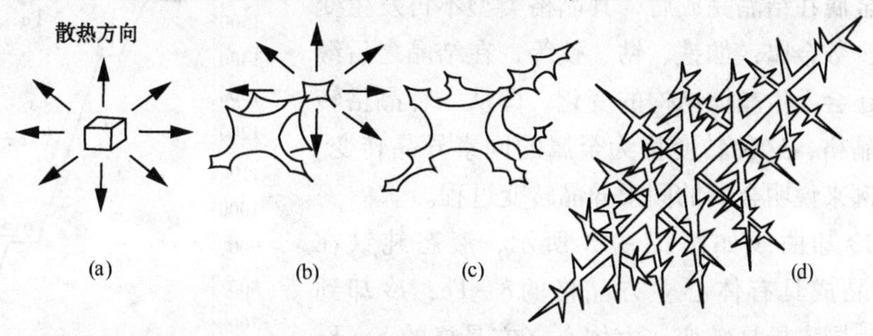

图 2－11　树枝状晶体长大过程示意图

三、金属晶粒的大小与控制

金属结晶后的晶粒大小(用单位面积或单位体积内的晶粒数目或晶粒平均直径定量表征)对金属的力学性能影响很大。一般情况下，晶粒愈细小，金属的强度和硬度愈高，塑性和韧性也愈好。因此，细化晶粒是使金属材料强韧化的有效途径。

晶粒大小主要取决于形核率 N 和长大率 G。形核率是指单位时间内在单位体积液体中产生的晶核数目。长大率是指单位时间内晶核长大的线速度。

凡是能促进形核率，抑制长大率的因素，都能细化晶粒。工业生产中，为了获得细晶粒组织，常采用以下一些方法。

1. 增大过冷度

金属结晶时的冷却速度愈大，则过冷度愈大。实践证明，增加过冷度，使金属结晶时的形核率增加速度大于长大率增加速度(见图 2－12)，则结晶后获得细晶粒组织。如在铸造生产中，常用金属型代替砂型来加快冷却速度，以达到细化晶粒的目的。

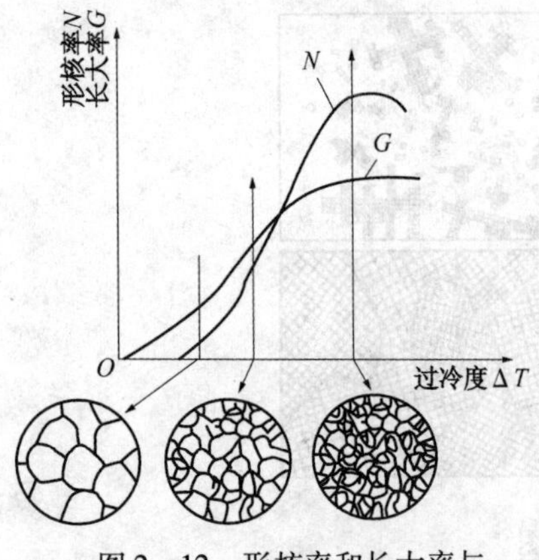

图 2－12　形核率和长大率与过冷度的关系

2. 变质处理

在实际生产中，提高冷却速度来细化晶粒的方法只适用于小件或薄壁件的生产，对于大件或厚壁铸件，由于散热较慢，要在整个体积范围内获得大的冷却速度很困难，而且冷却速度过大往往导致铸件变形或开裂，这时，为了得到细晶粒组织，可采用变质处理。

变质处理是在浇注前向液态金属中人为地加入一定量的难熔金属或合金元素(称为变质剂)，以起到非自发形核的作用，使金属结晶时的形核率增加速度大于长大率增加速度，从而使晶粒细化。例如，向铸铁中加入硅铁或硅钙合金，向铝硅合金中加入钠或钠盐等都是变质处理的典型实例。变质处理是一种细化晶粒的有效方法，因而在工业生产中得到了广泛的应用。

3. 附加振动

在金属结晶过程中，采用机械振动、超声波振动、电磁振动等方法，使正在长大的晶体折断、破碎，这样不仅使已形成的晶粒因破碎而细化，而且破碎了的细小枝晶又起到新晶核的作用，增加了形核率，从而细化晶粒。

四、金属的同素异晶转变

大多数金属在结晶完成后，其晶格类型不再发生变化。但也有少数金属，如铁、钴、钛等，在结晶之后继续冷却时，还会发生晶体结构的变化，即从一种晶格转变为另一种晶格，这种转变称为金属的同素异晶转变。现以纯铁为例来说明金属的同素异晶转变过程。

纯铁的冷却曲线如图 2－13 所示，液态纯铁在 1538℃时结晶成具有体心立方晶格的δ－Fe；冷却到 1394℃时发生同素异晶转变，由体心立方晶格的δ－Fe 转变为面心立方晶格的γ－Fe；继续冷却到 912℃时又发生同素异晶转变，由面心立方晶格的γ－Fe 转变为体心立方晶格的α－Fe。再继续冷却，晶格类型不再发生变化。纯铁的同素异晶转变过程可概括如下：

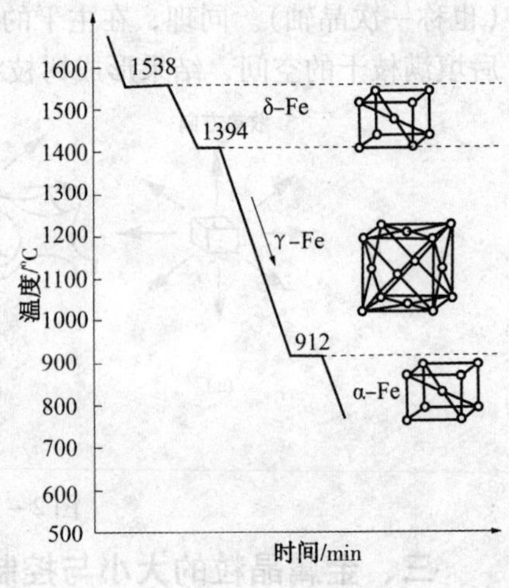

图 2－13　纯铁的冷却曲线

$$\delta-\mathrm{Fe} \underset{}{\overset{1394℃}{\rightleftharpoons}} \gamma-\mathrm{Fe} \underset{}{\overset{912℃}{\rightleftharpoons}} \alpha-\mathrm{Fe}$$

体心立方晶格　面心立方晶格　体心立方晶格

金属发生同素异晶转变时，必然伴随着原子的重新排列，这种原子的重新排列过程，实际上就是一个结晶过程，与液态金属结晶过程的不同之处在于其是在固态下进行的，但它同样遵循结晶过程中的形核与长大规律。为了和液态金属的结晶过程相区别，一般称其为重结晶。纯铁的同素异晶转变是钢铁材料能够进行热处理的理论依据，也是钢铁材料能获得各种性能的主要原因之一。

五、铸锭组织

金属制品大多数是先将液态金属浇铸成金属铸锭，再经压力加工成型材，最后经过各种冷、热加工制成成品以供使用。铸锭结晶后的组织不仅影响其加工性能，而且还会影响制品的力学性能。

典型的铸锭结晶组织如图2-14所示，一般可以分为表层细等轴晶粒区、柱状晶粒区、中心粗大等轴晶粒区等三层不同特征的晶区。

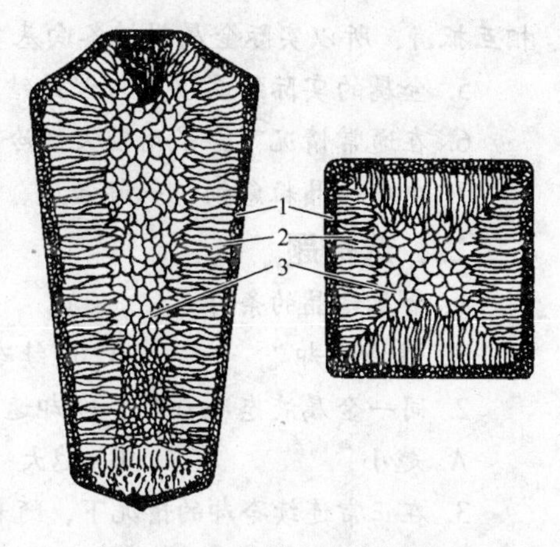

图2-14 铸锭的结晶组织

1—表层细等轴晶粒区；2—柱状晶粒区；3—中心粗大等轴晶粒区

(1) 表层细等轴晶粒区　当高温下的液态金属注入铸锭模时，由于铸锭模温度较低，靠近模壁的薄层金属液体便形成了极大的过冷度，加上模壁上的杂质起到了非自发形核作用，便形成了一层很细的等轴晶粒层。

(2) 柱状晶粒区　随着表面层等轴细晶粒层的形成，铸锭模的温度升高，液态金属的冷却速度减慢，过冷度减小，此时，沿垂直于模壁的方向散热最快，晶体沿散热的相反方向择优生长，形成柱状晶粒区。

(3) 中心粗大等轴晶粒区　随着柱状晶粒区的结晶，铸锭模的模壁温度在不断升高，散热速度减慢，逐渐趋于均匀冷却状态。晶核在液态金属中可以自由生长，在各个不同的方向上其长大速率基本相当，结果形成了粗大的等轴晶粒。

金属铸锭中的细等轴晶粒区，显微组织比较致密，室温下力学性能最高。但该区较薄，故对铸锭性能影响不大。在铸锭的柱状晶粒区，因平行分布的柱状晶粒间的接触面较为脆弱，并常常聚集有易熔杂质和非金属夹杂物等，使金属铸锭在冷、热压力加工时容易沿这些脆弱面产生开裂现象，降低力学性能，所以，对于钢锭一般不希望获得柱状晶粒区；但柱状晶粒区的组织较致密，不易产生疏松等铸造缺陷，对于塑性较好的有色金属及合金，有时为了获得较致密的铸锭组织而希望获得较大的柱状晶粒区，因为这些金属及其合金的塑性良好，在压力加工中不致于产生开裂现象。铸锭的中心粗大等轴晶粒区在结晶时没有择优取向，不存在脆弱的交界面，但组织疏松，杂质较多，力学性能较低。

在金属铸锭中，除了铸锭的组织不均匀以外，还经常存在各种铸造缺陷，如缩孔、疏松、气泡、裂纹、非金属夹杂物及化学成分偏析等，这些缺陷都会降低工件的使用性能。在生产中常常需要对金属铸锭及其压力加工产品进行各种宏观和微观的检验与分析，以便根据实际需要，通过适当的处理工艺改善铸锭的组织，提高其使用性能。

思考与应用

一、判断题

1. 在通常情况下，处于固态的金属都是晶体。(　　)

2. 实际金属一般都是单晶体，由于在不同方向上原子排列密度不同，所以存在“各向异性”。(　　)

3. 在同一金属中各晶粒原子排列位向虽然不同，但其大小是相同的。(　　)

4. 因实际金属材料是多晶体，其中各晶粒间排列的位向不同，从而使各晶粒的有向性相互抵消，所以实际金属材料各向基本同性。(　　)

5. 金属的实际结晶温度与理论结晶温度是相等的。(　　)

6. 在通常情况下，采用较大的冷却速度便可得到较细的晶粒。(　　)

7. 金属的晶粒愈细，一般强度、硬度愈高，同时塑性、韧性也愈好。(　　)

二、选择题

1. 金属结晶的条件是(　　)。

A. 缓慢冷却　　B. 连续冷却　　C. 等温冷却　　D. 过冷

2. 同一金属液态冷却时，冷却速度愈大，结晶时的过冷度(　　)。

A. 越小　　B. 越大　　C. 保持不变　　D. 变化无规律

3. 在正常连续冷却的情况下，随着过冷度的增加，结晶过程中的生核率和生长率(　　)。

A. 都增加　　B. 都减小

C. 生核率增加，生长率减小　　D. 生核率减小，生长率增加

4. 在实际生产中，为了获得细晶粒组织，采用的措施有(　　)。

A. 增大金属的过冷度　　B. 进行变质处理

C. 振动法　　D. 降低金属的过冷度

三、填空题

1. 晶体是物质的原子呈________的固体物质，非晶体是物质的原子呈______的固体物质。

2. 表示晶体中原子排列形式的空间几何图形称为________。晶胞是能完全代表晶格________的最小几何单元，晶胞中各条棱边的长度称为________。

3. 实际金属的晶体结构一般都是______结构，而且金属原子的排列具有______，称为晶体________。

4. 晶粒是指实际金属晶体结构中的________，晶界是指______的交界面，每种金属各晶粒的内部构造是______的，而排列位向________。

5. 金属的晶体缺陷，其主要类型有：(1)______；(2)______；(3)______。

6. 金属的结晶指金属由液体状态冷却______的过程，金属结晶的过冷现象指金属的实际结晶温度________的现象。

7. 金属结晶的条件是________，金属结晶的基本规律是______与______。

8. 为了获得细晶粒组织，生产中一般采取的措施主要有______、______、______。

9. 金属铸锭的组织一般由是三个晶粒区所组成，最表层是________，紧接着该层里边的是________，心部是________________。

10. 纯铁结晶后具有______晶格，称______铁；在冷至1394℃后变为______晶格，称______铁；继续冷至912℃后又转变为______晶格，称______铁。

11. 金属的同素异晶转变是指金属在固态时的不同温度范围，发生的______现象，同素异晶转变也经过______与________两个过程。

四、问答题

1. 常见的金属晶格有哪几种类型？并说明其晶胞的结构特征。指出铁、铜、锌金属各属哪种晶格。

2. 金属铸锭组织一般由哪几个晶粒区组成？并说明各自特点及形成原因。

3. 画出液态金属结晶时，形核率和长大率与过冷度的关系图。并说明在通常的连续冷却条件下，过冷度对生核率和长大率影响的异同点。

4. 在其他条件相同时，试比较下列铸造条件下，铸件的晶粒大小及原因。

(1)金属型铸造与砂型铸造；(2)薄壁铸件与厚壁铸件；(3)正常结晶与附加振动结晶。

5. 什么是金属的同素异晶转变？为什么金属的同素异晶转变常伴有金属体积的变化？并说明由α铁向γ铁转变时的体积变化情况及原因。

第三章 金属的塑性变形与再结晶

本章导读： 通过本章学习，学生应掌握金属塑性变形的实质；了解冷塑性变形对金属组织和性能的影响；了解冷塑性变形金属加热时组织性能的变化；掌握金属的热变形加工的概念。

在工业生产中，经熔炼而得到的金属铸锭，如钢锭、铝合金锭或铜合金铸锭等，大多要经过轧制、冷拔、锻造、冲压等压力加工，使金属产生塑性变形而制成型材或工件。塑性变形是压力加工的基础，大多数钢和有色金属及其合金都具有一定的塑性，均可在热态或冷态下进行压力加工。金属材料经过压力加工后，不仅改变了外形尺寸，而且改变了内部组织和性能。因此，研究金属的塑性变形，对于选择金属材料的加工工艺、提高生产率、改善产品质量、合理使用材料等均有重要的意义。

第一节 金属的塑性变形

一、单晶体的塑性变形

单晶体塑性变形的基本方式是滑移和孪生。其中滑移是金属塑性变形的主要方式。

1. 滑移

滑移是指在切应力作用下，晶体的一部分相对于另一部分沿一定晶面和晶向发生相对的滑动。由图 3－1 可见，要使某一晶面滑动，作用在该晶面上的应力必须是相互平行、方向相反的切应力，而且切应力必须达到一定值，滑移才能进行。当原子滑移到新的平衡位置时，晶体就产生了微量的塑性变形[见图 3－1(d)]。许多晶面滑移的总和，就产生了宏观的塑性变形。

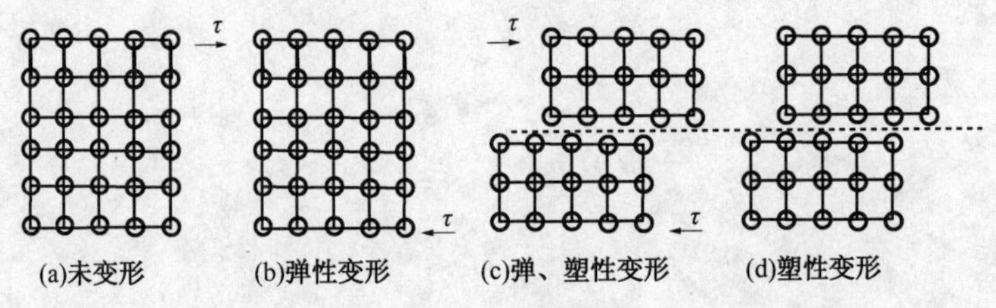

图 3－1 晶体在切应力作用下的变形

单晶体受拉伸时，外力 F 作用在滑移面上的应力 f 可分解为正应力 σ 和切应力 τ，如图 3－2 所示。正应力只使晶体产生弹性伸长，并在超过原子间结合力时将晶体拉断。切应力则使晶体产生弹性歪扭，并在超过滑移抗力时引起滑移面两侧的晶体发生相对滑移。

一般地，在各种晶体中，滑移并不是沿着任意的晶面和晶向发生的，而总是沿晶体中原子排列最紧密(原子线密度最大)的晶面和该晶面上原子排列最紧密的晶向进行的。这是因为最密晶面间的面间距和最密晶向间的原子间距最大，因而原子结合力最弱，故在较小切应力作用下便能引起它们之间的相对滑移。由图3-3可知，Ⅰ-Ⅰ晶面原子排列最紧密(原子间距小)，面间距最大($a/\sqrt{2}$)，面间结合力最弱，故常沿这样的晶面发生滑移。而Ⅱ-Ⅱ晶面原子排列最稀(原子间距大)，面间距较小($a/2$)，面间结合力较强，故不易沿此面滑移。同样也可解释为什么滑移总是沿滑移面(晶面)上原子排列最紧密的方向上进行。

上述的滑移是指滑移面上每个原子都同时移动到与其相邻的另一个平衡位置上，即作刚性移动。但是近代科学研究表明，滑移时并不是整个滑移面上的原子一起作刚性移动，而是通过晶体中的位错线沿滑移面的移动来实现的。如图3-4所示，晶体在切应力作用下，位错线上面的两列原子向右作微量移动到“●”位置，位错线下面的一列原子向左作微量移动到“●”位置，这样就使位错在滑移面上向右移动一个原子间距。在切应力作用下，位错继续向右移动到晶体表面上，就形成了一个原子间距的滑移量，如图3-5所示，结果，晶体就产生了一定量的塑性变形。由于位错前进一个原子间距时，一起移动的原子数目并不多(只有位错中心少数几个原子)，而且它们的位移量都不大，因此使位错沿滑移面移动所需的切应力不大。位错的这种容易移动的特点，称为位错的易动性。可见，少量位错的存在，显著降低了金属的强度。但当位错数目超过一定值时，随着位错密度的增加，强度、硬度逐渐增加，这是由于位错之间以及位错与其他缺陷之间存在相互作用，使位错运动受阻，滑移所需切应力增加，金属强度升高。

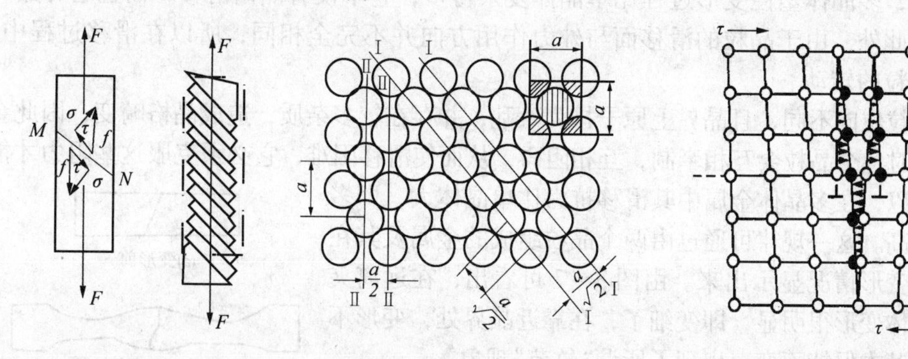

图3-2　单晶体滑移示意图　　图3-3　滑移面示意图　　图3-4　刃型位错移动时的原子位移

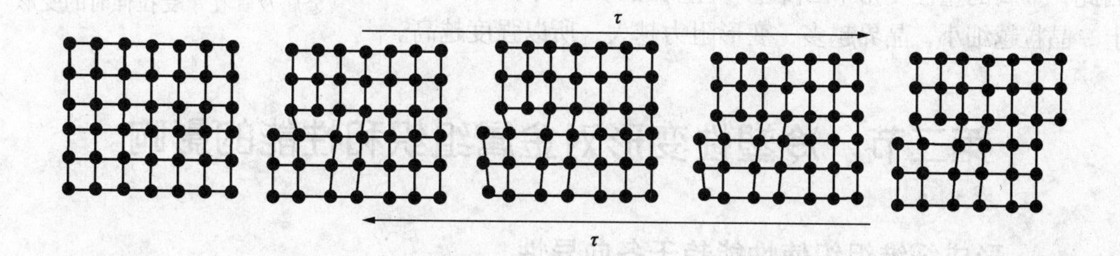

图3-5　通过位错运动产生滑移的示意图

2. 孪生

孪生指在切应力作用下，晶体的一部分相对于另一部分沿一定晶面(孪生面)和晶向(孪生方向)产生剪切变形，如图3-6所示。产生切变的部分称为孪生带。通过这种方式的变

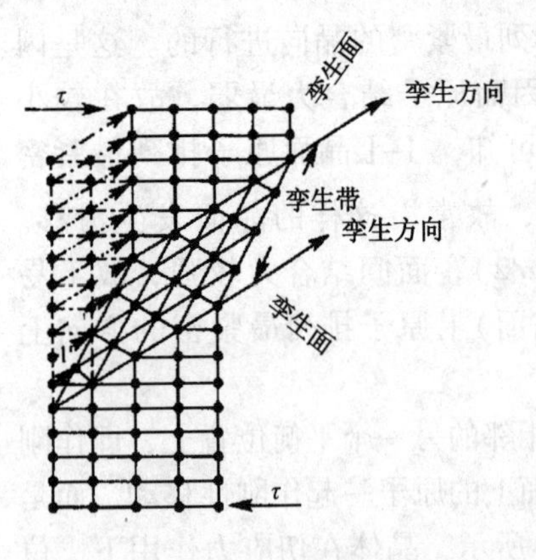

图 3－6　孪生示意图

形，使孪生面两侧的晶体形成了镜面对称关系（镜面即孪生面）。整个晶体经变形后只有孪生带中的晶格位向发生了变化，而孪生带两边外侧晶体的晶格位向没有发生变化，但相距一定距离。

孪生与滑移变形的主要区别是：孪生变形时，孪生带中相邻原子面的相对位移为原子间距的分数倍，且晶体位向发生变化，与未变形部分形成对称；而滑移变形时，滑移的距离是原子间距的整数倍，晶体的位向不发生变化。孪生变形所需的临界切应力比滑移变形的临界切应力大得多，例如镁的孪生临界切应力为 5～35MN/m^2，而滑移临界切应力为 0.83 MN/m^2。因此，只有当滑移很难进行时，晶体才发生孪生。

二、多晶体的塑性变形

常用金属材料都是多晶体。多晶体塑性变形的方式仍然是滑移和孪生。多晶体中由于晶界的存在以及各晶粒位向不同，故各晶粒在外力作用下所受的应力状态和大小是不同的。因此，多晶体发生塑性变形时并不是所有晶粒都同时进行滑移，而是随着外力的增加，晶粒有先有后，分期分批地进行滑移。在外力作用下，滑移面和滑移方向与外力成45°角的一些晶粒，受力最大，称它为软位向。而受力最小或接近最小的晶粒称为硬位向。软位向晶粒首先产生滑移，而硬位向晶粒最后产生滑移。如此一批批地进行，直至全部晶粒都发生变形为止。由此可见，多晶体塑性变形过程比单晶体复杂得多，它不仅有晶内滑移，而且还有晶间的相对滑移。此外，由于晶粒的滑移面与外力作用方向并不完全相同，所以在滑移过程中，必然会伴随晶粒的转动。

由于各晶粒位向不同，且晶界上原子排列紊乱，并存在较多杂质，造成晶格畸变，因此金属在塑性变形时各个晶粒会互相牵制，互相阻碍，从而使滑移困难，它必须克服这些阻力才能发生滑移。所以，在多晶体金属中其滑移抗力比单晶体大，即多晶体金属强度高。这一规律可通过由两个晶粒组成的金属及其在承受拉伸时的变形情况显示出来。由图 3－7 可看出，在远离夹头和晶界处晶体变形很明显，即变细了，在靠近晶界处，变形不明显，其截面基本保持不变，出现了所谓“竹节”现象。

一般，在室温下晶粒间结合力较强，比晶粒本身的强度大。因此，金属的塑性变形和断裂多发生在晶粒本身，而不是晶界上。晶粒越细小，晶界越多，变形阻力越大，所以强度越高。

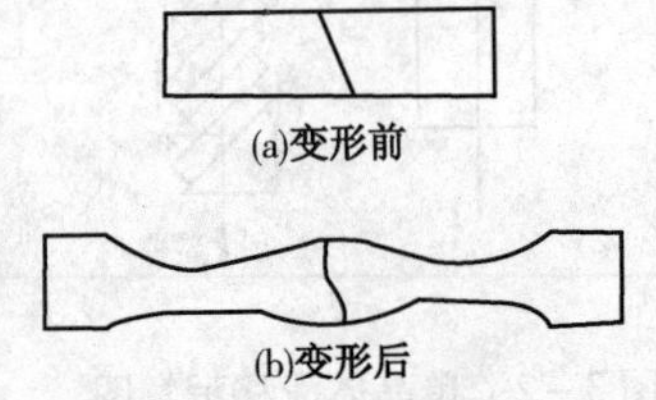

图 3－7　由两个晶粒组成的金属及其在承受拉伸时的变形

第二节　冷塑性变形对金属组织和性能的影响

一、形成纤维组织使性能趋于各向异性

金属在外力作用下产生塑性变形时，随着金属外形被拉长（或压扁），其晶粒也相应地被拉长（或压扁）。当变形量很大时，各晶粒将会被拉长成为细条状或纤维状，晶界模糊不清，这种组织称为纤维组织，如图 3－8 所示。形成纤维组织后，金属的性能有明显的方向性，例如纵向（沿纤维组织方向）的强度和塑性比横向（垂直于纤维组织方向）高得多。

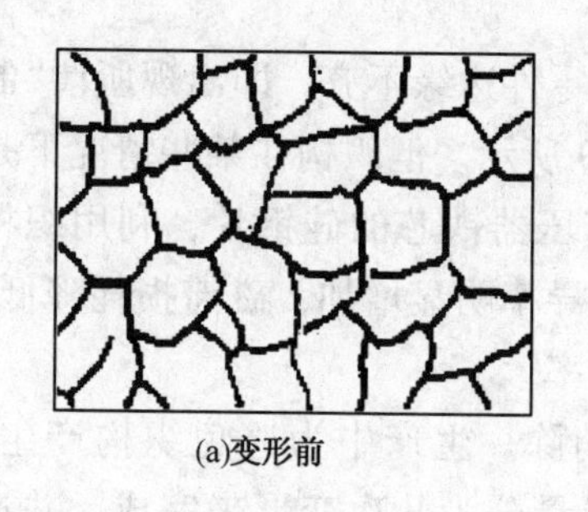
(a)变形前

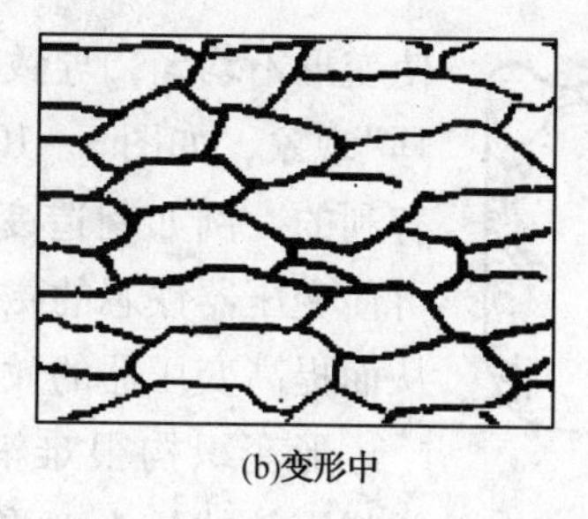
(b)变形中

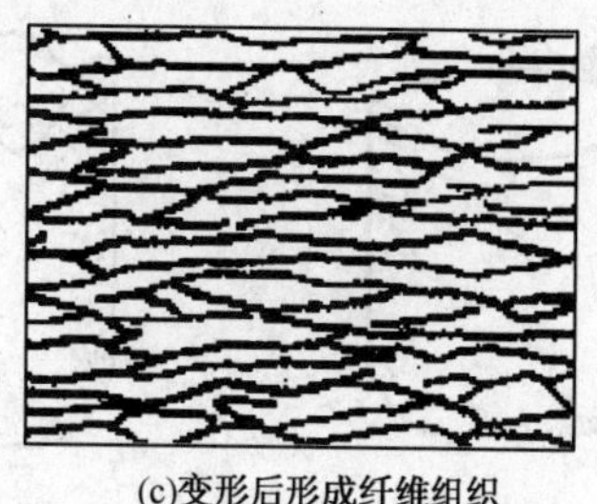
(c)变形后形成纤维组织

图 3-8　变形前后晶粒形状的变化示意图

二、产生冷变形强化(加工硬化)

金属发生塑性变形时，不仅晶粒外形发生变化，而且晶粒内部结构也发生变化。在变形量不大时，先是在变形晶粒的晶界附近出现位错的堆积，随着变形量的增大，晶粒破碎成为细碎的亚晶粒，变形量越大，晶粒被破碎得越严重，亚晶界越多，位错密度越大。这种在亚晶界处大量堆积的位错，以及他们之间的相互干扰，均会阻碍位错的运动，使金属塑性变形抗力增大，强度和硬度显著提高。随着变形程度增加，金属强度和硬度升高，塑性和韧性下降的现象，称为冷变形强化或加工硬化。图 3-9 为纯铜冷轧变形度对力学性能的影响。

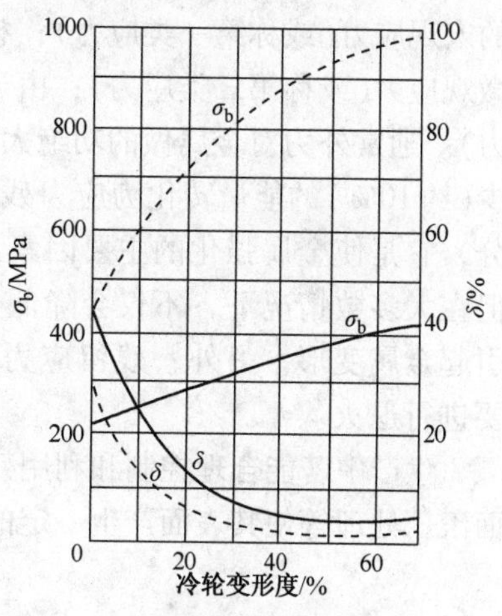

图 3-9　纯铜冷轧变形度对力学性能的影响

冷变形强化在生产中具有很重要的实际意义。首先，可利用冷变形强化来强化金属，提高其强度、硬度和耐磨性。尤其是对于不能用热处理方法来提高强度的金属更为重要。例如，在机械加工过程中使用冷挤压、冷轧等方法，可大大提高钢和其他材料的强度和硬度。其次，冷变形强化有利于金属进行均匀变形，这是由于金属变形部分产生了冷变形强化，使继续变形主要在金属未变形或变形较小的部分中进行，所以使金属变形趋于均匀。另外，冷变形强化可提高构件在使用过程中的安全性，若构件在工作过程中产生应力集中或过载现象，往往由于金属能产生冷变形强化，使过载部位在发生少量塑性变形后提高了屈服点，并与所承受的应力达到平衡，变形就不会继续发展，从而提高了构件的安全性。但冷变形强化使金属塑性降低，给进一步塑性变形带来困难。为了使金属材料能继续变形，必须在加工过程中安排“中间退火”以消除冷变形强化。

冷变形强化不仅使金属的力学性能发生变化，而且还使金属的某些物理和化学性能发生变化，如使金属电阻增加、耐蚀性降低等。

三、形成形变织构(或择优取向)

金属发生塑性变形时，各晶粒的位向会沿着变形方向发生转变。当变形量很大时(>70%)，各晶粒的位向将与外力方向趋于一致，晶粒趋向于整齐排列，称这种现象为择优取向，所形成的有序化结构称为形变织构。

形变织构会使金属性能呈现明显的各向异性，各向异性在多数情况下对金属后续加工或使用是不利的。例如，用有织构的板材冲制筒形零件时，由于不同方向上的塑性差别很大，

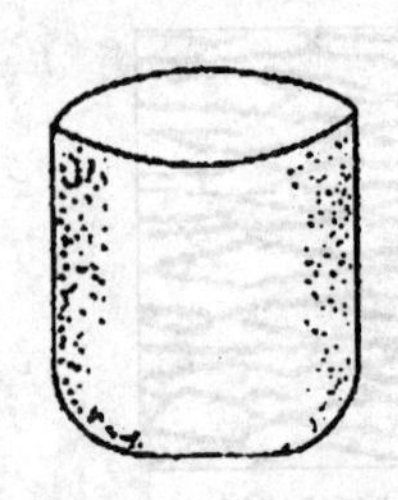
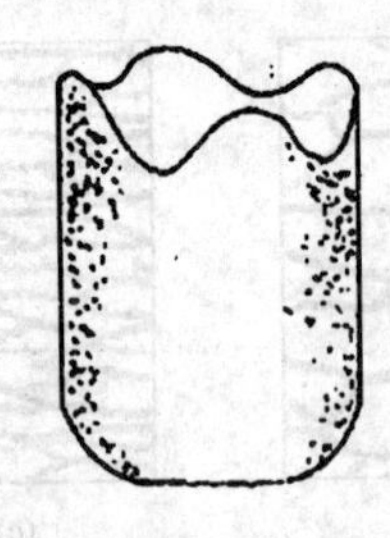

图 3－10　冲压件的制耳

使变形不均匀，导致零件边缘不齐，即出现所谓“制耳”现象，如图 3－10 所示。但织构在某些情况下是有利的，例如制造变压器铁芯的硅钢片，利用织构可使变压器铁芯的磁导率明显增加，磁滞损耗降低，从而提高变压器的效率。

形变织构很难消除。生产中为避免织构产生，常将零件的较大变形量分为几次变形来完成，并进行“中间退火”。

四、产生残留应力

残留应力是指去除外力后，残留在金属内部的应力。它主要是由于金属在外力作用下内部变形不均匀造成的。例如，金属表层和心部之间变形不均匀会形成平衡于表层与心部之间的宏观应力（或称第一类应力）；相邻晶粒之间或晶粒内部不同部位之间变形不均匀形成的微观应力（或称第二类应力）；由于位错等晶体缺陷的增加形成晶格畸变应力（或称第三类应力）。通常外力对金属做的功绝大部分（约 90% 以上）在变形过程中转化为热而散失，只有很少（约 10%）的能量转化为应力残留在金属中，使其内能升高，其中第三类应力占绝大部分，它是使金属强化的主要因素。第一类或第二类应力虽然在变形金属中占的比例不大，但在大多数情况下，不仅会降低金属的强度，而且还会因随后的应力松弛或重新分布而引起金属变形。另外，残留应力还使金属的耐蚀性降低。为消除和降低残留应力，通常要进行退火。

生产中若能合理控制和利用残留应力，也可使其变为有利因素，如对零件进行喷丸、表面滚压处理等使其表面产生一定的塑性变形而形成残留压应力，可提高零件的疲劳强度。

第三节　冷塑性变形金属加热时组织和性能的变化

冷变形后金属经重新进行加热之后，其组织和性能会发生变化。观察在不同加热温度下组织变化的特点可将变化过程分为回复、再结晶和晶粒长大三个阶段。回复是指新的无畸变晶粒出现之前所产生的亚结构和性能变化的阶段；再结晶是指出现无畸变的等轴新晶粒逐步取代变形晶粒的过程；晶粒长大是指再结晶结束之后晶粒的继续长大。冷变形金属在加热时组织和性能的变化如图 3－11 所示。随加热温度的升高，变化过程如下所述。

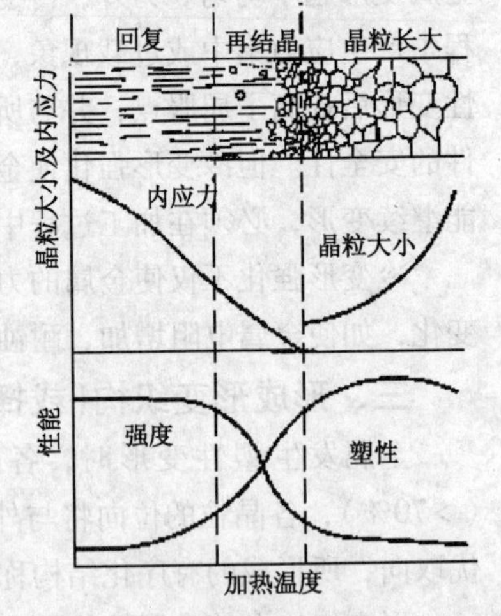

图 3－11　冷变形金属在加热时组织和性能的变化

一、回复（或称恢复）

当加热温度较低时［约为 $(0.25 \sim 0.3)\,T_{熔}$］，原子活动能力较弱，只能回复到平衡位置，冷变形金属的显微组织没有明显变化，其力学性能变化也不大，但残留应力显著降低，其物理和化学性能也基本恢复到变形前的情况，称这一阶段为“回复”。

由于回复加热温度较低，晶格中的原子仅能作短距离扩散。因此，金属内凡只需要较小能量就可开始运动的缺陷将首先移动，如偏离晶格结点位置的原子回复到结点位置，空位在回复阶段中向晶体表面、晶界处或位错处移动，使晶格结点恢复到较规则形状，晶格畸变减轻，残留应力显著降低。但因亚组织尺寸未有明显改变，位错密度未显著减少，即造成冷变形强化的主要原因尚未消除，因而力学性能在回复阶段变化不大。

生产中，利用回复现象可将已产生冷变形强化的金属在较低温度下加热，使其残留应力基本消除，而保留了其强化的力学性能，这种处理称为低温去应力退火。例如，用深冲工艺制成的黄铜弹壳，放置一段时间后，由于应力的作用，将产生变形。因此，黄铜弹壳经冷冲压后必须进行260℃左右的去应力退火。又如，用冷拔钢丝卷制的弹簧，在卷成之后要进行200～300℃的去应力退火，以消除应力使其定型。

二、再结晶

当继续升高温度时，由于原子活动能力增大，金属的显微组织发生明显的变化，破碎的、被拉长或压扁的晶粒变为均匀细小的等轴晶粒，这一变化过程也是通过形核和晶核长大方式进行的，故称再结晶。但再结晶后晶格类型没有改变，所以再结晶不是相变过程。

经再结晶后金属的强度、硬度显著降低，塑性、韧性大大提高，冷变形强化得以消除。再结晶过程不是一个恒温过程，而是在一定温度范围内进行的。通常再结晶温度是指再结晶开始的温度（发生再结晶所需的最低温度），它与金属的预先变形度及纯度等因素有关。金属的预先变形度越大，晶体缺陷就越多，则组织越不稳定，因此开始再结晶的温度越低。当预先变形度达到一定量后，再结晶温度趋于某一最低值（见图3－12），这一温度称为最低再结晶温度。实验证明，各种纯金属的最低再结晶温度与其熔点间的关系如下：

$$T_{再} \approx 0.4 T_{熔}$$

式中 $T_{再}$——纯金属的最低再结晶温度，K；

$T_{熔}$——纯金属的熔点，K。

金属中的微量杂质或合金元素（尤其是高熔点的元素），常会阻碍原子扩散和晶界迁移，从而显著提高再结晶温度。例如，纯铁的最低再结晶温度约为450℃，加入少量的碳形成低碳钢后，再结晶温度提高到500～650℃。

由于再结晶过程是在一定时间内通过原子的扩散完成的，所以提高加热速度可使再结晶在较高的温度下发生；而延长保温时间，可使原子有充分的时间进行扩散，使再结晶过程能在较低的温度下完成。

将冷塑性变形加工的工件加热到再结晶温度以上，保持适当时间，使变形晶粒重新结晶为均匀的等轴晶粒，以消除变形强化和残留应力的退火工艺称为“再结晶退火”。此退火工艺也常作为冷变形加工过程中的中间退火，以恢复金属材料的塑性，便于后续加工。为了缩短退火周期，常将再结晶退火加热温度定在最低再结晶温度以上100～200℃。

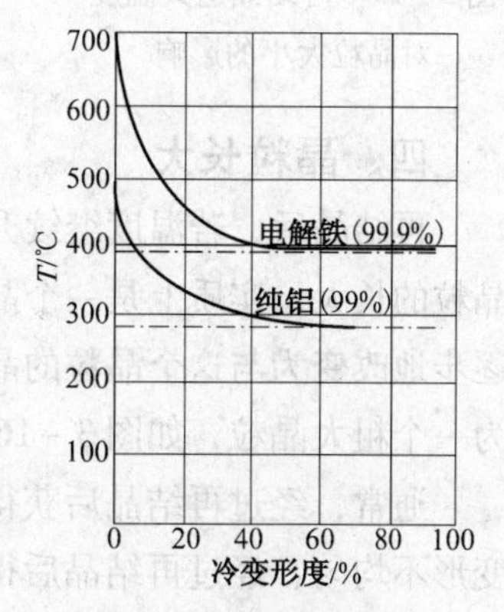

图3－12　金属的再结晶温度与变形度的关系

三、再结晶后的晶粒大小

冷变形金属经过再结晶退火后的晶粒大小，对其力学性能有很大影响。再结晶退火后的晶粒大小主要与加热温度、保温时间和退火前的变形度有关。

1. 加热温度与保温时间

再结晶退火加热温度越高，原子的活动能力越强，越有利于晶界的迁移，故退火后得到的晶粒越粗大，如图 3－13 所示。此外，当加热温度一定时，保温时间越长，则晶粒越粗大，但其影响不如加热温度大。

2. 变形度

如图 3－14 所示，当变形度很小时，由于金属的晶格畸变很小，不足以引起再结晶，故晶粒大小没有变化。当变形度在 2%～10% 范围时，由于变形度不大，金属中仅有部分晶粒发生变形，且很不均匀，再结晶时形核数目很少，晶粒大小极不均匀，因而有利于晶粒的吞并而得到粗大的晶粒，这种变形度称为临界变形度。生产中应尽量避开在临界变形度范围内加工。当变形度超过临界变形度后，随着变形度的增大，各晶粒变形越趋于均匀，再结晶时形核率越高，故晶粒越细小均匀。但当变形度大于 90% 时，晶粒又可能急剧长大，这种现象是因形变织构造成的。

为了生产中使用方便，通常将加热温度和变形度对再结晶后晶粒度的影响，用一个称为“再结晶全图”的空间图形来表示，如图 3－15 所示。再结晶全图是制定金属变形加工和再结晶退火工艺的主要依据。

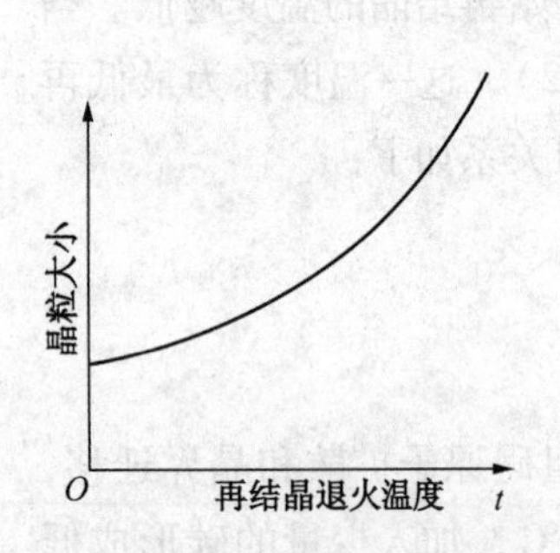

图 3－13　再结晶退火温度对晶粒大小的影响

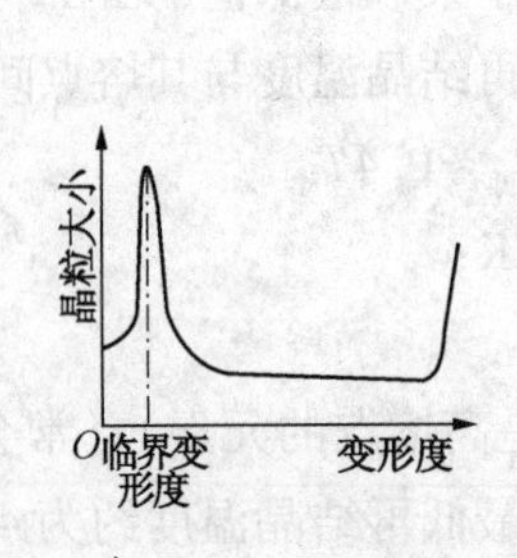

图 3－14　再结晶退火时晶粒大小与变形度的关系

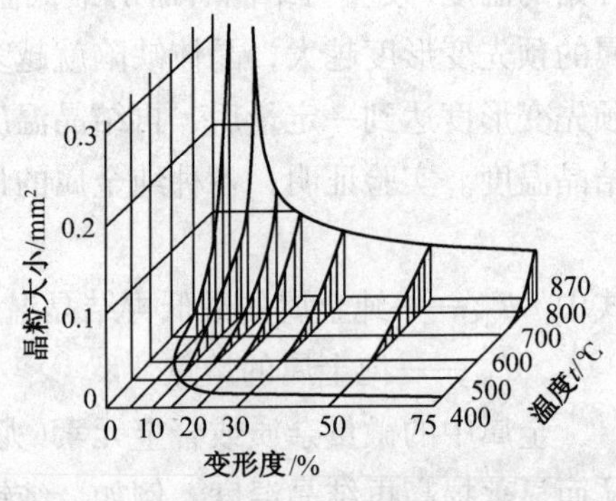

图 3－15　纯铁的再结晶全图

四、晶粒长大

再结晶后，若温度继续升高或延长保温时间，则再结晶后均匀细小的晶粒会逐渐长大。晶粒的长大，实质上是一个晶粒的边界向另一个晶粒迁移的过程，将另一晶粒中的晶格位向逐步地改变为与这个晶粒的晶格位向相同，于是另一晶粒便逐渐地被这一晶粒“吞并”而成为一个粗大晶粒，如图 3－16 所示。

通常，经过再结晶后获得均匀细小的等轴晶粒，此时晶粒长大的速度并不很快。若原来变形不均匀，经过再结晶后得到大小不等的晶粒，由于大小晶粒之间的能量相差悬殊，因此大晶粒很容易吞并小晶粒而越长越大，从而得到粗大的晶粒，使金属力学性能显著降低。晶粒的这种不均匀急剧长大现象称为“二次再结晶”。

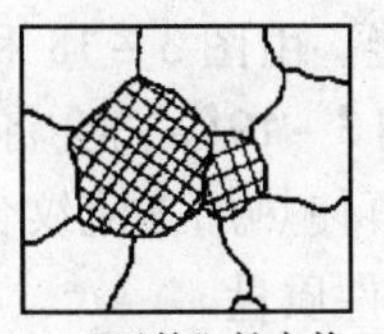

(a)“吞并”长大前的两个晶粒

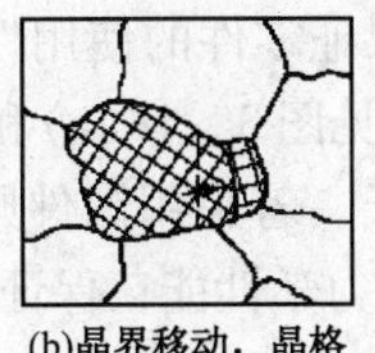

(b)晶界移动，晶格位向转向，晶界面积减小

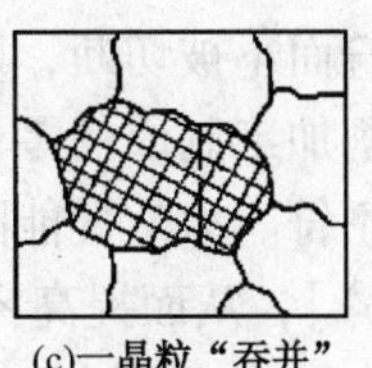

(c)一晶粒“吞并”另一晶粒而成为一个大晶粒

图 3－16　晶粒长大示意图

第四节　金属的热变形加工

一、热变形加工的概念

变形加工有冷、热之分。在再结晶温度以上进行的变形加工称为热加工；在再结晶温度以下进行的变形加工称为冷加工。例如，钨的最低再结晶温度为 1200℃，即使在稍低于 1200℃的高温下进行变形加工仍属于冷加工；铅的最低再结晶温度在 0℃以下，因此它在室温的变形加工亦属于热加工。

在再结晶温度以上变形时，要发生再结晶过程，使塑性变形造成的冷变形强化随即被再结晶产生的软化所抵消，因此金属显示不出变形强化现象。在再结晶温度以下塑性变形时，一般不发生再结晶过程，故冷塑性变形必然导致冷变形强化。

在实际的热变形加工（热锻、热轧等）过程中，往往由于变形速度快，再结晶软化过程来不及消除变形强化的影响，因而需要用提高加热温度的办法来加速再结晶过程，故生产中金属的实际热加工温度远远高于它的再结晶温度。当金属中含有少量杂质或合金元素时，热加工温度还应更高一些。

二、热变形加工对金属组织和性能的影响

热变形加工虽然不会使金属产生冷变形强化，但使金属的组织和性能发生如下变化：

（1）形成锻造流线，热变形使金属中的脆性杂质被打碎，并沿着金属主要伸长方向呈碎粒状或链状分布，塑性杂质随着金属主要伸长方向变形而呈带状分布，这样热锻后的组织就具有一定的方向性，通常称为锻造流线，也称流纹，如图 3－17 所示。从而使金属的力学性能具有各向异性。沿流纹方向的强度、塑性和韧性明显大于垂直于流纹方向的相应性能。表 3－1 为 45 钢（轧制空冷状态）的力学性能与流纹方向关系。

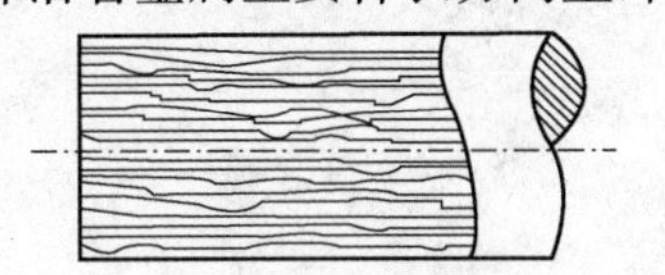

图 3－17　热变形加工的流纹示意图

表 3－1　45 钢（轧制空冷状态）的力学性能与流纹方向关系

取样方向	σ_b/MPa	σ_s/MPa	δ/%	ψ/%	A_K/J
平行流纹方向	7.15	470	17.5	62.8	49.6
垂直流纹方向	675	440	10	31	24

因此，热变形加工时，应力求使零件具有合理的流纹分布，通常零件工作时的最大正应力方向应与流纹方向平行，最大切应力方向应与流纹方向垂直，设计零件时应使流纹的分布

与零件外形轮廓相符而不被切断，以保证零件的使用性能。由图3－18和图3－19可看出，直接采用型材经切削加工制成的零件[见图3－18(a)和图3－19(a)]会将流纹切断，使零件的轮廓与流纹方向不符、力学性能降低。若采用锻件则可使热加工流纹合理分布[见图3－18(b)和图3－19(b)]，从而提高零件力学性能，保证零件质量。

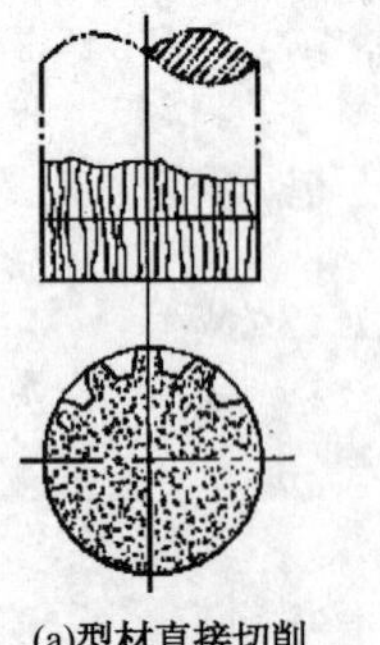

(a)型材直接切削

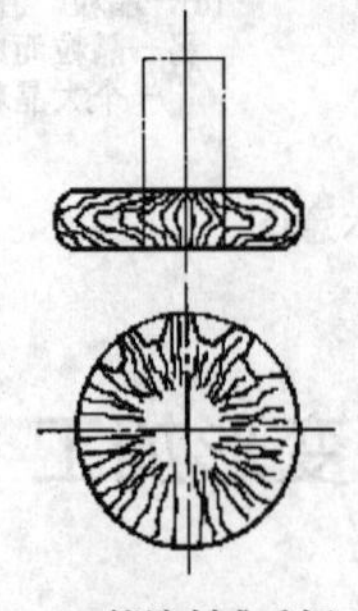

(b)锻造制成毛坯

图3－18　不同方法制成的齿轮流线分布示意图

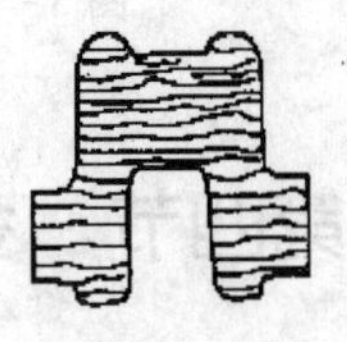

(a)型材切削加工

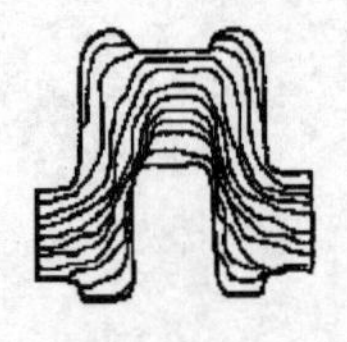

(b)锻造成形

图3－19　不同方法制成的曲轴流线分布示意图

(2) 热变形加工能使铸态金属中的粗大晶粒破碎，使晶粒细化，提高力学性能。

(3) 通过热变形加工能使铸态金属中的缩松、气孔、微裂纹等缺陷被焊合，从而提高金属的致密度和性能，见表3－2。

表3－2　碳钢铸态与锻态的力学性能比较

状态	σ_b/MPa	σ_s/MPa	δ/%	ψ/%	A_K/J
铸态	500	280	15	27	28
锻态	530	310	20	45	56

由此可见，通过热变形加工可使铸态金属件的组织和性能得到明显改善，因此凡是受力复杂、载荷较大的重要工件一般都采用热变形加工方法来制造。但应指出，只有在正确的加工工艺条件下才能改善组织和性能。例如，若热加工温度过高，便有可能形成粗大的晶粒；若热加工温度过低，则可能使金属产生冷变形强化、残留应力甚至发生裂纹等。

思考与应用

一、填空题

1. 单晶体塑性变形的基本方式是______和__________。

2. 晶粒越细小，晶界越_____，变形阻力越_____，所以强度越_____。

3. 冷变形后金属经重新加热，可将变化过程分为________、________和________三个阶段。

4. 热变形加工和冷变形加工是根据________________来划分的。

5. 在再结晶温度以上进行的变形加工称为________；在再结晶温度以下进行的变形加工称为________。

6. 热变形加工时，应力求使零件具有合理的流纹分布，应使零件工作时的最大正应力方向与流纹方向________，最大切应力方向与流纹方向_______。

7. 形成纤维组织后，金属的力学性能具有__________________。

8. 随着变形程度增加，金属强度和硬度升高，塑性和韧性下降的现象，称为________。

9. 当变形量很大时(>70%)，各晶粒的位向将与外力方向趋于一致，晶粒趋向于整齐排列，这种现象称为________，所形成的有序化结构称为________。

10. 残留应力是指去除外力后，残留在金属内部的应力。它主要是由于金属在外力作用下内部________造成的。

二、问答题

1. 什么是金属的塑性变形？塑性变形方式有哪些？

2. 冷塑性变形对金属组织和性能有什么影响？

3. 金属经热塑性变形后，其组织和性能有何变化？

4. 什么是冷、热加工？如何来界定？

三、应用题

1. 已知纯铝的熔点是660℃，黄铜的熔点是950℃。试估算纯铝和黄铜的最低再结晶温度，并确定其再结晶退火温度。

2. 用下列三种方法制成的齿轮，哪种合理？为什么？

(1) 用厚钢板切成齿坯再加工成齿轮；(2) 用钢棒切下作齿坯并加工成齿轮；(3) 用圆钢棒热镦成齿坯再加工成齿轮。

3. 假定有一铸造黄铜件，在其表面上打了数码，然后将数码锉掉，你怎样辨认这个原先打上的数码？如果数码是在铸模中铸出的，一旦被锉掉，能否辨认出来？为什么？

4. 有一块低碳钢钢板，被炮弹射穿一孔，试问孔周围金属的组织和性能有何变化？为什么？

第四章　二元合金与铁碳合金相图

本章导读：通过本章学习，学生应掌握合金、组元、相、系、固溶体、金属化合物、机械混合物的概念，了解二元合金相图的建立及典型合金结晶过程分析；掌握铁素体、奥氏体、渗碳体、珠光体、莱氏体组织形态及性能；了解相图的来源，图形中特性点、线意义，相图中各区域的相和组织分析，典型成分铁碳合金结晶过程分析及室温下组织，铁碳合金成分组织和性能间的关系。

纯金属一般具有良好的导电性、导热性和金属光泽，但其种类有限，生产成本高，力学性能低，无法满足人们对金属材料提出的多品种和高性能要求。因此，实际生产中应用的金属材料大多为合金。碳钢、合金钢、铸铁、黄铜、硬铝等都是常用的合金。

第一节　合金的晶体结构与结晶

一、合金的基本概念

合金是指由两种或两种以上的金属元素(或金属与非金属元素)组成的，具有金属特性的新物质。

组成合金最基本的、独立的物质称为组元(简称元)。组元可以是组成合金的元素，也可以是具有独立晶格的金属化合物。例如普通黄铜的组元是铜和锌，铁碳合金的组元是铁和碳等。按组元数目，合金分为二元合金、三元合金和多元合金等。

由给定组元按不同比例配制出一系列不同成分的合金，这一系列合金就构成了一个合金系。例如各种牌号的碳钢和铸铁均属于由不同铁、碳含量的合金所构成的铁碳合金系。

在纯金属或合金中，具有相同的化学成分、晶体结构和相同物理性能的组分称为相。例如纯铜在熔点温度以上或以下，分别为液相或固相，而在熔点温度时则为液、固两相共存。合金在固态下，可以形成均匀的单相组织，也可以形成由两相或两相以上组成的多相组织，这种组织称为两相或复相组织。“组织”是泛指用金相观察方法看到的由形态、尺寸不同和分布方式不同的一种或多种相构成的总体形貌。

二、合金的相结构

按合金组元间相互作用不同，合金在固态下的相结构分为固溶体和金属化合物两类。

1. 固溶体

固溶体是指合金在固态下，组元间能相互溶解而形成的均匀相。与固溶体晶格类型相同的组元称为溶剂，其他组元称为溶质。根据溶质原子在溶剂晶格中所占位置不同，固溶体分为间隙固溶体和置换固溶体。

1）间隙固溶体

间隙固溶体是指溶质原子溶入溶剂晶格的间隙中而形成的固溶体，如图 4 – 1(a)所示。

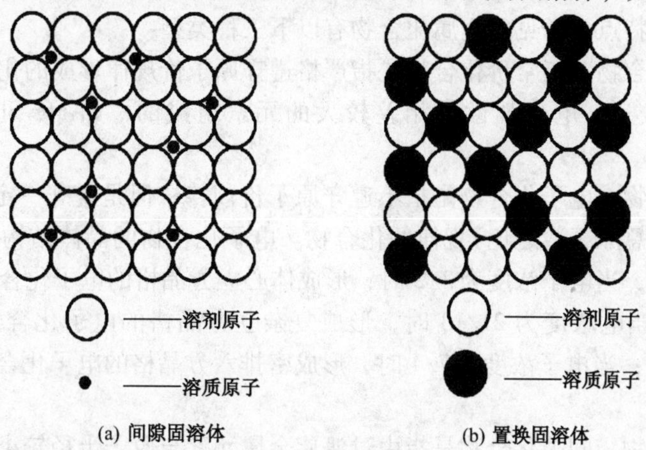

图 4 – 1　固溶体的两种类型

由于溶剂晶格的间隙有限，因此间隙固溶体都是有限固溶体。间隙固溶体形成的条件是溶质原子半径与溶剂原子半径的比值 $r_{溶质}/r_{溶剂} \leqslant 0.59$。因此，形成间隙固溶体的溶质元素通常是原子半径小的非金属元素，如碳、氮、氢、硼、氧等。

溶质原子溶入溶剂晶格中使晶格产生畸变如图(见图 4 – 2)，增加了变形抗力，因而导致材料强度、硬度提高。这种通过溶入溶质元素，使固溶体强度和硬度提高的现象称为固溶强化。

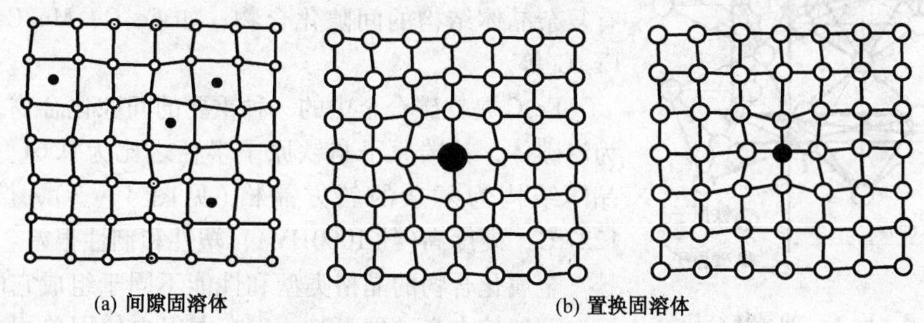

图 4 – 2　形成固溶体时的晶格畸变

固溶强化是提高合金力学性能的重要途径之一。

2）置换固溶体

置换固溶体是指溶质原子占据了部分溶剂晶格结点位置而形成的固溶体，如图 4 – 1(b)所示。

按溶解度的不同，置换固溶体又分为无限固溶体和有限固溶体两种。例如铜镍合金，铜原子和镍原子可按任意比例相互溶解，形成无限固溶体；而铜锌合金只有在锌的质量分数 $\omega_{Zn} \leqslant 39\%$ 时，锌才能全部溶入铜中形成单相的 α 固溶体。当 $\omega_{Zn} > 39\%$ 时，组织中除 α 固溶体外，还出现铜与锌形成的金属化合物。溶解度的大小主要取决于组元的晶格类型、原子半径及温度等。只有各组元的晶格类型相同，原子半径相差不大时，才有可能形成无限固溶体，否则只能形成有限固溶体。有限固溶体的溶解度还与温度有关，随温度的升高，溶解度增加。

2. 金属化合物

金属化合物是指合金组元间发生相互作用而形成的一种新相，一般可用分子式表示。根据形成条件及结构特点，常见的金属化合物有以下三种类型：

(1) 正常价化合物　正常价化合物是指严格遵守原子价规律形成的化合物，它们是由元素周期表中相距较远、电化学性质相差较大的元素组成的，如 Mg_2Si、Mg_2Sn、Mg_2Pb、Cu_2Se等。

(2) 电子化合物　电子化合物是指不遵守原子价规律，但是遵守一定的电子浓度(化合物中总价电子数与总原子数之比)规律的化合物。电子化合物的晶体结构与电子浓度有一定的对应关系。例如，当电子浓度为3/2时，形成体心立方晶格的电子化合物，称为β相，如CuZn、Cu_3Al等；当电浓度为21/13时，形成复杂立方晶格的电子化合物，称为γ相，如Cu_5Zn_8、$Cu_{31}Sn_8$等；当电子浓度为7/4时，形成密排六方晶格的电子化合物，称为ε相，如$CuZn_3$、Cu_3Sn等。

(3) 间隙化合物　间隙化合物是指由过渡族金属元素与原子半径较小的碳、氮、氢、硼等非金属元素形成的化合物。尺寸较大的金属元素原子占据晶格的结点位置，尺寸较小的非金属元素原子则有规律地嵌入晶格的间隙中。按结构特点，间隙化合物分为以下两种：

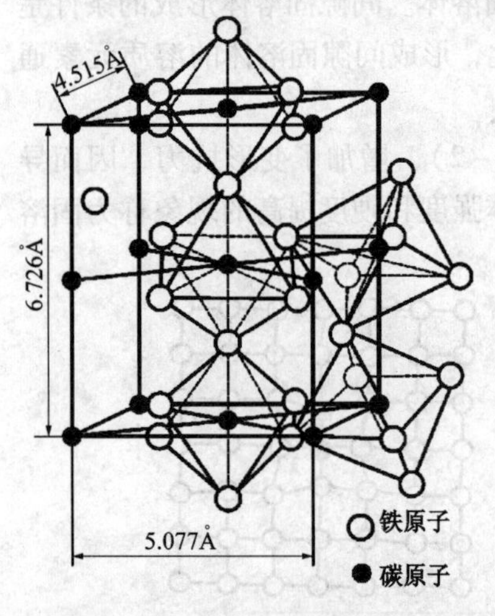

图4-3　Fe_3C　的晶体结构

① 间隙相　当非金属元素的原子半径与金属元素的原子半径的比值小于0.59时，形成具有简单晶格的间隙化合物，称为间隙相，如TiC、WC、VC等。

② 复杂晶体结构的间隙化合物　当非金属元素的原子半径与金属元素的原子半径的比值大于0.59时，形成具有复杂晶体结构的间隙化合物，如Fe_3C、Mn_3C、Cr_7C_3、$Cr_{23}C_6$等。

Fe_3C是铁碳合金中的一种重要的间隙化合物，通常称为渗碳体，其碳原子与铁原子半径之比为0.61。Fe_3C的晶体结构为复杂的斜方晶格(见图4-3)，熔点约为1227℃，硬度高(约1000HV)，塑性和韧性很差。

金属化合物的晶格类型和性能不同于组成它的任一组元，一般熔点高、硬而脆，生产中很少使用单相金属化合物的合金。但当金属化合物呈细小颗粒且均匀分布在固溶体基体上时，将使合金强度、硬度和耐磨性明显提高，这一现象称弥散强化。因此，金属化合物主要用来作为碳钢、低合金钢、合金钢、硬质合金及有色金属的重要组成相及强化相。

三、合金的结晶

合金的结晶同纯金属一样，也遵循形核与长大的规律。但由于合金成分中包含有两个及以上的组元，其结晶过程除受温度影响外，还受到化学成分及组元间相互作用等因素的影响，故结晶过程比纯金属复杂。为了解合金在结晶过程中各种组织的形成及变化规律，以掌握合金组织、成分与性能之间的关系，必须利用合金相图这一重要工具。

合金相图又称合金状态图或合金平衡图。它是表示在平衡条件下合金系中不同成分合金状态、成分和温度之间关系的图形。根据相图可以了解合金系中不同成分合金在不同温度时的组成相，还可了解合金在缓慢加热和冷却过程中的相变规律等。在生产实践中，相图可作为正确制定铸造、锻压、焊接及热处理工艺的重要依据。

1. 二元合金相图的建立

纯金属可以用冷却曲线把它在不同温度下的组织状态表示出来。所以纯金属的相图，只要用一条温度纵坐标轴就能表示。二元合金组成相的变化不仅与温度有关，而且还与合金成分有关。因此就不能简单地用一个温度坐标轴表示，必须增加一个表示合金成分的横坐标。所以二元合金相图，是以温度为纵坐标、以合金成分为横坐标的平面图形。

合金相图都是用实验方法测定出来的。下面以 Cu－Ni 二元合金系为例，说明应用热分析法测定其临界点及绘制相图的过程。

(1) 配制一系列成分不同的 Cu－Ni 合金：①100% Cu；②80% Cu＋20% Ni；③60% Cu＋40% Ni；④40% Cu＋60% Ni；⑤20% Cu＋80% Ni；⑥100% Ni。

(2) 用热分析法测出所配制的各合金的冷却曲线，如图 4－4(a)所示。

(3) 找出各冷却曲线上的临界点，如图 4－4(a)所示。由 Cu－Ni 合金系的冷却曲线可见，纯铜和纯镍的冷却曲线都有一个平台(水平线段)，这说明纯金属的结晶过程是在恒温下进行的，故只有一个临界点。其他四种合金的冷却曲线上不出现平台，但却有两个转折点，即有两个临界点。这表明四种合金都是在一个温度范围内进行结晶的。温度较高的临界点表示开始结晶温度，称为上临界点，在图上用“○”表示；温度较低的临界点表示结晶终了温度，称为下临界点，在图上用“●”表示。

(4) 将各个合金的临界点分别标注在温度－成分坐标图中相应的合金线上。

(5) 连接各相同意义的临界点，所得的线称为相界线，这样就获得了 Cu－Ni 合金相图，如图 4－4(b)所示。图中各开始结晶温度连成的相界线 $t_A K t_B$ 线称为液相线；各终了结晶温度连成的相界线 $t_A G t_B$ 线称为固相线。

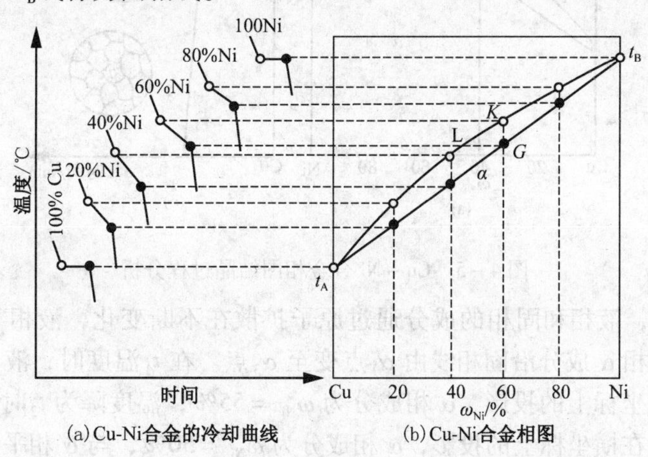

(a) Cu-Ni合金的冷却曲线　　(b) Cu-Ni合金相图

图 4－4　用热分析法测定 Cu－Ni 合金相图

2. 二元匀晶相图

凡是二元合金系中两组元在液态和固态下以任何比例均可相互溶解，即在固态下能形成无限固溶体时，该相图属于二元匀晶相图。例如 Cu－Ni、Fe－Cr、Au－Ag 等合金的相图都属于这类相图。下面就以 Cu－Ni 合金相图为例，对相图进行分析。

1) 相图分析

图 4－4(b)所示为 Cu－Ni 合金相图，图中 t_A＝1083℃ 为纯铜的熔点，t_B＝1455℃ 为纯镍的熔点。$t_A K t_B$ 为液相线，代表各种成分的 Cu－Ni 合金在冷却过程中开始结晶或在加热过

程中熔化终了的温度线；$t_A G t_B$为固相线，代表各种成分的合金冷却过程中结晶终了或在加热过程中开始熔化的温度。

液相线与固相线把整个相图分为三个相区。在液相线以上是液相区，合金处在液体状态，以"L"表示；固相线以下是单相的固溶体相区，合金处于固体状态，单相组织为 Cu 与 Ni 组成的无限固液体，以"α"表示；在液相线与固相线之间是液相 + 固相的两相共存区，即结晶区，以"L + α"表示。

2）合金结晶过程分析

由于 Cu、Ni 两组元能以任何比例形成单相 α 固溶体，因此任何成分的 Cu - Ni 合金的冷却过程都相似。现以含 40% Ni 的 Cu - Ni 合金为例，分析其结晶过程，如图 4 - 5 所示。

由图 4 - 5(a)可见，该合金的成分线与相图上液相线、固相线分别在 t_1、t_3温度时相交，这就是说，该合金是在 t_1温度时开始结晶，t_3温度时结晶结束。

因此，当合金自高温液态缓慢冷却到 t_1温度时，从液相中开始结晶出 α 固溶体，随着温度的下降，α 固溶体量不断增多，剩余液相量不断减少。直到温度降到 t_3温度时，合金结晶终了，获得了 Cu 与 Ni 组成的 α 固溶体。该合金的冷却过程可用冷却曲线和冷却过程示意图表示，如图 4 - 5(b)所示。

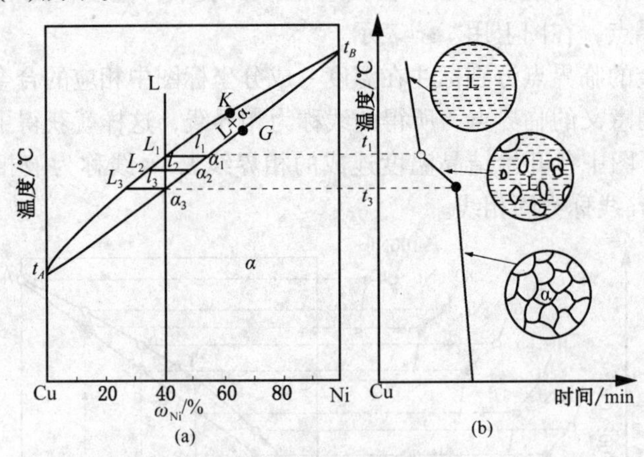

图 4 - 5　Cu - Ni 合金相图结晶过程分析

在结晶过程中，液相和固相的成分通过原子扩散在不断变化，液相 L 成分沿液相线由 L_1点变至 L_3点，固相 α 成分沿固相线由 α_1点变至 α_3点。在 t_1温度时，液、固两相的成分分别为 L_1、α_1点在横坐标上的投影，α 相成分为 ω_{Ni} = 55%；温度降为 t_2时，液、固两相的成分分别为 L_2、α_2点在横坐标上的投影，α 相成分为 ω_{Ni} = 50%，与 α 相平衡共存的剩余液相成分约为 ω_{Ni} = 30%；温度降至 t_3时，α 相成分约为 ω_{Ni} = 40%。

3）晶内偏析

如上所述只有在冷却非常缓慢和原子能充分进行扩散条件下，固相的成分才能沿固相线均匀变化，最终得到与原合金成分相同的均匀 α 相。但在生产中，一般冷却速度较快，原子来不及充分扩散，致使先结晶的固相含高熔点组元镍较多，后结晶的固相含低熔点的组元铜较多，在一个晶粒内呈现出心部含镍多，表层含镍少。这种晶粒内部化学成分不均匀的现象称为晶内偏析，又称枝晶偏析。晶内偏析会降低合金的力学性能（如塑性和韧性）、加工性能和耐蚀性。因此，生产中常采用均匀化退火的方法以得到成分均匀的固溶体。

3. 二元共晶相图

凡二元合金系中两组元在液态下能完全互溶，在固态下有限溶解形成两种不同固相，并发生共晶转变的相图属于二元共晶相图。所谓共晶转变，是指一定成分的液相，在一定温度下同时结晶出两种不同固相的转变。

两组元在液态下能完全互溶，在固态下互相有限溶解的共晶相图，称为一般共晶相图。图4－6是由A、B两组元组成的一般共晶相图。

为了便于分析，可以把图4－6分成如图4－7所示的三个部分。很明显，图4－7中左右两部分就是简单匀晶相图，中间部分就是一个简单共晶相图。

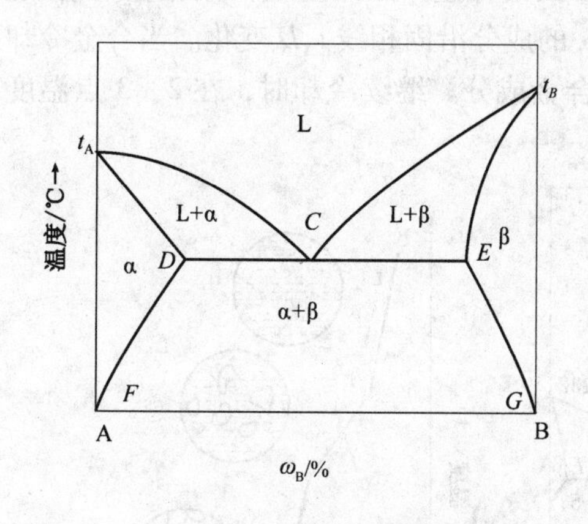

图4－6　一般共晶相图

图4－7　一般共晶相图的分析

图4－7的左边部分就是溶质B溶于溶剂A中形成α固溶体的匀晶相图，由于在固态下B组元只能有限有溶解于A组元中，且其溶解度随着温度的降低而逐渐减小，故*DF*线就是B组元在A组元中的溶解度曲线，简称为固溶线。

同理，图4－7的右边部分就是溶质A溶于溶剂B中形成β固溶体的匀晶相图，由于在固态下A组元只能有限溶解于B组元中，其溶解度也随着温度的降低而逐渐减小，故*EG*线就是A组元在B组元中的固溶线。

图4－7的中间部分是一简单共晶相图，其产生共晶转变的反应为：

$$L_C \rightleftharpoons A + B$$

而图4－6中间部分相图的左右两边却是两种有限固溶体α与β，其共晶转变的反应为：

$$L_C \rightleftharpoons \alpha + \beta$$

根据上述分析，并对照已掌握的匀晶相图，就很容易理解如图4－6所示的一般共晶相图了。图中t_A、t_B点分别为组元A与组元B的熔点；*C*点为共晶点。t_AC、t_BC线为液相线，液相在t_AC线上开始结晶出α固溶体，液相在t_BC线上开始结晶出β固溶体。t_AD、t_BE、*DCE*线为固相线；t_AD线是液相结晶成α固溶体的终了线；t_BE线是液相结晶成β固溶体的终了线；*DCE*线是共晶线，液相在该线上将发生共晶转变，结晶出(α＋β)共晶体。*DF*、*EG*线分别为α固溶体与β固溶体的固溶线。

上述相界线把整个一般共晶相图分成六个不同相区：三个单相区为液相L、α固溶体相区、β固溶体相区；三个两相区为L＋α相区、L＋β相区和α＋β相区。*DCE*共晶线是L＋α＋β三相平衡的共存线。各相区相的组成如图4－6所示。

必须指出，在固态下两组元完全互不溶解的情况是不存在的，一般相互间总是或多或少地存在着一定的溶解度。因此，共晶相图的主要形式属于一般共晶相图。属于一般共晶相图的有 Pb－Sn、Pb－Sb、Al－Si、Ag－Cu 等二元合金。

4. 典型合金的结晶过程分析

如图 4－8 所示为 Pb－Sn 二元合金相图。现以图中所给出的四个典型合金为例分析其结晶过程与组织。

1）含 Sn 量小于 *D* 点的合金的结晶过程

合金Ⅰ含 Sn 量小于 *D* 点，其冷却曲线及结晶过程如图 4－9 所示。这类合金在 3 点以上结晶过程与匀晶相图中的合金结晶过程一样，当合金由液相缓冷到 1 点时，从液相中开始结晶出 Sn 溶于 Pb 的 α 固溶体，随着温度的下降，α 固溶体量不断增多，而液相量不断减少。随温度下降，液相成分沿液相线 $t_A C$ 变化，固相 α 的成分沿固相线 $t_A D$ 变化。当合金冷却到 2 点时，液相全部结晶成 α 固溶体，其成分为原合金成分。继续冷却时，在 2～3 点温度范围内，α 固溶体不发生变化。

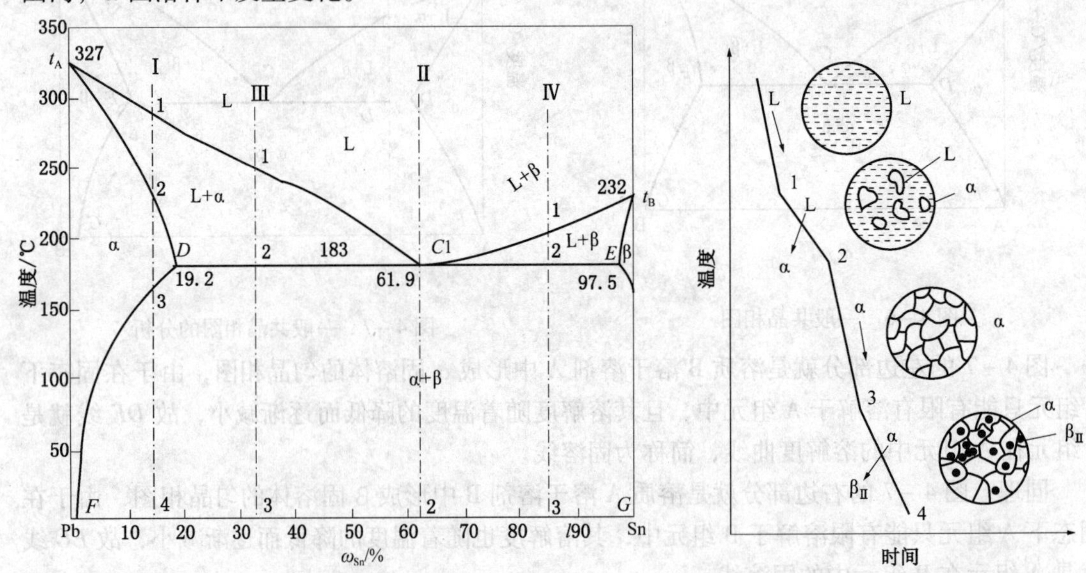

图 4－8　Pb－Sn 合金相图　　　图 4－9　合金Ⅰ的冷却曲线及结晶过程

当合金冷却到 3 点时，Sn 在 Pb 中溶解度已达到饱和。温度再下降到 3 点以下，Sn 在 Pb 中溶解度已过饱和，故过剩的 Sn 以 β 固溶体的形式从 α 固溶体中析出。随着温度的下降，α 和 β 固溶体的溶解度分别沿 *DF* 和 *EG* 两条固溶线变化，因此从 α 固溶体中不断析出 β 固溶体。为了区别于从液相中结晶出的固溶体，现把从固相中析出的固溶体称为次生相，并以“$\beta_{Ⅱ}$”表示。所以合金Ⅰ的室温组织应为 α 固溶体＋$\beta_{Ⅱ}$ 固溶体，如图 4－10 所示。图中黑色基体为 α 固溶体，白色颗粒为 $\beta_{Ⅱ}$ 固溶体。

图 4－10　Sn－b 组织

所有成分在 *D* 点与 *F* 点间的合金，其结晶过程与合金Ⅰ相似，其室温下显微组织都是由 α＋$\beta_{Ⅱ}$ 组成。只是两相的相对量不同，合金成分越靠近点 *D* 点，室温时 $\beta_{Ⅱ}$ 量越多。

图 4－8 中成分位于 *E* 点和 *G* 点间的合金，其结晶过程与合金Ⅰ基本相似，但从液相结晶出来的是 Pb 溶于 Sn 中的 β 固溶体，当温度降到合金线与 *EG* 固溶线相交点时，开始从 β 中析出 $\alpha_{Ⅱ}$，所以室温组织为 β 固溶体＋$\alpha_{Ⅱ}$ 固溶体。

2）含 Sn 量为 C 点的合金的结晶过程

图4－8 中 C 点是共晶点，故成分为 C 点的合金也称为共晶合金。共晶合金Ⅱ的冷却曲线及结晶过程如图4－11 所示。当合金缓慢冷却到1点(C 点)时，液相将发生共晶转变，即从成分为 C 的液相中同时结晶出成分为 D 的 α 固溶体和成分 E 的 β 固溶体。由于该点又是在固相线(共晶线)上，因此共晶转变必然是在恒温下进行的，直到液相完全消失为止。显然，在冷却曲线上必然会出现一个代表恒温结晶的水平台阶1－1′，此时共晶转变的反应式为：

$$L_C \rightleftharpoons \alpha_d + \beta_E$$

这时所获得的($\alpha_D + \beta_E$)的细密机械混合物，就是共晶组织或共晶体。

在1点以下，共晶转变结束，液相完全消失，合金进入共晶线以下 α＋β 的两相区。这时，随着温度的下降，α 和 β 的溶解度分别沿着各自的固溶线 DF、EG 线变化，因此，自 α 中要析出 $\beta_{Ⅱ}$；自 β 中要析出 $\alpha_{Ⅱ}$。由于从共晶体中析出量较少，一般可不予考虑。所以共晶合金Ⅱ的室温组织应为($\alpha_F + \beta_G$)共晶体，如图4－12 所示。图中黑色的 α 固溶体与白色的 β 固溶体呈交替分布。

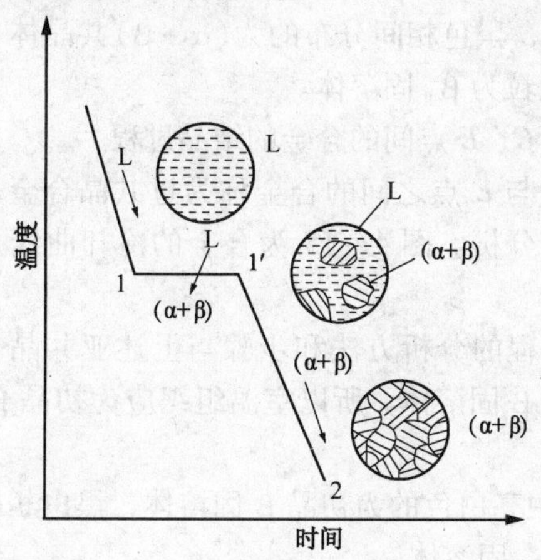

图4－11　合金Ⅱ的冷却曲线及结晶过程

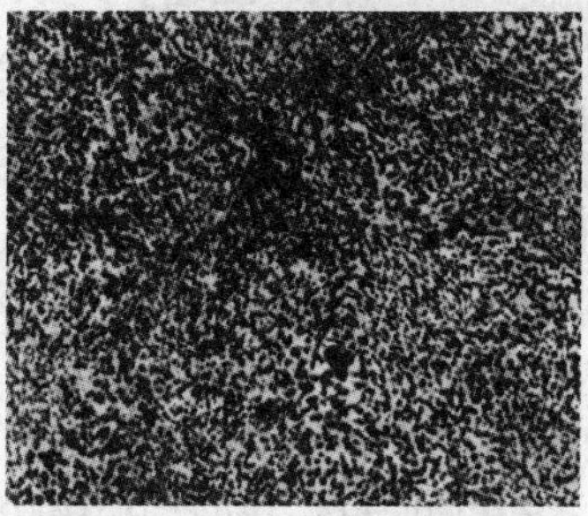

图4－12　Pb－Sn 共晶合金的室温组织(100×)

3）含 Sn 量在 C、D 点间的合金的结晶过程

合金成分在 C 点与 D 点之间的合金，称为亚共晶合金。现以合金Ⅲ为例进行分析。图4－13为合金Ⅲ的冷却曲线及结晶过程。

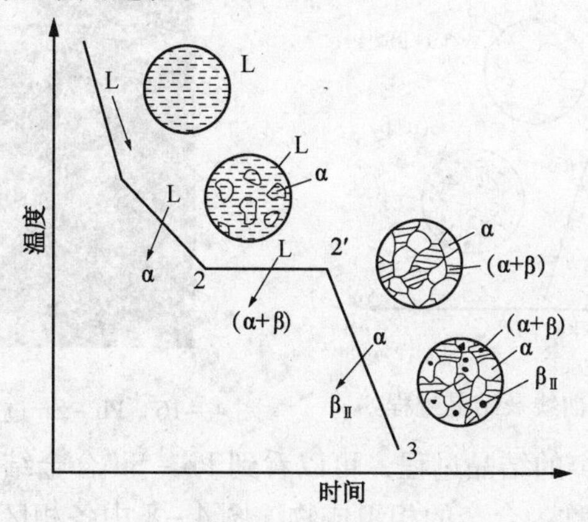

图4－13　合金Ⅲ的冷却曲线及结晶过程

当合金缓冷到1点时，开始从液相中结晶出α固溶体，随着温度的下降，α固溶体的量不断增多，剩余的液相量不断减少。与此同时，α固溶体的成分沿固相线$t_A D$向D点变化，液相成分沿液相线$t_A C$由1点向C点变化。当温度下降到2点(共晶温度)时，α固溶体的成分为D点成分，而剩余液相的成分达到C点成分(共晶成分)，即这时剩余的液相已具备了进行共晶转变的温度与成分条件，因而在2点就发生共晶转变。显然，冷却曲线上也必定出现一个代表共晶转变的水平台阶2－2′，直到剩余的液体完全变成共晶体时为止。

在共晶转变以前，由液相中已经先结晶出α固溶体，这种先结晶的相叫做先共晶相，或称为初晶。因此，共晶转变完毕后的亚共晶合金的组织应为初晶α＋共晶体(α＋β)。

当合金冷却到2点温度以下时，由于α和β的溶解度分别沿着DF、EG线变化，故分别从α和β中析出α_{II}和β_{II}两种次生相，但是由于前述原因，共晶体中次生相可以不予考虑，而只需考虑从初晶α中析出的β_{II}。所以亚共晶合金Ⅲ的室温组织应为初晶α_F＋次生β_{II}＋共晶($\alpha_F+\beta_G$)。

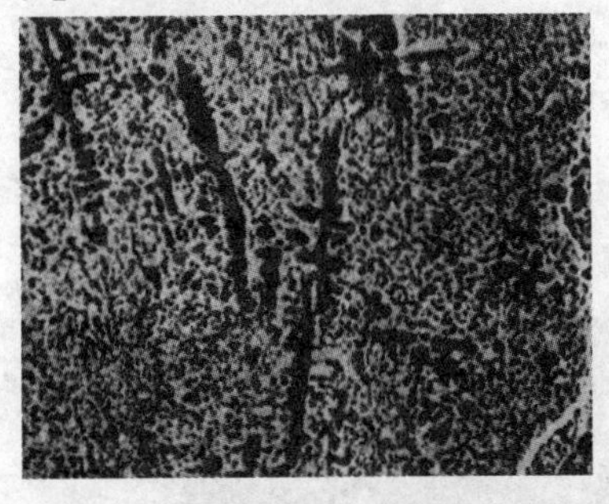

图4－14　Pb－Sn亚共晶合金的室温组织(100×)

图4－14为Pb－Sn亚共晶合金显微组织，图中黑色树枝状为初晶固溶体，黑色相间分布的为(α＋β)共晶体，初晶α内的白色小颗粒为β_{II}固溶体。

4) 含Sn量在C、E点间的合金的结晶过程

合金成分C点与E点之间的合金称为过共晶合金。现以合金Ⅳ为例进行分析。图4－15为合金的冷却曲线及结晶过程。

过共晶合金过程的分析方法和步骤与上述亚共晶合金类似，只是初晶为β固溶体。所以室温组织应为初晶β_G＋次生α_{II}＋共晶($\alpha_F+\beta_G$)。

图4－16为Pb－Sn过共晶合金显微组织，图中亮白色的为初晶β固溶体，黑白相间分布的为(α＋β)共晶体，初晶β内的黑色小颗粒为α_{II}固溶体。

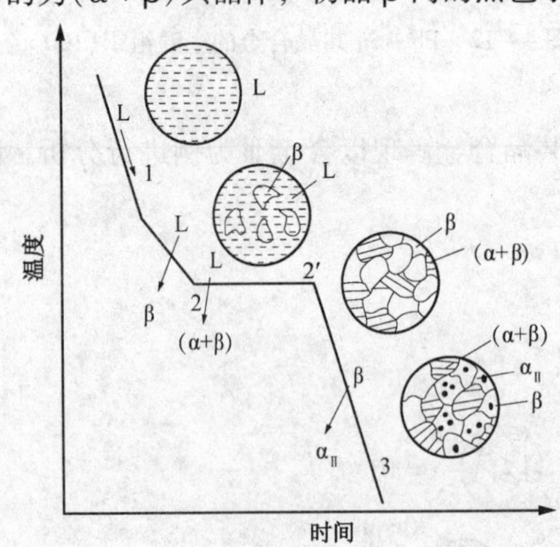

图4－15　合金Ⅳ的冷却曲线及结晶过程

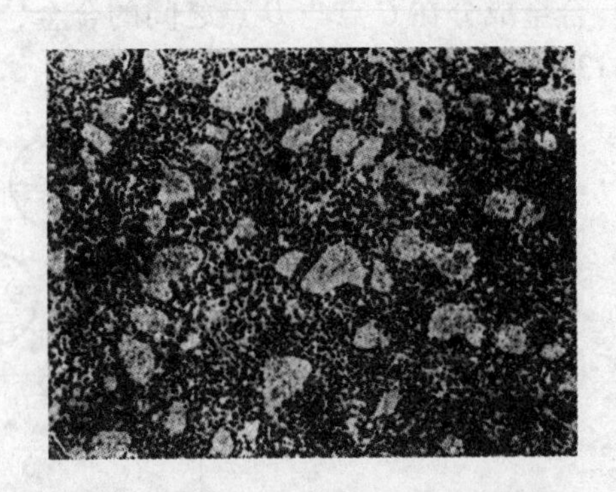

图4－16　Pb－Sn过共晶合金的室温组织(100×)

综合上述几种类型合金的结晶过程，可以看到Pb－Sn合金结晶所得的组织中仅出现了α、β两相，因此α、β相称为合金的相组成物。图4－8中各相区组织就是以合金的相组成物填写的。

第二节　铁碳合金基本组织

钢铁是现代工业中应用最广泛的金属材料，其基本组元是铁和碳，故统称为铁碳合金。由于碳的质量分数大于6.69%时，铁碳合金的脆性很大，已无实用价值。所以，实际生产中应用的铁碳合金其碳的质量分数均在6.69%以下。

铁碳合金在液态时，铁和碳可以无限互溶，在固态时碳能溶解于铁的晶格中，形成间隙固溶体。当含量超过铁的溶解度时，多余的碳与铁形成化合物（Fe_3C）。此外，还可以形成由固溶体与化合物组成的机械混合物。铁碳合金的基本组织有五种：铁素体、奥氏体、渗碳体、珠光体和莱氏体。

一、铁素体

碳溶入 $\alpha-Fe$ 中形成的间隙固溶体称为铁素体，用符号 F 表示。铁素体具有体心立方晶格，这种晶格的间隙分布较分散，间隙尺寸很小，溶碳能力较差，在727℃时碳的溶解度最大为0.0218%，而在室温时只有0.0008%。铁素体的塑性、韧性很好（$\delta=30\%\sim50\%$，$\alpha_{KU}=160\sim200J/cm^2$），但强度、硬度较低（$\sigma_b=180\sim280MPa$，$\sigma_s=100\sim170MPa$，硬度为50～80HBS）。铁素体的显微组织呈明亮的多边形晶粒，晶界曲折，如图4－17所示。

二、奥氏体

碳溶入 $\gamma-Fe$ 中形成的间隙固溶体称为奥氏体，用符号 A 表示。奥氏体具有面心立方晶格，其致密度较大，晶格间隙的总体积虽较铁素体小，但其分布相对集中，单个间隙的体积较大，所以 $\gamma-Fe$ 的溶碳能力比 $\alpha-Fe$ 大，727℃时溶解度为0.77%，随着温度的升高，溶碳量增多，1148℃时其溶解度最大为2.11%。

奥氏体常存在于727℃以上，是铁碳合金中重要的高温相，其强度和硬度不高，但塑性和韧性很好（$\sigma_b\approx400MPa$，$\delta\approx40\%\sim50\%$，硬度为160～200HBS），易锻压成形。奥氏体的显微组织与铁素体的显微组织相似，呈多边形晶粒，但是晶界较铁素体平直，如图4－18所示。

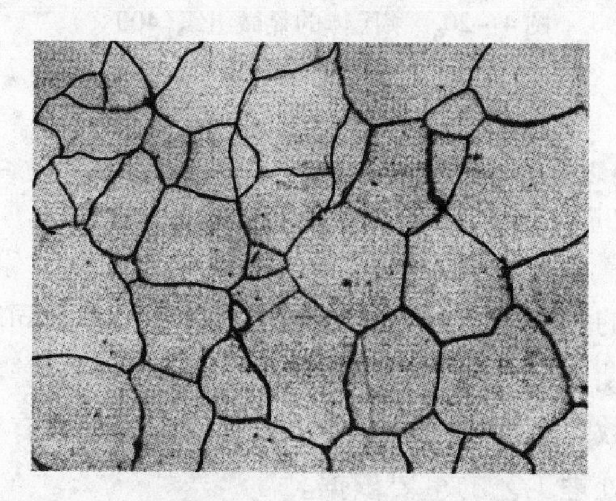

图4－17　铁素体的显微组织（200×）

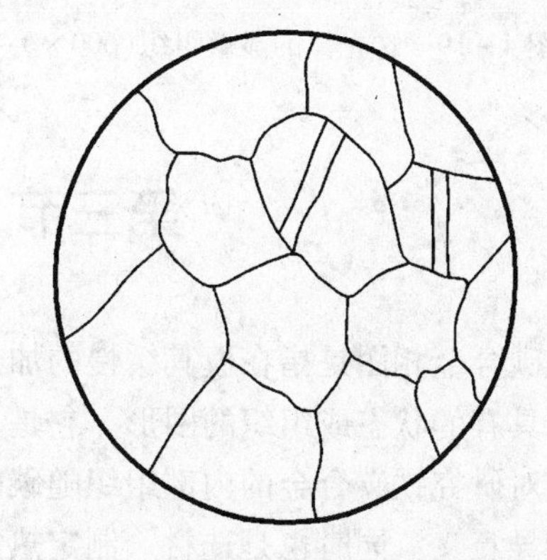

图4－18　奥氏体的显微组织示意图

三、渗碳体

渗碳体是铁和碳组成的金属化合物，具有复杂斜方晶格，常用化学分子式 Fe_3C 表示。

渗碳体中碳的质量分数为6.69%，熔点为1227℃，渗碳体硬度很高，约为800HBW，塑性和韧性极低($\delta \approx 0$，$\alpha_{KU} \approx 0$)，脆性大。渗碳体不能单独存在，在钢中总是和铁素体或奥氏体一起构成机械混合物，是钢中的主要强化相。其数量、形状、大小及分布状况对钢的性能影响很大。

四、珠光体

珠光体是由铁素体和渗碳体组成的机械混合物，在显微镜下呈现明显的层片状，用符号P表示。珠光体中碳的质量分数平均为0.77%，由于珠光体组织是由软的铁素体和硬的渗碳体组成，因此，它的性能介于铁素体和渗碳体之间，具有较高的强度(σ_b = 770MPa)和塑性(δ = 20% ~25%)，硬度适中(180HBS)。珠光体的显微组织示意图如图4-19所示。

五、莱氏体

莱氏体是指高碳的铁碳合金在凝固过程中发生共晶转变所形成的奥氏体和渗碳体所组成的机械混合物。碳的质量分数为4.3%的液态铁碳合金，冷却到1148℃时将同时从液体中结晶出奥氏体和渗碳体的机械混合物，用符号Ld表示。莱氏体是共晶转变的产物。由于莱氏体中的奥氏体在727℃时转变为珠光体，所以，在室温时莱氏体是由珠光体和渗碳体所组成。为了区别起见，将727℃以上存在的莱氏体称为高温莱氏体(Ld)；在727℃以下存在的莱氏体称为低温莱氏体(Ld′)，或称变态莱氏体。莱氏体的性能与渗碳体相似，硬度很高，塑性很差，脆性大。莱氏体的显微组织可以看成是在渗碳体的基体上分布着颗粒状的奥氏体(或珠光体)。莱氏体的显微组织示意图如图4-20所示。

图4-19 珠光体的显微组织(600×)

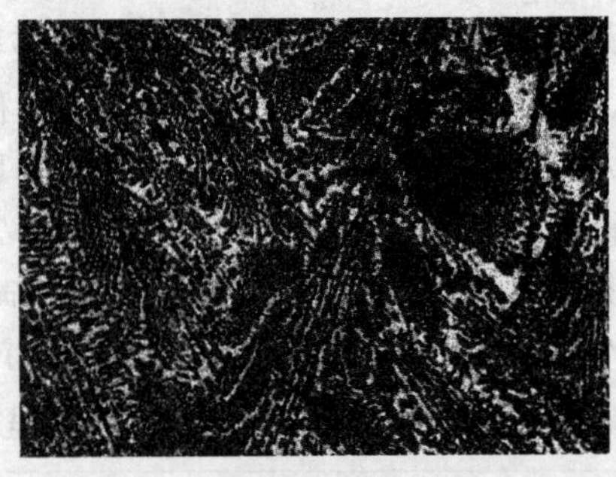

图4-20 莱氏体的显微组织(400×)

第三节 铁碳合金相图

铁碳合金相图是指在极其缓慢的加热或冷却的条件下，不同成分的铁碳合金，在不同温度下所具有的状态或组织的图形。它是人们在长期生产实践和科学实验中不断总结和完善起来的，对研究铁碳合金的内部组织随碳的质量分数、温度变化的规律以及钢的热处理等有重要的指导意义。同时也是选材、制定热加工及热处理工艺的重要依据。

由于碳的质量分数超过6.69%的铁碳合金脆性很大，无实用价值，所以，对铁碳合金相图仅研究Fe-Fe_3C部分。此外，在相图的左上角靠近δ-Fe部分还有一部分高温转变，由于实用意义不大，将其简化。简化后的Fe-Fe_3C相图如图4-21所示。在图中，纵坐标表示温度，横坐标表示碳的质量分数 ω_C。横坐标上的左端点 $\omega_C=0\%$，即纯铁；右端点 $\omega_C=6.69\%$，即 Fe_3C；横坐标上任意一点代表一种成分的铁碳合金。状态图被一些特性点、线划分为几个区域，分别标明了不同成分的铁碳含金在不同温度时的相组成。如碳的质量分数为 0.45% 的铁碳合金，其组织在 1000℃ 时为奥氏体，在 727℃ 以下时为铁素体和渗碳体。

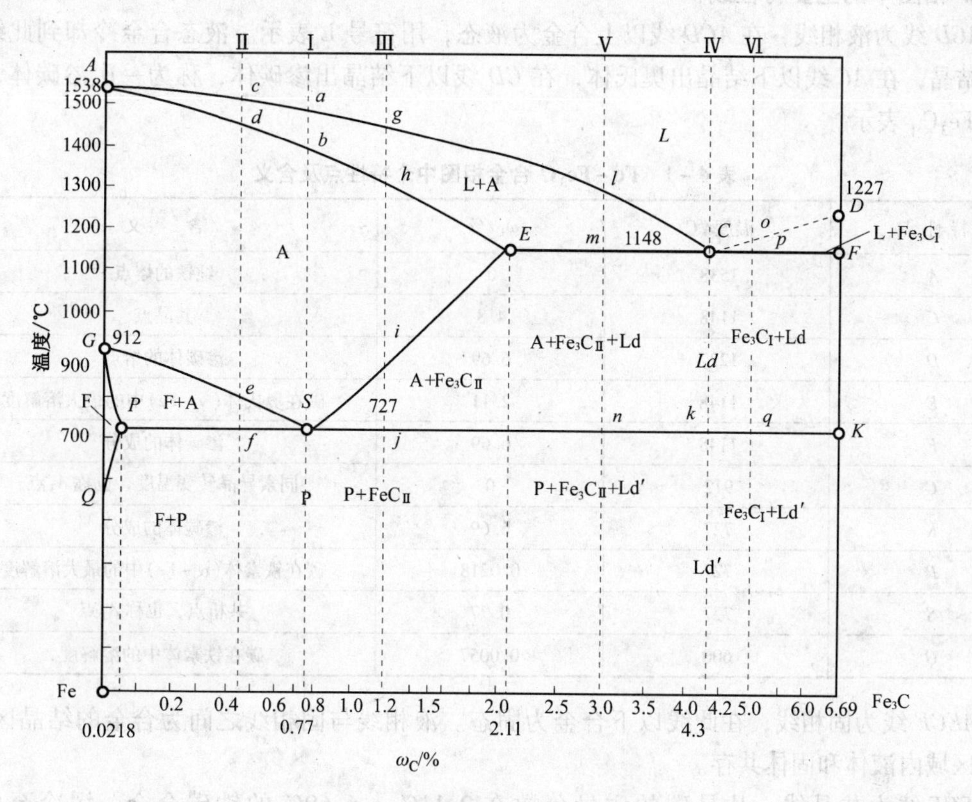

图 4－21 简化的 $Fe-Fe_3C$ 相图

一、$Fe-Fe_3C$ 相图分析

1. 相图中的主要特性点

A 点表示纯铁的熔点，其值为 1538℃。

C 点称为共晶转变点，简称为共晶点，表示质量分数为 4.30% 的液态铁碳合金冷却至 1148℃时，发生共晶反应，同时结晶出两种不同晶格类型的奥氏体和渗碳体，即莱氏体 Ld。其反应为：

$$L_C \xrightleftharpoons{1148℃} Ld(A_E+Fe_3C)$$

D 点表示渗碳体的熔点，其值为 1227℃。

E 点表示当温度 1148℃时，碳在 γ－Fe 中的溶解度为最大，最大溶解度为 2.11%。

G 点为纯铁的同素异晶转变点，表示纯铁在 912℃发生同素异晶转变，即

$$\alpha\text{铁} \xrightleftharpoons{912℃} \gamma\text{铁}$$

S 点称为共析点，表示碳的质量分数为 0.77% 的铁碳合金冷却到 727℃时发生共析转变，即奥氏体同时析出铁素体和渗碳体，即珠光体。其反应为：

$$A_S \xrightleftharpoons{720℃} P(F_P+Fe_3C)$$

这种由某种合金固溶体在恒温下同时析出两种不同晶体的过程称为共析反应。发生共析反应的温度称为共析温度，发生共析反应的成分称为共析成分。

Q 点表示温度在600℃时，碳在 γ－Fe 中的溶解度为0.0057%。

$Fe-Fe_3C$ 相图中主要特性点的温度、成分及其含义如表4－1所示。

2. 相图中的主要特性线

ACD 线为液相线，在 *ACD* 线以上合金为液态，用符号 L 表示。液态合金冷却到此线时开始结晶，在 *AC* 线以下结晶出奥氏体，在 *CD* 线以下结晶出渗碳体，称为一次渗碳体，用符号 Fe_3C_{I} 表示。

表4－1　$Fe-Fe_3C$ 合金相图中个特性点及含义

特性点	温度/℃	ω_C/%	含　义
A	1538	0	纯铁的熔点
C	1148	4.3	共晶点
D	1227	6.69	渗碳体的熔点
E	1148	2.11	碳在奥氏体(γ－Fe)中的最大溶解度
F	1148	6.69	渗碳体的成分
G	912	0	同素异晶转变温度，也称 A_3 点
K	727	6.69	渗碳体的成分
P	727	0.0218	碳在铁素体(α－Fe)中的最大溶解度
S	727	0.77	共析点，也称 A_1 点
Q	600	0.0057	碳在铁素体中的溶解度

AECF 线为固相线，在此线以下合金为固态。液相线与固相线之间为合金的结晶区域，这个区域内液体和固体共存。

ECF 线为共晶线，凡是碳的质量分数在2.11%～6.69%的铁碳合金，缓冷至此线(1148℃)时，均发生共晶反应，结晶出奥氏体 A 与渗碳体 Fe_3C 混合物，即莱氏体 Ld。

PSK 线为共析线，又称 A_1 线，凡是碳质量分数大于0.0218%的铁碳含金，缓冷至此线(727℃)时，均发生共析反应，产生出珠光体 P。

ES 线为碳在 γ－Fe 中的溶解度线，又称 A_{cm} 线，即碳质量分数大于0.77%的铁碳合金，由高温缓冷时，从奥氏体中析出渗碳体的开始线，此渗碳体称为二次渗碳体 Fe_3C_{II}，或缓慢加热时二次渗碳体溶入奥氏体的终止线。

PQ 线为碳在 α－Fe 中的溶解度线，在727℃时，碳在铁素体中的最大溶解度为0.0218%(*P* 点)，随温度降低，溶碳量减少，至600℃时，碳的质量分数等于0.006%。因此，铁素体从727℃缓冷至600℃时，其多余的碳将以渗碳体的形式析出，此渗碳体称为三次渗碳体 Fe_3C_{III}。

GS 线又称 A_3 线，即碳的质量分数小于0.77%的铁碳合金，缓冷时从奥氏体中析出铁素体的开始线，或缓慢加热时铁素体转变为奥氏体的终止线。

3. 相图中各相区组织

简化后的 $Fe-Fe_3C$ 相图中有四个单相区：*ACD* 以上—液相区(L)，*AESG*—奥氏体相区(A)，*GPQ*—铁素体相区(F)，*DFK*—渗碳体相区(Fe_3C)。有五个两相区，这些两相区分别存在于相邻的两个单相区之间，它们是：L + A、L + Fe_3C、A + F、A + Fe_3C、F + Fe_3C。此外共晶转变线 *ECF* 及共析转变线 *PSK* 分别看作三相共存的“特区”。

二、铁碳合金的分类

根据碳的质量分数和室温组织的不同，可将铁碳合金分为以下三类：

（1）工业纯铁 $\omega_C \leqslant 0.0218\%$。

（2）钢 $0.0218\% < \omega_C \leqslant 2.11\%$。根据室温组织的不同，钢又可分为三种：共析钢（$\omega_C = 0.77\%$）、亚共析钢（$\omega_C = 0.0218\% \sim 0.77\%$）、过共析钢（$\omega_C = 077\% \sim 2.11\%$）。

（3）白口铸铁　$2.11\% < \omega_C < 6.69\%$。根据室温组织的不同，白口铁又可分为三种：共晶白口铁（$\omega_C = 4.3\%$）、亚共晶白口铁（$\omega_C = 2.11\% \sim 4.3\%$）、过共晶白口铁（$\omega_C = 4.3\% \sim 6.69\%$）。

三、典型铁碳合金的结晶过程及组织

1. 共析钢的结晶过程及组织

图 4－21 中合金Ⅰ为 $\omega_C = 0.77\%$ 的共析钢。共析钢在 *a* 点温度以上为液体状态（L）。当缓冷到 *a* 点温度时，开始从液态合金中结晶出奥氏体（A），并随着温度的下降，奥氏体量不断增加，剩余液体的量逐渐减少，直到 *b* 点以下温度时，液体全部结晶为奥氏体。*b* 点 ~ *s* 点温度间为单一奥氏体的冷却，没有组织变化。继续冷却到 *s* 点温度（727℃）时，奥氏体发生共析转变形成珠光体（P）。在 *s* 点以下直至室温，组织基本不再发生变化，故共析钢的室温组织为珠光体（P）。共析钢的结晶过程如图 4－22 所示。

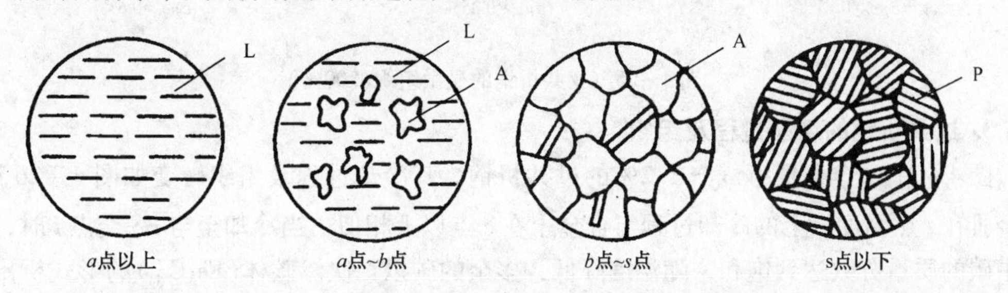

图 4－22　共析钢结晶过程示意图

珠光体的显微组织如图 4－23 所示。在显微镜放大倍数较高时，能清楚地看到铁素体和渗碳体呈片层状交替排列的情况。由于珠光体中渗碳体量较铁素体少，因此渗碳体层片较铁素体层片薄。在图片中，层片方向相同的部分，可以认为是一个晶粒。由于晶粒的位向各不相同，所以珠光体的层片方向、形状也各不相同。

图 4－23　珠光体的显微组织（500×）

2. 亚共析钢的结晶过程及组织

图 4－21 中合金Ⅱ为 $\omega_C = 0.45\%$ 的亚共析钢。合金Ⅱ在 *e* 点温度以上的结晶过程与共析钢相同。当降到 *e* 点温度时，开始从奥氏体中析出铁素体。随着温度的下降，铁素铁量不断增多，奥氏体量逐渐减少，铁素体成分沿 *GP* 线变化，奥氏体成分沿 *GS* 线变化。当温度降到 *f* 点（727℃）时，剩余奥氏体碳的质量分数达到 0.77%，此时奥氏体发生共析转变，形成珠光体，而先析出的铁

素体保持不变。这样，共析转变后的组织为铁素体和珠光体组成。温度继续下降，组织基本不变。室温组织仍然是铁素体和珠光体(F+P)。其结晶过程如图4－24所示。

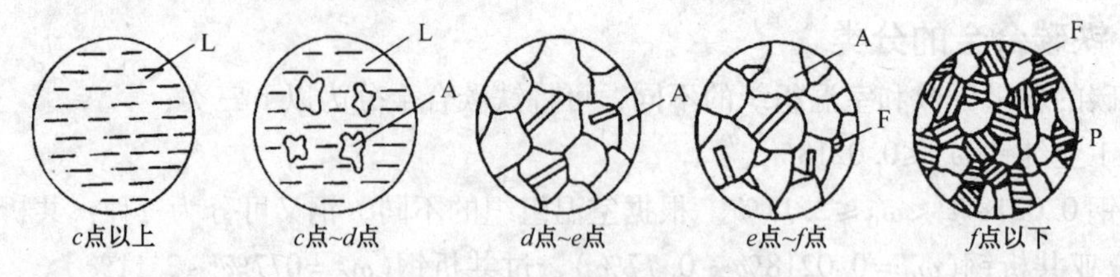

图4－24　亚共析钢结晶过程示意图

所有亚共析钢的室温组织都是由铁素体和珠光体组成，只是铁素体和珠光体的相对量不同。随着含碳量的增加，珠光体量增多，而铁素体量减少。其显微组织如图4－25所示，图中白色部分为铁素体，黑色部分为珠光体，这是因为放大倍数较低，无法分辨出珠光体中的层片结构，故呈黑色。

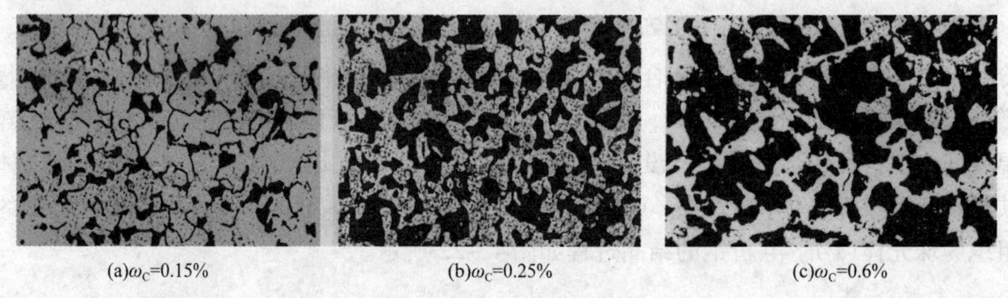

图4－25　亚共析钢的显微组织(200×)

3. 过共析钢的结晶过程及组织

图4－21中合金Ⅲ为$\omega_C=1.2\%$的过共析钢。其冷却过程及组织转变如图4－26所示，合金Ⅲ在i点温度以上的冷却过程与合金Ⅰ在e点以上相似。当冷却至与ES交点i时，奥氏体中碳的质量分数达到饱和，随温度降低，多余的碳以二次渗碳体(Fe_3C_{II})的形式析出，并以网状形式沿奥氏体晶界分布。随温度降低，渗碳体量不断增多，而奥氏体量逐渐减少，其成分沿ES线向共析成分接近。当冷却至与PSK线的交点S时，达到共析成分($\omega_C=0.77\%$)的剩余奥氏体发生共析反应，转变为珠光体。温度再继续下降，其组织基本不发生转变。故其室温组织是珠光体与网状渗碳体。过共析钢($\omega_C=1.2\%$)的显微组织如图4－27所示。图中呈片状黑白相间的组织为珠光体，白色网状组织为二次渗碳体。

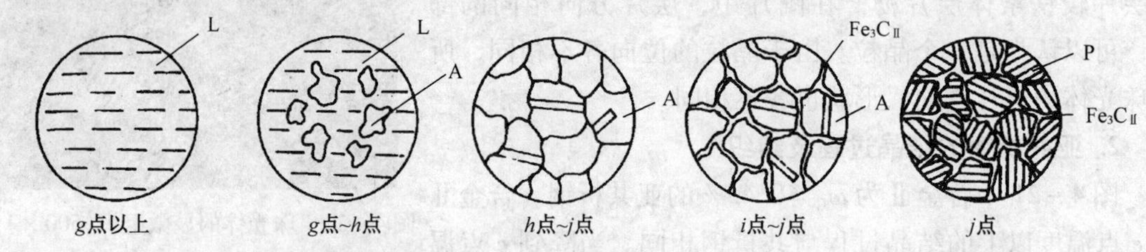

图4－26　过共析钢结晶过程示意图

所有过共折钢的冷却过程都与合金Ⅲ相似，其室温组织是珠光体与网状二次渗碳体。但随碳的质量分数的增加，珠光体量逐渐减少，二次渗碳体量逐渐增多。

二次渗碳体以网状分布在晶界上，因其脆性大，将明显降低钢的强度和韧性。因此．过共析钢在使用之前，应采用热处理等方法消除网状二次渗碳体。

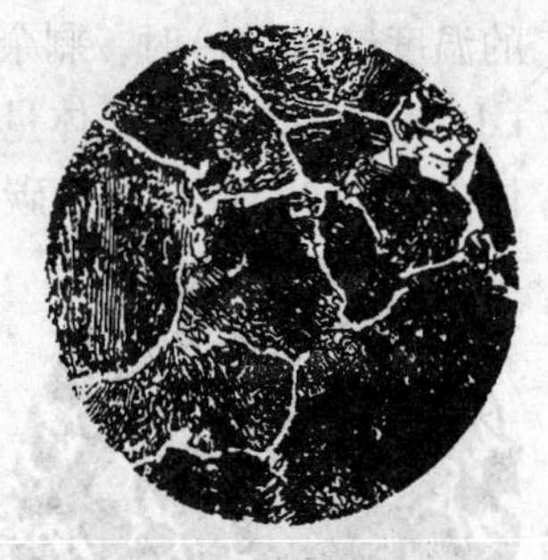
图 4－27 过共析钢的显微组织（500×）

4. 共晶白口铁的结晶过程及组织

图 4－21 中合金Ⅳ为 $\omega_C=4.3\%$ 的共晶白口铸铁，其冷却过程及其组织转变如图 4－28 所示。合金温度在与液相线 *AC* 的交点 *C* 以上时全部为液相（L），当缓冷至 *C* 点的温度（1148℃）时，液态合金发生共晶反应，同时结晶出成分为 *E* 点的共晶奥氏体（A）和成分为 *F* 点的共晶渗碳体，即莱氏体 Ld。继续冷却，从共晶奥氏体中开始析出二次渗碳体（Fe_3C_{II}），随温度降低，二次渗碳体量不断增多，而共晶奥氏体量逐渐减少，其成分沿 *ES* 线向共析成分接近。当冷却至与 *PSK* 线的交点 *k* 时，达到共析成分（$\omega_C=0.77\%$）的剩余共晶奥氏体发生共析反应，转变为珠光体，二次渗碳体将保留至室温。故共晶白口铸铁的室温组织是珠光体和渗碳体（共晶渗碳体和二次渗碳体）组成的两相组织，即变态莱氏体（Ld′）。

共晶白口铸铁的显微组织如图 4－29 所示，图中黑色部分为珠光体，白色基体为渗碳体（共晶渗碳体和二次渗碳体连在一起，分辨不开）。显微镜下观察时为鱼刺状或鱼骨状。

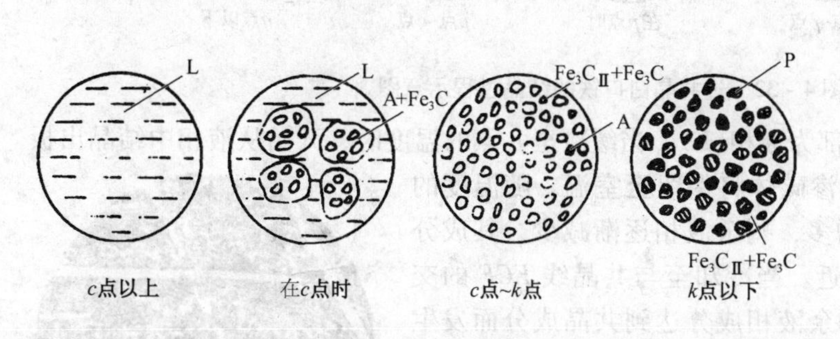

图 4－28 共晶白口铁的结晶过程示意图

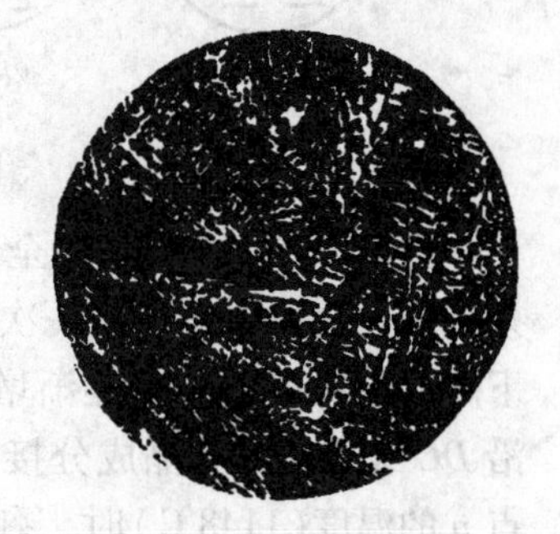
图 4－29 共晶白口铁的显微组织（125×）

5. 亚共晶白口铁的结晶过程及组织

图 4－21 中合金Ⅴ为 $\omega_C=3.0\%$ 的亚共晶白口铸铁，其冷却过程及其组织转变如图 4－30所示。

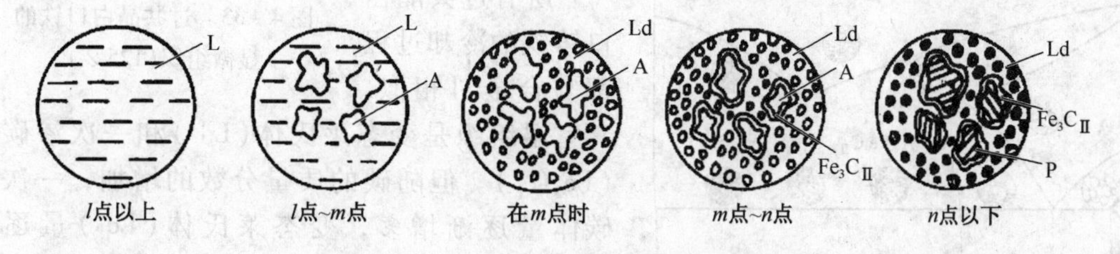

图 4－30 亚共白口铁的结晶过程示意图

当温度在与液相线 *AC* 的交点 l 以上时全部为液相（L），当缓冷至 l 点的温度时，开始从液相中结晶出奥氏体（A），随温度的下降，奥氏体量逐渐增多，其成分沿 *AE* 线变化．而剩余液相逐渐减少，其成分沿 *AC* 线变化向共晶成分接近。当冷却至与共晶线 *ECF* 的交点 *m*

的温度(1148℃)时，剩余液相成分达到共晶成分($\omega_C=4.3\%$)而发生共晶反应，形成莱氏体Ld。继续冷却，奥氏体量逐渐减少，其成分沿 *ES* 线向共析成分接近，并不断析出二次渗碳体(Fe_3C_{II})，此二次渗碳体将保留至室温。当冷却至与 *PSK* 线的交点 *n* 时，达到共析成分($\omega_C=0.77\%$)的剩余奥氏体发生共析反应，转变为珠光体。故其室温组织是珠光体、二次渗碳体和变态莱氏体(Ld′)，其显微组织如图4-31所示，图中黑色枝状或块状为珠光体，黑白相间的基体为变态莱氏体，珠光体周围白色网状物为二次渗碳体。所有亚共晶白口铸铁的冷却过程都与合金Ⅴ相似，其室温组织是珠光体、二次渗碳体和变态莱氏体(Ld′)。但随碳的质量分数的增加，变态莱氏体(Ld′)量逐渐增多，其他量逐渐减少。

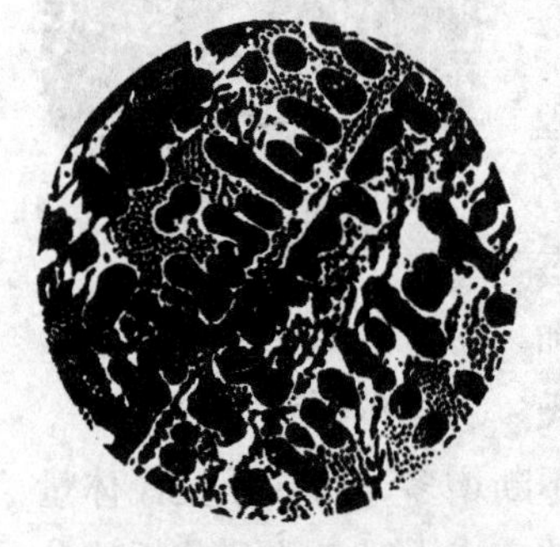

图4-31　亚共晶白口铁的显微组织(125×)

6. 过共晶白口铁的结晶过程及组织

图4-21中合金Ⅵ为$\omega_C=5.0\%$的过共晶白口铸铁，其冷却过程及其组织转变如图4-32所示。

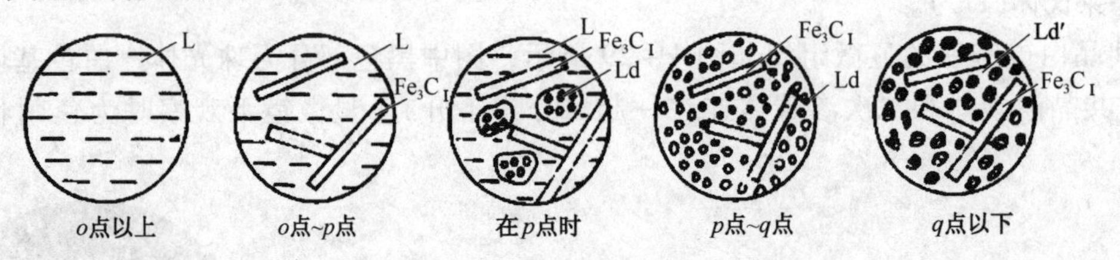

图4-32　过共晶白口铁的结晶过程示意图

当温度在 *o* 点以上时全部为液相(L)，当缓冷至 *o* 点的温度时，开始从液相中结晶出板条状的一次渗碳体，此一次渗碳体将保留至室温。随温度的下降，一次渗碳体量逐渐增多，剩余液相逐渐减少，其成分沿 *DC* 线变化向共晶成分接近。当冷却至与共晶线 *ECF* 的交点 *p* 的温度(1148℃)时，剩余液相成分达到共晶成分而发生共晶反应，形成莱氏体Ld。其后冷却过程与共晶白口铸铁相同。故其室温组织是变态莱氏体(Ld′)和一次渗碳体(Fe_3C_I)，其显微组织如图4-33所示，图中白色条状为一次渗碳体，很平直，黑白相间的基体为变态莱氏体(Ld′)。

图4-33　过共晶白口铁的显微组织(125×)

所有过共晶白口铸铁的冷却过程都与合金Ⅵ相似，其室温组织是变态莱氏体(Ld′)和一次渗碳体(Fe_3C_I)。但随碳的质量分数的增加，一次渗碳体量逐渐增多，变态莱氏体(Ld′)量逐渐减少。

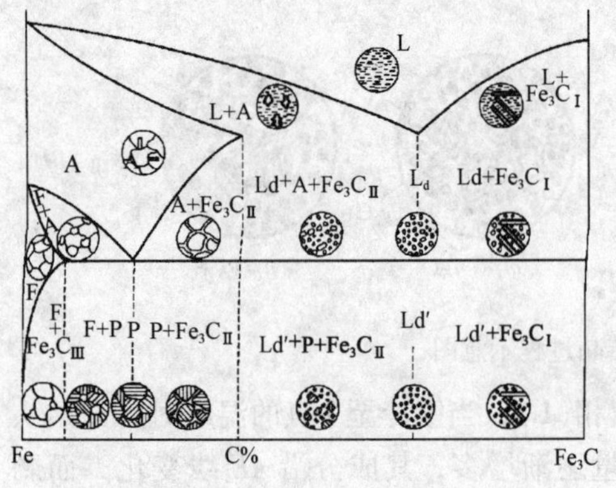

图4-34　按组织组分填写的铁碳合金相图

若将上述典型铁碳合金结晶过程中的组织变化填入相图中，则得到按组织组分填写的相图，如图4-34所示。

四、铁碳合金的性能与成分、组织的关系

1. 含碳量对铁碳合金平衡组织的影响

综上所述，不同成分的铁碳合金其室温组织不同，它们分别是铁素体、珠光体、变态莱氏体和渗碳体中的一种或两种。但是珠光体是铁素体和渗碳体的机械混合物，变态莱氏体是珠光体、共晶渗碳体和二次渗碳体的混合物，因此，铁碳合金室温组织都由铁素体和渗碳体两种基本相组成，只不过随着碳的质量分数的增加，铁素体量逐渐减少，渗碳体量逐渐增多，并且渗碳体的形态、大小和分布也发生变化，如变态莱氏体中的共晶渗碳体形状和大小都比珠光体中的渗碳体粗大得多。正因渗碳体的数量、形态、大小和分布不同，致使不同成分的铁碳合金，其室温组织及性能亦不同。随着碳的质量分数的增加，铁碳合金的室温组织将按如下顺序变化：

$$F+P \rightarrow P \rightarrow P+Fe_3C_{II} \rightarrow P+Fe_3C_{II}+Ld' \rightarrow Ld' \rightarrow Ld'+Fe_3C_{I}$$

即含碳多的相越来越多，含碳少的相越来越少。不同成分的铁碳合金组成相的相对量及组织组成物的相对量可总结如图 4－35 所示。

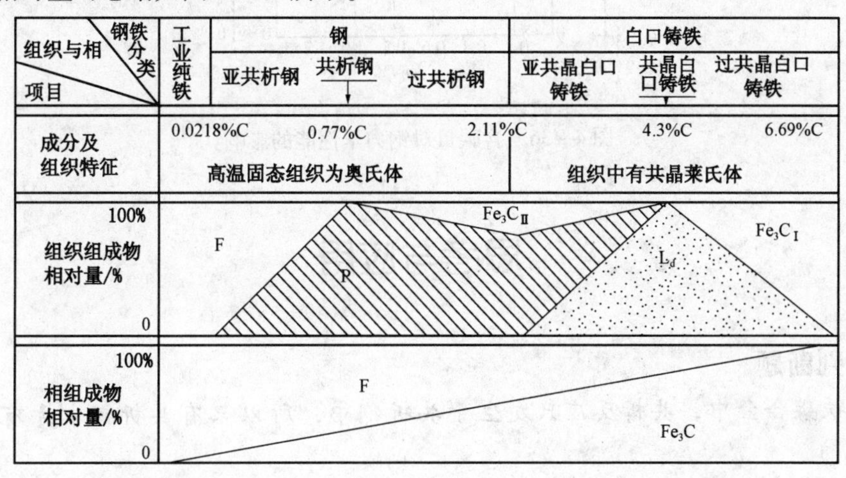

图 4－35　铁碳合金的成分及组织关系

2. 含碳量对铁碳合金力学性能的影响

钢中铁素体为基体，渗碳体为强化相，而且主要以珠光体的形式出现，使钢的强度和硬度提高，故钢中珠光体量愈多，其强度、硬度愈高，而塑性、韧性相应降低。但过共析钢中当渗碳体明显地以网状分布在晶界上，特别在白口铁中渗碳体成为基体或以板条状分布在莱氏体基体上，将使铁碳合金的塑性和韧性大大下降，以致合金的强度也随之降低，这就是高碳钢和白口铁脆性高的主要原因。

图 4－36 为钢的力学性能随含碳量变化的规律。由图可见，当钢中碳的质量分数小于 0.9% 时，随着含碳量的增加，钢的强度、硬度直线上升，而塑性、韧性不断下降；当钢中碳的质量分数大于 0.9% 时，因网状渗碳体的存在，不仅使钢的塑性、韧性进一步降低，而且强度也明显下降。为了保证工业上使用的钢具有足够的强度，并具有一定的塑性和韧性，钢中碳的质量分数一般都不超过 1.4%。碳的质量分数为 2.11% 的白口铁，由于组织中出现大量的渗碳体，使性能硬而脆，难以切削加工，因此在一般机械制造中应用很少。

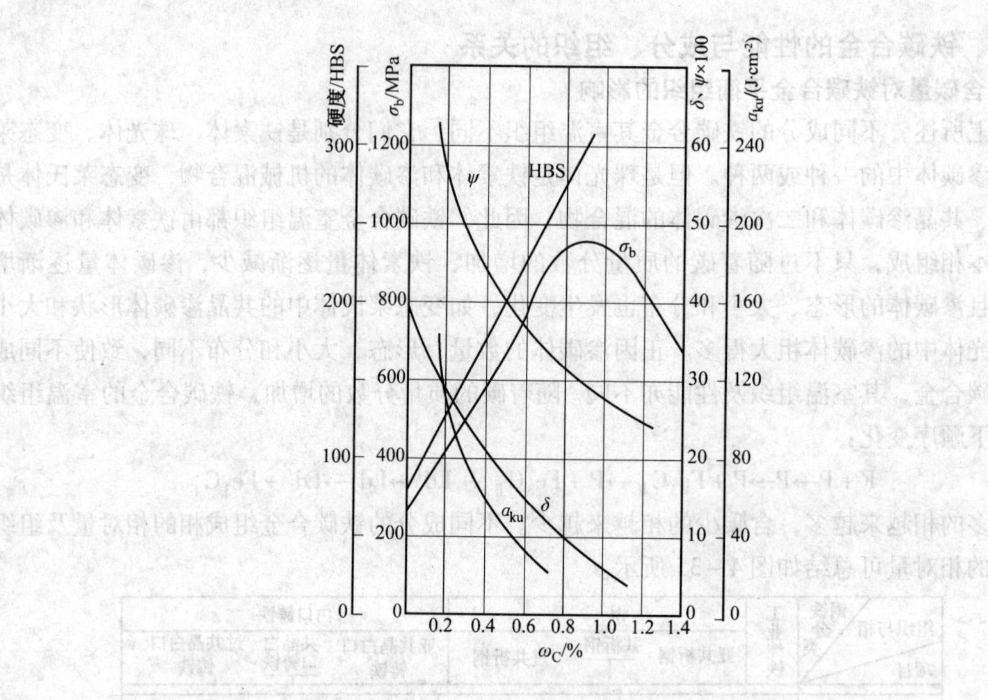

图 4－36　含碳量对钢力学性能的影响

思考与应用

一、判断题

1. 在铁碳合金中，共析反应只发生于共析钢中，所以只有共析钢中才有珠光体组织。(　　)

2. 亚共析钢室温下的平衡组织随合金中含碳量的增大，其中珠光体的相对量是增加的。(　　)

3. 含碳量对铁碳合金力学性能的影响是随着含碳量的增大，合金的强度、硬度升高，塑性、韧性下降。(　　)

4. 相和组织均指合金中具有同一化学成分，同一聚集状态，并且有明显界面分开的独立均匀部分。(　　)

5. 固溶强化是由于从固溶体中析出二次相引起的。(　　)

6. 当合金中出现金属化合物时，通常都会使合金的强度、硬度、耐磨性提高，但会降低塑性和韧性。(　　)

二、选择题

1. 珠光体中的渗碳体形态一般为(　　　)。

A. 颗粒状　　B. 网状　　C. 层片状　　D. 针状

2. 在铁碳合金中由奥氏体析出的渗碳体有(　　　)。

A. 一次渗碳体　　B. 二次渗碳体　　C. 共晶渗碳体　　D. 共析渗碳体

3. 在铁碳合金中由液体中析出的渗碳体有(　　　)。

A. 一次渗碳体　　B. 二次渗碳体　　C. 共晶渗碳体　　D. 共析渗碳体

4. 碳素钢平衡状态下的二次渗碳体的形态一般为(　　)。

A. 板条状　　B. 网状　　C. 层片状　　D. 针状

5. 固溶体的晶格类型是(　　)。

A. 溶质组元晶格　　B. 两组元晶格的任一种

C. 溶剂组元晶格　　D. 完全不同于两组元的晶格

6. 固溶体在合金组织中可以是(　　)。

A. 唯一的相　　B. 基本相　　C. 强化相　　D. 硬化相

7. 既能提高合金强度，又能提高合金韧性的方法是(　　)。

A. 固溶强化　　B. 晶粒细化　　C. 加工硬化　　D. 热处理强化

8. 金属化合物的力学性能一般是(　　)。

A. 组元性能的平均值　　B. 硬而脆

C. 介于两组元性能之间　　D. 强而韧

三、填空题

1. 铁碳合金在固态下的基本组织有______、______、______、______、______等，属单相组织的是______、______、______。

2. 铁素体是指碳在____中形成的____固溶体，常用符号____表示。铁素体的强度和硬度______，而塑料和韧性________。

3. 奥氏体是指碳在____中形成的____固溶体，常用符号____表示。奥氏体在铁碳合金中的存在温度是______以上，其力学性能具有____的强度和硬度，塑性________。

4. 珠光体是____和____两相层片相间的____，其平均含碳量为____，用符号______表示。珠光体存在于____以下温度，其性能界于____和____两者之间。

5. 渗碳体是______所形成的______，化学式是______，含碳量为____，其性能是硬度____，脆性______，塑性______。

6. 铁碳合金的共晶反应是指含碳量______的液体在______的恒温下同时结晶出____和______的转变，转变产物称为______，其力学性能是硬度____，塑性____。

7. 铁碳合金的共析反应是指含碳量______的奥氏体在______恒温同时析出________和________。

8. 共析钢室温下的平衡组织是______，过共析钢室温下的平衡组织是________，亚共析钢室温下的平衡组织是__________。

9. 亚共晶白口铁室温下的平衡组织是______；共晶白口铁室温下的平衡组织是______，过共晶白口铁室温下的平衡组织是__________。

10. 合金是指由两种或两种以上金属元素(或金属元素与非金属元素)组成的具有______的物质。

11. 合金中具有同一__________，同一________，并有明显界面分开的独立均匀部分称为相。

12. 固溶体是指溶质组元____溶于溶剂组元________中而形成的单一均匀固体；金属化合物是指合金组元间相互作用而形成的______，它可以用一个________来表示，它的晶体结构__________组元的晶体结构。

13. 置换固溶体是溶质原子__________溶剂晶格结点上____所形成的固溶体；间隙固

溶体是溶质原子____ 溶剂晶格______ 所形成的固溶体。

四、问答题

1. 根据室温下的平衡组织，说明含碳量对碳素钢力学性能的影响。

2. 画出简化的 $Fe - Fe_3C$ 相图，并完成下列要求：

(1)标出特性点字母、有关温度、成分和钢部分相区组织；

(2)分析 45 钢和 T12 钢由液态缓慢冷却至室温的结晶过程。

五、应用题

某厂购进规格相同的 20、60、T8、T12 四种钢各一捆，装运时钢种搞混，试根据已学知识，提出两种区分方法，并简述各自的确定原则。

第五章　钢的热处理

本章导读：通过本章学习，学生应了解热处理的定义、目的、分类及作用；掌握钢的热处理原理；熟悉钢的退火、正火、淬火、回火的目的、工艺及应用；了解钢的淬透性概念、影响因素及与淬硬性的区别；掌握表面热处理的目的、工艺及应用。

热处理是机器零件及工具制造过程中的重要工序之一。所谓钢的热处理，就是将钢在固态下加热、保温、冷却，使钢的内部组织结构发生变化，以获得所需要的组织与性能的一种工艺。

热处理的目的是通过改变金属材料的组织和性能来满足工程中对材料的服役性能和加工性能要求。所以，选择正确和先进的热处理工艺对于挖掘金属材料的潜力、改善零件使用性能、提高产品质量、延长零件的使用寿命、节约材料均具有重要的意义；同时还对改善零件毛坯的工艺性能以利于冷热加工的进行起着重要的作用。因此，热处理在机械制造行业中被广泛地应用，例如汽车、拖拉机行业中需要进行热处理的零件占70%～80%；机床行业中占60%～70%；轴承及各种模具则达到100%。

钢的热处理方法可分为三大类：

（1）普通热处理　是指对热处理件进行穿透性加热，以改善整体的组织和性能的处理工艺，分为退火、正火、淬火、回火等。

（2）表面热处理　是指仅对工件表层进行热处理，以改变其组织和性能的工艺，如表面淬火。

（3）化学热处理　是指将工件置于一定温度的活性介质中保温，使一种或几种元素渗入它的表层，以改变其化学成分、组织和性能的热处理工艺。

根据渗入成分的不同又分为渗碳、渗氮、碳氮共渗、渗金属、多元共渗等。

尽管热处理的种类很多，但通常所用的各种热处理过程都是由加热、保温和冷却三个基本阶段组成。图5－1为最基本的热处理工艺曲线。

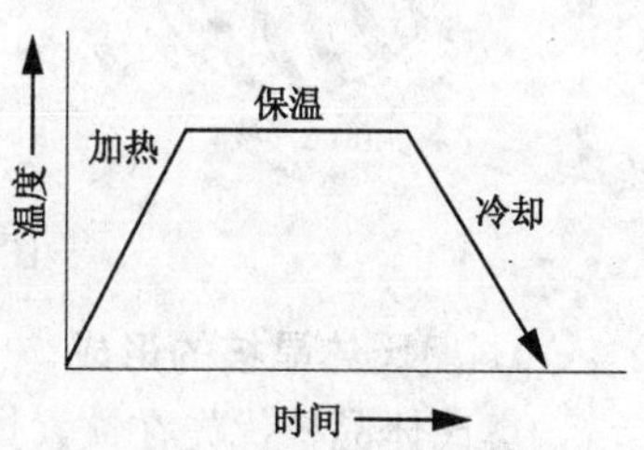

图5－1　热处理工艺曲线

第一节　钢在加热时的组织转变

根据Fe－Fe_3C状态图，共析钢在加热温度超过*PSK*线(A_1)时，完全转变为奥氏体。亚共析钢和过共析钢必须加热到*GS*线(A_3)和*ES*线(A_{cm})以上才能全部转变为奥氏体。但在实际热处理加热和冷却条件下，相变是在非平衡条件下进行的，因此上述临界点有所变化，如图5－2所示。

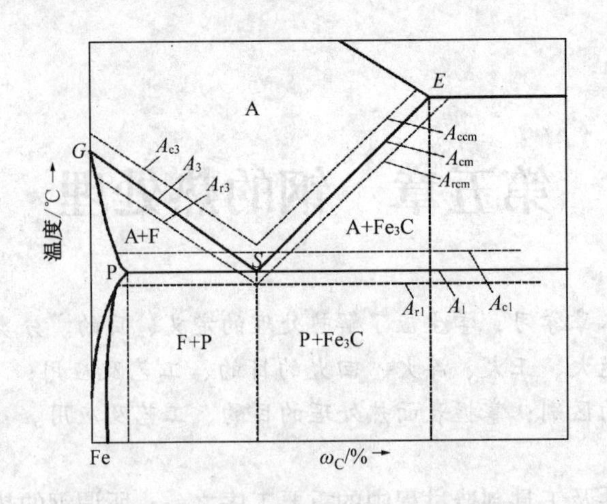

图 5－2　钢在实际加热和冷却时的相变点

一般情况下，加热时的临界点比理论值高，而冷却时的临界点温度比理论值低。通常将加热时的临界温度标为 A_{c1}、A_{c3}、A_{ccm}，冷却时标为 A_{r1}、A_{r3}、A_{rcm}。上述实际的临界温度并不是固定的，它们受含碳量、合金元素含量、奥氏体化温度、加热和冷却速度等因素的影响而变化。

一、奥氏体的形成过程

室温组织为珠光体的共析钢加热至 A_1（A_{c1}）以上时，将形成奥氏体，即发生 P(F + Fe_3C)→A 的转变。可见这是由成分相差悬殊、晶体结构完全不同的两个相向另一种成分和晶格的单相固溶体的转变过程，是一个晶格改组和铁、碳原子的扩散过程，也是通过形核和晶核长大的过程来实现的。其基本过程由以下四个阶段组成，如图 5－3 所示。

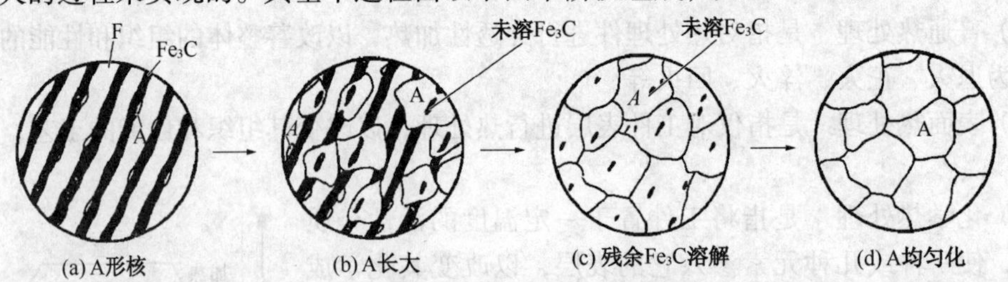

图 5－3　共析碳钢中奥氏体形成过程示意图

1. 奥氏体晶核的形成

奥氏体晶核优先在铁素体和渗碳体的两相界面上形成，这是因为相界面处成分不均匀，原子排列不规则，晶格畸变大，能为产生奥氏体晶核提供成分和结构两方面的有利条件。

2. 奥氏体晶核的长大

奥氏体晶核形成后，依靠铁素体的晶格改组和渗碳体的不断溶解，奥氏体晶核不断向铁素体和渗碳体二个方向长大。与此同时，新的奥氏体晶核也不断形成并随之长大，直至铁素体全部转变为奥氏体为止。

3. 残余渗碳体的溶解

在奥氏体的形成过程中，当铁素体全部转变为奥氏体后，仍有部分渗碳体尚未溶解（称为残余渗碳体），随着保温时间的延长，残余渗碳体将不断溶入奥氏体中，直至完全消失。

4. 奥氏体成分均匀化

当残余渗碳体溶解后，奥氏体中的碳成分仍是不均匀的，在原渗碳体处的碳浓度比原铁素体处的要高。只有经过一定时间的保温，通过碳原子的扩散，才能使奥氏体中的碳成分均匀一致。

亚共析钢和过共析钢的奥氏体形成过程与共析钢基本相同，不同的是亚共析钢的平衡组织中除了珠光体外还有先析出的铁素体，过共析钢中除了珠光体外还有先析出的渗碳体。若加热至 A_{c1} 温度，只能使珠光体转变为奥氏体，得到奥氏体 + 铁素体或奥氏体 + 二次渗碳体组织，称为不完全奥氏体化。只有继续加热至 A_{c3} 或 A_{ccm} 温度以上，才能得到单相奥氏体组织，即完全奥氏体化。

二、奥氏体晶粒的大小及其影响因素

钢在加热时获得的奥氏体晶粒大小，直接影响到冷却后转变产物的晶粒大小(见图 5-4)和力学性能。加热时获得的奥氏体晶粒细小，则冷却后转变产物的晶粒也细小，其强度、塑性和韧性较好；反之，粗大的奥氏体晶粒冷却后转变产物也粗大，其强度、塑性较差，特别是冲击韧度显著降低。

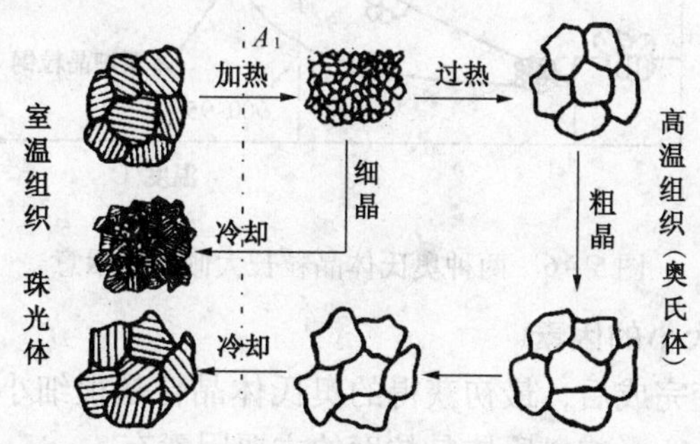

图 5-4 钢在加热和冷却时晶粒大小的变化

1. 奥氏体的晶粒度

晶粒度是表示晶粒大小的一种尺度。奥氏体晶粒的大小用奥氏体晶粒度来表示。生产中常采用标准晶粒度等级图，由比较的方法来测定钢的奥氏体晶粒大小。国家标准 GB/T 6394—2002《金属平均晶粒度测定法》将奥氏体标准晶粒度分为 00，0，1，2，…，10 等十二个等级，其中常用的为 1 ~ 8 级。1 ~ 4 级为粗晶粒，5 ~ 8 级为细晶粒。金属平均晶粒度标准等级图如图 5-5 所示。

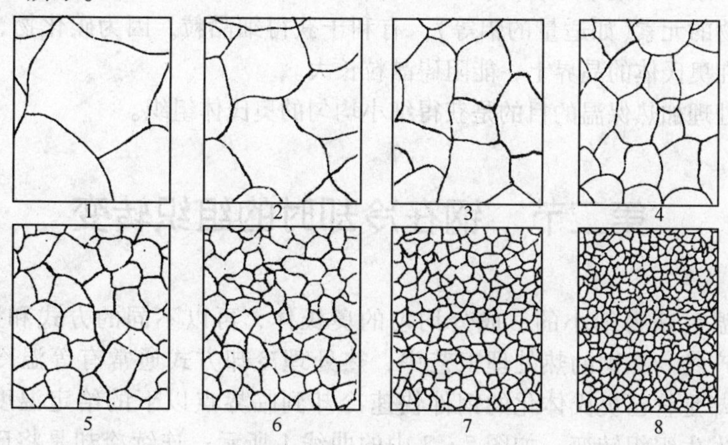

图 5-5 金属平均晶粒度标准评级图

(1) 实际晶粒度　某一具体热处理或热加工条件下的奥氏体的晶粒度叫实际晶粒度，它决定了钢的性能。

(2) 本质晶粒度　钢在加热时奥氏体晶粒长大的倾向用本质晶粒度来表示。不同成分的钢加热时奥氏体晶粒长大倾向是不同的，如图 5－6 所示。有些钢随着加热温度的提高，奥氏体晶粒会迅速长大，称这类钢为本质粗晶粒钢；而有些钢的奥氏体晶粒不易长大，只有当温度超过一定值时，奥氏体才会迅速长大，称这类钢为本质细晶粒钢。本质晶粒度并不表示晶粒的实际大小，仅表示奥氏体晶粒长大的倾向。

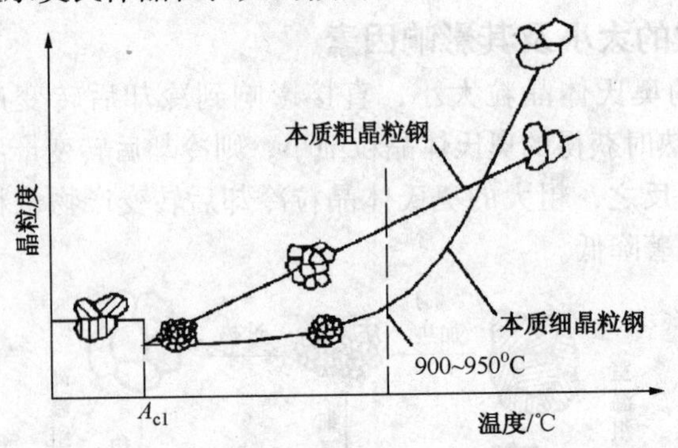

图 5－6　两种奥氏体晶粒长大倾向的示意

2. 影响奥氏体晶粒大小的因素

珠光体向奥氏体转变完成后，最初获得的奥氏体晶粒是很细小的。但随着加热的继续，奥氏体晶粒会自发地长大。影响奥氏体晶粒度的主要因素有：

(1) 加热温度和保温时间　奥氏体刚形成时晶粒是细小的，但随着温度的升高，奥氏体晶粒将逐渐长大，温度越高，晶粒长大越明显；在一定温度下，保温时间越长，奥氏体晶粒就越粗大。因此，热处理加热时要合理选择加热温度和保温时间，以保证获得细小均匀的奥氏体组织。

(2) 钢的成分　随着奥氏体中碳含量的增加，晶粒的长大倾向也增加；若碳以未溶碳化物的形式存在时，则有阻碍晶粒长大的作用。

(3) 合金元素　在钢中加入能形成稳定碳化物的元素（如钛、钒、铌、锆等）和能形成氧化物或氮化物的元素（如适量的铝等），有利于获得细晶粒，因为碳化物、氧化物、氮化物等弥散分布在奥氏体的晶界上，能阻碍晶粒长大。

总之，热处理加热保温的目的是获得细小均匀的奥氏体组织。

第二节　钢在冷却时的组织转变

钢加热保温后获得细小的、成分均匀的奥氏体，再以不同的方式和速度进行冷却，可得到不同的产物。在钢的热处理工艺中，热处理冷却方式通常有等温冷却和连续冷却两种。等温冷却是将已奥氏体化的钢件快速冷却到临界点以下的给定温度进行保温，使其在该温度下发生组织转变，如图 5－7 中的曲线 1 所示；连续冷却是将已奥氏体化的钢以某种冷却速度连续冷却，使其在临界点以下的不同温度进行组织转变，如图 5－7 中的曲线 2 所示。

一、过冷奥氏体的等温转变

1. 过冷奥氏体等温转变曲线的建立

过冷奥氏体等温转变曲线图是用实验方法建立的。以共析钢为例，等温转变曲线图的建立过程如下：将共析钢制成一定尺寸的试样若干组，在相同条件下加热至 A_1 温度以上使其完全奥氏体化，然后分别迅速投入到 A_1 温度以下不同温度的恒温槽中进行等温冷却。测出各试样过冷奥氏体转变开始时间和转变终了的时间，并把它们描绘在温度 - 时间坐标图上，再用光滑曲线分别连接各转变开始点和转变终了点，如图 5 - 8 所示。共析钢的过冷奥氏体等温转变曲线如图 5 - 9 所示。

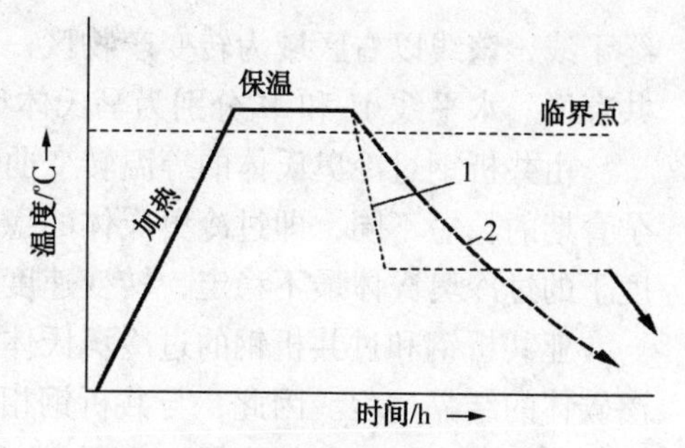

图 5 - 7　两种冷却方式示意图

1—等温冷却；2—连续冷却

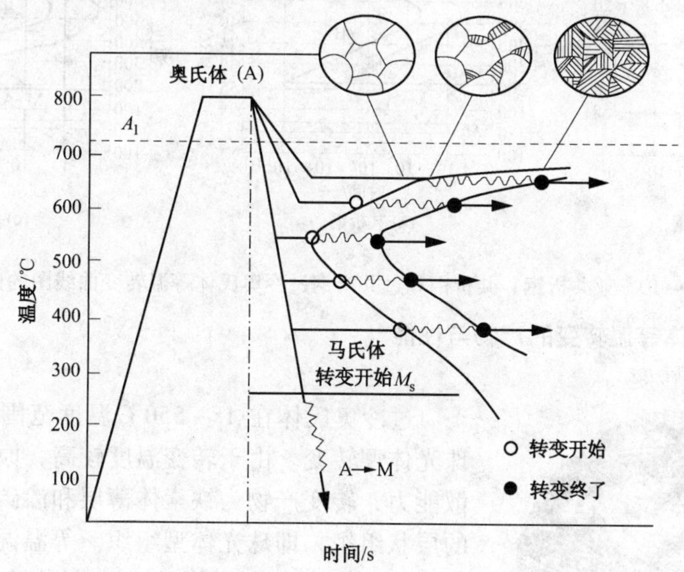

图 5 - 8　共析钢过冷奥氏体等温转变图的建立

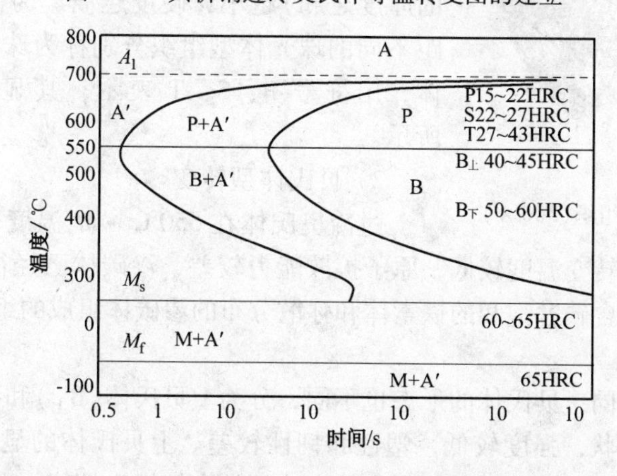

图 5 - 9　共析钢过冷奥氏体等温转变图

在图 5 - 9 中，A_1 为奥氏体向珠光体转变的相变点，A_1 以上区域为稳定奥氏体区。两条 C 形曲线中，左边的曲线为转变开始线，该线以左区域为过冷奥氏体区；右边的曲线为转变终了线，该线以右区域为转变产物区；两条 C 形曲线之间的区域为过冷奥氏体与转变产物共存区。水平线 M_s 和 M_f 分别为马氏体型转变的开始线和终了线。

由共析钢过冷奥氏体的等温转变曲线可知，等温转变的温度不同，过冷奥氏体转变所需孕育期的长短不同，即过冷奥氏体的稳定性不同。在约 550℃处的孕育期最短，表明在此温度下的过冷奥氏体最不稳定，转变速度也最快。

亚共析钢和过共析钢的过冷奥氏体在转变为珠光体之前，分别有先析出铁素体和先析出渗碳体的结晶过程。因此，与共析钢相比，亚共析钢和过共析钢的过冷奥氏体等温转变曲线图多了一条先析相的析出线，如图 5－10 所示。同时 C 曲线的位置也相对左移，说明亚共析钢和过共析钢过冷奥氏体的稳定性比共析钢要差。

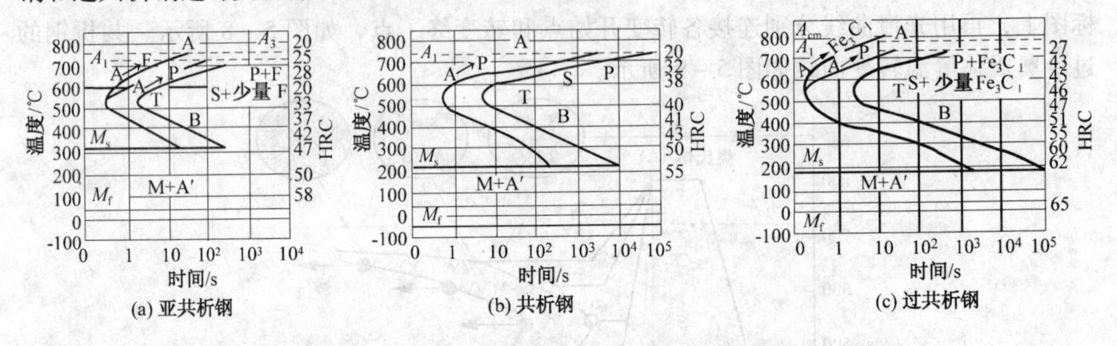

图 5－10　亚共析钢、共析钢和过共析钢过冷奥氏体等温转变曲线图的比较

2. 过冷奥氏体等温转变的产物与性能

1）珠光体型转变

图 5－11　珠光体型组织(500 ×)

过冷奥氏体在 A_1～550℃温度范围等温时，将发生珠光体型转变。由于转变温度较高，原子具有较强的扩散能力，转变产物为铁素体薄层和渗碳体薄层交替重叠的层状组织，即珠光体型组织。等温温度越低，铁素体层和渗碳体层越薄，层间距(一层铁素体和一层渗碳体的厚度之和)越小，硬度越高。为区别起见，这些层间距不同的珠光体型组织分别称为珠光体、索氏体和托氏体，用符号 P、S、T 表示，其显微组织如图 5－11 所示。

2）贝氏体型转变

过冷奥氏体在 550℃～M_s 温度范围等温时，将发生贝氏体型转变。由于转变温度较低，原子扩散能力较差，渗碳体已经很难聚集长大呈层状。因此，转变产物为由含碳过饱和的铁素体和弥散分布的渗碳体组成的组织，称为贝氏体，用符号 B 来表示。

由于等温温度不同，贝氏体的形态也不同，分为上贝氏体($B_上$)和下贝氏体($B_下$)。上贝氏体组织形态呈羽毛状，强度较低，塑性和韧性较差。上贝氏体的显微组织如图 5－12 所示。下贝氏体组织形态呈黑色针状，强度较高，塑性和韧性也较好，即具有良好的综合力学性能，其显微组织如图 5－13 所示。珠光体型组织和贝氏体型组织通常称为过冷奥氏体的等温转变产物，其组织特征及硬度如表 5－1 所示。

图 5－12　上贝氏体组织(500×)

图 5－13　下贝氏本组织(500×)

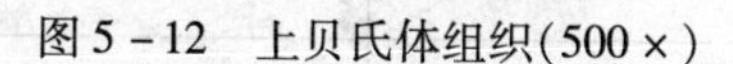

表 5－1　共析钢过冷奥氏体等温转变产物的组织及硬度

组织名称	符　号	转变温度/℃	组织形态	层间距/μm	分辨所需放大倍数	硬度/HRC
珠光体	P	A_1～650	粗片状	约 0.3	小于 500	小于 25
索氏体	S	650～600	细片状	0.3～0.1	1000～1500	25～35
托氏体	T	600～550	极细片状	约 0.1	10000～100000	35～40
上贝氏体	$B_上$	550～350	羽毛状	—	大于 400	40～45
下贝氏体	$B_下$	350～M_s	黑色针状	—	大于 400	45～55

二、过冷奥氏体连续冷却转变

1. 过冷奥氏体连续冷却转变曲线

在实际热处理中，过冷奥氏体转变大多是在连续冷却过程中完成的，其组织的转变规律可以通过过冷奥氏体连续转变曲线图(CCT 图)表示。共析钢的过冷奥氏体连续转变曲线如图 5－14 所示。图中 P_s、P_f线分别为珠光体类组织转变开始线和转变终了线，P_1为珠光体类组织转变中止线。

当冷却曲线碰到 P_1线时，奥氏体向珠光体的转变将被中止，剩余奥氏体将一直过冷至 M_s以下转变为马氏体组织。与等温转变图相比，共析钢的连续转变曲线图中珠光体转变开始线和转变终了线的位置均相对右下移，而且只有 C 形曲线的上半部分，没有贝氏体型转变区。由于过冷奥氏体连续转变曲线的测定比较困难，所以在生产中常借用同种钢的等温转变曲线图来分析过冷奥氏体连续冷却转变产物的组织和性能。以共析钢为例，将连续冷却的冷却速度曲线叠画在 C 曲线上，如图 5－15 所示。根据各冷却曲线与 C 曲线交点对应的温度，就可大致估计过冷奥氏体的转变情况，如表 5－2 所示。冷却速度 V_k称为临界冷却速度，即钢在淬火时为抑制非马氏体转变所需的最小冷却速度，称为临界冷却速度。

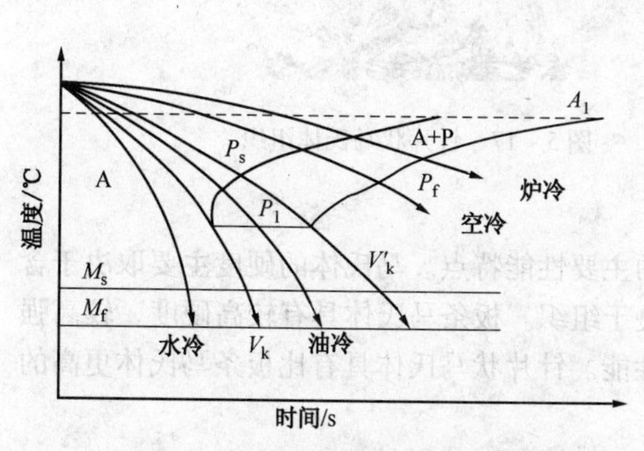

图 5－14　过冷奥氏体连续转变曲线图

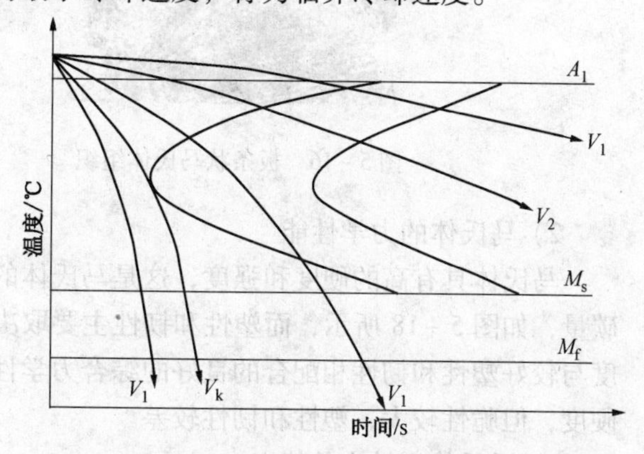

图 5－15　等温转变曲线曲线的应用

表 5－2　共析钢过冷奥氏体连续冷却转变产物的组织和硬度

冷却速度	冷却方法	转变产物	符　号	硬　度
V_1	炉冷	珠光体	P	170～220HBS
V_2	空冷	索氏体	S	25～35HRC
V_3	油冷	托氏体＋马氏体	T＋M	45～55HRC
V_4	水冷	马氏体＋残余奥氏体	M＋A′	55～65HRC

2. 马氏体转变

过冷奥氏体冷却到 M_s 温度以下将产生马氏体型转变。马氏体是碳溶入 α－Fe 中形成的过饱和固溶体，用符号 M 表示。马氏体具有体心正方晶格，当发生马氏体型转变时，过冷奥氏体中的碳来不及析出而全部保留在马氏体中，形成过饱和的固溶体，产生晶格畸变。

1）马氏体的组织形态

马氏体的组织形态因其成分和形成条件而异，通常分为板条状马氏体和针片状马氏体两种基本类型。

板条状马氏体又称为低碳马氏体，主要产生于低碳钢的淬火组织中。其显微组织如图 5－16所示。它由一束束平行的长条状晶体组成，其单个晶体的立体形态为板条状。在光学显微镜下观察所看到的只是边缘不规则的块状，故亦称为块状马氏体。这种马氏体具有良好的综合力学性能。

针片状马氏体又称为高碳马氏体，其显微组织如图 5－17 所示。它由互成一定角度的针状晶体组成。其单个晶体的立体形态呈双凸透镜状，因每个马氏体的厚度与径向尺寸相比很小，所以粗略地说是片状。因在金相磨面上观察到的通常都是与马氏体片成一定角度的截面，呈针状，故亦称为针状马氏体。这种马氏体主要产生于高碳钢的淬火组织中。高碳马氏体硬而脆。

图 5－16　板条状马氏体组织

图 5－17　针片状马氏体组织

2）马氏体的力学性能

马氏体具有高的硬度和强度，这是马氏体的主要性能特点。马氏体的硬度主要取决于含碳量，如图 5－18 所示，而塑性和韧性主要取决于组织。板条马氏体具有较高硬度、较高强度与较好塑性和韧性相配合的良好的综合力学性能。针片状马氏体具有比板条马氏体更高的硬度，但脆性较大，塑性和韧性较差。

3）马氏体型转变的特点

马氏体转变也是一个形核和长大的过程，但有着许多独特的特点。

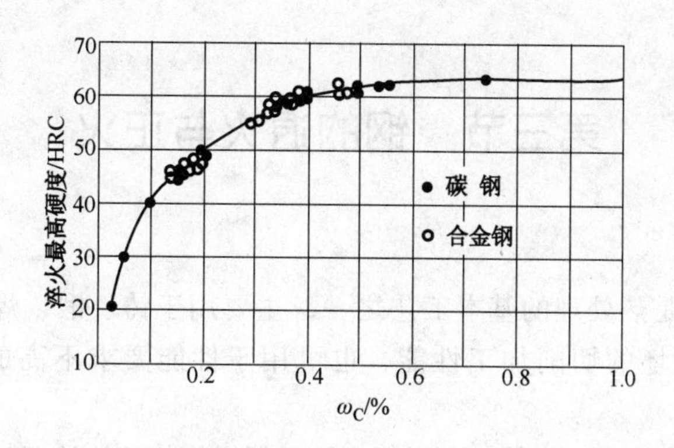

图 5－18 马氏体硬度与碳含量的关系

（1）马氏体转变是在一定温度范围内进行的。在奥氏体的连续冷却过程中，冷却至 M_s 点时，奥氏体开始向马氏体转变，M_s 点称为马氏体转变的开始点；在以后继续冷却时，马氏体的数量随温度的下降而不断增多，若中途停止冷却，则奥氏体也停止向马氏体转变；冷却至 M_f 点时，马氏体转变终止，M_f 点称为马氏体转变的终止点。

（2）马氏体转变的速度极快，瞬间形核，瞬间长大，铁、碳原子的扩散都极其困难，所以相变时只发生从 γ－Fe 到 α－Fe 的晶格改组，而没有原子的扩散，马氏体中的碳含量就是原奥氏体中的碳含量，马氏体转变是一个非扩散型转变。

（3）马氏体转变具有不完全性。马氏体转变不能完全进行到底，M_s、M_f 点的位置与冷却速度无关，主要取决于奥氏体的含碳量，含碳量越高，M_s 和 M_f 越低，如图 5－19(a) 所示即使过冷到 M_f 点以下，马氏体转变停止后，仍有少量的奥氏体存在。奥氏体在冷却过程中发生相变后，在环境温度下残存的奥氏体称为残余奥氏体，用符号“A′”表示。

当奥氏体中含碳量增加至 0.5% 以上时，M_f 点便下降至室温以下，含碳量愈高，马氏体转变温度下降愈大，则残余奥氏体量也就愈多，如图 5－19(b) 所示。共析碳钢的 M_f 点约为 －50℃，当淬火至室温时，其组织中含有 3%～6% 的残余奥氏体。

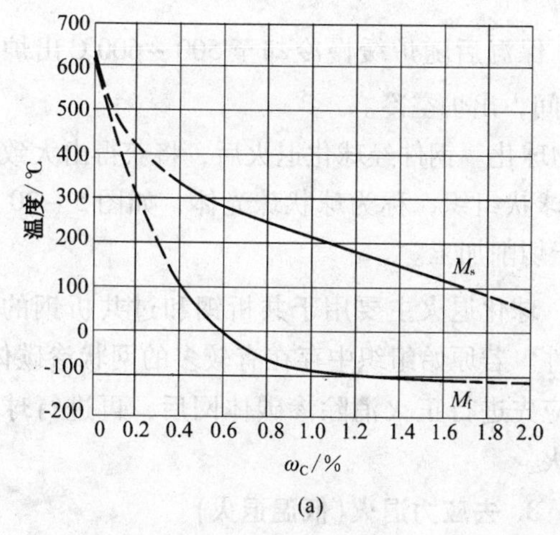

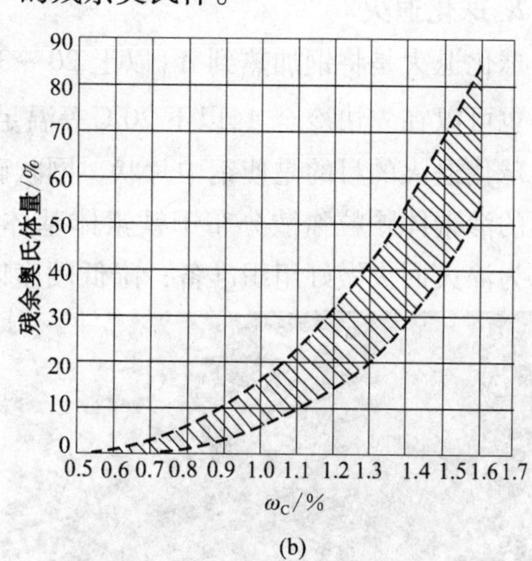

图 5－19 奥氏体的含碳量对马氏体转变温度(a)及残余奥氏体量(b)的影响

残余奥氏体的存在不仅降低了淬火钢的硬度和耐磨性，而且在零件长期使用过程中，会逐渐转变为马氏体，使零件尺寸发生变化，尺寸精度降低。

第三节　钢的退火与正火

一、钢的退火

钢的退火与正火是热处理的基本工艺之一，主要用于铸、锻、焊毛坯的预备热处理，以及改善机械零件毛坯的切削加工性能，也可用于性能要求不高的机械零件的最终热处理。

将钢件加热到适当温度，保持一定时间，然后缓慢冷却的热处理工艺称为退火。

退火的主要目的是：降低硬度，提高塑性，以利于切削加工或继续冷变形；细化晶粒，消除组织缺陷，改善钢的性能，并为最终热处理做组织准备；消除内应力，稳定工件尺寸，防止变形与开裂。

退火的方法很多，通常按退火目的不同，分为完全退火、球化退火、去应力退火等。

1. 完全退火

完全退火又称重结晶退火，一般简称为退火。它是将亚共析钢或亚共析成分合金钢工件加热至 A_{c3} 以上 30～50℃，保温一定时间后，随炉缓慢冷却到 500℃，出炉空冷至室温的工艺过程。

由于加热时钢件的组织完全奥氏体化，在以后的缓冷过程中奥氏体全部转变为细小而均匀的平衡组织，从而降低钢的硬度，细化晶粒，充分消除内应力。

完全退火工艺时间很长，尤其是对于某些奥氏体比较稳定的合金钢，往往需要数十小时甚至数天的时间。如果在对应钢的 C 曲线上的珠光体形成温度进行过冷奥氏体的等温转变处理，就有可能在等温处理的前后稍快地进行冷却。所以为了缩短退火时间，提高生产率，目前生产中多采用等温退火代替普通退火。

2. 球化退火

球化退火是将钢加热到 A_{c1} 以上 20～30℃，保温后随炉缓慢冷却至 500～600℃ 出炉空冷；也可以在先快冷至 A_{r1} 以下 20℃ 等温足够时间，出炉空冷。

球化退火的目的是使钢中片状、网状碳化物球化。钢件经球化退火后，将获得由大致呈球形的渗碳体颗粒弥散分布于铁素体基体上的球状组织，称为球状珠光体，如图 5－20 所示，为淬火回火做好组织准备；降低硬度以利于切削加工。

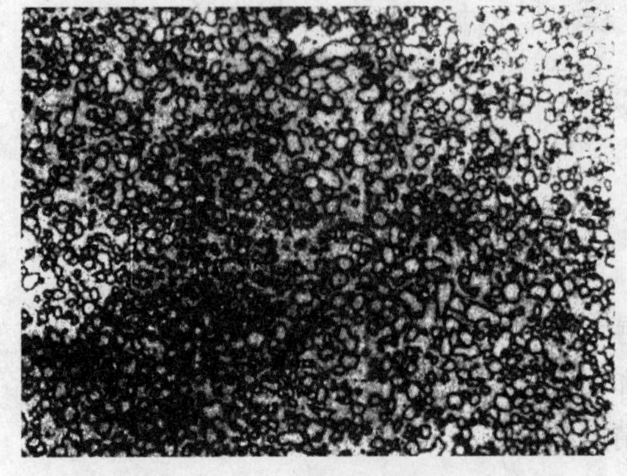

图 5－20　球状珠光体组织（500×）

球化退火主要用于共析钢和过共析钢的锻轧件。若原始组织中存在有较多的网状渗碳体，则应先进行正火消除渗碳体网后，再进行球化退火。

3. 去应力退火（低温退火）

去应力退火是指将钢件加热到 500～650℃，经适当时间保温后，随炉缓慢冷却到 300～200℃ 以下出炉空冷的工艺。

去应力退火的目的是为了消除铸件、锻

件、焊接结构件、热轧件、冷冲压件等的内应力。如果这些应力不消除，零件在切削加工、后续变形加工中以及使用过程中将引起变形或开裂。去应力退火加热温度低于 A_1，退火过程中没有组织变化，只消除或减少了内应力。

4. 均匀化退火（扩散退火）

均匀化退火是指将高合金钢铸锭、铸件或锻件加热到钢的熔点（*AE* 线）以下 100 ~ 200℃，保温 10 ~ 15h，然后随炉缓慢冷却的热处理工艺。

均匀化退火主要用于消除成分偏析。但由于加热温度高、保温时间长，会引起奥氏体晶粒严重粗化，工件氧化、脱碳严重，因此只对一些优质合金钢及偏析较严重的合金钢铸件及钢锭才使用这种工艺。均匀化退火后，一般还需要进行一次完全退火或正火，细化晶粒、消除过热缺陷。对于一般尺寸不大的铸件或碳钢铸件，因其偏析程度较轻，可采用完全退火来细化晶粒，消除铸造应力。

二、钢的正火

钢的正火是指把亚共析钢加热到 A_{c3} 以上 30 ~ 50℃，过共析钢加热到 A_{ccm} 以上 30 ~ 50℃，保温后在空气中冷却的工艺。

正火的目的与退火相似，如细化晶粒、均匀组织、调整硬度等。与退火相比，正火冷却速度较快，因此，正火组织的晶粒比较细小，强度、硬度比退火后要略高一些。

正火的主要应用范围有：

（1）消除过共析钢中的碳化物网，为球化退火做好组织准备；

（2）作为低、中碳钢和低合金结构钢消除应力，细化组织，改善切削加工性和淬火的预备热处理；

（3）用于某些碳钢、低合金钢工件在淬火返修时，消除内应力和细化组织，以防止重新淬火时产生变形和裂纹；

（4）对于力学性能要求不太高的普通结构零件，正火也可代替调质处理作为最终热处理使用。常用退火和正火的加热温度范围和工艺曲线如图 5 - 21 所示。

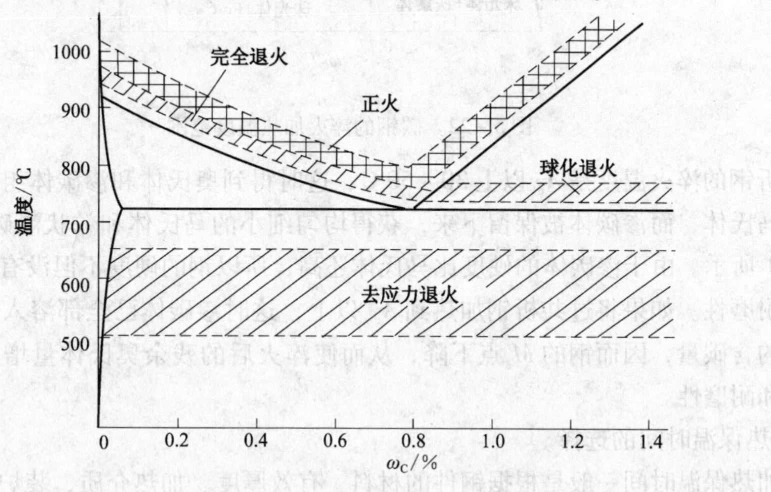

图 5 - 21　常用退火和正火的加热温度范围和工艺曲线

第四节　钢的淬火与回火

一、钢的淬火

淬火是指将钢加热到A_{c1}或A_{c3}以上30~50℃，保温一段时间后，快速冷却以获得马氏体或贝氏体的热处理工艺方法。淬火的目的是强化钢材，为回火做好组织准备。

1. 钢的淬火工艺

1）淬火加热温度的选择

亚共析钢的淬火加热温度是A_{c3}以上30~50℃，此时可全部得到奥氏体，淬火后得到马氏体组织，如图5－22所示。如果加热到A_{c1}或A_{c3}之间，这时得到奥氏体和铁素体组织，淬火后奥氏体转变成马氏体，而铁素体则保留下来，因而使钢的硬度和强度达不到要求，如果淬火温度过高，加热后奥氏体晶粒粗化，淬火后会得到粗大马氏体组织，这将使钢的力学性能下降，特别是塑性和韧性显著降低，并且淬火时容易引起零件变形和开裂。

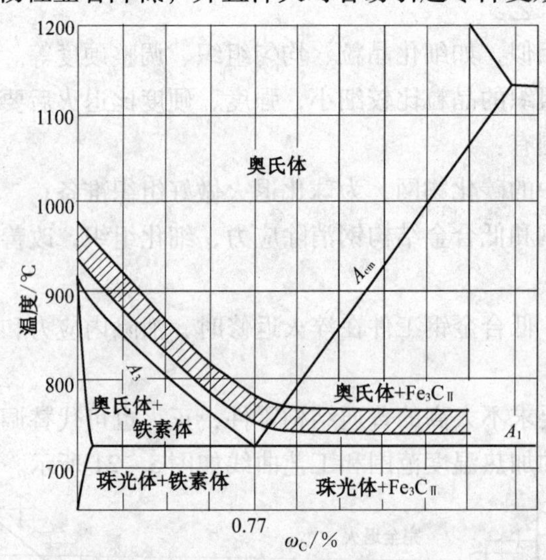

图5－22　碳钢的淬火加热温度范围

过共析钢的淬火温度是A_{c1}以上30~50℃，这时得到奥氏体和渗碳体组织，淬火后奥氏体转变为马氏体，而渗碳体被保留下来，获得均匀细小的马氏体和粒状渗碳体的混合组织，如图5－21所示。由于渗碳体的硬度比马氏体还高，所以钢的硬度不但没有降低，而且还提高了钢的耐磨性。如果将过共析钢加热到A_{cm}以上，这时渗碳体已全部溶入奥氏体中，增加了奥氏体的含碳量，因而钢的M_s点下降，从而使淬火后的残余奥氏体量增多，反而降低了钢的硬度和耐磨性。

2）加热保温时间的选择

淬火加热保温时间一般是根据钢件的材料、有效厚度、加热介质、装炉方式、装炉量等具体情况而定。可以按下列公式进行计算：

$$\tau = \alpha KD$$

式中　τ——保温时间，min；

α——加热系数，min/mm；

K——装炉系数（K通常取1～1.5）；

D——钢件有效厚度，mm。

3）淬火介质

钢件进行淬火冷却时所使用的介质称为淬火介质。淬火介质应具有足够的冷却能力、良好的冷却性能和较宽的使用范围，同时还应具有不易老化、不腐蚀零件、易清洗、无公害、价廉等特点。为保证钢件淬火后得到马氏体组织，淬火介质必须使钢件淬火冷却速度大于马氏体临界冷却速度。但过快的冷却速度会产生很大的淬火应力，引起变形和开裂。因此，在选择冷却介质时，既要保证得到马氏体组织，又要尽量减少淬火应力。

由碳钢的过冷奥氏体等温转变曲线图可知，为避免珠光体型转变，过冷奥氏体在C曲线的鼻尖处(550℃左右)需要快冷，以期$V \geqslant V_k$而不产生珠光体类组织转变；在650℃以上或400℃以下(特别是在M_s点附近发生马氏体转变时)冷却速度则要求慢一些，减小组织应力和热应力，减少变形开裂倾向。钢在淬火时理想的冷却曲线如图5－23所示。符合此种冷却情况的淬火介质称为理想淬火介质。

目前生产中常用的淬火介质有水及水溶液、矿物油等，尤其是水和油最为常用。

水在650～400℃范围内冷却速度较大，这对奥氏体稳定性较小的碳钢来说极为有利，但在300～200℃的温度范围内，水的冷却速度仍然很大，易使工件产生大的组织应力，而产生变形或开裂。在水中加入少量的盐，只能增加其在650～400℃范围内的冷却能力，基本上不改变其在300～200℃时的冷却速度。

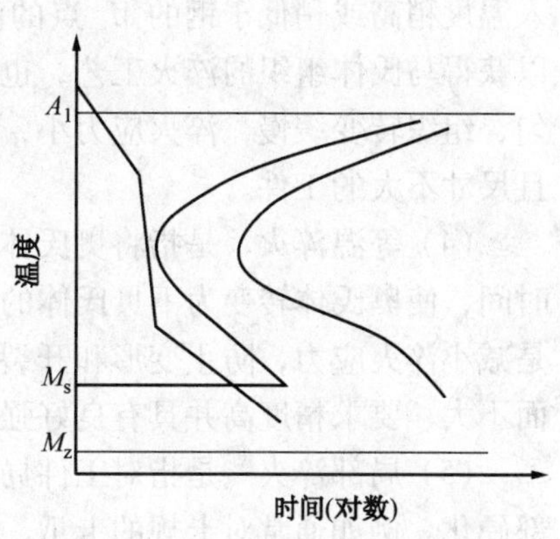

图5－23　理想淬火介质冷却曲线

油在300～200℃范围内的冷却速度远小于水，对减少淬火工件的变形与开裂很有利，但在650～400℃范围内的冷却速度也远比水要小，所以不能用于碳钢，而只能用于过冷奥氏体稳定性较大的合金钢的淬火。常用冷却介质的冷却能力见表5－3。

表5－3　常用冷却介质的冷却能力

冷却介质	冷却速度/(℃/s)	
	在650～550℃区间	在300～200℃区间
水(18℃)	600	270
水(50℃)	100	270
水(74℃)	30	200
10% NaOH水溶液(18℃)	1200	300
10% NaCl水溶液(18℃)	1100	300
50℃矿物油	150	30

2. 常用的淬火方法

由于淬火介质不能完全满足淬火质量要求，所以热处理工艺上还应在淬火方法上加以解决。目前使用的淬火方法较多，以下介绍其中常用的几种。

(1) 单介质淬火法　是指将加热奥氏体化后的钢件放入单一淬火介质中，连续冷却到室温的操作方法，如图5－24中①所示。碳钢水中淬火及合金钢油中淬火都是单介质淬火法。其特点是操作简单，易于实现自动控制，但水中淬火变形与开裂倾向大；油中淬火冷却速度小，淬透直径小，大件无法淬透。此方法只适用于形状简单、尺寸较小的碳钢和合金钢工件。

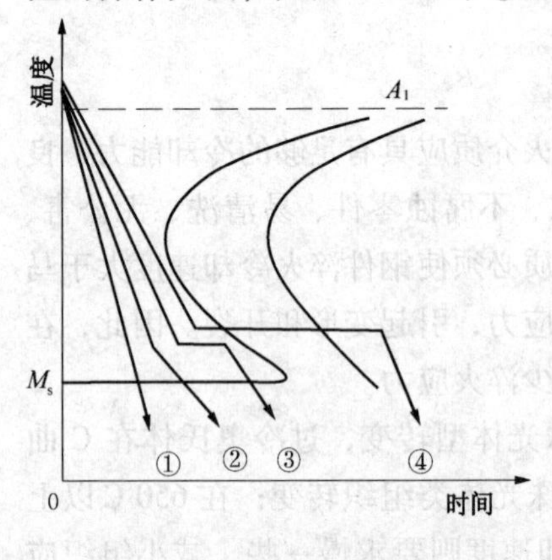

图5－24　常用几种淬火方法

(2) 双介质淬火　是指使用两种冷却介质，先浸入一种冷却能力强的介质中，待冷却到接近M_s点时立即转入下一种冷却能力弱的介质中的操作方法，如图5－24中②所示。例如先水后油、先水后空气等。其特点是马氏体转变区冷速减慢，可减小应力，减少变形、开裂倾向，但不好掌握。此方法适用于中等尺寸、形状复杂的高碳钢和尺寸较大的合金钢工件。

(3) 分级淬火　是指将加热奥氏体化的钢件，先浸入温度稍高或稍低于钢的M_s点的液态介质中，等温保持适当时间，然后取出空冷到室温，以获得马氏体组织的淬火工艺，也称分级淬火，如图5－24中③所示。其特点是工件温度均匀，组织转变缓慢，淬火应力小，变形开裂倾向显著降低。此方法一般适用于变形要求严格且尺寸不大的工件。

(4) 等温淬火　是指将奥氏体化后的钢件放入稍高于M_s温度的盐浴中，等温保持一定时间，使奥氏体转变为下贝氏体的淬火工艺，也叫等温淬火，如图5－24中④所示。其特点是减小淬火应力，防止变形和开裂，零件综合力学性能好。此方法主要适用于形状复杂、截面不大、要求精度高并具有良好强韧性的零件。

(5) 局部淬火　是指对工件局部加热到淬火温度，快速冷却的工艺。其目的是使工件局部硬化。例如通常对卡规的卡爪、机床顶点等进行局部淬火。

3. 钢的淬透性

1) 淬透性概念

钢件淬火时，其截面上各处的冷却速度是不同的。表面的冷却速度最大，越往中心冷却速度越小，如图5－25(a)所示。如果钢件中心部分低于临界冷却速度，则心部将获得非马氏体组织，即钢件没有被淬透，如图5－25(b)所示。

在规定条件下，决定钢材淬硬深度和硬度分布的特性称为钢的淬透性，通常以钢在规定条件下淬火时获得淬硬深度的能力来衡量。所谓淬硬深度，就是从淬硬的工作表面量至半马氏体区的的垂直距离。

2) 淬透性测定

为了便于比较各种钢的淬透性，必须在统一标准的冷却条件下进行测定。测定淬透性的方法有很多，最常用的方法有以下两种。

(1) 临界直径法　临界直径法是将钢材在某种介质中淬火后，心部得到全部马氏体或50%马氏体的最大直径，以D_0表示。钢的临界直径愈大，表示钢的淬透性愈高。但淬火介质不同，钢的临界直径也不同，同一成分的钢在水中淬火时的临界直径大于在油中淬火时的临界直径，如图5－26所示。常用钢的临界直径见表5－4。

表 5－4　常用钢的临界直径

钢　号	临界直径/mm		钢　号	临界直径/mm	
	水冷	油冷		水冷	油冷
45	13～16.5	6～9.5	35CrMo	36～42	20～28
60	14～17	6～12	60Si2Mn	55～62	32～46
T10	10～15	<8	50CrVA	55～62	32～40
65Mn	25～30	1725	38CrMoAlA	100	80
20Cr	12～19	6～12	20CrMnTi	22～35	15～24
40Cr	30～38	19～28	30CrMnSi	40～50	23～40
35SiMn	40～46	25～34	40MnB	50～55	28～40

（2）末端淬火法　末端淬火法是将一个标准尺寸的试棒加热到完全奥氏体化后放在支架上，从它的一端进行喷水冷却，然后在试棒表面上从端面起依次测定硬度，便可得到硬度和距端面距离之间的变化曲线，称为钢的淬透性曲线，如图 5－27 所示。各种常用钢的淬透性曲线均可以在手册中查到，比较钢的淬透性曲线便可以比较出不同钢的淬透性。从图 5－27(b)中可见，40Cr 钢的淬透性大于 45 钢。

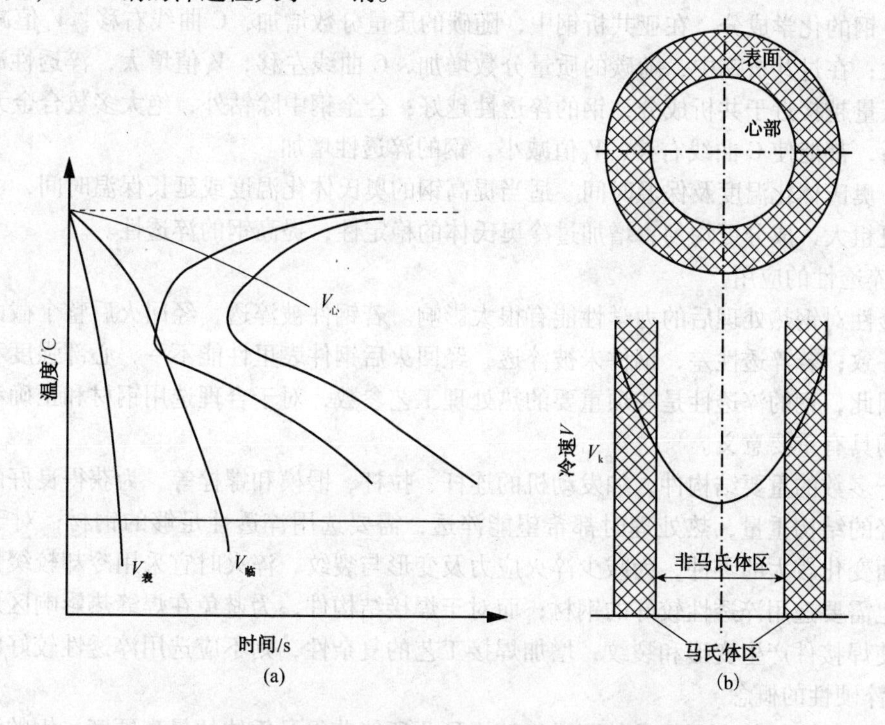

图 5－25　钢件淬硬深度、硬度分布与冷却速度的关系

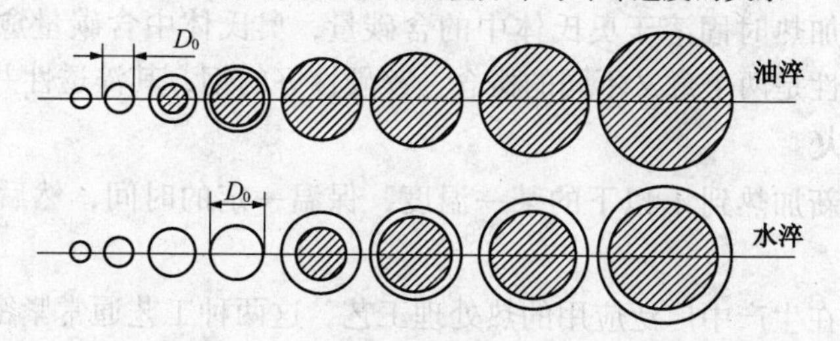

图 5－26　不同直径的 45 钢在油中及水中淬火时的淬硬层深度

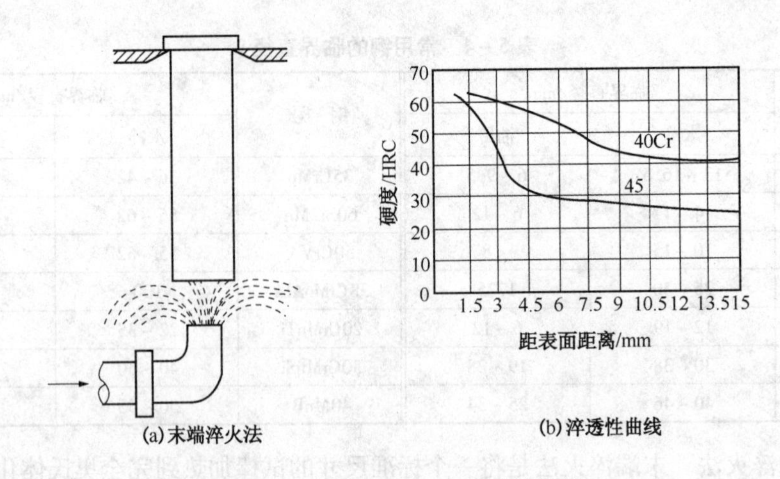

图 5－27　末端淬火法及淬透性曲线

3）影响淬透性的因素

钢的淬透性主要取决于过冷奥氏体的稳定性。因此，凡影响过冷奥氏体稳定性的诸因素，都会影响钢的淬透性。

（1）钢的化学成分　在亚共析钢中，随碳的质量分数增加，C 曲线右移，V_k值减小，淬透性增大；在过共析钢中，随碳的质量分数增加，C 曲线左移，V_k值增大，淬透性减小；碳钢中含碳量越接近于共析成分，钢的淬透性越好；合金钢中除钴外，绝大多数合金元素溶于奥氏体后，都能使 C 曲线右移，V_k值减小，钢的淬透性增加。

（2）奥氏体化温度及保温时间　适当提高钢的奥氏体化温度或延长保温时间，可使奥氏体晶粒更粗大，成分更均匀，增加过冷奥氏体的稳定性，提高钢的淬透性。

4）淬透性的应用

淬透性对钢热处理后的力学性能有很大影响。若钢件被淬透，经回火后整个截面上的性能均匀一致；若淬透性差，钢件未被淬透，经回火后钢件表里性能不一，心部强度和韧性均较低。因此，钢的淬透性是一项重要的热处理工艺参数，对于合理选用钢材和正确制定热处理工艺均具有重要意义。

对于多数的重要结构件，如发动机的连杆、拉杆、锻模和螺栓等，为获得良好的使用性能和最轻的结构重量，热处理时都希望能淬透，需要选用淬透性足够的钢材；对于形状复杂、截面变化较大的零件，为减少淬火应力及变形与裂纹，淬火时宜采用冷却较缓慢的淬火介质，也需要选用淬透性较好的钢材；而对于焊接结构件，为避免在焊缝热影响区形成淬火组织，使焊接件产生变形和裂纹，增加焊接工艺的复杂性，则不应选用淬透性较好的钢材。

5）淬硬性的概念

淬硬性是指钢件在理想条件下进行淬火硬化所能获得马氏体的最高硬度。钢的淬硬性主要取决于钢在淬火加热时固溶于奥氏体中的含碳量，奥氏体中含碳量愈高，则其淬硬性越好。淬硬性与淬透性是两个意义不同的概念，淬硬性好的钢，其淬透性并不一定好。

二、钢的回火

将淬火钢件重新加热到 A_1以下的某一温度，保温一定的时间，然后冷却到室温的热处理工艺称为回火。

淬火和回火是在生产中广泛应用的热处理工艺，这两种工艺通常紧密地结合在一起，是强化钢材、提高机械零件使用寿命的重要手段。通过淬火和适当温度的回火，可以获得不同的组织和性能，满足各类零件或工具对于使用性能的要求。

1. 回火的目的

工件淬火后硬度高而脆性大，不能满足各种工件的不同性能要求，需要通过适当回火的配合来调整硬度、减小脆性，得到所需的塑性和韧性；同时工件淬火后存在很大内应力，如不及时回火，往往会使工件发生变形甚至开裂；另外，淬火后的组织结构(马氏体和残余奥氏体)是处于不稳定的状态，在使用中要发生分解和转变，从而将引起零件形状及尺寸的变化，利用回火可以促使它转变到一定程度并使其组织结构稳定化，以保证工件在以后的使用过程中不再发生尺寸和形状的改变。综上所述，回火的目的大体可归纳为：

(1) 降低脆性，消除或减少内应力；

(2) 获得工件所要求的力学性能；

(3) 稳定工件组织和尺寸；

(4) 对于退火难以软化的某些合金钢，在淬火后予以高温回火，以降低硬度，便于切削加工。

对于未经过淬火处理的钢，回火一般是没有意义的。而淬火钢不经过回火是不能直接使用的，为了避免工件在放置和使用过程中发生变形与开裂，淬火后应及时进行回火。

2. 钢在回火时的转变

钢件经淬火后的组织(马氏体 + 残余奥氏体)为不稳定组织，有着自发向稳定组织转变的倾向。但在室温下，这种转变的速度极其缓慢。回火加热时，随着温度的升高，原子活动能力加强，使组织转变能较快地进行。淬火钢在回火时的组织转变可以分为马氏体的分解，残余奥氏体的转变，碳化物的析出、聚集与长大，α 固溶体的回复与再结晶等四个阶段。

(1) 马氏体的分解(<200℃)　淬火钢在 100℃以下回火时，由于温度较低，原子的活动能力较弱，钢的组织基本不发生变化。马氏体分解主要发生在 100 ~ 200℃，此时马氏体中过饱和的碳原子将以 ε 碳化物(Fe_xC)的形式析出，使马氏体的过饱和度降低。析出的 ε 碳化物以极细小的片状分布在马氏体的基体上，这种组织称为回火马氏体，用符号"$M_回$"表示。马氏体的分解过程将持续到 350℃左右。

(2) 残余奥氏体的分解(200 ~ 300℃)　由于马氏体的分解，过饱和度的下降，减轻了对残余奥氏体的压力，因而残余奥氏体开始发生分解，形成过饱和 α 固溶体和 ε 碳化物，其组织与同温度下马氏体的回火产物一样，同样是回火马氏体组织。

(3) 碳化物的转变(250 ~ 400℃)　随着温度的升高，ε 碳化物开始与 α 固溶体脱离，并逐步转变为稳定的渗碳体(Fe_3C)。到达 350℃左右，马氏体中的碳含量已基本下降到铁素体的平衡成分，内应力大量消除，形成了在保持马氏体形态的铁素体基体上分布着细粒状渗碳体的组织，称为回火托氏体，用符号"$T_回$"表示。

(4) 渗碳体的聚集长大和 α 固溶体的再结晶(>450℃)　在这一阶段的回火过程中，随着回火温度的升高，渗碳体颗粒通过聚集长大而形成较大的颗粒状。同时，保持马氏体形态的铁素体开始发生再结晶，形成多边形的铁素体晶粒。这种由颗粒状渗碳体与等轴状铁素体组成的组织称为回火索氏体，用符号"$S_回$"表示。

3. 淬火钢回火时的性能变化

在回火过程中，随着回火温度升高，淬火钢的组织发生变化，力学性能也会发生相应的变化。随着回火温度的升高，钢的强度和硬度下降，而塑性和韧性提高，如图 5 – 28 所示。

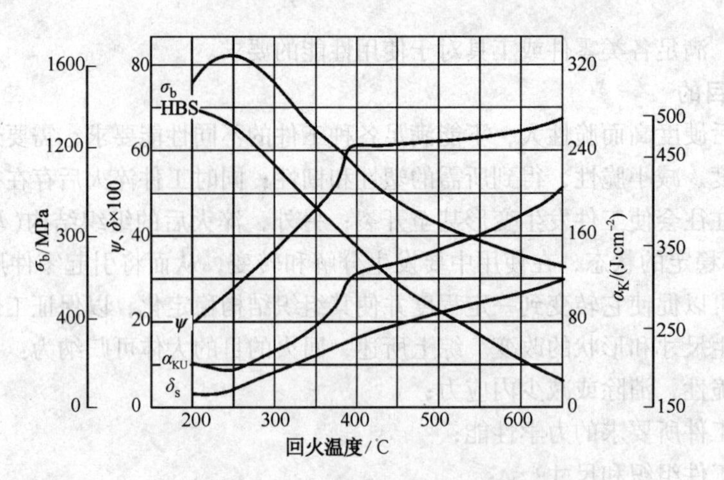

图 5－28　钢力学性能与回火温度的关系

4. 回火的种类及应用

根据加热温度的不同，回火可分为以下几种：

(1) 低温回火　回火温度为 150～250℃。回火后得到回火马氏体组织，硬度一般为 58～64HRC。低温回火的目的是保持高的硬度和耐磨性，降低内应力，减少脆性。主要适用于刃具、量具、模具和轴承等要求高硬度、高耐磨性的工具和零件的处理。

(2) 中温回火　回火温度为 350～500℃。回火后得到回火托氏体组织，硬度为 35～45HRC。中温回火的目的是要获得较高的弹性极限和屈服极限，同时又有一定的韧性。主要用于弹簧、发条、热锻模等零件和工具的处理。

(3) 高温回火　回火温度为 500～650℃。回火后得到回火索氏体组织，硬度为 20～35HRC。高温回火的目的是要获得强度、塑性、韧性都较好的综合力学性能。

在工厂里人们习惯地把淬火加高温回火热处理称为调质处理。调质处理在机械工业中得到广泛应用，主要用于承受交变载荷作用下的重要结构件，如连杆、螺栓、齿轮及轴类零件等。

5. 回火脆性

淬火钢在某些温度区间回火时产生的冲击韧度显著降低的现象称为回火脆性，如图 5－29所示。

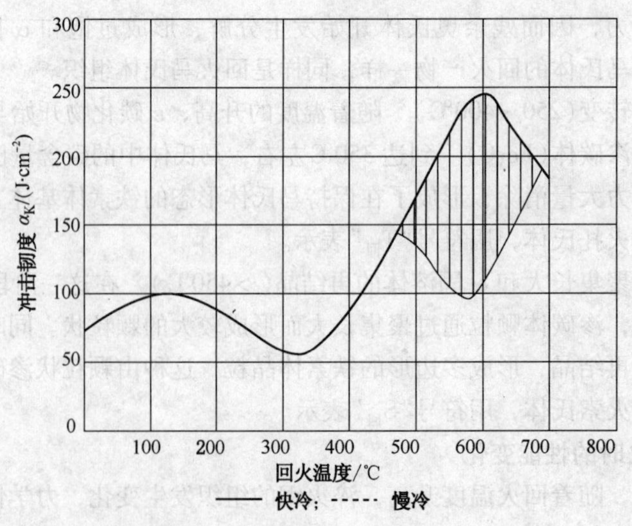

图 5－29　冲击韧度值与回火温度的关系

淬火钢在250～350℃回火时所产生的回火脆性称为第一类回火脆性，也称为低温回火脆性，几乎所有的淬火钢在该温度范围内回火时，都产生不同程度的回火脆性。第一类回火脆性一旦产生就无法消除，因此生产中一般不在此温度范围内回火。

淬火钢在450～650℃温度范围内回火后出现的回火脆性称为第二类回火脆性，也称为高温回火脆性。这类回火脆性主要发生在含有Cr、Ni、Mn、Si等元素的合金钢中，当淬火后在上述温度范围内长时间保温或以缓慢的速度冷却时，便发生明显的回火脆性。但回火后采取快冷时，这种回火脆性的发生就会受到抑制或消失。

第五节　钢的表面热处理和化学热处理

一、钢的表面淬火

某些在冲击载荷、循环载荷及摩擦条件下工作的机械零件，如主轴、齿轮、曲轴等，其某些工作表面要承受较高的摩擦力，要求工件的这些表面层具有高的硬度、耐磨性及疲劳强度，而工件的心部要求具有足够的塑性和韧性。为此，生产中常常采用表面热处理的方法，以达到强化工件表面的目的。

表面淬火是利用快速加热使钢件表层很快达到淬火温度，而当热量来不及传到中心，便立即快速冷却，使其表面获得马氏体而心部仍保持淬火前组织，以满足零件表硬内韧要求的工艺方法。快速加热的方法较多，目前工业中应用最多的有感应加热表面淬火法和火焰加热表面淬火法。

1. 感应加热表面淬火

利用感应电流通过工件所产生的热效应，使工件表面迅速加热并进行快速冷却的淬火工艺称为感应加热表面淬火。

1）感应加热表面淬火的基本原理

如图5－30所示，工件放入用空心紫铜管绕成的感应器内，给感应器通入一定频率的交变电流，其周围便存在相同频率的交变磁场，于是在工件内部产生同频率的感应电流（涡流）。由于感应电流具有集肤效应（电流集中分布在工件表面）和热效应，使工件表层迅速加热到淬火温度，而心部则仍处于相变点温度以下，随即快速冷却，从而达到表面淬火的目的。

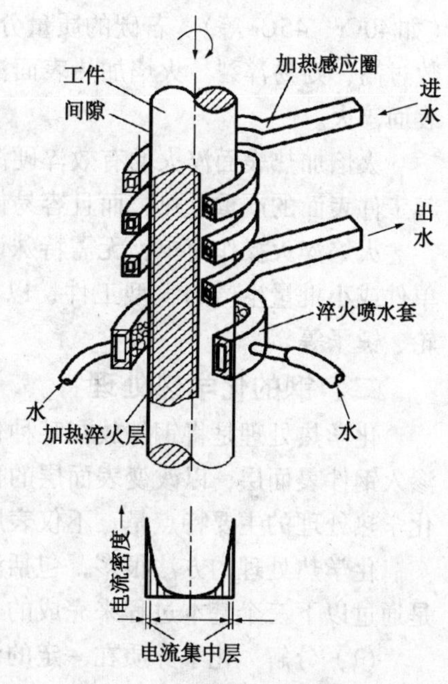

图5－30　感应加热表面淬火原理示意图

根据所用电流频率的不同，感应加热可分为高频感应加热、中频感应加热和工频感应加热三种。高频感应加热的常用频率为200～300kHz，淬硬层深度为0.5～2.0mm，适用于中、小模数的齿轮及中、小尺寸的轴类零件的表面淬火；中频感应加热的常用频率为2500～8000Hz，淬硬层深度为2～10mm，适用于较大尺寸的轴类零件和较大模数齿轮的表面淬火；工频感应加热的电流频率为50Hz，淬硬层深度为10～20mm，适用于较大直径机械零件的表面淬火，如轧辊、火车车轮等。

2）感应加热表面淬火的特点与应用

与普通加热淬火相比，感应加热表面淬火加热速度快，加热时间短；淬火质量好，淬火后晶粒细小，表面硬度比普通淬火高，淬硬层深度易于控制；劳动条件好，生产率高，适于大批量生产。但感应加热设备较昂贵，调整、维修比较困难，对于形状复杂的机械零件，其感应圈不易制造，故不适用于单件生产。

碳的质量分数为0.4%～0.5%的碳素钢与合金钢是最适合于感应加热表面淬火的材料，如45钢、40Cr等。但感应加热表面淬火也可以用于高碳工具钢、低合金工具钢以及铸铁等材料。为满足各种工件对淬硬层深度的不同要求，生产中可采用不同频率的电流进行加热。

2. 火焰加热表面淬火

火焰加热表面淬火是采用氧－乙炔(或其他可燃气体)火焰，喷射在工件的表面上，使其快速加热，当达到淬火温度时立即喷水冷却，从而获得预期的硬度和有效淬硬层深度的一种表面淬火方法，如图5－31所示。

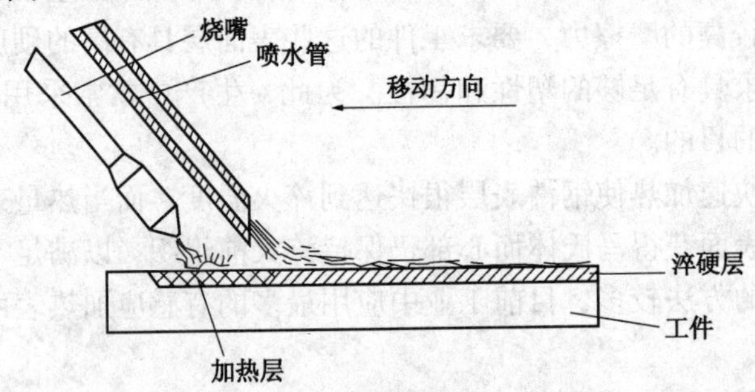

图5－31　火焰加热表面淬火示意图

火焰加热表面淬火工件的材料，常选用中碳钢(如35、40、45钢等)和中碳低合金钢(如40Cr、45Cr等)。若碳的质量分数太低，则淬火后硬度较低；若碳和合金元素的质量分数过高，则易淬裂。火焰加热表面淬火法还可用于对铸铁件(如灰铸铁、合金铸铁等)进行表面淬火。

火焰加热表面淬火的有效淬硬深度一般为2～6mm，若要获得更深的淬硬层，往往会引起工件表面的严重过热，而且容易使工件产生变形或开裂现象。

火焰淬火操作简单，无需特殊设备，但质量不稳定，淬硬层深度不易控制，故只适用于单件或小批量生产的大型工件，以及需要局部淬火的工具或工件，如大型轴类、大模数齿轮、锤子等。

二、钢的化学热处理

化学热处理是将钢件放在某种化学介质中通过加热和保温，使介质中的某些元素的原子渗入钢件表面层，以改变表面层的化学成分、组织和性能的热处理工艺。与表面淬火相比，化学热处理的主要特点是：不仅表层组织发生变化，而且其化学成分也产生变化。

化学热处理的方法很多，包括渗碳、渗氮、碳氮共渗以及渗金属等。但无论哪种方法都是通过以下三个基本过程来完成的：

(1) 分解　化学介质在一定的温度下发生分解，产生能够渗入工件表面的活性原子。

(2) 吸收　活性原子进入工件表面溶于组织中，形成固溶体或金属化合物。

(3) 扩散　渗入表面的活性原子由表面向中心扩散，形成一定厚度的扩散层。

上述基本过程都和温度有关，温度越高，活性原子越活跃，各过程进行的速度越快，其扩散层越厚。但温度过高会引起奥氏体晶粒变粗大，而使工件的脆性增加。

1. 钢的渗碳

向钢件表面层渗入碳原子的过程称为渗碳。其目的是使工件表层含碳量增加，经淬火回火后表面具有高的硬度和耐磨性，而心部仍保持一定强度和较高的塑性和韧性。

渗碳用钢通常为碳含量为0.15%～0.25%的低碳钢和低碳合金钢。较低的碳含量是为了保证零件心部具有良好的塑性和韧性。常用的渗碳钢有15、20、20Cr、20CrMnTi、20MnVB等。

1）渗碳方法

根据采用的渗碳剂不同，渗碳方法可分为固体渗碳、液体渗碳和气体渗碳三种。其中气体渗碳的生产率高，渗碳过程容易控制，在生产中应用最广泛。

气体渗碳就是工件在气体渗碳介质中进行渗碳的工艺。如图5－32所示，将装挂好的工件放在密封的渗碳炉内，加热到900～950℃，滴入煤油、丙酮或甲醇等渗碳剂，使渗碳剂在高温下分解产生出活性碳原子并渗入工件表面，经过保温，活性碳原子向内部扩散形成一定深度的渗碳层，从而达到渗碳目的。渗碳层深度主要取决于渗碳时间，一般按每小时0.10～0.15mm估算。

固体渗碳是把工件和固体渗碳剂装入渗碳箱中，用盖子和耐火泥封好后，送入炉中加热到900～950℃，保温一定的时间后出炉，零件便获得了一定厚度的渗碳层。固体渗碳法示意图如图5－33所示。

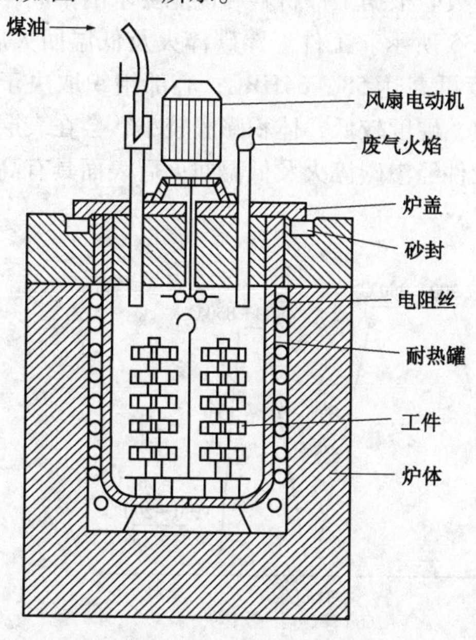

图5－32　气体渗碳法示意图

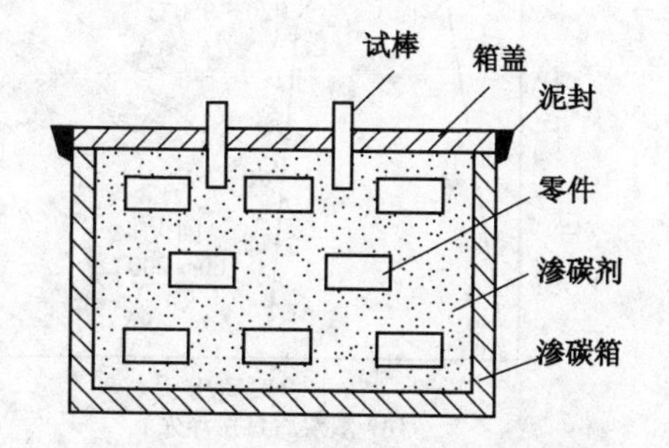

图5－33　固体渗碳法示意图

固体渗碳剂通常是由一定粒度的木炭和少量的碳酸盐（$BaCO_3$或Na_2CO_3）混合组成。木炭提供渗碳所需要的活性碳原子，碳酸盐只起催化作用。在渗碳温度下，固体渗碳剂分解出来的不稳定的CO，能在钢件表面发生气相反应，产生活性碳原子[C]，并为钢件的表面所吸收，然后向钢件的内部扩散而进行渗碳。

固体渗碳的优点是设备简单，容易实现。与气体渗碳法相比，固体渗碳法的渗碳速度慢，劳动条件差，生产率低，质量不易控制。

2）渗碳后的组织

工件经渗碳后，含碳量从表面到心部逐渐减少，表面碳的质量分数可达0.80%～1.05%，而心部仍为原来的低碳成分。工件渗碳后缓慢冷却至室温，从表面到心部的组织为珠光体＋网状二次渗碳体、珠光体、珠光体＋铁素体，如图5－34所示。渗层的共析成分区与原始成分区之间的区域称为渗层的过渡区，通常规定，从工件表面到过渡区一半处的厚度称为渗碳层厚度。渗碳层的厚度取决于零件的尺寸和工作条件，一般为0.5～2.5mm。渗碳层太薄，易造成工件表面的疲劳脱落；渗碳层太厚，则经不起冲击载荷的作用。

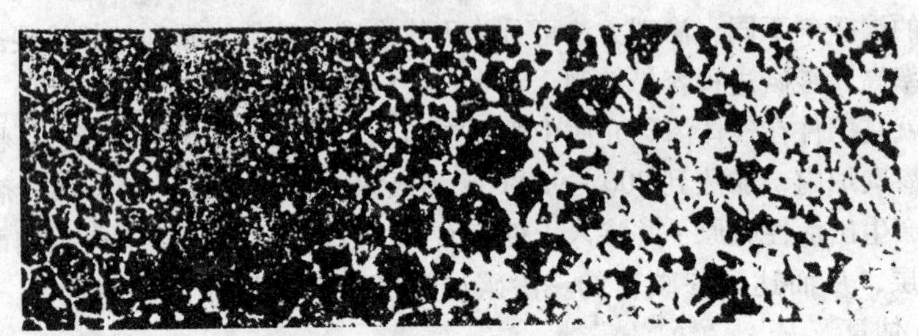

图5－34 低碳钢渗碳退火后的组织

3）渗碳后的热处理

工件渗碳后的热处理工艺通常为淬火及低温回火。根据工件材料和性能要求的不同，渗碳后的淬火可采用直接淬火或一次淬火，如图5－35所示。工件经渗碳淬火及低温回火后，表层组织为回火马氏体和细粒状碳化物，表面硬度可高达58～64HRC；心部组织取决于钢的淬透性，常为低碳马氏体或珠光体＋铁素体组织，硬度较低，体积膨胀较小，会在表层产生压应力，有利于提高工件的疲劳强度。因此，工件经渗碳淬火及低温回火后表面具有高的硬度和耐磨性，而心部具有良好的韧性。

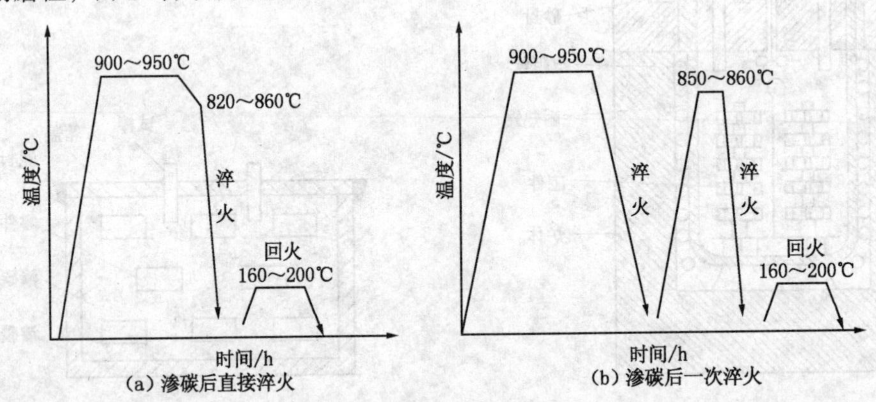

图5－35 渗碳工件的热处理工艺

2. 钢的氮化

氮化是向钢件表面渗入氮原子的化学热处理过程。其目的是提高零件表面硬度、耐磨性、疲劳强度和耐蚀性。

目前工业中应用广泛的是气体氮化法。它是利用氨气作为渗氮介质，通过加热分解出活性氮原子，渗入到工件的表层中形成氮化层。

$$2NH_3 \longrightarrow 3H_2 + 2[N]$$

氮化通常利用专门设备或井式氮化炉来进行。氮化前须将调质后的零件除油净化，入炉后应先通入氨气排除炉内空气。氨的分解在200℃以上开始，同时因为铁素体对氮有一定的溶解能力，所以气体氮化温度应低于钢的A_1温度。氮化结束后，随炉降温至200℃以下，停止供氨，零件出炉。

（1）渗氮用钢　对于以提高耐蚀性为主的渗氮，可选用优质碳素结构钢，如20、30、40钢等；对于以提高疲劳强度为主的渗氮，可选用一般合金结构钢，如40Cr、42CrMo等；而对于以提高耐磨性为主的渗氮，一般选用渗氮专用钢38CrMoAlA。

渗氮用钢大多是含有Al、Cr、Mo、V、Ti等合金元素的合金钢。因为这些元素极易与氮形成颗粒细小、分布均匀、硬度很高而且稳定的氮化物，如AlN、CrN、MoN、VN、TiN等。

（2）渗氮的特点与应用　与渗碳相比，渗氮后工件无需淬火便具有高的硬度、耐磨性，良好的抗蚀性和高的疲劳强度；渗氮温度低，工件的变形小；氮化后一般不进行回火和机械加工。但渗氮的生产周期长，一般要得到0.3～0.5mm的渗氮层，气体渗氮时间约需30～50h，成本较高；渗氮层薄而脆，不能承受冲击。因此，渗氮主要用于要求表面高硬度、耐磨、耐蚀、耐高温的精密零件，如精密机床主轴、丝杆、镗杆、阀门等。

3. 钢的碳氮共渗

碳氮共渗是向钢的表层同时渗入碳和氮的过程。目前以中温气体碳氮共渗和低温气体碳氮共渗应用较为广泛。

1）中温气体碳氮共渗

中温气体碳氮共渗的工艺，一般是将渗碳气体和氨气同时通入炉内，共渗温度为860℃，保温4～5h，预冷到820～840℃淬油。共渗层深度为0.7～0.8mm。淬火后进行低温回火，得到的共渗层表面组织由细片状回火马氏体、适量的粒状碳氮化合物及少量的残余奥氏体所组成。

中温气体碳氮共渗与渗碳比较有很多优点，不仅加热温度低、零件变形小、生产周期短，而且渗层具有较高的耐磨性、疲劳强度和抗压强度，并兼有一定的抗腐蚀能力。但应当指出，中温气体碳氮共渗也有不足之处，例如共渗层表层经常出现孔洞和黑色组织，中温碳氮共渗的气氛较难控制，容易造成工件氢脆等。

2）低温气体碳氮共渗

低温气体碳氮共渗通常称为气体软氮化，是以渗氮为主的碳氮共渗工艺。它常用的共渗介质是尿素。处理温度一般不超过570℃，处理时间很短，仅1～3h，与一般气体氮化相比，处理时间大大缩短。软氮化处理后，零件变形很小，处理前后零件精度没有显著变化，还能赋予零件耐磨、耐疲劳、抗咬合和抗擦伤等性能。与一般气体氮化相比，软氮化还有一个突出的优点：软氮化表层硬而具有一定韧性，不易发生剥落现象。

气体软氮化处理不受钢种限制，它适用于碳素钢、合金钢、铸铁以及粉末冶金材料等。现在普遍用于对模具、量具以及耐磨零件进行处理，效果良好。例如3Cr2W8V压铸模经软氮化处理后，可提高使用寿命3～5倍。

气体软氮化也有缺点：它的氮化表层中铁的氮化合物层厚度比较薄，仅0.01～0.02mm；不适合在重负荷条件下工作的零件。

第六节　金属材料表面处理新技术

金属材料表面处理是通过表面涂覆、表面改性或多种表面技术复合处理，改变固体金属表面的形态、化学成分、组织结构和应力状况，以获得所需要表面性能的工艺过程。由此看出，表面处理的对象是金属或非金属的固态表面，获得所需表面性能的基本途径是改变固态表面的形态、化学成分、组织结构和应力状况。常用的表面处理新技术有：堆焊技术、熔结技术(低真空熔结、激光熔覆等)、电镀、电刷镀及化学镀技术、非金属镀技术、热喷涂技术(火焰喷涂、电弧喷涂、等离子喷涂、爆炸喷涂、超音速喷涂、低压等离子喷涂等)、塑料喷涂技术、黏涂技术、涂装技术、物理与化学气相沉积(真空蒸镀、离子溅射、离子镀等)、激光相变硬化、激光非晶化、激光合金化、电子束技术相变硬化和离子注入等。

一、热喷涂技术

将热喷涂材料加热至熔化或半熔化状态，用高压气流使其雾化并喷射于工件表面形成涂层的工艺称为热喷涂。利用热喷涂技术可改善材料的耐磨性、耐蚀性、耐热性及绝缘性等，已广泛用于包括航空航天、原子能、电子等尖端技术在内的几乎所有领域。

1. 涂层的结构

热喷涂层是由无数变形粒子相互交错呈波浪式堆叠在一起的层状结构，粒子之间不可避免地存在着孔隙和氧化物夹杂缺陷。孔隙率因喷涂方法不同，一般在4%～20%之间，氧化物夹杂是喷涂材料在空气中发生氧化形成的。孔隙和夹杂的存在将使涂层的质量降低，可通过提高喷涂温度、喷速，采用保护气氛喷涂及喷后重熔处理等方法减少或消除这些缺陷。喷涂层与基体之间以及喷涂层中颗粒之间主要是通过镶嵌、咬合、填塞等机械形式连接的，其次是微区冶金结合及化学键结合。

2. 热喷涂方法

常用的热喷涂方法有：

(1) 火焰喷涂　多用氧－乙炔火焰作为热源，具有设备简单、操作方便、成本低但涂层质量不太高的特点，目前应用较广。

(2) 电弧喷涂　是以丝状喷涂材料作为自耗电极、以电弧作为热源的喷涂方法。与火焰喷涂相比，具有涂层结合强度高、能量利用率高、孔隙率低等优点。

(3) 等离子喷涂　是一种利用等离子弧作为热源进行喷涂的方法，具有涂层质量优良、适应材料广泛的优点，但设备较复杂。

3. 热喷涂工艺

热喷涂的工艺过程一般为：表面预处理→预热→喷涂→喷后处理。表面预处理主要是在去油、除锈后，对表面进行喷砂粗化；预热主要用于火焰喷涂；喷后处理主要包括封孔、重熔等。

4. 热喷涂的特点及应用

热喷涂的特点是：

(1) 工艺灵活：热喷涂的对象包括小到ϕ10mm的内孔，大到铁塔、桥梁。可整体喷涂，也可局部喷涂。

（2）基体及喷涂材料广泛：基体可以是金属和非金属，涂层材料可以是金属、合金及塑料陶瓷等。

（3）工件变形小：热喷涂是一种冷工艺，基体材料温度不超过250℃。

（4）热喷涂层可控：从几十微米到几毫米。

（5）生产效率高。

由于涂层材料的种类很多，所获得的涂层性能差异很大，可应用于各种材料的表面保护、强化及修复并满足特殊功能的需要。

二、气相沉积技术

气相沉积技术是指将含有沉积元素的气相物质，通过物理或化学的方法沉积在材料表面形成薄膜的一种新型镀膜技术。根据沉积过程的原理不同，气相沉积技术可分为物理气相沉积（PVD）和化学气相沉积（CVD）两大类。

1. 物理气相沉积（PVD）

物理气相沉积是指在真空条件下，用物理的方法，使材料汽化成原子、分子或电离成离子，并通过气相过程，在材料表面沉积一层薄膜的技术。物理沉积技术主要包括真空蒸镀、溅射镀、离子镀等三种基本方法。

真空蒸镀是蒸发成膜材料使其汽化或升华沉积到工件表面形成薄膜的方法。根据蒸镀材料熔点的不同，其加热方式有电阻加热、电子束加热、激光加热等多种。真空蒸镀的特点是设备、工艺及操作简单，但因汽化粒子动能低，镀层与基体结合力较弱，镀层较疏松，因而耐冲击、耐磨损性能不高。

溅射镀是在真空下通过辉光放电来电离氩气，氩离子在电场作用下加速轰击阴极，被溅射下来的粒子沉积到工件表面成膜的方法。其特点是汽化粒子动能大、适用材料广泛（包括基体材料和镀膜材料）、均镀能力好，但沉积速度慢、设备昂贵。

离子镀是指在真空下利用气体放电技术，将蒸发的原子部分电离成离子，与同时产生的大量高能中性粒子一起沉积到工件表面成膜的方法。其特点是镀层质量高、附着力强、均镀能力好、沉积速度快，但存在设备复杂、昂贵等缺点。

物理气相沉积具有适用的基体材料和膜层材料广泛，工艺简单、省材料、无污染，获得的膜层膜基附着力强、膜层厚度均匀、致密、针孔少等优点。已广泛用于机械、航空航天、电子、光学和轻工业等领域制备耐磨、耐蚀、耐热、导电、绝缘、光学、磁性、压电、滑润、超导等薄膜。

2. 化学气相沉积（CVD）

化学气相沉积是指在一定温度下，混合气体与基体表面相互作用而在基体表面形成金属或化合物薄膜的方法。例如，气态的 $TiCl_4$ 与 N_2 和 H_2 在受热钢的表面反应生成 TiN，并沉积在钢的表面形成耐磨抗蚀的沉积层。

化学气相沉积的特点是：沉积物种类多，可沉积金属、半导体元素、碳化物、氮化物、硼化物等，并能在较大范围内控制膜的组成及晶型；能均匀涂覆几何形状复杂的零件；沉积速度快，膜层致密，与基体结合牢固；易于实现大批量生产。

由于化学气相沉积膜层具有良好的耐磨性、耐蚀性、耐热性及电学、光学等特殊性能，已被广泛用于机械制造、航空航天、交通运输、煤化工等工业领域。

三、三束表面改性技术

三束表面改性技术是指将激光束、电子束和离子束（合称“三束”）等具有高能量密度的能源(一般大于$10^3 W/cm^2$)施加到材料表面，使之发生物理、化学变化，以获得特殊表面性能的技术。三束对材料表面的改性是通过改变材料表面的成分和结构来实现的。由于这些束流具有极高的能量密度，可对材料表面进行快速加热和快速冷却，使表层的结构和成分发生大幅度改变(如形成微晶、纳米晶、非晶、亚稳成分固溶体和化合物等)，从而获得所需要的特殊性能。此外，束流技术还具有能量利用率高、工件变形小、生产效率高等特点。

1. 激光束表面改性技术

激光是由受激辐射引起的并通过谐振放大了的光。激光与一般光的不同之处是纯单色，具有相干性，因而具有强大的能量密度。由于激光束能量密度高($10^6 W/cm^2$)，可在短时间内将工件表面快速加热或融化，而心部温度基本不变；当激光辐射停止后，由于散热速度快，又会产生"自激冷"。激光束表面改性技术主要应用于以下几方面：

(1) 激光表面淬火　又称激光相变硬化。激光表面淬火件硬度高(比普通淬火高15%～20%)、耐磨、耐疲劳、变形极小、表面光亮，已广泛用于发动机缸套、滚动轴承圈、机床导轨、冷作模具等。

(2) 激光表面合金化　预先用镀膜或喷涂等技术把所要求的合金元素涂敷到工件表面，再用激光束照射涂敷表面，使表面膜与基体材料表层融合在一起并迅速凝固，从而形成成分与结构均不同于基体的、具有特殊性能的合金化表层。利用这种方法可以进行局部表面合金化，使普通金属零件的局部表面经处理后可获得高级合金的性能。该方法还具有层深层宽可精密控制、合金用量少、对基体影响小、可将高熔点合金涂敷到低熔点合金表面等优点。已成功用于发动机阀座和活塞环、涡轮叶片等零件的性能和寿命的改善。

激光束表面改性技术还可用于激光涂敷，以克服热喷涂层的气孔、夹杂和微裂纹缺陷；用于气相沉积技术，以提高沉积层与基体的结合力。

2. 电子束表面改性技术

电子束表面改性技术是以在电场中高速移动的电子作为载能体，电子束的能量密度最高可达$10^9 W/cm^2$。除所使用的热源不同外，电子束表面改性技术与激光束表面改性技术的原理和工艺基本类似。凡激光束可进行的处理，电子束也都可以进行。

与激光束表面改性技术相比，电子束表面改性技术还具有以下特点：①由于电子束具有更高的能量密度，所以加热的尺寸范围和深度更大；②设备投资较低，操作较方便(无需像激光束处理那样在处理之前进行"黑化")；③因需要真空条件，故零件的尺寸受到限制。

3. 离子注入表面改性技术

离子注入是指在真空下，将注入元素离子在几万至几十万电子伏特电场作用下高速注入材料表面，使材料表面层的物理、化学和机械性能发生变化的方法。

离子注入的特点是：可注入任何元素，不受固溶度和热平衡的限制；注入温度可控，不氧化、不变形；注入层厚度可控，注入元素分布均匀；注入层与基体结合牢固，无明显界面；可同时注入多种元素，也可获得两层或两层以上性能不同的复合层。

通过离子注入可提高材料的耐磨性、耐蚀性、抗疲劳性、抗氧化性及电、光等特性。目前离子注入在微电子技术、生物工程、宇航及医疗等高技术领域获得了比较广泛的应用，尤其在工具和模具制造工业的应用效果突出。

目前，随着表面技术的不断发展和完善，在原有的常规表面强化技术如表面淬火、化学热处理等的基础上，一大批实用、有效的表面强化技术相继得以开发和利用。所以在实践中我们必须要结合各种表面强化技术的特点、零部件的工作条件及其使用的经济性等因素综合考虑，选择最佳的表面强化工艺方案以达到延长零件使用寿命、提高产品质量的效果，获取显著的经济效益和社会效应。

第七节　热处理零件质量分析与工艺分析

一、热处理工艺对质量的影响

因热处理工艺不当，常产生过热、过烧、氧化、脱碳、变形与开裂等缺陷。

1. 过热与过烧

淬火加热温度过高或保温时间过长，晶粒过分粗大，以致钢的性能显著降低的现象称为过热。工件过热后可通过正火细化晶粒予以补救。若加热温度达到钢的固相线附近时，晶界氧化和开始部分熔化的现象称为过烧。工件过烧后无法补救，只能报废。防止过热和过烧的主要措施是正确选择和控制淬火加热温度和保温时间。

2. 变形与开裂

工件淬火冷却时，由于不同部位存在着温度差异及组织转变的不一致性所引起的应力称为淬火应力。当淬火应力超过钢的屈服点时，工件将产生变形；当淬火应力超过钢的抗拉强度时，工件将产生裂纹，从而造成废品。为防止淬火变形和裂纹，需从零件结构设计、材料选择、加工工艺流程、热处理工艺等各方面全面考虑，尽量减少淬火应力，并在淬火后及时进行回火处理。

3. 氧化与脱碳

工件加热时，介质中的氧、二氧化碳和水等与金属反应生成氧化物的过程称为氧化。而加热时由于气体介质和钢铁表层碳的作用，使表层含碳量降低的现象称为脱碳。氧化脱碳使工件表面质量降低，淬火后硬度不均匀或偏低。防止氧化脱碳的主要措施是采用保护气氛或可控气氛加热，也可在工作表面涂上一层防氧化剂。

4. 硬度不足与软点

钢件淬火硬化后，表面硬度低于应有的硬度，称为硬度不足；表面硬度偏低的局部小区域称为软点。引起硬度不足和软点的主要原因有淬火加热温度偏低、保温时间不足、淬火冷却速度不够以及表面氧化脱碳等。

二、热处理对零件结构设计的要求

零件结构形状是否合理，会直接影响热处理质量和生产成本。因此，在设计零件结构时，除满足使用要求外，还应满足热处理对零件结构形状的要求。其中，零件淬火时造成的内应力最大，极容易引起工件的变形和开裂。因此，对于淬火零件的结构设计应给予更充分的重视。

1. 零件结构应尽量避免尖角和棱角

零件的尖角和棱角处是产生应力集中的地方，常成为淬火开裂的源头，应设计或加工成圆角或倒角，如图 5－36 所示。

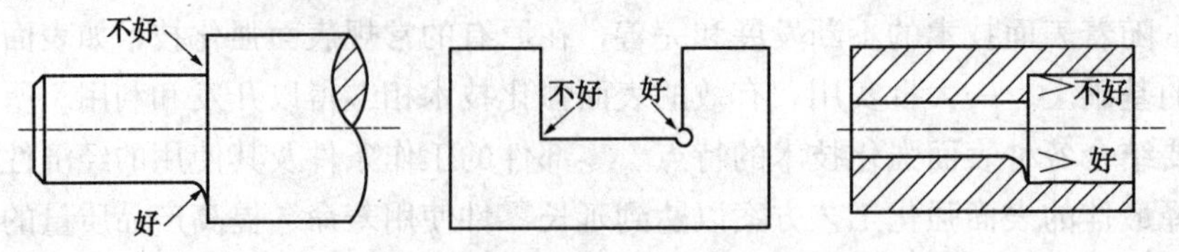

图 5－36　零件结构中的尖角和棱角设计

2. 零件的壁厚应力求均匀

均匀的壁厚设计能减少冷却时的不均匀性，避免相变时在过渡区产生应力集中，增大零件变形和开裂倾向。因此，零件结构设计时应尽量避免厚薄太悬殊，必要时可增设工艺孔来解决，如图 5－37 所示。

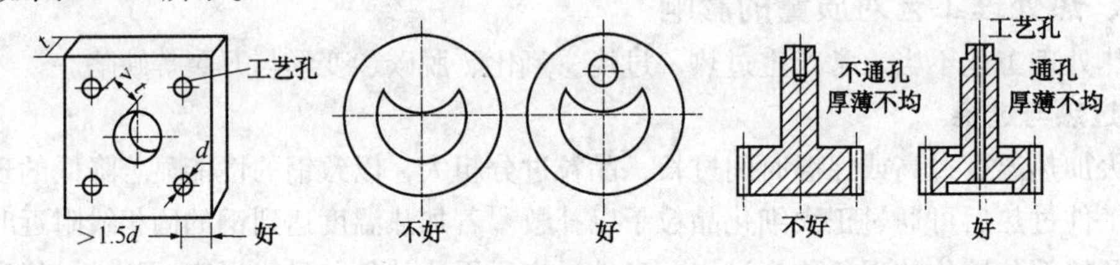

图 5－37　零件结构的壁厚均匀性设计

3. 零件的形状结构应尽量对称

零件的形状结构应尽量对称，以减少零件在淬火时因应力分布不均而造成变形和翘曲，如图 5－38 所示。

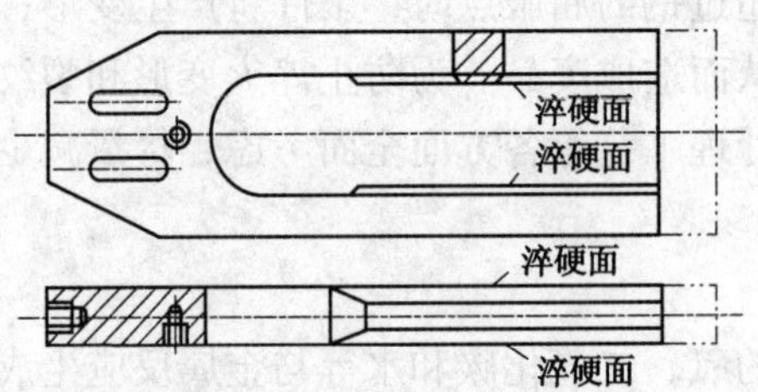

图 5－38　零件的形状结构设计

4. 应尽量减少孔、槽、键槽和深筋

零件结构上应尽量减少孔、槽、键槽和深筋，若工件结构上确实需要则应采取相应的防护措施（如绑石棉绳或堵孔等），以减少这些地方因应力集中而引起的开裂倾向。

5. 某些易变形零件可采用封闭结构

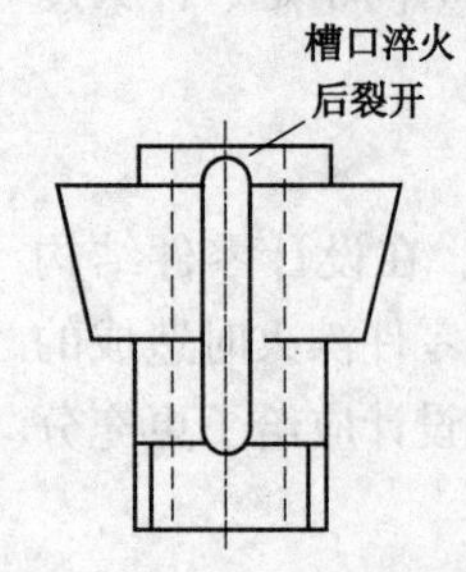

图 5－39　零件的封闭结构

对某些易变形零件采用封闭结构，可有效防止刚性低的零件热处理引起的变形。如汽车上的拉条，其结构上要求制成开口型，但制造时，应先加工成封闭结构（如图中点划线所示），淬火、回火后再加工成开口状（用薄片砂轮切开），以减少变形，如图 5－39 所示。

6. 零件的组合结构

对于某些结构复杂的零件，可将其设计成几个简单零件的组合体，分别热处理后，再用焊接或其他机械连接法将其组合成一个整体。如图 5－40 所示，该磨床顶尖，原设计时采用 W18Cr4V 整体制造，在淬火时出现裂纹。用图示的组合结构（顶尖部分采用 W18Cr4V 钢，尾部采用 45

钢)分别热处理后，采用热套方式配合，既解决了开裂问题，又节约了高速钢。

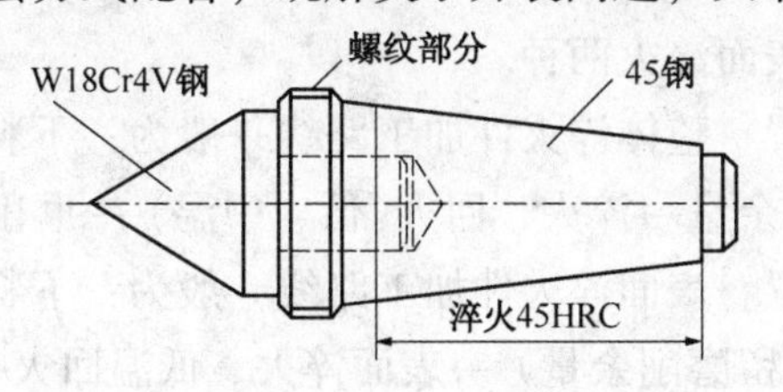

图5－40　零件的组合结构

三、热处理技术条件

根据零件性能要求，在零件图样上应标出热处理技术条件，其内容包括最终热处理方法(如调质、淬火、回火、渗碳等)以及应达到的力学性能判据等，作为热处理生产及检验时的依据。

力学性能判据一般只标出硬度值(硬度值有一定允许范围，布氏硬度值为30～40单位，洛氏硬度值为5个单位)。例如，调质220～250HBS，淬火回火40～45HRC。对于力学性能要求较高的重要件，如主轴、齿轮、曲轴、连杆等，还应标出强度、塑性和韧性判据，有时还要对金相组织提出要求。对于渗碳或渗氮件应标出渗碳或渗氮部位、渗层深度、渗碳淬火回火或渗氮后的硬度等。表面淬火零件应标明淬硬层深度、硬度及部位等。

在图样上标注热处理技术条件时，可用文字和数字简要说明，也可用标准的热处理工艺代号。

四、热处理工序位置安排

合理安排热处理工序位置，对保证零件质量和改善切削加工性能有重要意义。热处理按目的和工序位置不同，分为预先热处理和最终热处理，其工序位置安排如下所述。

1. 预先热处理工序位置

预先热处理包括：退火、正火、调质等。一般均安排在毛坯生产之后，切削加工之前，或粗加工之后，半精加工之前。

(1) 退火、正火工序位置　主要作用是消除毛坯件的某些缺陷(如残留应力、粗大晶粒、组织不均等)，改善切削加工性能，或为最终热处理做好组织准备。

退火、正火件的加工路线为：毛坯生产→退火(或正火)→切削加工。

(2) 调质工序位置　调质主要目的是提高零件综合力学性能，或为以后表面淬火做好组织准备。调质工序位置一般安排在粗加工后，半精或精加工前。若在粗加工前调质，则零件表面调质层的优良组织有可能在粗加工中大部分被切除掉，失去调质的作用，这对碳钢件可能性更大。

调质件的加工路线一般为：下料→锻造→正火(或退火)→粗加工(留余量)→调质→半精加工(或精加工)。

生产中，灰铸铁件、铸钢件和某些无特殊要求的锻钢件，经退火、正火或调质后，已能满足使用性能要求，不再进行最终热处理，此时上述热处理就是最终热处理。

2. 最终热处理

最终热处理包括：淬火、回火、渗碳、渗氮等。零件经最终热处理后硬度较高，除磨削外不宜再进行其他切削加工，因此工序位置一般安排在半精加工后，磨削加工前。

1）淬火工序位置

淬火分为整体淬火和表面淬火两种。

（1）整体淬火工序位置　整体淬火件加工路线一般为：下料→锻造→退火（或正火）→粗加工、半精加工（留磨削余量→淬火、回火（低、中温）→磨削。

（2）表面淬火工序位置　表面淬火件加工路线一般为：下料→锻造→退火（或正火）→粗加工→调质→半精加工（留磨削余量）→表面淬火、低温回火→磨削。

为降低表面淬火件的淬火应力，保持高硬度和耐磨性，淬火后应进行低温回火。

2）渗碳工序位置

渗碳分为整体渗碳和局部渗碳两种。对局部渗碳件，在不需渗碳部位采取增大原加工余量（增大的量称为防渗余量）或镀铜的方法。待渗碳后淬火前切去该部位的防渗余量。

渗碳件（整体与局部渗碳）的加工路线一般为：下料→锻造→正火→粗、半精加工（留防渗余量或镀铜）→渗碳→淬火、低温回火 →磨削 →切除防渗余量。

3）渗氮工序位置

渗氮温度低，变形小，渗氮层硬而薄，因此工序位置应尽量靠后，通常渗氮后不再磨削，对个别质量要求高的零件，应进行精磨或研磨或抛光。为保证渗氮件心部有良好的综合力学性能，通常在粗加工和半精加工之间进行调质。为防止因切削加工产生的残留应力使渗氮件变形，渗氮前应进行去应力退火。

渗氮件加工路线一般为：下料→锻造→退火→粗加工→调质→半精加工→去应力退火（俗称高温回火）→粗磨→渗氮→精磨或研磨或抛光。

五、热处理工艺应用举例

1. 压板（见图5－41）

压板用于在机床工作台或夹具上夹紧工件，故要求有较高强度、硬度和一定弹性。

材料：45钢。

热处理技术条件：淬火、回火，40～45HRC。

加工路线：下料→锻造→正火→机加工→淬火、回火。

2. 连杆螺栓（见图5－42）

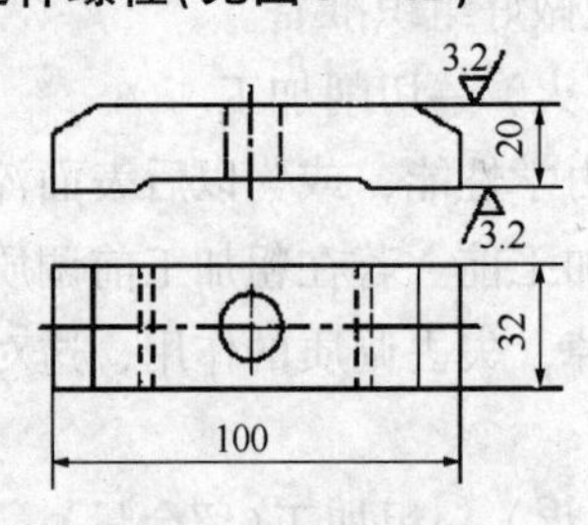

图5－41　压板

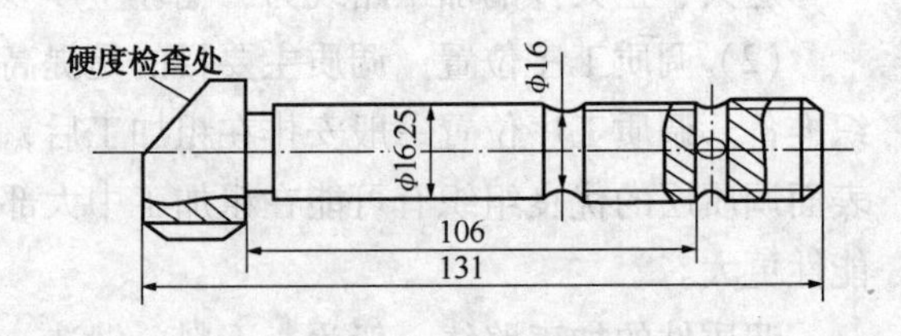

图5－42　连杆螺栓

连杆螺栓用于连接紧固，要求较高抗拉强度，良好塑性、韧性和低的缺口敏感性，以及较高的抗弯强度，以免产生松弛现象。

材料：40Cr钢。

热处理技术条件：260～300HBS，组织为回火索氏体，不允许有块状铁素体。

加工路线：下料→锻造→退火（或正火）→粗加工→调质→精加工。

3. 蜗杆(见图5－43)

蜗杆主要用于传递运动和动力，要求齿部有较高的强度、耐磨性和精度保持性，其余各部位要求有足够的强度和韧性。

材料：45钢。

热处理技术条件：齿部45～50HRC，其余部位调质220～250HBS。

加工路线：下料→锻造→正火→粗加工→调质→半精加工→表面淬火→精加工。

4. 锥度塞规(见图5－44)

锥度塞规是用于检查锥孔尺寸的量具，要求锥部有高的耐磨性、尺寸稳定性和良好的切削加工性。

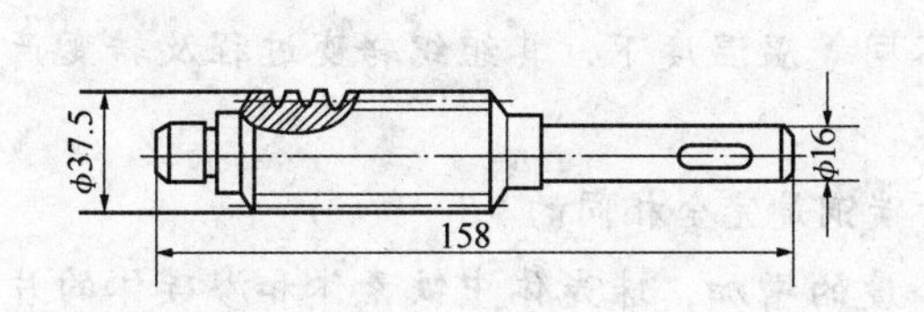

图5－43 蜗杆

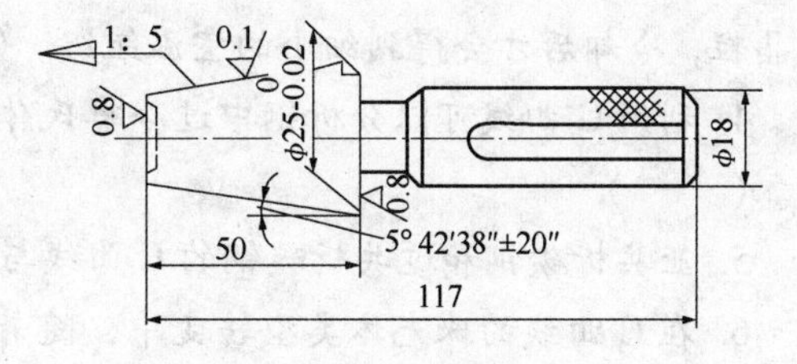

图5－44 锥度塞规

材料：T12A钢。

热处理技术条件：锥部淬火、回火，60～64HRC。

加工路线：下料→锻造→球化退火→粗、半精加工→锥部淬火、回火→稳定化处理→粗磨→稳定化处理→精磨。

注：稳定化处理是指稳定尺寸，消除残留应力，为使工件在长期工作的条件下形状和尺寸变化保持在规定范围内而进行的一种热处理工艺。

5. 摩擦片(见图5－45)

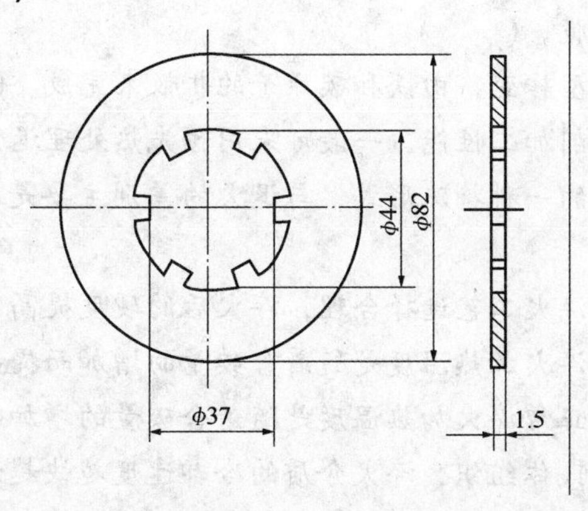

图5－45 摩擦片

摩擦片用于传动或刹车，要求具有高的弹性和耐磨性。

材料：Q235－A钢。

技术条件：渗碳层深度0.4～0.5 mm，40～45HRC，平面度≤0.10mm。

加工路线：下料→锻造→正火→机加工→渗碳→淬火、回火→机加工→去应力退火(380～420℃)。

思考与应用

一、判断题

1. 碳钢加热到稍高于A_{c1}时，所有组织都向奥氏体转变。(　　)

2. 钢加热后形成的奥氏体晶粒大小主要取决于原始组织的晶粒大小，而与加热条件无关。(　)

3. 钢加热后的奥氏晶粒大小对冷却后组织的晶粒大小起着决定作用，只有细小的奥氏体晶粒，冷却后才会得到细小的室温组织。(　　)

4. 利用C曲线可以分析钢中过冷奥氏体在不同等温温度下，其组织转变过程及转变产物。(　)

5. 亚共析碳钢和过共析碳钢的C曲线与共析碳钢是完全相同的。(　　)

6. 在C曲线的珠光体类型转变中，随着过冷度的增加，珠光体中铁素体和渗碳体的片间距离越来越小。(　　)

7. 共析碳钢的过冷奥氏体，在等温转变中形成的珠光体、索氏体、托氏体三种组织都是铁素体与渗碳体层片相间的机械混合物，所以它们的力学性能是相同的。(　　)

8. 共析碳钢的贝氏体与珠光体类组织相比，其主要区别是贝氏体中铁素体的含碳量较高，碳化物较细。(　　)

9. 下贝氏体的性能与上贝氏体相比，它不仅具有较高的硬度和耐磨性，而且强度、韧性和塑性也高于上贝氏体。(　　)

10. 马氏体是在$M_s \sim M_f$之间温度范围内连续冷却不断形成的。(　　)

11. 马氏体的性能硬而脆。(　　)

12. 马氏体转变属扩散型转变，由铁和碳原子的扩散来完成。(　　)

13. 为改善低碳钢的切削加工性能，一般可采用预先热处理退火。(　　)

14. 正火实际上是退火的一种特殊形式，与退火的差别主要是冷却速度较快，得到的珠光体晶粒较细。(　　)

15. 对所有的钢，只要淬火工艺选择合理，淬火后的硬度提高值基本相等。(　　)

16. 亚共析碳钢的正常淬火加热温度是随着含碳量的增加而提高。(　　)

17. 对于过共析碳钢，正常淬火加热温度是随着含碳量的增加而提高。(　　)

18. 淬火时为了获得马氏体组织，淬火介质的冷却速度越快越好。(　　)

19. 淬火钢回火后的组织与性能主要取决于回火温度，与回火时的冷却速度无关。(　　)

20. 在硬度相同时，回火索氏体比正火索氏体具有较高的强度、塑性和韧性。(　　)

21. 通常把高温回火热处理操作称为调质处理。(　　)

22. 共析成分的碳钢比亚共析成分的碳钢具有更好的淬透性。(　　)

23. 淬透性好的钢，淬火后硬度一定很高。(　　)

24. 零件淬火后，所能获得的实际淬硬层深度，不仅取决于钢的淬透性，而且还与零件的尺寸及淬火介质的冷却速度有密切的关系。(　　)

25. 淬透性好的钢，淬火后获得的淬硬层深度一定大。(　　)

26. 同一钢材在相同加热条件下，水淬比油淬的淬透性好，小件比大件的淬透性好。(　　)

二、选择题

1. 亚共析钢加热时完全奥氏体化的温度，随钢中含碳量的增加而(　　)。

A. 升高　　B. 降低　　C. 不变　　D. 变化无规律

2. 过共析碳钢加热时完全奥氏体化的温度，随钢中含碳量的增加而(　　)。

A. 降低　　B. 升高　　C. 不变　　D. 变化无规律

3. 对共析碳钢，由C曲线得知，过冷奥氏体最不稳定的温度区间是(　　)。

A. 稍低于A　　B. 稍高于M_s　　C. 低于M_s　　D. C曲线鼻尖附近

4. 在C曲线的高温(A_1以下至550℃左右)区，随转变温度的下降，则转变产物的(　　)。

A. 片间距愈小，硬度越低　　B. 片间距愈小，硬度越高

C. 片间距愈大，硬度越低　　D. 片间距愈大，硬度越高

5. 珠光体，索氏体，托氏体同属珠光体类型组织，但它们的(　　)。

A. 形成温度不同　　B. 组织的片间距离不同

C. 组成相不同　　D. 力学性能不同

6. 马氏体的硬度主要取决于(　　)。

A. 获得马氏体的冷却速度　　B. 马氏体中碳的含量高低

C. 转变前奥氏体的晶粒度　　D. 马氏体的形成温度

7. 马氏体转变终了温度M_f表示(　　)。

A. 马氏体达到100%的温度　　B. 正常冷却条件下所能达到的温度

C. 马氏体转变不能再进行的温度　　D. 以上说法都不对

8. 为了改善低碳钢的切削加工性能，其预先热处理应采用(　　)。

A. 完全退火　　B. 球化退火　　C. 去应力退火　　D. 正火

9. 为了改善碳素工具钢的切削加工性能，其预先热处理应采用(　　)。

A. 完全退火　　B. 球化退火　　C. 去应力退火　　D. 扩散退火

10. 钢在淬火前，若存在网状渗碳体，必须消除，应采用的热处理方法是(　　)。

A. 退火　　B. 正火　　C. 回火　　D. 变质处理

11. 过共析碳钢经正确淬火后获得的组织是(　　)。

A. 马氏体　　B. 马氏体+残余奥氏体

C. 下贝氏体　　D. 马氏体+渗碳体+残余奥氏体

12. 等温淬火后获得的组织是(　　)。

A. 马氏体　　B. 托氏体　　C. 上贝氏体　　D. 下贝氏体

13. 中碳钢经调质处理后获得的组织是(　　)。

A. 回火马氏体　　B. 下贝氏体　　C. 马氏体　　D. 回火索氏体

14. 一般弹簧件的最终热处理是(　　)。

A. 调质　　B. 淬火　　C. 淬火、低温回火　　D. 淬火、中温回火

15. 锉刀的最终热处理是(　　)。

A. 淬火　　B. 淬火、低温回火　　C. 淬火、中温回火　　D. 调质

16. 感应加热表面淬火时，随电流频率的增大，其淬硬层深度(　　)。

A. 增大　　B. 减小　　C. 保持不变　　D. 变化无规律

17. 渗碳一般常选用的钢种是(　　)。

A. 低碳钢　　B. 低碳合金结构钢　　C. 高碳钢　　D. 中碳钢

18. 一般渗碳零件的最终热处理是(　　)。

A. 渗碳　　B. 渗碳、淬火

C. 渗碳、淬火、低温回火　　D. 渗碳、表面淬火

19. 为保证氮化工件心部力学性能和氮化质量，氮化前应预先进行(　　)。

A. 退火　　B 正火　　C. 调质　　D. 淬火

20. 氮化后表面具有很高的硬度和耐磨性，是由于表层组织中形成了(　　)。

A. 稳定氮化物　　B. 高碳马氏体　　C. 氮化物　　D. 高碳回火马氏体

三、填空题

1. 钢的热处理是指将钢在______范围______到给定的温度，经过______，然后按选定的冷却速度______，以改变其内部______，从而获得所需要______的一种工艺。

2. 钢的热处理方法较多，但其工艺过程由______、______和______三阶段组成。通常可用______为坐标的______图来表示。

3. 共析碳钢加热时，奥氏体的形成全过程由：______、______、______、______等四个阶段完成。

4. 临界冷却速度是指由过冷奥氏体直接得到马氏体的______冷却速度。不同钢的临界冷却速度是______的。

5. 马氏体是指过冷奥氏体在低于______线以下时，形成的碳在α－Fe中的______固溶体，马氏体转变属______扩散型转变。

6. 钢的退火是指把钢加热到一定温度，保温一定时间，然后______冷却的一种热处理工艺；常用退火方法有：______、______、______等。

7. 完全退火的工艺是将钢件加热到______以上的30～50℃，保温一定时间后，随炉______冷却。完全退火适用于亚共析钢的______件、______件和______件。

8. 球化退火的工艺是把钢加热到______以上的20～30℃，保温后______冷却。球化退火主要用于______碳钢和合金______钢。

9. 钢的正火是把钢加热到______（亚共析钢）或______（过共析钢）以上30～50℃，保温后在______冷却的一种热处理工艺。

10. 正火实质上是退火的一种特殊形式，与退火的主要差别是冷却速度______，得到的珠光体组织______，硬度和强度比退火后______。

11. 钢的淬火是将钢加热到______或______以上温度，经保温后，以大于钢的______速度冷却下来的一种热处理工艺。淬火一般是为了获得______组织。

12. 碳钢适宜的淬火加热温度，对亚共析钢为______＋(30～50)℃，对过共析钢和共析钢为______＋(30～50)℃。

13. 生产中希望淬火介质在过冷奥氏体不稳定区(550℃上下)要有______冷却能力，而在进入马氏体转变温度区(200～300℃)应有______冷却能力。

14. 生产过程中常用的淬火方法有(1)______；(2)______；(3)______；(4)______；(5)______。

15. 钢的回火是把______钢加热到______以下的某一温度，经保温后，冷却到室温的热处理操作。回火是______后必须进行的热处理工序。

16. 回火的主要目的是：(1)减少或消除________；(2)获得要求的________________；(3)稳定工件________。

17. 淬火钢在回火时，由于组织发生了变化，其性能也随之______。总的变化规律是：随着回火温度的升高，强度、硬度______，而塑性、韧性____。

18. 碳钢低温回火的温度范围一般是______，回火后的组织为______，这种回火主要适用于要求______的工具和工件。

19. 碳钢中温回火的温度范围一般是______，回火后的组织为______，这种回火主要适用于各种______。

20. 碳钢高温回火的温度范围一般是______，回火后的组织为____，这种回火广泛应用于各种重要______。

21. 钢的淬透性是指钢淬火后得到淬硬层______的能力，影响淬透性的主要因素是过冷奥氏体的______。

22. 表面淬火是将钢件________进行淬火，而心部仍保持______组织的一种热处理方法，常用的表面淬火方法有______加热表面淬火法和____加热表面淬火法。

23. 一般表面淬火零件需先进行______，表面淬火后还需进行______。

24. 化学热处理是将钢件放在某种化学介质中______和______，使介质中的活性原子____到钢件表面，改变表层的______和______的一种热处理方法。

25. 化学热处理与表面淬火相比，它不仅使表层的组织发生变化，而且表层的______也发生变化。

26. 钢的渗碳是向钢件表面______的过程，渗碳后的钢件还需进行____加____的热处理。

27. 渗碳的目的是使表层有____硬度和耐磨性，心部保持____的强度和____的韧性。渗碳方法主要有______渗碳、______渗碳两种。

28. 氮化是向钢的表面______的过程，其目的是提高钢的表面____、____和________。目前应用最广的是______氮化法。

29. 为保证氮化工件心部具有一定的力学性能和氮化质量，氮化前应预先进行____处理。氮化后____进行淬火。氮化广泛用于工作中有强烈______并承受____载荷或______载荷的零件。

四、问答题

1. 指出钢加热时引起奥氏体晶粒长大的因素是什么？并说明钢热处理加热时为什么总是希望获得细小的奥氏体晶粒？

2. 说明共析碳钢随过冷奥氏体等温转变温度的不同，其转变产物的组织及性能有何不同？

3. 正火操作工艺与其他热处理相比有何优点？并简述正火的目的及在生产中的主要应用范围。

4. 根据共析碳钢的C曲线，说明对淬火介质在650～500℃和300～200℃两温度范围的冷却速度要求及原因。并指出常温水和矿物油在上述两温度范围的冷却能力。

五、应用题

1. 一批45钢制零件，经淬火后，部分零件硬度未达到图纸要求值，经金相显微组织分析后的组织是：(1)马氏体+铁素体+残余奥氏体；(2)马氏体+托氏体+残余奥氏体。试分析说明它们在淬火工艺中的问题各是什么？并指出该钢淬火的合理工艺及最终形成的组织。

2. 45 钢经淬火、低温回火后的硬度为 57HRC，若再进行 400℃ 回火，硬度有何变化？为什么？如果要求最后得到回火索氏体组织，将 400℃ 回火后的钢应再进行何种热处理工艺？

3. 一根 φ6mm 的 45 钢棒材，先经 840℃ 加热淬火，硬度为 55HRC(未回火)，然后从一端加热，依靠热传导使圆棒材上各点达到如下图所示的温度。试问：

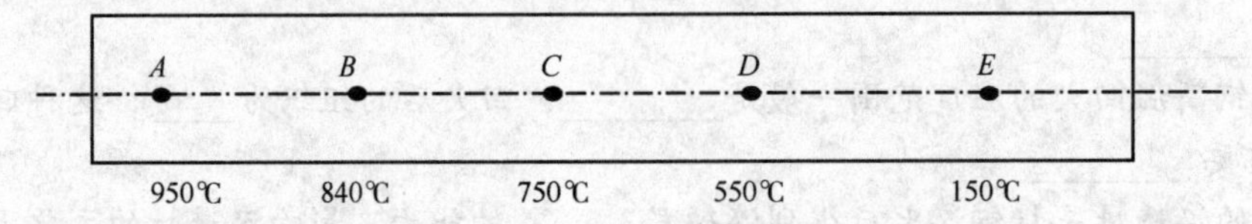

(1) 各点所在部位的组织是什么？

(2) 整个如图示的圆棒缓冷至室温后，各点所在部位的组织又是什么？

(3) 若将圆棒从图示温度快冷淬火至室温后，各点所在部位的组织会是什么？

(4) 生产中经常把已加热到淬火温度的钳工用凿子的刃部先投入水中急冷，然后出水停一定时间后整体投入水中冷却而进行热处理。试分析说明第一次冷却、出水后停留及第二次冷却的作用和出水停留时间对最终性能的影响。

第六章　工业用钢

本章导读：通过本章学习，学生应掌握合金元素在钢中存在形式；合金元素对铁碳合金相图的影响；合金元素对热处理的影响；常存杂质对钢性能的影响；合金钢的分类与编号；碳钢分类；碳钢牌号性能和用途；低合金钢；渗碳钢、调质钢、弹簧钢及滚动轴承钢的牌号、成分、性能和用途；刃具钢、模具钢、量具钢的牌号、成分、热处理特点和用途；不锈钢、耐热钢、耐磨钢的合金化原理、牌号、性能和用途。

工业用钢是经济建设中使用最广、用量最大的金属材料，在现代工农业生产中占有极其重要的地位。随着现代科学技术的发展，对钢铁材料的性能提出了越来越高的要求。为了改善钢的力学性能或获得某些特殊性能，有目的地在冶炼钢的过程中加入一些元素，这些元素称为合金元素。常用的合金元素有：锰、硅、铬、镍、钨、钒、钛、锆、钴、铝、硼等。

第一节　合金元素及杂质元素在钢中的作用

一、合金元素在钢中存在形式

1. 形成合金铁素体

绝大多数合金元素都可或多或少地溶于铁素体中，形成合金铁素体。其中原子半径很小的合金元素（如氮、硼等）与铁形成间隙固溶体；原子半径较大的合金元素（如锰、镍、钴等）与铁形成置换固溶体。

合金元素溶入铁素体后，凡合金元素的原子半径与铁的原子半径相差越大，则晶格类型越不相同，必然引起铁素体晶格畸变，产生固溶强化，使铁素体的强度、硬度提高，但塑性、韧性都有下降趋势。溶于铁素体的合金元素含量对铁素体硬度和韧性的影响如图 6－1 所示。

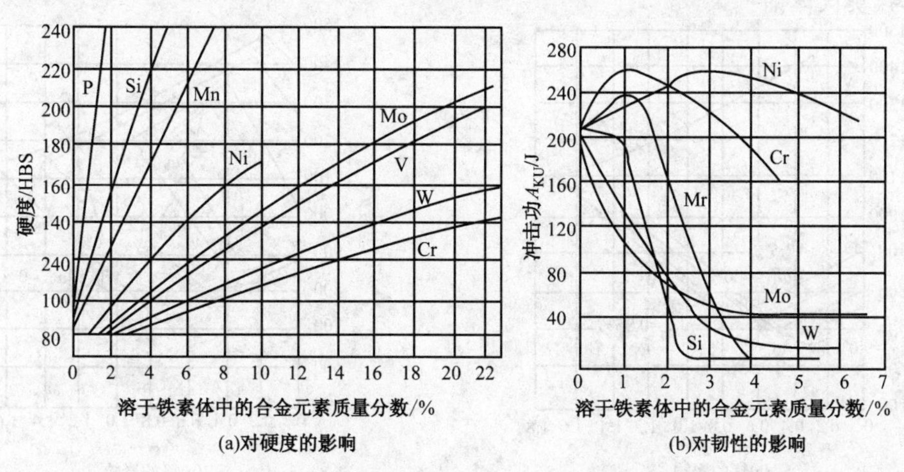

图 6－1　合金元素对铁素体力学性能的影响

由图可见，硅、锰能显著提高铁素体强度、硬度，但当 $\omega_{Si} > 0.6\%$、$\omega_{Mn} > 1.5\%$ 时，将降低其韧性。而铬、镍这两个元素，在适量范围内（$\omega_{Cr} \leqslant 2\%$、$\omega_{Ni} \leqslant 5\%$），不但可提高铁素体的硬度，而且能提高其韧性。为此，在合金结构中，为了获得良好强化效果，对铬、镍、硅和锰等合金元素要控制在一定含量范围内。

2. 形成合金碳化物

作为碳化物形成元素，在元素周期表中都是位于铁左边的过渡族金属元素，离铁越远，则其与碳的亲和力越强，形成碳化物能力越大，形成的碳化物越稳定而不易分解。通常钒、铌、锆、钛为强碳化物形成元素；铬、钼、钨为中强碳化物形成元素；锰为弱碳化物形成元素。

钢中形成的合金碳化物的类型主要有：

（1）合金渗碳体　锰一般是溶入钢中渗碳体，形成合金渗碳体 $(Fe、Mn)_3C$；铬、钼、钨在钢中含量不大（$\omega_{Mo} = 0.5\% \sim 3\%$）时，形成合金渗碳体，如 $(Fe、Cr)_3C$、$(Fe、Mo)_3C$。合金渗碳体较渗碳体略为稳定，硬度也较高，是一般低合金钢中碳化物的主要存在形式。

（2）合金碳化物　合金碳化物是与渗碳体晶格完全不同的合金碳化物，通常是由中强碳化物形成元素与碳所构成的碳化物。

（3）特殊碳化物　强碳化物形成元素，即使含量较少，但只要钢中有足够的碳，就倾向于形成特殊碳化物，即具有简单晶格的间隙相碳化物。

无论是合金渗碳体、合金碳化物，还是特殊碳化物，均具有比普通渗碳体更高的熔点、硬度与耐磨性，并且更为稳定，不易分解。

合金碳化物的种类、性能和在钢中分布状态会直接影响到钢的性能及热处理时的相变。例如，当钢中存在弥散分布的特殊碳化物时，将显著增加钢的强度、硬度与耐磨性，而不降低韧性，这对提高工具的使用性能极为有利。

二、合金元素对 Fe－Fe_3C 相图的影响

1. 对奥氏体单相区的影响

合金元素镍、锰、钴等可使 *GS* 线向左下方移动，扩大了奥氏体单相区，如图 6－2（a）所示。当钢中含有大量能扩大奥氏体相区的元素时，有可能在室温形成单相奥氏体组织，这种钢称为“奥氏体钢”。

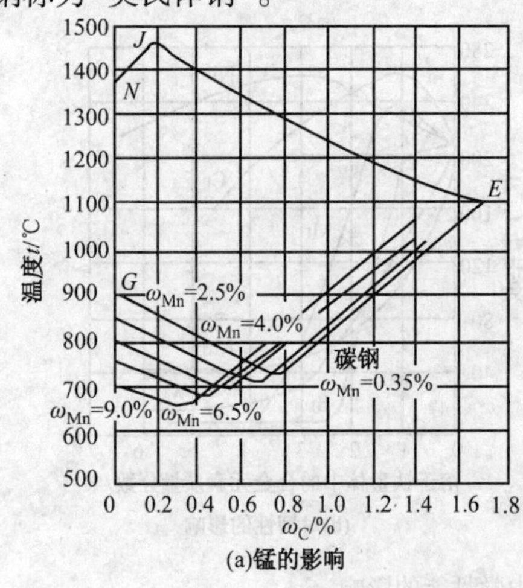

(a)锰的影响

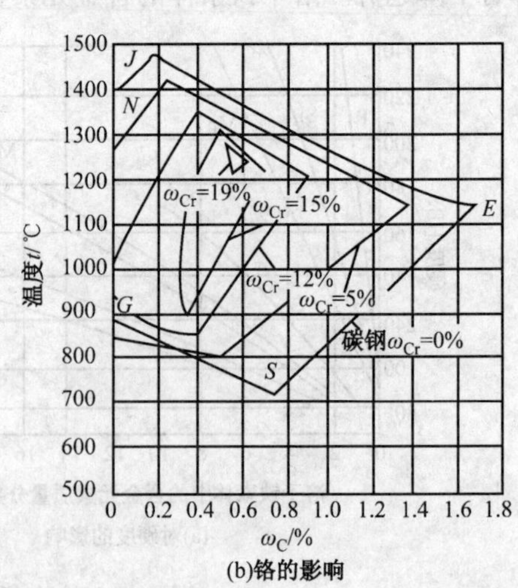

(b)铬的影响

图 6－2　合金元素 Mn、Cr 对 $F_e - Fe_3C$ 相图的影响

合金元素铬、钼、钨、钒、钛、硅等可使 *GS* 线向左上方移动，缩小了奥氏体单相区，如图 6-2(b)所示。当钢中含有大量能缩小奥氏体相区的元素时，有可能在室温形成单相铁素体组织，这种钢称为“铁素体钢”。

单相奥氏体和单相铁素体具有抗蚀、耐热等性能，是不锈、耐蚀、耐热钢中常见的组织。

2. 对 *S*、*E* 点的影响

大多数合金元素均使 *S*、*E* 点左移。*S* 点左移表明共析点含碳量降低，使含碳量相同的碳钢与合金钢具有不同的组织和性能。例如，钢中含有 12% 的铬时，可使 *S* 点左移至 ω_C = 0.4% 左右，这样 ω_{Cr} = 0.4% 的合金钢便具有共析成分。*E* 点左移表明出现莱氏体的含碳量降低，有可能在钢中会出现莱氏体。例如，高速工具钢中的 ω_C < 2.11%，但在铸态组织中却出现了鱼骨状莱氏体。

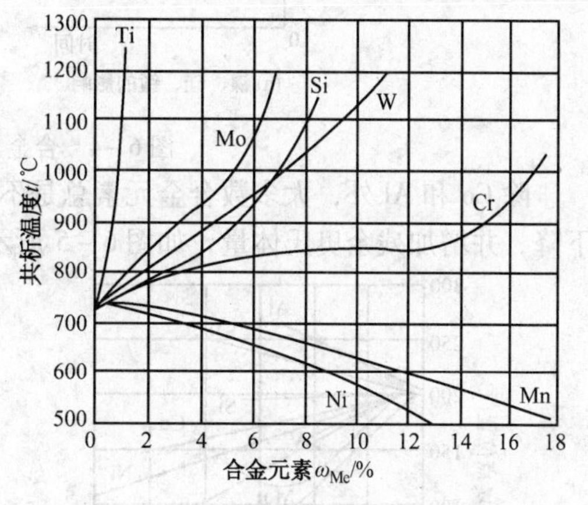

图 6-3　合金元素对共析温度的影响

由于合金元素使钢的 *S*、*E* 点发生变化，必然导致钢的相变点发生相应的变化。由图 6-3 可知，除锰、镍外，其他合金元素均不同程度地使共析温度升高，因此大多数低合金钢与合金钢的奥氏体化温度比相同含碳量的碳钢高。

三、合金元素对钢热处理的影响

1. 合金元素对奥氏体形成速度的影响

合金钢的奥氏体形成过程基本上与碳钢相同，但由于合金元素的加入改变了碳在钢中的扩散速度，从而影响奥氏体的形成速度。非碳化物形成元素 Co 和 Ni 能提高碳在奥氏体中的扩散速度，从而增大奥氏体的形成速度；碳化物形成元素 Cr、Mo、W、To、V 等与碳有较强的亲和力，显著减慢了碳在奥氏体中的扩散速度，使奥氏体的形成速度大大降低；其他元素如 Si、Al 对碳在奥氏体中的扩散速度影响不大，对奥氏体的形成速度几乎没有影响。

由强碳化物形成元素所形成的碳化物 TiC、VC、NbC 等，只有在高温下才开始溶解，使奥氏体成分较难达到均匀化，一般采取提高淬火加热温度或延长保温时间的方法予以改善，这也是提高钢的淬透性的有效方法。

此外，合金元素也会影响奥氏体晶粒的长大。例如 P、Mn 会促进奥氏体晶粒的长大，而 Al、Zr、Nb、V 等会形成细小稳定的碳化物质点，强烈阻碍晶界的移动(V 的作用可以保持到 1150℃，Ti、Zr、Nb 的作用可保持到 1200℃)，使奥氏体保持细小的晶粒状态。

2. 合金元素对过冷奥氏体转变的影响

除 Co 以外，绝大多数合金元素均会不同程度地延缓珠光体和贝氏体相变，这是由于它们溶入奥氏体后，会增加其稳定性，使 C 曲线右移所致，如图 6-4(a)所示，其中以碳化物形成元素的影响较为显著。

碳化物形成元素较多时，还会使钢的 C 曲线形状发生变化，甚至出现两组 C 曲线，如图 6-4(b)所示。例如 Ti、V、Nb 等强烈推迟珠光体转变，而对贝氏体转变影响较小，同时会提升高珠光体最大转变速度的温度和降低贝氏体最大转变速度的温度，并使 C 曲线分离。

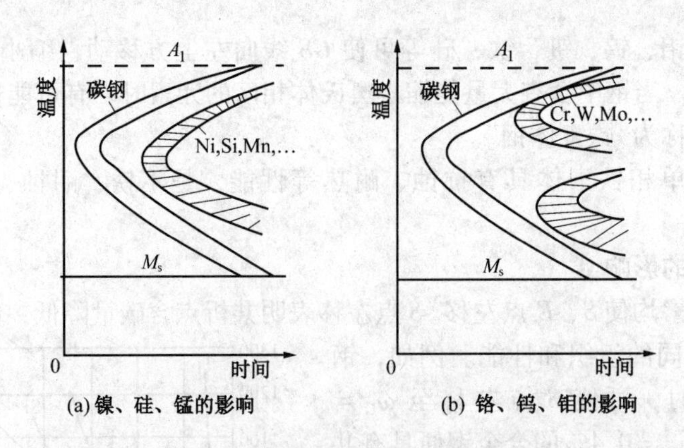

图 6－4　合金元素对 C 曲线的影响

除 Co 和 Al 外，大多数合金元素总是不同程度地降低马氏体转变温度，使 M_s 点和 M_f 点下降，并增加残余奥氏体量，如图 6－5 所示。

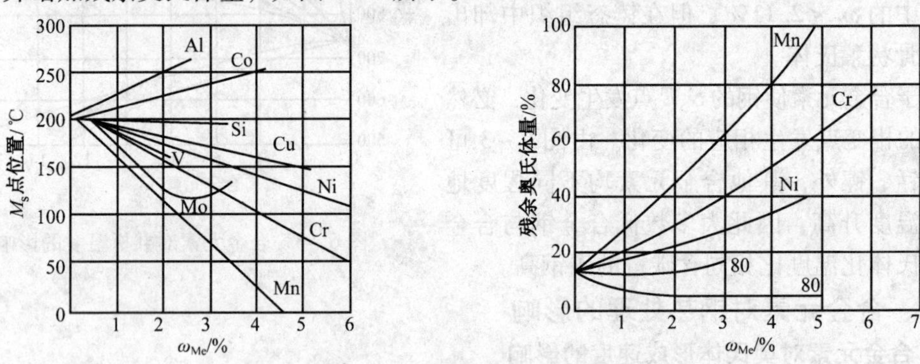

图 6－5　合金元素对马氏体形成温度及残余奥氏体量的影响

3. 合金元素对回火转变的影响

合金元素能使淬火钢在回火过程中的组织分解和转变速度减慢，增加回火抗力，提高了钢的耐回火性，从而使钢的硬度随回火温度的升高而下降的程度减弱。

碳化物形成元素，尤其是强碳化物形成元素会减缓碳的扩散，推迟马氏体分解过程；非碳化物形成元素 Si，能抑制 ε 碳化物质点的长大并延缓 ε 碳化物向 Fe_3C 的转变，因而提高了马氏体分解的温度；非碳化物形成元素 Ni 及弱碳化物形成元素 Mn，对马氏体分解几乎无影响。

随着回火温度的升高，合金元素在 α 固溶体和碳化物两个基本相之间将进行重新分布。碳化物形成元素将从 α 固溶体移至碳化物内，直至平衡。因此，随着回火温度的升高，碳化物成分不断发生变化，碳化物类型也发生相应转变，一般是由较不稳定的碳化物演变为比较稳定的碳化物。

在碳化物形成元素含量较高的高合金钢中，在 500～600℃ 回火时硬度反而上升的现象称为“二次硬化”。这是因为淬火后残余奥氏体加热到 500～600℃，析出碳化物，使其含碳量和合金元素的含量降低，使 M_s 点和 M_f 点上升，在冷却过程中部分残余奥氏体转变为马氏体，产生“二次淬火”；此外，由于 Ti、V、Mo、W 等在 500～600℃ 温度范围内回火时，将沉淀析出某些元素的特殊碳化物，产生弥散强化。如果回火温度继续升高，特殊碳化物将发生聚集长大，温度愈高，聚集愈快，这时钢的硬度又开始下降。

四、常存杂质元素对钢性能的影响

实际使用的钢除铁、碳两个主要元素之外，还含有锰、硅、硫、磷等杂质元素以及非金属夹杂物，它们对钢材性能和质量影响很大，必须严格控制在牌号规定的范围之内。

1. 锰的影响

锰是炼钢后用锰铁脱氧后残留在钢铁中的杂质元素。锰具有一定的脱氧能力，能把钢材中的FeO还原成铁，改善钢的冶炼质量；锰还可以与硫化合成MnS，以减轻硫的有害作用，降低钢材的脆性，改善钢材的热加工性能；锰能大部分溶解于铁素体中，形成置换固溶体，并使铁素体强化，提高钢铁的强度和硬度。一般来说，锰是钢材中的有益元素。碳钢中的含锰量一般控制在0.8%以下。

2. 硅的影响

硅是炼钢时加入硅铁脱氧残留在钢材中的。硅的脱氧作用比锰强，可以防止形成FeO，改善钢材的冶炼质量；硅溶于铁素体中使铁素体强化，从而提高钢材的强度、硬度和弹性，但硅元素降低钢材的塑性和韧性。在硅的含量不高时，对钢的性能影响不大，总体来说是有益元素，一般碳钢中硅的含量控制在0.4%以下。

3. 硫的影响

硫是在炼铁时由矿石和燃料带进钢材中的，而且在炼钢时难以除尽。总地来讲，硫是钢材中的有害杂质元素。在固态下硫不溶于铁，以FeS的形式存在。FeS与Fe能形成低熔点的共晶体(Fe+FeS)，其熔点为985℃，并且分布在晶界上。当钢材在1000~1200℃进行热压力加工时，由于共晶体融化，从而导致钢材在热加工时开裂，这种现象称为“热脆”。钢材中硫的质量分数必须严格控制，我国一般控制在0.05%以下。但在易切削钢中可适当提高硫的质量分数，其目的在于提高钢材的切削加工性。此外，硫对钢材的焊接性有不良的影响，容易导致焊缝出现热裂，产生气孔和疏松。

4. 磷的影响

磷是炼铁时由矿石带进钢材中的。一般来讲，磷在钢材中能全部溶于铁素体中，产生固溶强化，提高铁素体的硬度。但在室温下却使钢材的塑性和韧性急剧下降，产生低温脆性，这种现象称为“冷脆”。一般来说，磷是钢材中的有害元素，钢材中磷的质量分数即使只有千分之几，也会因析出脆性化合物Fe_3P而使钢材的脆性增加，特别是在低温时更为显著，因此，钢材中磷的质量分数也必须严格控制，我国一般控制在0.05%以下。但在易切削钢材中可适当提高磷的质量分数，脆化铁素体，改善钢材的切削加工性。此外，钢材中加入适量的磷还可以提高钢材的耐大气腐蚀性能。

第二节　合金钢的分类与编号

一、合金钢的分类

1. 按用途分类

(1) 合金结构钢　可分为机械制造用钢和工程结构用钢等，主要用于制造各种机械零件、工程结构件等。

（2）合金工具钢　可分为刃具钢、模具钢、量具钢三类，主要用于制造刃具、模具、量具等。

（3）特殊性能钢　可分为抗氧化用钢、不锈钢、耐热钢等。

2. 按合金元素含量分类

（1）低合金钢　合金元素的总含量在5%以下。

（2）中合金钢　合金元素的总含量在5%～10%之间。

（3）高合金钢　合金元素的总含量在10%以上。

3. 按金相组织分类

（1）按平衡组织或退火组织分类，可以分为亚共析钢、共析钢、过共析钢和莱氏体钢。

（2）按正火组织分类，可以分为珠光体钢、贝氏体钢、马氏体和奥氏体钢。

4. 其他分类方法

除上述分类方法外，还有许多其他的分类方法，如按工艺特点可分为铸钢、渗碳钢、易切削钢等；按质量可以分为普通质量钢、优质钢和高级质量钢。

二、合金钢的编号

我国的合金钢编号，常采用数字+化学元素符号+数字的方法。化学成分的表示方法如下：

（1）碳含量　一般以平均碳含量的万分之几表示。如平均碳含量为0.50%，则表示为50；不锈钢、耐热钢、高速钢等高合金钢，其碳含量一般不标出，但如果几个钢的合金元素相同，仅碳含量不同，则将碳含量用千分之几表示。合金工具钢平均碳含量≥1.00%时，其碳含量不标出，碳含量<1.00%时，用千分之几表示。

（2）合金元素含量　除铬轴承钢和低铬工具钢外，合金元素含量一般按以下原则表示：含量小于1.5%时，钢号中仅表明元素种类，一般不表明含量；平均含量在1.50%～2.49%，2.50%～3.49%，…，22.50%～23.49%，……时，分别表示为2，3，…，23……；为避免铬轴承钢与其他合金钢表示方法的重复，含碳量不予标出，铬含量以千分之几表示，并冠以用途名称，如平均铬含量为1.5%的铬轴承钢，其牌号写为“滚铬15”或“GCr15”，低铬工具钢的铬含量也以千分之几表示，但在含量前加个“0”，如平均含铬量为0.6%的低铬工具钢，其牌号写为“铬06”或“Cr06”；易切削钢前冠以汉字“易”或符号“Y”；各种高级优质钢在钢号之后叫“高”或“A ”。

1. 机械结构用合金钢与工程结构用合金钢

（1）机械结构用合金钢　常用的有表面硬化合金结构钢（如合金渗碳钢）、调质处理合金结构钢（合金调质钢）、合金弹簧钢等。这些钢的牌号均依次由两位数字、元素符号和数字组成。前两位数字表示钢中平均含碳量的万分数，元素符号表示钢中所含的合金元素，元素符号后的数字表示该合金元素平均含量的百分数（若平均含量<1.5%时，元素符号后不标出数字；若平均含量为1.5%～2.4%、2.5%～3.4%、……时，则在相应的合金元素符号后标注2、3、……）。机械结构用合金钢按冶金质量（即钢中磷、硫多少）不同分为优质钢、高级优质钢（牌号后加“A”）、特级优质钢（牌号后加“E”），见表6－1。例如20CrMnTi钢，表示钢中平均$\omega_C=0.2\%$，ω_{Cr}、ω_{Mn}、ω_{Ti}均$<1.5\%$（不标出数字），是优质钢；又如25Cr2Ni4WA钢，表示钢中平均$\omega_C=0.25\%$、$\omega_{Cr}=2\%$、$\omega_{Ni}=4\%$，$\omega_W<1.5\%$，“A”表示钢中磷、硫含量较少，质量好，是高级优质钢。

表 6-1 钢中磷、硫含量

钢 类	ω_P/%	ω_S/%
	不大于	
优质钢	0.035	0.035
高级优质钢	0.025	0.025
特级优质钢	0.025	0.015

(2) 工程结构用合金钢 常用的有高锰耐磨钢，其牌号依次由“铸钢”汉语拼音字首“ZG”、合金元素符号“Mn”和数字组成，其数字表示平均含锰量的百分数。例如，ZGMn 13-1表示平均 $\omega_{Mn}=13\%$、序号为 1 的高锰耐磨钢。

2. 轴承钢

轴承钢的牌号依次由“滚”字汉语拼音字首“G”、合金元素符号“Cr”和数字组成。其数字表示平均含铬量的千分数。例如，GCr15 表示平均 $\omega_{Cr}=1.5\%$ 的轴承钢。若钢中含有其他合金元素，应依次在数字后面写出元素符号，如 GCrl5SiMn 表示平均 $\omega_{Cr}=1.5\%$、ω_{Si} 和 ω_{Mn} 均 $<1.5\%$ 的轴承钢。无铬轴承钢的编号方法与结构钢相同。

3. 合金工具钢

合金工具钢包括量具、刃具用钢、冷作模具钢、热作模具钢和塑料模具钢。这类钢的牌号表示方法与机械结构用合金钢相似。区别在于：若钢中平均 $\omega_C<1\%$ 时，牌号以一位数字为首，表示平均含碳量的千分数；若钢中平均 $\omega_C\geqslant1\%$ 时，则牌号前不写数字。例如，9Mn2V 表示平均 $\omega_C=0.9\%$、$\omega_{Mn}=2\%$、$\omega_V<1.5\%$ 的量具刃具钢；又如，CrWMn 表示平均 $\omega_C\geqslant1\%$（牌号前不写数字），ω_{Cr}、ω_W、ω_{Mn} 均 $<1.5\%$ 的冷作模具钢。

4. 高速工具钢

高速工具钢的牌号表示方法与合金工具钢基本相同。主要区别是有些牌号的钢，即使 $\omega_C<1\%$，其牌号前也不标出数字。例如，W18Cr4V 表示平均 $\omega_W=18\%$、$\omega_{Cr}=4\%$、$\omega_V<1.5\%$ 的高速工具钢，其 $\omega_C=0.7\%\sim0.8\%$。

5. 不锈、耐蚀钢和耐热钢

不锈、耐蚀钢和耐热钢的牌号表示方法与合金工具钢基本相同。例如，4Crl3 表示钢中平均 $\omega_C=0.4\%$、$\omega_{Cr}=13\%$ 的不锈、耐蚀钢。但若钢中 $\omega_C\leqslant0.03\%$ 或 $\omega_C\leqslant0.08\%$ 时，牌号分别以“00”或“0”为首。例如，00Cr17Nil4Mo2 钢、0Crl8NillTi 钢等。

第三节 非合金钢

一、非合金钢的分类

非合金钢具有价格低廉、工艺性能好、力学性能一般能满足使用要求的优点，是工业生产中用量较大的钢铁材料。非合金钢的种类较多，为了便于生产、选用和储运，需要按一定标准对钢材进行分类。非合金钢的分类方法很多，常用的分类方法如下所述。

1. 按非合金钢碳的质量分数分类

非合金钢按碳的质量分数分类，可分为低碳钢、中碳钢和高碳钢。

（1）低碳钢　低碳钢是指碳的质量分数 $\omega_C \leqslant 0.25\%$ 的铁碳合金，如 08 钢、10 钢、15 钢、20 钢、25 钢等。

（2）中碳钢　中碳钢是指碳的质量分数在 $0.25\% < \omega_C \leqslant 0.6\%$ 的铁碳合金，如 30 钢、35 钢、40 钢、45 钢、50 钢、55 钢、55 钢、60 钢等。

（3）高碳钢　高碳钢是指碳的质量分数 $\omega_C > 0.6\%$ 的铁碳合金，如 65 钢、70 钢、75 钢、80 钢、85 钢、T7 钢、T8 钢、T10 钢、T12 钢等。

2. 按非合金钢主要质量等级分类

非合金钢按主要质量等级分为：普通质量非合金钢、优质非合金钢和特殊质量非合金钢。

（1）普通质量非合金钢　普通质量非合金钢是指对生产过程中控制质量无特殊规定的一般用途的非合金钢。应用时满足下列条件：钢为非合金化的；不规定热处理；如产品标准或技术条件中有规定，其特性值（最高值和最低值）应达规定值；未规定其他质量要求。

（2）优质非合金钢　优质非合金钢是指普通质量非合金钢和特殊质量非合金钢以外的非合金钢，在生产过程中需要特别控制质量（例如控制晶粒度，降低硫、磷含量，改善表面质量或增加工艺控制等），以达到比普通质量非合金钢特殊的质量要求（如良好的抗脆断性能、良好的冷成形性等），但这种钢生产控制不如特殊质量非合金钢严格。

（3）特殊质量非合金钢　特殊质量非合金钢是指在生产过程中需要特别严格控制质量和性能（例如控制淬透性和纯洁度）的非合金钢。此类钢应符合下列条件，钢材要经热处理并至少具有下列一种特殊要求的非合金钢（包括易切削钢和工具钢）：要求淬火和回火状态下的冲击性能；有效淬硬深度或表面硬度；限制表面缺陷；限制钢中非金属夹杂物的含量和（或）要求内部材质均匀性；限制磷和硫的含量（成品 $\omega_P \leqslant 0.025\%$，$\omega_S \leqslant 0.025\%$）；限制残余元素 Cu、Co、V 的最高含量等方面的要求。

3. 按非合金钢的用途分类

（1）碳素结构钢　碳素结构钢主要用于制造各种机械零件和工程结构件，其碳的质量分数一般都小于 0.70%。此类钢常用于制造齿轮、轴、螺母、弹簧等机械零件，以及用于制作桥梁、船舶、建筑等工程结构件。

（2）碳素工具钢　碳素工具钢主要用于制造工具。例如制作刃具、模具、量具等，其碳的质量分数一般都大于 0.70%。

（3）碳素铸钢　碳素铸钢主要用于制作形状复杂、难以用锻压等方法成形的铸钢件。

二、非合金钢的牌号、性能及用途

1. 碳素结构钢

普通质量非合金钢中使用最多的是碳素结构钢。碳素结构钢的牌号由代表钢材屈服点的字母、屈服点数值、质量等级符号、脱氧方法符号等四部分按顺序组成。其中质量等级主要根据钢中 S、P 杂质含量的多少区分，共有四级，分别用 A（$\omega_S \leqslant 0.050\%$，$\omega_P \leqslant 0.045\%$）、B（$\omega_S \leqslant 0.045\%$，$\omega_P \leqslant 0.045\%$）、C（$\omega_S \leqslant 0.040\%$，$\omega_P \leqslant 0.040\%$）、D（$\omega_S \leqslant 0.035\%$，$\omega_P \leqslant 0.035\%$）表示。脱氧方法符号用汉语拼音字母表示，“F”表示沸腾钢，“b”表示半镇静钢，“Z”表示镇静钢，“TZ”表示特殊镇静钢，在钢号中“Z”和“TZ”符号可省略。例如：Q235－A·F，牌号中“Q”代表屈服点“屈”字汉语拼音首位字母，“235”表示屈服点 $\sigma_s \geqslant 235\text{MPa}$，“A”表示质量等级为 A 级，“F”表示沸腾钢（冶炼时脱氧不完全）。碳素结构钢的牌号、含碳量和力学性能如表 6－2 所示。

表 6－2　碳素结构钢的牌号、碳含量和力学性能

牌　号	质量等级	化学成分	力 学 性 能			脱氧方法
		ω_C/%	σ_s/MPa	σ_b/MPa	δ_5/%	
Q195	—	0.06～0.12	195	315～390	33	F、b、Z
Q215	A	0.09～0.15	215	335～410	31	F、b、Z
	B					
Q235	A	0.14～0.22	235	375～460	26	F、b、Z
	B	0.12～0.20				
	C	≤0.18				Z
	D	≤0.17				TZ
Q255	A	0.18～0.28	255	410～510	24	Z
	B					
Q275	—	0.28～0.38	275	490～610	20	Z

注：表中力学性能 σ_s、δ_5 均由钢材厚度或直径≤16mm 的试样测得。

由表可见，Q195、Q215、Q235 属低碳钢，有良好的塑性和焊接性能，并具有一定的强度，通常轧制成型材、板材和焊接钢管等用于桥梁、建筑等工程结构，在机械制造中用作受力不大的零件，如螺钉、螺帽、垫圈、地脚螺钉、法兰以及不太重要的轴、拉杆等，其中以 Q235 应用最广。Q235C、Q235D 质量好，用作重要的焊接结构件。Q255、Q275 强度较高，可用作受力较大的机械零件。碳素结构钢一般不进行热处理，以供应状态直接使用，但也可根据需要进行热加工和热处理。

2. 优质碳素结构钢

优质非合金钢中使用最多的是优质碳素结构钢。这类钢中有害杂质元素硫、磷含量较低，主要用于制造重要的机械零件，一般都要经过热处理之后使用。优质碳素结构钢的牌号用两位数字表示，这两位数字表示钢中平均碳的质量分数的万分数。例如 45 钢，表示钢中平均碳的质量分数为 0.45%。若钢中锰的含量在 0.7%～1.2%，则在两位数字后面加锰元素的符号“Mn”。例如 65Mn 钢，表示钢中平均碳的质量分数为 0.65%，含锰量较高（ω_{Mn} = 0.9%～1.2%）。若为沸腾钢，在两位数字后面加符号“F”，例如 08F 钢。优质碳素结构钢的牌号、化学成分和力学性能如表 6－3 所示。由表可见，优质碳素结构钢随含碳量的增加，其强度、硬度提高，塑性、韧性降低。不同牌号的优质碳素结构钢具有不同的性能特点及用途。

表 6－3　优质碳素结构钢的牌号、化学成分和力学性能

钢号	化学成分/%					力 学 性 能					
	C	Si	Mn	P	S	屈服点/MPa	抗拉强度/MPa	伸长/%	断面收缩率/%	冲击韧度/(J·cm^{-2})	硬度/HBW
						不小于					
05F	≤0.06	≤0.03	≤0.04	≤0.035	≤0.040	—	—	—	—	—	—
08F	0.05～0.11	≤0.03	0.25～0.50	≤0.040	≤0.040	180	300	35	60	—	131
08	0.05～0.12	0.17～0.37	0.35～0.65	≤0.035	≤0.040	200	330	33	60	—	131

续表

钢号	化学成分/%					力学性能					
	C	Si	Mn	P	S	屈服点/MPa	抗拉强度/MPa	伸长/%	断面收缩率/%	冲击韧度/(J·cm^{-2})	硬度/HBW
						不小于					
10F	0.07~0.14	≤0.07	0.25~0.50	≤0.040	≤0.040	190	320	33	55	—	137
10	0.07~0.14	0.17~0.37	0.35~0.65	≤0.035	≤0.040	210	340	31	55	—	137
15F	0.02~0.19	≤0.07	0.25~0.50	≤0.040	≤0.040	210	360	29	55	—	143
15	0.12~0.19	0.17~0.37	0.35~0.65	≤0.040	≤0.040	230	380	27	55	—	143
20F	0.17~0.24	≤0.07	0.25~0.50	≤0.040	0.040	230	390	27	55	—	156
20	0.17~0.24	0.17~0.37	0.35~0.65	≤0.040	≤0.040	250	420	25	55	—	156
25	0.22~0.30	0.17~0.37	0.50~0.80	≤0.040	≤0.040	280	460	23	50	90	170
30	0.27~0.35	0.17~0.37	0.50~0.80	≤0.040	≤0.040	300	500	21	50	80	179
35	0.32~0.40	0.17~0.37	0.50~0.80	≤0.040	≤0.040	320	540	20	45	70	187
40	0.37~0.45	0.17~0.37	0.50~0.80	≤0.040	≤0.040	340	580	19	45	60	217
45	0.42~0.50	0.17~0.37	0.50~0.80	≤0.040	≤0.040	360	610	16	40	50	241
50	0.47~0.55	0.17~0.37	0.50~0.80	≤0.040	≤0.040	380	640	14	40	40	241
55	0.52~0.60	0.17~0.37	0.50~0.80	≤0.040	≤0.040	390	660	13	35	—	255

08F钢是一种含碳量很低的沸腾钢，强度很低，塑性很好。一般由钢厂轧成薄钢板或钢带供应，主要用于制造冷冲压件，如机器外壳、容器、罩子等。

10~25钢属低碳钢，强度、硬度低，塑性、韧性好，并具有良好的冷冲压性能和焊接性能。常用于制造冷冲压件和焊接构件，以及受力不大、韧性要求高的机械零件，如螺栓、螺钉、螺母、轴套、法兰盘、焊接容器等。还可用于制作尺寸不大、形状简单的渗碳件。

30~55钢属中碳钢，经调质处理后，具有良好的综合力学性能，主要用于制造齿轮、连杆、轴类零件等，其中以45钢应用最广。

60、65钢属高碳钢，经适当热处理后，有较高的强度和弹性，主要用于制作弹性零件和耐磨零件，如弹簧、弹簧垫圈、轧辊等。

3. 碳素工具钢

特殊质量非合金钢中使用最多的是碳素工具钢。碳素工具钢碳的质量分数为0.65%~1.35%。根据有害杂质硫、磷含量的不同又分为优质碳素工具钢(简称为碳素工具钢)和高级优质碳素工具钢两类。碳素工具钢的牌号冠以“碳”的汉语拼音字母“T”，后面加数字表示钢中平均碳的质量分数的千分数，如，为高级优质碳素工具钢，则在数字后面再加上“A”。例如T8钢表示平均碳的质量分数为0.8%的优质碳素工具钢，T10A钢表示平均碳的质量分数为1.0%的高级优质碳素工具钢。碳素工具钢的牌号、化学成分、力学性能和用途如表6-4所示。

碳素工具钢一般以退火状态供应，使用时再进行适当的热处理。各种碳素工具钢淬火后的硬度相近，但随着碳含量的增加，未溶渗碳体增多，钢的耐磨性增加，而韧性降低。因此，T7、T8钢适于制造承受一定冲击而要求韧性较高的工具，如大锤、冲头、凿子、木工工具、剪刀等。T9、T10、T11钢用于制造冲击较小而要求高硬度和较高耐磨性的工具，如丝锥、板牙、小钻头、冷冲模、手工锯条等。T12、T13 钢的硬度和耐磨性很高，但韧性较差，用于制造不受冲击的工具，如锉刀、刮刀、剃刀、量具等。

表 6-4　碳素工具钢的牌号、化学成分、性能和用途

牌　号	化学成分/%			硬　度			用途举例
	C	Mn	Si	退火状态	试样淬火		
				硬度（HBS≤）	淬火温度/℃和冷却剂	硬度（HRC≥）	
T7T7A	0.65～0.74	≤0.40	≤0.35	187	800～820 水	62	淬火、回火后，常用于制造能承受振动、冲击，并且在硬度适中情况下有较好韧性的工具，如凿子、冲头、木工工具、大锤等
T8T8A	0.75～0.84	≤0.40	≤0.35	187	780～800 水	62	淬火、回火后，常用于制造要求有较高硬度和耐磨性的工具，如凿子、冲头、木工工具、剪切金属用剪刀等
T8Mn T8MnA	0.80～0.90	0.40～0.60	≤0.35	187	780～800 水	62	性能和用途与 T8 相似，但由于加入锰而提高了淬透性，故可用于制造截面较大的工具
T9T9A	0.85～0.94	≤0.40	≤0.35	192	760～780 水	62	用于制造一定硬度和韧性的工具，如冲模、钻头、凿岩石用凿子等
T10T10A	0.95～1.04	≤0.40	≤0.35	197	760～780 水	62	用于制做不受剧烈冲击、中等韧性、要求具有高硬度和耐磨性的工具，如车刀、刨刀、冲头、丝锥、钻头、手用锯条、板牙等
T12T12A	0.85～0.94	≤0.40	≤0.35	207	760～780 水	62	用于制做不受冲击、要求具有高硬度、高耐磨性的工具，如锉刀、刮刀、钻头、精车刀、丝锥、量具等

4. 碳素铸钢

某些形状复杂的零件，工艺上难以用锻压的方法进行生产，性能上用力学性能较低的铸铁材料又难以满足要求，此时常采用铸钢件。工程上常采用碳素铸钢制造，其碳的质量分数一般为 0.15%～0.60%。碳素铸钢的牌号用“铸钢”两字汉语拼音的第一个字母“ZG”加两组数字表示，第一组数字为最小屈服强度值，第二组数字为最小抗拉强度值。如 ZG310－570 表示最小屈服强度为 310 MPa，最小抗拉强度为 570 MPa 的碳素铸钢。工程用碳素铸钢的牌号、化学成分、力学性能和用途见表 6－5。

表 6-5 工程用铸钢的牌号、化学成分、力学性能和用途

牌号	化学成分/%					室温力学性能					用途举例
	C	Si	Mn	P	S	σ_s(σ0.2)/MPa	σ_b/MPa	δ/%	ψ/%	A_{KU}/(J·cm^{-2})	
	不大于					不小于					
ZG200-400	0.20	0.50	0.80	0.04		200	400	25	40	30(60)	有良好的塑性、韧性和焊接性。用于制造受力不大、要求韧性好的各种机械零件，如机座、变速箱壳等
ZG230-450	0.30	0.50	0.90	0.04		230	450	22	32	25(45)	有一定的强度和较好的韧性，焊接性良好。用于制造受力不大、要求韧性好的各种机械零件，如砧座、外壳、轴承盖、底板、阀体、犁柱等
ZG270-500	0.40	0.50	0.90	0.04		270	500	18	25	23(35)	有较高的强度和较好的塑性，铸造性良好，焊接性尚好，切削性好，用于制造轧钢机机架、轴承座、连杆、箱体、曲轴、缸体等
ZG310-570	0.50	0.60	0.90	0.04		310	570	15	21	15(30)	强度和切削性良好，塑性、韧性较低。用于制造载荷较高的零件，如大齿轮、缸体、制动轮、辊子等
ZG340-640	0.60	0.60	0.90	0.04		340	640	10	18	10(20)	有高的强度、硬度和耐磨性，切削性良好，焊接性较差，流动性好，裂缝敏感性较大，用于制造齿轮、棘轮等

注：表列性能适用于厚度为100mm以下的铸件。

第四节 低合金钢

一、低合金高强度结构钢

低合金高强度结构钢是在碳素结构钢的基础上加入少量合金元素而形成的钢。钢中$\omega_C \leqslant 0.2\%$，常加入的合金元素有硅、锰、钛、铌、钒等，其总含量$\omega_{Me} < 3\%$。

钢中含碳量较低，是为了获得良好的塑性、焊接性和冷变形能力。合金元素硅、锰主要溶于铁素体中，起固溶强化作用。钛、铌、钒等在钢中形成细小碳化物，起细化晶粒和弥散强化作用，从而提高钢的强韧性。此外，合金元素能降低钢的共析含碳量，与相同含碳量的碳钢相比，低合金高强度结构钢组织中珠光体较多，且晶粒细小，故也可提高钢的强度。

低合金高强度结构钢大多在热轧、正火状态下供应，使用时一般不再进行热处理。

低合金高强度结构钢的强度高，塑性和韧性好，焊接性和冷成形性良好，耐蚀性较好，韧脆转变温度低，成本低，适于冷成形和焊接。在某些情况下，用这类钢代替碳素结构钢，可大大减轻零件或构件的重量。例如，我国载重汽车的大梁采用Q345(16Mn)钢后，使载重比由1.05提高到1.25；又如，南京长江大桥采用Q345钢比用碳钢节约钢材15%以上。

低合金高强度结构钢广泛用于桥梁、车辆、船舶、锅炉、高压容器、输油管及低温下工作的构件等。最常用的低合金高强度结构钢是Q345钢。表6-6引出了常用低合金高强度钢的牌号、力学性能和用途。

表6-6　常用低合金高强度钢的牌号、力学性能和用途

牌号	力学性能			特性及应用
	δ_s/MPa	δ_b/MPa	δ_5/%	
Q295	235~295	390~570	23	具有优良的韧性、塑性、冷弯性、焊接性及冲压成形性，一般在热轧或正火状态下使用。适于制作各种容器、螺旋焊管、车辆冲压件、建筑结构件、农机结构件、储油罐、低压锅炉汽包、输油管道、造船及金属结构等
Q345	275~345	470~630	21	具有良好的综合力学性能塑性、焊接性、冲击韧性较好，一般在热轧或正火状态下使用。适于制作桥梁、船舶、车辆、管道、锅炉、各种容器、油罐、电站、厂房结构、低温压力容器等结构件
Q390	330~390	490~650	19	具有良好的综合力学性能，塑性和冲击韧性良好，一般在热轧状态下使用。适于制作锅炉汽包、中高压石油化工容器、桥梁、船舶、起重机、较高负荷的焊接件、连接构件等
Q420	360~420	520~680	18	具有良好的综合力学性能，优良的低温韧性，焊接性好，冷热加工性良好，一般在热轧或正火状态下使用。适于制作高压容器、重型机械、桥梁、船舶、机车车辆、锅炉及其他大型焊接结构件
Q460	400~460	550~720	17	淬火、回火后用于制作大型挖掘机、起重运输机械、钻井平台等

二、易切削结构钢

易切削结构钢是指含硫、锰、磷量较高或含微量铅、钙的低碳或中碳结构钢，简称易切钢。

硫在钢中以MnS夹杂物形式存在，它割裂了钢基体的连续性，使切屑易脆断，便于排屑，切削抗力小。MnS的硬度低，摩擦系数小，有润滑作用，可减轻刀具磨损，并能降低零件加工表面粗糙度值。磷固溶于铁素体中，使铁素体强度提高，塑性降低，也可改善切削加工性。但硫、磷含量不能过高，以防产生"热脆"和"冷脆"。

铅在室温下不溶于铁素体，呈细小的铅颗粒分布在钢的基体上，既容易断屑，又起润滑作用。但铅含量不易过多，以防产生密度偏析。钙在钢中以钙铝硅酸盐夹杂物形式存在，具有润滑作用，可减轻刀具磨损。

易切削结构钢可经渗碳、淬火或调质、表面淬火等热处理来提高其使用性能。所有易切削结构钢的锻造性能和焊接性能都不好，选用时应注意。

易切削结构钢主要用于成批、大量生产时，制作对力学性能要求不高的紧固件和小型零件。表6-7引出了常用易切削钢的牌号、化学成分、性能及用途。

表 6-7　常用易切削钢的牌号、化学成分、性能及用途

牌　号	化学成分(质量分数)/%						力学性能				用途举例
	C	Si	Mn	S	P	其他	σ_b/MPa	δ_5/%	A_K/J	HBS	
								不小于		不大于	
Y12	0.06～0.16	0.15～0.35	0.70～1.00	0.10～0.20	0.08～0.15		390～540	22	36	170	双头螺柱、螺钉、螺母等一般标准紧固件
Y12Pb	0.08～0.16	≤0.15	0.70～1.10	0.15～0.25	0.05～0.10	Pb：0.15～0.35	390～540	22	36	170	同 Y12，但切削加工性提高
Y15	0.10～0.18	≤0.15	0.8～1.20	0.23～0.33	0.05～0.10		390～540	22	36	170	同 Y12，但切削加工性显著提高
Y30	0.27～0.35	0.15～0.35	0.70～1.00	0.08～0.15	≤0.06		510～655	15	25	187	强度较高的小件，结构复杂、不易加工的零件，如纺织机、计算机上的零件
Y40Mn	0.37～0.45	0.15～0.35	1.20～1.35	0.20～0.30	≤0.05		590～735	14	20	207	要求强度高、硬度较高的零件，如机床丝杆和自行车、缝纫机上的零件
Y45Ca	0.42～0.50	0.20～0.40	0.60～0.90	0.04～0.08	≤0.04	Ca：0.002～0.006	600～745	12	26	241	同 Y40Mn，齿轮、轴

注：表中 Y12 钢、Y15 钢、Y30 钢为非合金易切削结构钢。

三、低合金高耐候性钢

低合金高耐候性钢即耐大气腐蚀钢，是近年来在我国开始推广应用的新钢种。在钢中加入少量合金元素(如铜、磷、铬、钼、钛、铌、钒等)，使其在钢表面形成一层致密的保护膜，提高了钢材的耐候性能。这类钢与碳钢相比，具有良好的抗大气腐蚀能力。

低合金高耐候性钢常用牌号有 09CuPCrNi－A 钢、09CuPCrNi－B 钢和 09CuP 钢等。主要用于铁道车辆、农业机械、起重运输机械、建筑和塔架等方面，可制作螺栓连接、铆接和焊接结构件。

第五节　合金结构钢

一、合金渗碳钢

许多机械零件如汽车、拖拉机齿轮及内燃机凸轮、活塞销等是在冲击力和表面受到强烈摩擦、磨损条件下工作的，因此要求零件表面有高的硬度和耐磨性，心部有足够强度和良好的韧性。为满足上述性能要求，常选用合金渗碳钢。

1. 化学成分

合金渗碳钢的 $\omega_C=0.10\%\sim0.25\%$，以保证零件心部有足够的塑性和韧性。加入铬、锰、镍、硼等合金元素可提高淬透性，并保证钢经渗碳、淬火后，心部得到低碳马氏体组织，以提高强度和韧性。加入少量钛、钒、钨、钼等强和中强碳化物形成元素，可形成稳定的合金碳化物，细化晶粒，防止钢件在渗碳时过热导致晶粒粗大。

2. 热处理特点

（1）预备热处理，一般是正火，组织为P+F，目的是调整硬度，改善组织和切削加工性能；

（2）最终热处理，一般是渗碳后直接淬火+低温回火。其组织为：表面组织为$M_{回}$+细小碳化物+少量$A_{残}$；心部组织依钢的淬透性及工件尺寸而定，淬透时为低碳$M_{回}$，未淬透时为低碳$M_{回}$+F+P。

3. 常用合金渗碳钢

低淬透性合金渗碳钢，如15Cr、20Cr、15Mn2、20Mn2等，经渗碳、淬火与低温回火后心部强度较低，强度与韧性配合较差。一般可用作受力不太大，不需要高强度的耐磨零件，如柴油机的凸轮轴、活塞销、滑块、小齿轮等。低淬透性合金渗碳钢渗碳时，心部晶粒容易长大，可在渗碳后进行两次淬火处理。

中淬透性合金渗碳钢，如20CrMnTi、12CrNi3A、20CrMnMo、20MnVB等，合金元素的总含量≤4%，其淬透性和力学性能均较高。常用作承受中等动载荷的受磨零件，如变速齿轮、齿轮轴、十字销头、花键轴套、气门座、凸轮盘等。由于含有Ti、V、Mo等合金元素，渗碳时奥氏体晶粒的长大倾向较小，渗碳后预冷到870℃左右直接淬火，经低温回火后具有较好的力学性能。

高淬透性合金渗碳钢，如12Cr2Ni4A，18Cr2Ni4W等，合金元素总含量约在4%~6%之间，淬透性很大，经渗碳、淬火与低温回火后心部强度高，强度与韧性配合好。常用作承受重载和强烈磨损的大型、重要零件，如内燃机车的主动牵引齿轮、柴油机曲轴、连杆及缸头精密螺栓等。由于这类钢含有较高的合金元素，其C曲线大大右移，因而在空气中冷却也能获得马氏体组织。同时，马氏体转变温度大为下降，渗碳层在淬火后保留有大量的残余奥氏体。为了减少淬火后残余奥氏体量，可在淬火前先进行高温回火使碳化物球化，或在淬火后采用冷处理。

常用合金渗碳钢的牌号、成分、热处理、力学性能和用途见表6-8。

二、合金调质钢

合金调质钢是指经过调质处理后使用的合金结构钢。多数调质钢属于中碳钢，调质处理后，其组织为回火索氏体。调质钢具有高的强度、良好的塑性与韧性，即具有良好的综合力学性能，常用于制造汽车、拖拉机、机床及其他要求具有良好综合力学性能的各种重要零件，如柴油机连杆螺栓、汽车底盘上的半轴以及机床主轴等。调质钢要获得具有良好综合力学性能的回火索氏体组织，其前提是在淬火后必须获得马氏体组织，因此调质效果与钢的淬透性有着密切的关系。

1. 化学成分

调质钢的碳含量介于0.27%~0.50%之间。碳含量过低时不易淬硬，回火后不能达到所要求的强度；碳含量过高时韧性不足。常用的碳素调质钢，其碳含量接近上限，如40、45、50钢等；而合金调质钢则比较接近下限，如40Cr、30CrMnTi钢等。这是因为合金元素有强化基体的作用，相当于代替了一部分碳量。

表 6－8 常用合金渗碳钢的牌号、化学成分、热处理、力学性能及用途

类别	牌号	化学成分(质量分数)/%							试样尺寸/mm	热处理			力学性能				用途举例
		C	Si	Mn	Cr	Ni	V	其他		第一次淬火温度/℃	第二次淬火温度/℃	回火温度/℃	σ_b/MPa	σ_s/MPa	δ_5/%	A_K/J	
													不小于				
低淬透性	15Cr	0.12～0.18	0.17～0.37	0.40～0.70	0.70～1.00				15	880 水、油	780～720 水、油	200 水、空	735	490	11	55	截面不大，心部韧性较高的受磨损零件，如齿轮、活塞、活塞环、小轴、联轴节等
低淬透性	20Cr	0.18～0.24	0.17～0.37	0.50～0.80	0.70～1.00				15	880 水、油	780～720 水、油	200 水、空	835	540	10	47	心部强度要求较高的小截面受磨损零件，如机床齿轮、涡杆、活塞环、凸轮轴等。
低淬透性	20MnV	0.17～0.24	0.17～0.37	1.30～1.60			0.07～0.12		15	880 水、油		200 水、空	785	590	10	55	凸轮、活塞销等
低淬透性	20Mn2	0.17～0.24	0.17～0.37	1.40～1.80					15	850 水、油		200 水、空	785	590	11	47	代替 20Cr（以节约铬元素），用作小齿轮、小轴、活塞销、气门顶杆等
中淬透性	20CrNi3	0.17～0.24	0.17～0.37	0.30～0.60	0.60～0.90	2.75～3.15			25	830 水、油		480 水、空	930	735	10	78	承受重载荷的齿轮、凸轮、机床主轴、传动轴等
中淬透性	20CrMnTi	0.17～0.23	0.17～0.37	0.80～1.10	1.00～1.30			Ti:0.04～0.10	15	880 水、油	870 油	200 水、空	1080	850	10	55	截面 30mm² 以下，高速，承受中或重载荷、冲击及摩擦的重要零件，如汽车齿轮、齿轮轴、十字头、凸轮等

续表

类别	牌号	化学成分(质量分数)/%							试样尺寸/mm	热处理			力学性能				用途举例
		C	Si	Mn	Cr	Ni	V	其他		第一次淬火温度/℃	第二次淬火温度/℃	回火温度/℃	σ_b/MPa	σ_s/MPa	δ_5/%	A_K/J	
													不小于				
	20CrMnMo	0.17～0.23	0.17～0.37	0.90～1.20	1.10～1.40			Mo：0.20～0.30	15	850 水、油		200 水、空	1180	885	10	55	要求表面高硬度和耐磨的重要渗碳件，如大型拖拉机主齿轮、活塞销、球头销及钻机的牙轮、钻头等
	20MnVB	0.17～0.23	0.17～0.37	1.20～1.60			0.07～0.12	B：0.0005～0.0035	15	860 水、油		200 水、空	1080	885	10	55	代替20CrMnTi，用作汽车齿轮、重型机床上的轴、齿轮等
高淬透性	20Cr2Ni4	0.17～0.23	0.17～0.37	0.30～0.60	1.25～1.65	3.25～3.65			15	880 水、油	780 油	200 水、空	1180	1080	10	63	大截面重要渗碳件，如大齿轮、轴、飞机发动机齿轮等
高淬透性	18Cr2Ni4WA	0.13～0.19	0.17～0.37	0.30～0.60	1.35～1.65	4.00～4.50		W：0.80～1.20	15	950 水、油	850 空	200 水、空	1180	835	10	78	大截面、高强度、高韧性的重要渗碳件，如大齿轮、传动轴、曲轴等

合金调质钢中含有 Cr、Ni、Mn、Ti 等合金元素，其主要作用是提高钢的淬透性，并使调质后的回火索氏体组织得到强化。实际上，这些元素大多溶于铁索体中，使铁素体得到强化。调质钢中合金元素的含量能使铁素体得到强化而不明显降低其韧性，甚至有的还能同时提高其韧性。调质钢中的 Mo、V、Al、B 等合金元素，其含量一般比较少，特别是 B 的含量极微。Mo 所起的主要作用是防止合金调质钢在高温回火时产生第二类向火脆性；V 的作用是阻碍高温奥氏体晶粒长大；Al 的主要作用是能加速合金调质钢的氮化过程；微量的 B 能强烈地使等温转变曲线向右移，显著提高合金调质钢的淬透性。

2. 热处理特点

为了使调质钢具有最为良好的综合力学性能，淬火后的零件一般采用 500～650℃高温回火。

3. 常用合金调质钢

按淬透性的高低，调质钢大致可以分为以下三类：

(1)低淬透性调质钢　典型钢种 45、40Cr，这类钢的油淬临界直径最大为 30～40mm，广泛用于制造一般尺寸的重要零件，如轴、齿轮、连杆螺栓等。35SiMn、40MnB 是为节约铬而发展的代用钢种。

(2) 中淬透性调质钢　典型钢种 40CrNi，这类钢的油淬临界直径最大为 40～60mm，含有较多的合金元素，用于制造截面较大、承受较重载荷的零件，如曲轴、连杆等。

(3) 高淬透性调质钢　典型钢种 40CrNiMoA，这类钢的油淬临界直径为 60～100mm，多半为铬镍钢。铬、镍的适当配合，可大大提高淬透性，并能获得比较优良的综合机械性能。用于制造大截面、承受重负荷的重要零件，如汽轮机主轴、压力机曲轴、航空发动机曲轴等。

钢种的选择是根据零件的工作载荷大小及其尺寸、形状来确定的。载荷大、尺寸大、形状复杂的零件，为保证有足够的淬透性，就要采用合金调质钢。

常用合金调质钢的牌号、成分、热处理、力学性能和用途见表 6－9。

表 6－9　常用合金调质钢的牌号、化学成分、热处理、力学性能及用途

类别	牌号	化学成分(质量分数)/%					热处理		力学性能					用途举例
		C	Si	Mn	Cr	其他	淬火温度/℃	回火温度/℃	σ_b/MPa	σ_s/MPa	δ_5/%	ψ/%	A_K/J	
									不小于					
低淬透性	40Cr	0.37～0.44	0.17～0.37	0.50～0.80	0.80～1.10		850 油	520 水、油	980	785	9	45	47	重要的齿轮、轴、曲轴、套筒、连杆
	40Mn2	0.37～0.44	0.17～0.37	1.40～1.80			840 油	540 水、油	885	735	12	45	55	轴、半轴、涡杆、连杆等
	40MnB	0.37～0.44	0.17～0.37	1.10～1.40		B：0.0005～0.0035	850 油	500 水、油	980	785	10	45	47	可代替 40Cr 制作小截面重要零件，如汽车转向节、半轴、涡杆、花键轴

续表

类别	牌号	化学成分(质量分数)/%					热处理		力学性能					用途举例
		C	Si	Mn	Cr	其他	淬火温度/℃	回火温度/℃	σ_b/MPa	σ_s/MPa	δ_5/%	ψ/%	A_K/J	
									不小于					
中淬透性	40MnVB	0.37～0.44	0.17～0.37	1.10～1.40		B：0.0005～0.0035 V：0.05～0.10	850 油	520 水、油	980	785	10	45	47	可代替40Cr制作柴油机缸头螺栓、机床齿轮、花键轴等
	35CrMo	0.32～0.40	0.17～0.37	0.40～0.70	0.80～1.10	Mo：0.15～0.25	850 油	550 水、油	980	835	12	45	63	用作截面不大而要求力学性能高的重要零件，如主轴、曲轴、锤杆等
	30CrMnSi	0.27～0.34	0.90～1.20	0.80～1.10	0.80～1.10		880 油	520 水、油	1080	885	10	45	39	用作截面不大而要求力学性能高的重要零件，如齿轮、轴、轴套等
	40CrNi	0.37～0.44	0.17～0.37	0.50～0.80	0.45～0.75	Ni：1.00～1.40	820 油	500 水、油	980	785	10	45	55	用作截面较大而要求力学性能较高的零件，如轴、连杆、齿轮轴等
	38CrMoAl	0.35～0.42	0.20～0.45	0.30～0.60	1.35～1.65	Mo：0.15～0.25 Al：0.70～1.10	940 水、油	640 水、油	980	835	14	50	71	氮化零件专用钢，用作磨床、自动车床主轴，精密丝杠、精密齿轮等

续表

类别	牌号	化学成分(质量分数)/%					热处理		力学性能					用途举例
		C	Si	Mn	Cr	其他	淬火温度/℃	回火温度/℃	σ_b/MPa	σ_s/MPa	δ_5/%	ψ/%	A_K/J	
									不小于					
	40CrMnMo	0.37～0.45	0.17～0.37	0.90～1.20	0.90～1.20	Mo：0.20～0.30	850 油	6000 水、油	980	785	10	45	63	用作截面较大而要求强度高、韧性好的重要零件，如汽轮机轴、曲轴等
高淬透性	40CrNiMo	0.37～0.44	0.17～0.37	0.50～0.80	0.60～0.90	o：0.15～0.25 Ni：1.25～1.65	850 油	600 水、油	980 ·	835	12	45	78	用作截面较大而要求强度高、韧性好的重要零件，如汽轮机轴、叶片曲轴等
	25Cr2Ni4WA	0.21～0.28	0.17～0.37	0.30～0.60	1.35～1.65	W：0.80～1.20 Ni：4.00～4.50	850 油	550 水、油	1080	930	11	45	71	200mm 以下，要求淬透的大截面重要零件

注：试样尺寸 ϕ25mm；38CrMoAl 钢试样尺寸为 ϕ30mm。

三、合金弹簧钢

弹簧是各种机械和仪表中的重要零件，主要利用弹性变形时所储存的能量来起到缓和机械上的震动和冲击作用。由于弹簧一般是在动负荷条件下使用，因此要求弹簧钢必须具有高的抗拉强度、高的屈强比、高的疲劳强度(尤其是缺口疲劳强度)，并有足够的塑性、韧性以及良好的表面质量，同时还要求有较好的淬透性和低的脱碳敏感性等。

1. 化学成分

合金弹簧钢的碳含量在 0.45% ～0.75% 之间，所含的合金元素有 Si、Mn、Cr、W、V 等，主要作用是提高钢的淬透性和回火稳定性，强化铁素体和细化晶粒，有效地改善弹簧钢的力学性能，提高弹性极限、屈强比。其中 Cr、W、V 还有利于提高弹簧钢的高温强度，但 Si 的加入，使钢在加热时容易脱碳，使疲劳强度大为下降，因此在热处理时应注意防止脱碳。

2. 热处理特点

根据弹簧的加工成形方法不同，弹簧分为热成形弹簧和冷成形弹簧。一般来说，截面尺寸 >10～15mm 的弹簧采用热成形方法；截面尺寸 <10mm 采用冷成形方法。

1）热成型弹簧

淬火＋中温回火，组织为$T_{回}$。这类弹簧多用热轧钢丝或钢板制成。以60Si2Mn制造的汽车板簧为例，其工艺路线如下：下料→加热压弯成型→淬火＋中温回火→喷丸处理→装配。

成型后采用淬火＋中温回火(350～500℃)，组织为$T_{回}$，硬度为39～52HRC，具有高的弹性极限、屈强比和足够的韧性，喷丸处理可进一步提高疲劳强度。如用板簧经喷丸处理，使用寿命可提高5～6倍。

弹簧钢的淬火温度一般为830～880℃，温度过高易发生晶粒粗大和脱碳，使其疲劳强度大为降低。因此在淬火加热时，炉内气氛要严格控制，并尽量缩短弹簧在炉中停留的时间，也可在脱氧较好的盐浴炉中加热。淬火加热后在50～80℃油中冷却，冷至100～150℃时即可取出进行中温回火。回火温度根据弹簧的性能要求加以确定，一般为480～550℃。回火后的硬度约为39～52HRC。

弹簧的表面质量对使用寿命影响很大，微小的表面缺陷可造成应力集中，使钢的疲劳强度降低。因此，弹簧在热处理后还要进行喷丸处理，使弹簧表面层产生残余压应力，以提高其疲劳强度。

2）冷成型弹簧

这类弹簧是用冷拉钢丝或淬火回火钢丝冷卷成型。冷成型弹簧按制造工艺不同可分为以下三类：

（1）铅浴等温处理冷拉钢丝　这种钢丝生产工艺的主要特点是钢丝在冷拉过程中，经过一道快速等温冷却的工序，然后冷拉成所要求的尺寸。这类钢丝主要是65、65Mn等碳素弹簧钢丝，冷卷后进行去应力退火。

（2）油淬回火钢丝　它是冷拔到规定尺寸后连续进行淬火回火处理的钢丝，抗拉强度虽然不及铅浴等温处理冷拉钢丝，但性能比较均匀，抗拉强度波动范围小，广泛用于制造各种动力机械阀门弹簧，冷卷成型后，只进行去应力退火。

（3）退火状态供应的合金弹簧钢丝　这类钢丝制成弹簧后，需经淬火、回火处理，才能达到所需要的力学性能，主要有50CrVA、60Si2MnA、55Si2Mn钢丝等。

冷拉碳素钢丝和油淬回火钢丝冷卷成型后都要经过去内应力退火。选用的退火温度要恰当，温度过低去除内应力不充分，弹簧的性能不能充分改善；温度过高，由于退火软化作用而使抗拉强度和弹性极限降低。

常用合金弹簧钢的牌号、成分、热处理、力学性能和用途见表6－10。

四、轴承钢

轴承钢用于制造滚动轴承的滚动体和内、外圈，属于专用结构钢。

滚动轴承在工作时，滚动体和内圈均受周期性交变载荷作用，由于接触面积小，其接触应力可达3000～3500MPa，循环受力次数可达每分钟数万次。在周期载荷作用下，在套圈和滚动体表面都会产生小块金属剥落而导致疲劳破坏。滚动体和套圈的接触面之间既有滚动，也有滑动，因而轴承往往因摩擦造成过度磨损而丧失精度。根据滚动轴承的工作条件，要求轴承钢具有高而均匀的硬度和耐磨性，高的弹性极限和接触疲劳强度，足够的韧性和淬透性，同时在大气或润滑剂中具有一定的抗蚀能力。

表 6-10 常用合金弹簧钢的牌号、化学成分、热处理、力学性能及用途

类别	牌号	化学成分(质量分数)/%									热处理		力学性能					用途举例
		C	Si	Mn	Cr	Ni	Cu	P	S	其他	淬火温度/℃	回火温度/℃	σ_s/MPa	σ_b/MPa	δ_5/%	δ_{10}/%	ψ/J	
						不小于							不小于					
硅锰系	55Si2Mn	0.52~0.60	1.50~2.00	0.60~0.90	≤0.35	0.35	0.25	0.035	0.035		870 油	480	1177	1275		6	30	有较好的淬透性,较高的弹性极限、屈服点和疲劳极限,广泛用于汽车、拖拉机、铁道车辆的弹簧、卷止回阀和安全弹簧,并可制作250℃以下使用的耐热弹簧
	55Si2MnB	0.52~0.60	1.50~2.00	0.60~0.90	≤0.35	0.35	0.25	0.035	0.035	B:0.005~0.004	870 油	480	1177	1275		6	30	
	60Si2Mn	0.56~0.64	1.50~2.00	0.60~0.90	≤0.35	0.35	0.25	0.035	0.035	V:0.08~0.16 B:0.0005~0.0035	870 油	480	1177	1275		5	25	
	55SiMnVB	0.52~0.60	0.70~1.00	1.00~1.30	≤0.35	0.35	0.25	0.035	0.035		860 油	460	1226	1373		5	30	
硅铬系	60Si2CrA	0.56~0.64	1.40~1.80	0.40~0.70	0.70~1.00	0.35	0.25	0.030	0.030	V:0.10~0.20	870 油	420	1569	1765	6		20	用作承受重载荷和重要的大型螺旋弹簧和板簧,如汽轮机汽封弹簧、调节阀和冷凝器弹簧等,并可制作300℃以下的耐热弹簧
	60Si2CrVA	0.56~0.64	1.40~1.80	0.40~0.70	0.90~1.20	0.35	0.25	0.030	0.030		850 油	410	1667	1863	6		20	
铬锰系	55CrMnA	0.52~0.60	0.17~0.37	0.65~0.95	0.65~0.95	0.35	0.25	0.030	0.030		830~860 油	460-510	σ_r0.2 1079	1226	9		20	用作载荷较重、应力较大的载重汽车、拖拉机和小轿车的板簧和直径较大(50mm)的螺旋弹簧
	60CrMnA	0.56~0.64	0.17~0.37	0.70~1.00	0.70~1.00	0.35	0.25	0.030	0.030		830~860 油	460-520	σ_r0.2 1079	1226	9		20	
铬钒系	50CrVA	0.46~0.64	0.17~0.37	0.50~0.80	0.80~1.10	0.35	0.25	0.030	0.030	V:0.10~0.20	850 油	500	1128	1275	10		40	用作特别重要的、承受大应力的各种尺寸的螺旋弹簧,并可制作400℃以下工作的耐热弹簧
	30W4Cr2VA	0.26~0.34	0.17~0.37	≤0.40	2.00~2.50	0.35	0.25	0.030	0.030	V:0.50~0.80 W:4.00~4.5	1050~1100 油	600	1324	1471	7		40	用作高温(≤500℃)下使用的重要弹簧,如锅炉主安全阀弹簧等

1. 化学成分

通常所说的滚动轴承钢都是指高碳低铬钢，其碳含量一般为 0.95% ~1.10%，铬含量一般为 0.50% ~1.60%。

加入 0.40% ~1.66% 的铬是为了提高钢的淬透性。铬与碳所形成的 $(Fe, Cr)_3C$ 合金渗碳体比一般 Fe_3C 稳定，能阻碍奥氏体晶粒长大，减小钢的过热敏感性，使淬水后能获得细针状或隐晶马氏体组织，而增加钢的韧性。Cr 还有利于提高低温回火时的回火稳定性。对于大型轴承(如直径 >30 ~50mm 的钢珠)，在 GCr15 基础上，还可加入适量的 Si(0.40% ~0.65%)和 Mn(0.90% ~1.20%)，以便进一步改善淬透性，提高钢的强度和弹性极限，而不降低韧性。

此外，在滚动轴承钢中，对杂质含量要求很严，一般规定硫的含量应小于 0.02%，磷的含量应小于 0.027%。

从化学成分看，滚动轴承钢属于工具钢范畴，有时也用它制造各种精密量具、冷变形模具、丝杆和高精度轴类零件。

2. 热处理特点

滚动轴承钢的热处理工艺主要为球化退火、淬火和低温回火。

球化退火是预备热处理，其目的是获得粒状珠光体，使钢锻造后的硬度降低，以利于切削加工，并为零件的最后热处理做组织准备。经退火后钢的组织为球化体和均匀分布的过剩的细粒状碳化物，硬度低于 210HBS，具有良好的切削加工性。球化退火工艺为：将钢材加热到 790 ~800℃，快冷至 710 ~720℃ 等温 3 ~4h，而后炉冷。

淬火和低温回火是最后决定轴承钢性能的重要热处理工序，GCr15 钢的淬火温度要求十分严格，如果淬火加热温度过高(≥850℃)，将会使残余奥氏体量增多，并会因过热而淬得粗片状马氏体，使钢的冲击韧度和疲劳强度急剧降低。淬火后应立即回火，回火温度为 150 ~160℃，保温 2 ~3h，经热处理后的金相组织为极细的回火马氏体、分布均匀的细粒状碳化物及少量的残余奥氏体，回火后硬度为 61 ~65HRC。

常用轴承钢的牌号、化学成分、热处理及用途见表 6 -11。

表 6 -11 常用轴承钢的牌号、化学成分、热处理及用途

类别	牌号	化学成分(质量分数)/%								热处理			用途举例
		C	Cr	Mn	Si	Mo	V	RE	S、P	淬火温度/℃	回火温度/℃	回火后硬度/HRC	
铬轴承钢	GCr9	1.0 ~1.10	0.9 ~1.2	0.2 ~0.4	0.15 ~0.35	—	—	—	—	810 ~830	150 ~170	62 ~66	ϕ10 ~20mm 的钢球
铬轴承钢	GCr15	0.95 ~1.05	1.3 ~1.65	0.2 ~0.4	0.15 ~0.35	—	—	—	—	825 ~845	150 ~170	62 ~66	厚度 20mm 的中小型套圈，直径小于 50mm 的钢球，柴油机精密偶件
铬轴承钢	GCr15SiMn	0.95 ~1.05	1.3 ~1.65	0.9 ~1.2	0.4 ~0.65	—	—	—	—	820 ~840	150 ~170	≥62	壁厚 >30mm 的大型套圈，ϕ50 ~100mm 的钢球

续表

类别	牌号	化学成分(质量分数)/%								热处理			用途举例
		C	Cr	Mn	Si	Mo	V	RE	S、P	淬火温度/℃	回火温度/℃	回火后硬度/HRC	
无铬轴承钢	GSiMnV	0.95~1.10	—	1.3~1.8	0.55~0.8	—	0.2~0.3	–	≤0.03	780~810	150~170	≥62	可代替 GCr15钢
	GSiMnVRE	0.95~1.10	—	1.1~1.3	0.55~0.8	—	0.2~0.3	0.1~0.15	≤0.03	780~810	150~170	≥62	可代替 GCr1 及 GCr15SiMn 钢
	GSiMnMoV	0.95~1.10	—	0.75~1.05	0.4~0.65	0.2~0.4	0.2~0.3	—	—	770~810	165~175	≥62	可代替 GCr15SiMn 钢

第六节　合金工具钢

用于制造刃具、模具、量具等工具的钢称为工具钢。

一、量具钢、刃具钢

1. 量具钢

1）对量具钢的要求

根据量具的工作性质，其工作部分应有高的硬度(≥56HRC)与耐磨性，某些量具要求热处理变形小，在存放和使用的过程中，尺寸变形小，始终保持其高的精度，并要求有好的加工工艺性。

2）量具用钢及热处理

高精度的精密量具如塞规、块规等，常采用用热处理变形较小的钢制造，如 CrMn、CrWMn、GCr15 钢等；精度较低、形状简单的量具，如量规、样套等可采用 T10A、T12A、9SiCr 等钢制造，也可选用 10、15 钢经渗碳热处理或 50、55、60、60Mn、65Mn 钢经高频感应加热处理后制造精度要求不高，但使用频繁，碰撞后不致折断的卡板、样板、直尺等量具。

2. 刃具钢

刃具钢主要指制造金属切削刃具的钢种。在切削时，刃具受到工件的压应力和弯曲应力，刃部与切屑之间发生相对摩擦，产生热量，使温度升高；切削速度愈大，温度愈高，有时可达 500~600℃；某些刃具在工作时还受到冲击作用。

1）刃具钢的性能

(1) 高硬度　只有刃具的硬度高于被切削材料的硬度时，才能顺利地进行切削。切削金属材料所用刃具的硬度，一般都在 60HRC 以上。刃具钢的硬度主要取决于马氏体中的含碳量，因此，刃具钢的碳含量都较高，一般为 0.6%~1.5%。

(2) 高耐磨性　耐磨性实际上是反映一种抵抗磨损的能力，当磨损量超越所规定的尺寸公差范围时，刃部就丧失了切削能力，刃具不能继续使用。因此，耐磨性亦可被理解为抵抗尺寸公差损耗的能力，耐磨性的高低直接影响着刃具的使用寿命。硬度愈高，其耐磨性愈好。在硬度基本相同的情况下，碳化物的硬度、数量、颗粒大小、分布情况对耐磨性有很大影响。实践证明，一定数量的硬而细小的碳化物均匀分布在强而韧的金属基体中，可获得较为良好的耐磨性。

(3) 高热硬性　所谓热硬性是指刃部受热升温时，刃具钢仍能维持高硬度(大于60HRC)的能力，热硬性的高低与回火稳定性和碳化物的弥散程度等因素有关。在刃具钢中加入 W、V、Nb 等，将显著提高钢的热硬性，如高速钢的热硬性可达600℃左右。为了克服碳素工具钢热硬性差、淬透性低、易变形开裂等缺点，在碳素工具钢的基础上加入少量的合金元素，一般不超过3% ~5%，制造了低合金工具钢。

2) 刃具钢成分特点

刃具钢含碳量0.75% ~1.50%，保证高硬度，并形成足够的合金碳化物，提高耐磨性。

主加元素硅、锰、铬、钼，产生固溶强化，提高刃具钢的硬度和淬透性。

辅加元素钼、钨、矾，细化晶粒，形成碳化物，进一步提高刃具钢的硬度和耐磨性。

3) 热处理工艺

(1) 预备热处理采用等温球化退火，等温冷却使球化更充分，为节省时间，500℃后出炉冷却，这时组织已转变完成。其目的是消除锻造应力，降低硬度，便于切削加工。

(2) 最终热处理采用等温淬火加低温回火。等温淬火是减少淬火应力和变形的主要方法，一般在盐浴中等温，转变产物为下贝氏体组织，具有良好的综合机械性能。低温回火目的是消除应力，保持高硬度和高的耐磨性。

4) 常用钢种及用途

9SiCr、CrWMn、9Mn2V 是生产中经常使用的刃具钢。其主要用途是：

(1) 用于制作形状复杂、尺寸不大的低速切削刀具，如铣刀、拉刀，板牙、丝锥、钻头、铰刀等。

(2) 用于制作尺寸较大、形状较复杂的冷作模具和量具。

常用合金刃具钢的牌号、化学成分、热处理、性能及用途见表6-12。

表6-12　常用低合金刃具钢的牌号、化学成分、热处理、性能及用途

牌号	化学成分(质量分数)/%					热处理				用途举例
						淬火		回火		
	C	Mn	Si	Cr	其他	淬火温度/℃	HRC	回火温度/℃	HRC	
9SiCr	0.85 ~ 0.95	0.30 ~ 0.60	1.20 ~ 1.60	0.95 ~ 1.25		820 ~860 油	≥62	180 ~200	60 ~62	板牙、丝锥、绞刀、搓丝板、冷冲模等
CrMn	1.30 ~ 1.5	0.45 ~ 0.75	≤ 0.35	1.30 ~ 1.60		840 ~860 油	≥62	130 ~140	62 ~65	各种量规和块规等
9Mn2V	0.85 ~ 0.95	1.70 ~ 2.00	≤ 0.40		V：0.10 ~0.25	780 ~810 油	≥62	150 ~200	60 ~62	各种变形小的量规、丝锥、板牙、绞刀、冲模等
CrWMn	0.90 ~ 1.05	0.80 ~ 1.10	≤ 0.40	0.90 ~ 1.20	W：1.20 ~1.60	800 ~830 油	≥62	140 ~160	62 ~65	板牙、拉刀、量规及形状复杂、高精度的冷冲模等

二、模具钢

用于制造各类模具的钢称为模具钢。和刃具钢相比，其工作条件不同，因而对模具钢性能要求也有所区别。

1. 冷作模具钢

冷作模具包括拉延模、拔丝模或压弯模、冲裁模、冷镦模和冷挤压模等，均属于在室温下对金属进行变形加工的模具，也称为冷变形模具。由其工作条件可知，冷作模具钢所要求的性能主要是高的硬度、良好的耐磨性以及足够的强度和韧性。尺寸较小、载荷较轻的模具可采用 T10A、9SiCr、9Mn2V 等刃具钢制造；尺寸较大、重载的或性能要求较高、热处理变形要求小的模具，可采用 Cr12、Cr12MoV 等 Cr12 型钢专用冷模具钢制造。常用冷作模具钢的牌号、化学成分、热处理、性能及用途见表 6－13。

表 6－13 常用冷作模具钢的牌号、化学成分、热处理、性能及用途

牌号	化学成分(质量分数)/%						交货状态(退火)/HBS	热处理		用途举例
	C	Si	Mn	Cr	Mo	其他		淬火温度/℃	HRC ≥	
Cr12	2.00～2.30	≤0.40	≤0.40	11.5～13.00			217～269	950～1000 油	60	用作耐磨性高、尺寸较大的模具，如冷冲模、拉丝模、冷切剪刀等、也可作量具
Cr12MoV	1.45～1.70	≤0.40	≤0.40	11.00～12.50	0.40～0.60	V：0.15～0.30	207～255	950～1000 油	58	用于制作截面较大、形状复杂、工作条件繁重的各种冷作模具，如冲孔模、切边模、拉丝模和量具等

2. 热作模具钢

热作模具包括热锻模、热镦模、热挤压模、压铸模等，均属于在受热状态下对金属进行变形加工的模具，也称为热变形模具。由于热作模具是在非常苛刻的条件下工作的，承受压应力、张应力、弯曲应力及冲击应力，还经受到强烈的摩擦，因此必须具有高的强度以及与韧性的良好配合，同时还要有足够的硬度和耐磨性；工作时经常与炽热的金属接触，型腔表面温度高达 400～600℃，因此必须具有高的回火稳定性；工作中反复受到炽热金属的加热和冷却介质冷却的交替作用，极易引起“热疲劳”，因此还必须具有耐热疲劳性。热作模具一般尺寸较大，热作模具钢应具有较好的淬透性和导热性。

综上所述，一般的碳素工具钢和低合金工具钢是不能满足性能要求的，一般中、小型热锻模具(高度小于 250mm 为小型模具，高度在 250～400mm 为中型模具)均采用 5CrMnMo 钢来制造；大型热锻模具则采用 5CrNiMo 钢制造，因为它的淬透性比较好，强度和韧性亦比较高。常用热作模具钢的牌号、化学成分、热处理、性能及用途见表6-14。

表6-14 常用热作模具钢的牌号、化学成分、热处理、性能及用途

牌号	化学成分（质量分数）/%							交货状态（退火）/HBS	热处理	用途举例
	C	Si	Mn	Cr	W	Mo	其他		淬火温度/℃	
5CrMnMo	0.50～0.60	0.25～0.60	1.20～1.60	0.60～0.90		0.15～0.30		197～241	820～850 油或空冷	用作边长≤300～400mm 的中小型热锻模
5CrNiMo	0.50～0.60	≤0.40	0.50～0.80	0.50～0.8		0.15～0.30	N：i1.40～1.80	197～241	830～860 油或空冷	用作边长≥400mm 的大中型热锻模
3Cr2W8V	0.30～0.40	≤0.40	≤0.40	2.20～2.70	7.50～9.00		V：0.20～0.50	207～255	1075～1125 油或空冷	用作压铸模、热挤压模、平锻机上的凸模、凹模、镶块
4Cr5W2VSi	0.32～0.42	0.8～1.2	≤0.40	4.50～5.50	1.60～2.4		V：0.60～1.00	≤229	1030～1050 油或空冷	用作高速锤用模具及冲头，热挤压模具及芯棒，有色金属压铸模等

三、高速工具钢

高速工具钢是一种高合金工具钢，含有 W、Mo、Cr、V 等合金元素，其总量超过10%。

1. 成分特点

高速钢含碳量为0.7%～1.65%，属高碳。高的含碳量，保证了高硬度，并与 W、V 等形成特殊碳化物或合金渗碳体，保证具有高的耐磨性和良好的热硬性。含有大量合金元素，主要是 Cr、W、Mo、V 等。

（1）碳　一方面要保证能与钨、铬、钒形成足够数量的碳化物，另一方面又要有一定的碳溶于高温奥氏体，获得过饱和的马氏体，以保证高硬度、高耐磨性以及高的热硬性。W18Cr4V 钢的碳含量为0.70%～0.80%，若含碳量过低，则不能保证形成足够数量的合金碳化物，在高温奥氏体和马氏体中的含碳量均减少，以致降低钢的硬度、耐磨性以及热硬性；若含碳量过高，则碳化物数量增加，同时碳化物不均匀性也增加，致使钢的塑性降低，脆性增加，工艺性变坏。

（2）钨　钨是保证高速钢热硬性的主要元素，它与钢中的碳形成钨的碳化物。在退火状态下，钨以 Fe_4W_2C 的形式存在。在淬火加热时，一部分 Fe_4W_2C 溶入奥氏体，淬火后存在于马氏体中，提高钢的回火稳定性，同时在560℃左右回火时一部分钨以 W_2C 形式弥散沉淀析出，形成“二次硬化”。在淬火加热时未溶的 Fe_4W_2C 能阻止高温下奥氏体晶粒长大。所以钨含量的增加，可提高钢的热硬性，并减小其过热敏感性，但钨超过20%时，钢中的碳化物呈不均匀性增加，使钢的强度及塑性降低；若钨含量减少，则碳化物总量减少，钢的硬度、耐磨性及热硬性将降低。

（3）铬　铬的主要作用是提高钢的淬透性，改善耐磨性和提高硬度。铬的碳化物（$Cr_{23}C_6$）不如钨、钼的碳化物稳定，在加热到1100℃左右时，已经全部溶入奥氏体。高速钢的正常淬火加热温度一般在1100℃以上，因此，铬的碳化物对阻碍奥氏体晶粒长大起不到

有效的作用，但因其全部溶入奥氏体，能显著提高过冷奥氏体的稳定性和钢的淬透性。目前高速钢中铬的含量大多在4%左右，超过4%时会增加钢的残余奥氏体，并使残余奥氏体稳定性增加，使钢的回火次数增多，工艺操作变得复杂，并且容易出现回火不足而降低刀具性能和缩短使用寿命。

(4) 钒　钒与碳的结合力比钨与碳或钼与碳的结合力大，所形成的V_4C_3(或VC)比钨碳化物更稳定。淬火加热超过1200℃时才开始明显溶解，能显著阻碍奥氏体晶粒长大。V_4C_3的硬度可达到83HRC，大大超过钨碳化物硬度(73~77 HRC)，其颗粒非常细小，分布十分均匀，因此V_4C_3对改善钢的硬度、耐磨性和韧性有很大作用，特别是对提高钢的耐磨性最为有效。在560℃左右回火时钒也有“二次硬化”作用。与钨相比，钒对高速钢的热硬性影响较小。随着钢中钒和碳含量的增加，将降低钢的塑性和韧性，并使可磨削性和可锻性变得更坏。现行高速钢标准中大多数钢的钒含量不超过3%，只有少数钢的钒含量大到5%。约含3%钒的钢，如W6Mo5Cr4V3，其碳含量为1.0%~1.2%，属于耐磨性高而可磨削性尚可的高钒钢，可制造耐磨性和热硬性要求高的，耐磨性和韧性配合较好、形状较为复杂的刀具，如拉刀、铣刀。钒含量在4%以上的高碳高钒高速钢，如W12Cr4V4Mo只适合做形状简单的刀具或仅需很少磨削的刀具。

2. 性能特点

其性能特点是具有高的硬度、耐磨性和热硬性。工作温度可达600℃，硬度仍保持在60HRC以上。

这是高速钢区别于其他钢种的主要特性。由于它切削金属材料很锋利，又称为“锋钢”。

3. 热处理工艺

下面以制造W18Cr4V盘形齿轮铣刀为例，说明高速钢制作刀具的工艺路线及热处理工艺的制定。盘形齿轮铣刀的主要用途是铣制齿轮，在工作过程中，齿轮铣刀往往会磨损、变钝而失去切削能力，因此要求齿轮铣刀经淬火回火后，应保证具有高硬度(刃部硬度要求为63~66HRC)、高耐磨性及热硬性。盘形齿轮铣刀生产过程的工艺路线如下：下料→锻造→退火→机加工→淬火→回火→喷砂→磨加工→成品。

高速钢的铸态组织中具有鱼骨状碳化物，这些粗大的碳化物不能用热处理的方法予以消除，只有采用锻造的方法将其击碎，并使其分布均匀。锻造退火后的显微组织由索氏体和均匀分布的碳化物所组成。如果碳化物分布不均匀，将使刀具的强度、硬度、耐磨性、韧性、热硬性均降低，从而使刀具在使用过程中容易崩刃和磨损变钝，导致早期失效。可见高速钢坯料的锻造，不仅是为了成型，而且是为了击碎粗大碳化物，使碳化物分布均匀，W18Cr4V高速钢各种状态下的显微组织如图6-6所示。表6-15为各种刀具对锻坯碳化物不均匀性的级别要求。由表可见，对齿轮铣刀锻坯碳化物不均匀性要求≤4级。为了达到上述要求，高速钢锻造应反复镦粗、拔长多次。由于高速钢的塑性和导热性均较差，以及它具有很高的淬透性，在空气中冷却即可得到马氏体淬火组织，因而高速钢坯料锻造后应进行缓冷，通常采取砂中缓冷，以免产生裂纹。裂纹的产生可能在中心，也可能在表面。如果锻造所产生的裂纹未被发现，则在热处理时可能使裂纹进一步扩展，导致整个刀具开裂报废。锻造中另一缺陷是由于停锻温度过高(大于1000℃)，变形度不大而造成晶粒不正常长大，出现“萘状断口”。

锻造后必须经过退火，以降低硬度(退火后硬度为207~255HBS)，消除内应力，并为随后淬火、回火处理作好组织准备。

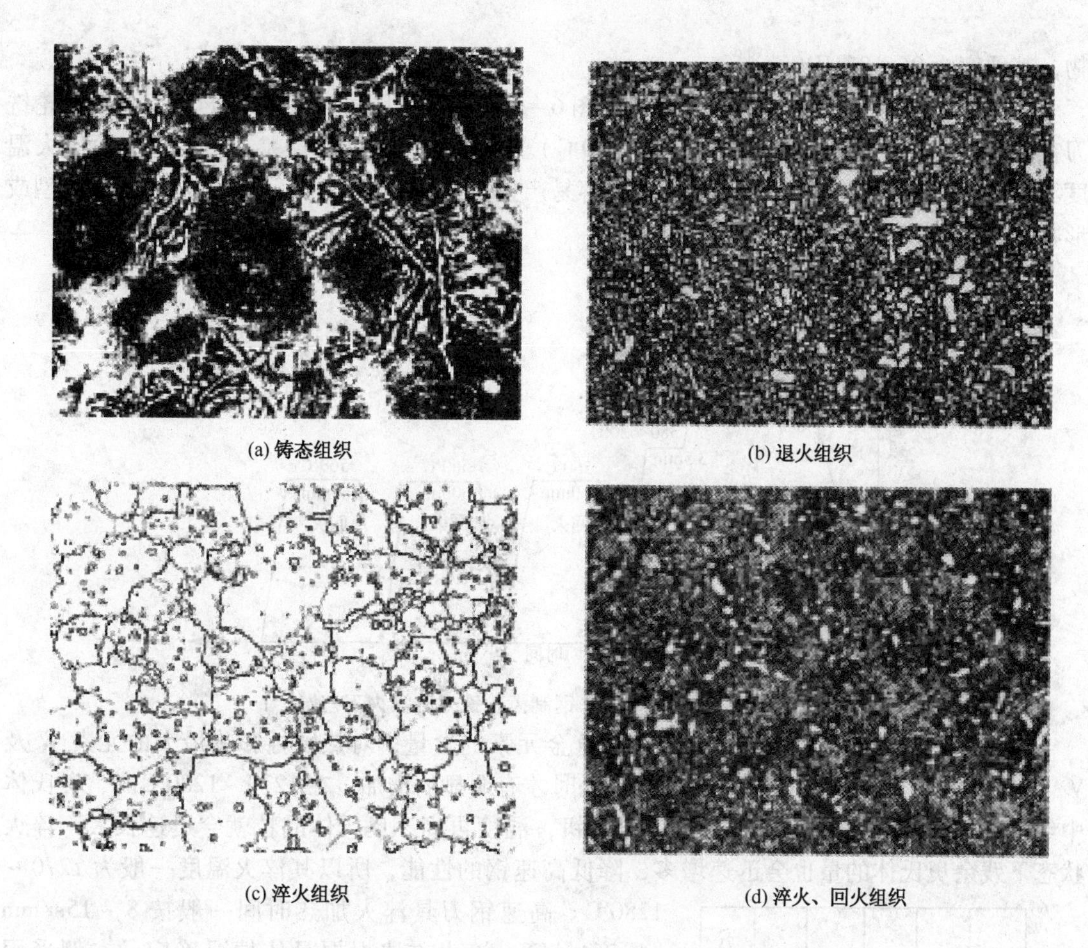

(a) 铸态组织　(b) 退火组织

(c) 淬火组织　(d) 淬火、回火组织

图 6－6　W18Cr4V 高速钢各种状态下的显微组织

表 6－15　各种刀具对锻坯碳化物不均匀性的级别要求

刀具名称	规格	锻坯碳化物不均匀性要求
齿轮滚刀	$m=1\sim5$	≤4 级
	$m=5.5\sim8$	≤5 级
齿轮铣刀	$m=1\sim10$	≤4 级
错齿三面刃刀	全部规格	≤4 级
错齿套式端面铣刀	63×40，80×45，	≤4 级
	100×50	≤5 级
粗（细）齿圆柱形铣刀	63×5，80×80，	≤4 级
	80×100，100×100	≤5 级
车刀	全部规格	≤5 级

注：W18Cr4V 钢锻坯碳化物不均匀性共分 1～6 级，级别愈低者碳化物分布愈均匀。

为了缩短退火时间，高速钢的退火一般采用等温退火，其退火工艺为 860～880℃加热，740～750℃等温 6h，炉冷至 500～550℃后出炉空冷。退火后可直接进行机械加工，但为了使齿轮铣刀在铲削后齿面有较高的表面质量，需要在铲削前增加调质处理，即在 900～920℃加热，油中冷却，然后在 700～720℃回火 1～8h。调质后的组织为回火索氏体＋碳化物，其硬度为 26～33HRC。

W18Cr4V 钢制齿轮铣刀的淬火工艺如图 6－7 所示。由图可见，W18Cr4V 钢盘形齿轮铣刀在淬火之前先要进行一次预热（800～840℃）。由于高速钢导热性差、塑性低，而淬火温度又很高，假如直接加热到淬火温度就很容易产生变形与裂纹，所以必须预热。对于大型或形状复杂的工具，还要采用两次预热。

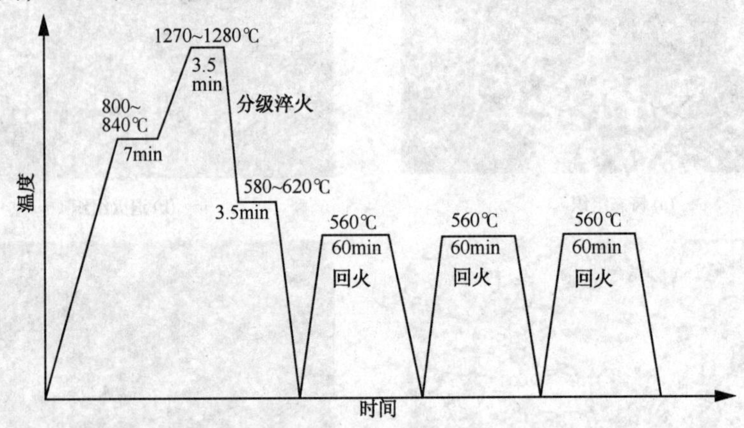

图 6－7 W18Cr4V 钢制齿轮铣刀的淬火工艺

高速钢的热硬性主要取决于马氏体中合金元素的含量，对热硬性影响最大的元素 W 及 V，在奥氏体中的溶解度只有在 1000℃以上时才有明显的增加。在 1270～1280℃时，奥氏体中约含有 7%～8%的钨、4%的铬及 1%的钒，温度再高，奥氏体晶粒就会迅速长大，淬火状态下残余奥氏体的量也会迅速增多，降低高速钢的性能，所以其淬火温度一般为 1270～1280℃。高速钢刀具淬火加热时间一般按 8～15s/mm（厚度）计算，淬火方法根据具体情况确定，本例采用 580～620℃在中性盐中进行一次分级淬火，可以减小工件的变形与开裂，对于小型或形状简单的刀具也可采用油淬。

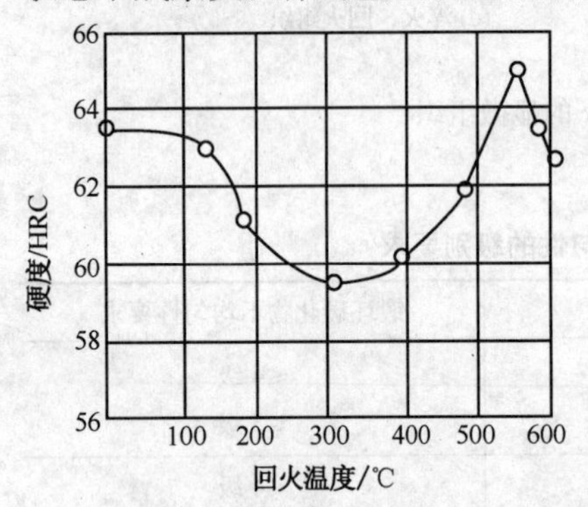

图 6－8 W18Cr4V 钢硬度与回火温度的关系

W18Cr4V 钢的硬度与回火温度之间的关系如图 6－8 所示。由图可知，在 550～570℃回火时硬度最高。因为在此温度范围内，钨及钒的碳化物（W_2C、VC）呈细小分散状从马氏体中弥散沉淀析出，这些碳化物很稳定，难以聚集长大，从而提高了钢的硬度，这就是所谓“弥散硬化”；在此温度范围内，一部分碳及合金元素也从残余奥氏体中析出，降低了残余奥氏体中碳及合金元素含量，提高了马氏体转变温度，当随后冷却时，就会有部分残余奥氏体转变为马氏体，使钢的硬度得到提高。

由于 W18Cr4V 钢在淬火状态约有 20%～25%的残余奥氏体，一次回火难以全部消除，经三次回火后才可使残余奥氏体减至最低量（一次回火后约剩 15%，二次回火后约剩 3%～5%，三次回火后约剩 1%～2%）。并且后一次回火还可以消除前一次回火中由于奥氏体转变为马氏体所产生的内应力。回火后的组织由回火马氏体＋少量残余奥氏体＋碳化物所组成。

W6Mo5Cr4V2 为生产中广泛应用的另一种高速钢，其热塑性、使用状态的韧性、耐磨性等均优于 W18Cr4V 钢，热硬性不相上下，并且碳化物细小，分布均匀，密度小，价格便宜，但磨削加工性稍差，脱碳敏感性较大。W6Mo5Cr4V2 的淬火温度为 1220～1240℃，可用于制造要求耐磨性和韧性很好配合的高速切削刀具如丝锥、钻头等。

常用高速工具钢的牌号、化学成分、热处理、性能及用途见表 6－16。

表 6－16 常用高速工具钢的牌号、化学成分、热处理、性能及用途

牌号	化学成分(质量分数)/%							热处理				用途举例
								淬火		回火		
	C	Mn	Si	Cr	W	V	Mo	淬火温度/℃	HRC	回火温度/℃	HRC	
W18Cr4V	0.70～0.80	0.10～0.40	0.20～0.40	0.80～4.40	17.50～19.00	1.00～1.40	≤0.30	1270～1285 油	≥63	550～570 三次	63～66	一般高速切削车刀、刨刀、钻头、铣刀、插齿刀、绞刀等
W6Mo5Cr4V2	0.80～0.90	0.15～0.40	0.20～0.45	3.80～4.40	5.50～6.75	1.75～2.20	4.50～5.50	1210～1230 油	≥63	540～560 三次	63～66	钻头、丝锥、滚刀、拉刀、插齿刀、冷冲模、冷挤压模等
W6Mo5Cr4V3	1.00～1.10	0.15～0.40	0.20～0.45	3.75～4.50	5.00～6.75	2.25～2.75	4.75～6.50	1200～1220 油	≥63	540～560 三次	>65	拉刀、铣刀、成型刀具等
W9Mo3Cr4V	0.77～0.87	0.20～0.40	0.20～0.40	3.80～4.40	8.50～9.50	1.30～1.70	2.70～3.30	1220～1240 油	≥63	540～560 三次	63～66	拉刀、铣刀、成型刀具等

第七节 特殊用途钢

所谓特殊性能钢是指不锈钢、耐热钢等一些具有特殊物理、化学性能的钢。

一、不锈、耐蚀钢

不锈、耐蚀钢是指抵抗大气或其他介质腐蚀的钢。

1. 金属腐蚀的基本概念

腐蚀是金属制件失效的主要方式之一。一般金属腐蚀是有害的，给国民经济造成巨大损失，钢的生锈、氧化以及石油管道、化工设备和船艇壳体的损坏都与腐蚀有关。据不完全统计，全世界由于腐蚀而损坏的金属制件约占其产量的 10%，因此采取必要的措施提高金属耐蚀性具有非常重要的意义。

腐蚀分为化学腐烛和电化学腐蚀两种。钢在高温下的氧化属于典型的化学腐蚀，而钢在常温下的氧化主要是属于电化学腐蚀。金属抵抗高温氧化性气氛腐蚀的能力称为抗氧化性，含有铝、铬、硅等元素的合金钢在高温时能形成比较致密的氧化铝、氧化铬、氧化硅等氧化膜，能阻挡外界氧原子的进一步扩散，提高了钢的抗氧化性。有时利用渗铝、渗铬等表面化学热处理方法，可使碳钢获得良好的抗氧化性。

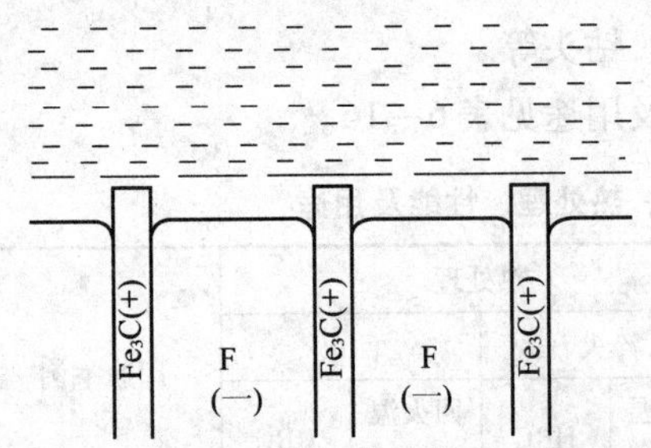

图 6-9　片状珠光体电化学腐蚀示意图

在化学腐蚀过程中不发生电化学反应(即在化学反应过程中无电流产生)，而在电化学腐蚀过程中有电化学反应发生(即在化学反应过程中有电流产生)，形成了原电池或微电池，使金属在电解质溶液中产生电化学作用而遭到腐蚀。

例如珠光体组织在硝酸酒精溶液中的腐蚀主要就是一种电化学腐蚀的结果。珠光体中的两个相——铁素体及渗碳体的电极电位不同，若将它置于硝酸酒精溶液中，铁素体相的电极电位较负，成为阳极而被腐蚀；渗碳体相的电极电位较正，成为阴极而不被腐蚀。这样就使原来已经被抛光的磨面变得凹凸不平，如图 6-9 所示。

图 6-9 中的凸出部分为渗碳体，凹陷部分为铁素体，二者相比，电极电位较高的渗碳体具有较好的耐蚀性。由两相组成的组织越细，所能形成的原电池数目就越多，在相同条件发生电化学腐蚀时就越容易被腐蚀，即它的耐蚀性越差。反之，则耐蚀性越好。

由此可知，要提高金属的耐蚀性，一方面要尽量使合金在室温下呈单一均匀的组织，另一方面是提高材料本身的电极电位。为此常在钢中加入较多数量的 Cr、Ni 等合金元素，使电极电位得以提高。在不锈钢中同时加入铬和镍，可形成单一奥氏体组织。

2. 常用不锈钢

1）铬不锈钢

主要有 1Cr13、2Cr13、3Cr13、4Cr13、1Cr17 等，其化学成分、热处理、机械性能及用途如表 6-17 所示。

表 6-17　常用铬不锈钢的主要成分、热处理、组织、机械性能及用途

类别	钢号	化学成分/%		热处理工艺	组织	机械性能						用途
		C	Cr			σ_s/MPa	σ_b/MPa	δ/%	ψ/%	A_K/J	硬度/HRC	
马氏体型	1Cr13	0.08～0.15	12～14	1000～1050℃油或水淬，700～790℃回火	回火索氏体	≥600	≥420	≥20	≥60	≥72	HB187	制作能抗弱腐蚀性介质、能承受冲击负荷的零件，如汽轮机叶片、水压机阀、结构架、螺栓、螺帽等
马氏体型	2Cr13	0.16～0.24	12～14	1000～1050℃油或水淬，700～790℃回火	回火索氏体	≥600	≥450	≥16	≥55	≥64	—	
马氏体型	3Cr13	0.25～0.34	12～14	1000～1050℃油淬 200～300℃回火	回火马氏体						48	制作具有较高硬度和耐磨性的医疗工具、量具、滚珠轴承
马氏体型	4Cr13	0.35～0.45	12～14	1000～1050℃油淬 200～390℃回火	回火马氏体						50	制作具有较高硬度和耐磨性的医疗工具、量具、滚珠轴承
铁素体型	1Cr17	≤0.12	16～18	750～800℃空冷	铁素体	≥400	≥250	≥20	≥50			制作硝酸工厂设备，如吸收塔、热交换器、酸槽、输送管道，以及食品工厂设备等

Cr13 型不锈钢中的平均含铬量为 13%，主要作用是提高钢的耐蚀性。基体中含铬量≥11.7%的含铬不锈钢能在阳极(负极)区域基体表面上形成一层富铬的氧化物保护膜，用于阻碍阳极区域的反应，并提高电极电位，减缓基体的电化学腐蚀过程，使含铬不锈钢获得一定的耐蚀性。这种使金属中阳极区域的反应受到阻碍而使金属耐蚀性(抗电化学腐蚀)提高的现象称为“钝化”。

不锈钢主要是在氧化性介质中才有耐蚀作用。例如 1Cr13、2Cr13 钢在大气、水蒸气中具有良好的耐蚀性，在淡水、海水、温度不超过 30℃的盐水溶、液硝酸、食品介质以及浓度不高的有机酸中，也具有足够的耐蚀性，但在酸性介质中耐蚀性却是很低的。不锈钢的所谓“不锈”是相对的、有条件的。随着钢中碳含量的增加，其耐蚀性将下降，其原因是：铬的碳化物$(Cr, Fe)_{23}C_6$增多，基体中铬含量减少；铬碳化物与基体具有不同的电极电位，它们彼此间形成原电池，随钢中含碳量增加，所形成的原电池数目相应增多。

1Cr13、2Cr13 钢常用来制造汽轮机叶片、水压机阀、结构架、螺栓、螺帽等零件，但 2Cr13 钢的强度稍高，而耐蚀性差些。

1Cr13 和 2Cr13 钢都是在调质状态下使用的，回火索氏体组织具有良好的综合力学性能，其基体(铁索体)含铬在 11.7%以上，具有良好的耐蚀性。

3Cr13 钢常用于制造要求弹性较好的夹持器械，如各种手术钳及医用镊子等；而 4Cr13 钢由于其含碳量稍高，适合于制造要求较高硬度和耐磨性的外科刃具，如手术剪、手术刀等。

3Cr13 钢和 4Cr13 钢制造医用夹持器械和刃具的工艺路线一般为：落料→热锻成型→重结晶退火→冷精压→再结晶退火→切边及机械加工→再结晶退火→钳加工→淬火低温回火→整形和开刃→抛光。

工艺路线中重结晶退火和再结晶退火都属于预先热处理，淬火和低温回火属于最终热处理。重结晶退火工艺：860 ~ 880℃ 加热，随后以 ≤30℃/h 的速度冷却，退火后硬度≤200HBS；再结晶退火工艺：780 ~800℃加热，退火后硬度≤187HBS。

3Cr13 钢和 4Cr13 钢的淬火和低温回火工艺及硬度如表 6 – 18 所示。

表 6 – 18 3Cr13 钢及 4Cr13 钢的热处理及硬度

钢号	热处理			硬度 /HRC
	淬火温度/℃	冷却剂	回火温度/℃	
3Cr13	1000 ~ 1050	油	200 ~ 300	48
4Cr13	1000 ~ 1050	油	200 ~ 300	50

2）铬镍不锈钢(18 – 8 型)

18 – 8 型镍铬不锈钢相当于我国标准钢号中的 18 – 9 型铬镍不锈钢，在国标中共有 5 个钢号：0Cr18Ni9、1Cr18Ni9、2Cr18Ni9、0Cr18Ni9Ti 和 1Cr18Ni9Ti。其化学成分、热处理，力学性能及用途如表 6 – 19 所示。

铬镍不锈钢属于奥氏体型不锈钢钢，其强度、硬度均很低，无磁性，塑性、韧性及耐蚀性均较 Cr13 型不锈钢为好；适合于冷作成型，焊接性较好，一般采取冷加工变形强化措施来提高其强度。与 Cr13 型钢比较，其切削加工性较差，在一定条件下会产生晶间腐蚀，应力腐蚀倾向较大。

表 6-19 18-8 型不锈钢的化学成分、热处理、力学性能及用途

钢号	化学成分/%				热处理	机械性能				特性及用途
	C	Cr	Ni	Ti		σ_s/MPa	σ_b/MPa	δ_5%	ψ/%	
0Cr18Ni9	≤0.08	17~19	8~12		1050~1100℃ 水淬（固溶处理）	≥490	≥180	40	≥60	具有良好的耐蚀及耐晶间腐蚀性能，为化学工业用的良好耐蚀材料
1Cr18Ni9	≤0.14	17~19	8~12		1050~1150℃ 水淬（固溶处理）	≥550	≥200	≥45	≥50	制作耐硝酸、冷磷酸、有机酸及盐、碱溶液腐蚀的设备零件
0Cr18Ni9Ti 1Cr18Ni9Ti	≤0.08 ≤0.12	17~19 17~19	8~11 8~11	5×(C%-0.02)~0.8 5×(C%-0.02)~0.8	1050~1150℃ 水淬（固溶处理）	≥550	≥200	≥40	≥55	制作耐酸容器及设备衬里、输送管道等设备和零件，抗磁仪表、医疗器械、具有较好的耐晶间腐蚀性

18-8 型不锈钢中碳含量都很低，属于超低碳范围，耐蚀性良好。钢中含铬约 18%，主要作用是产生钝化，提高阳极电极电位，增加耐蚀性；含镍约 9%，主要作用是扩大奥氏体区，降低钢的 M_s 点（降低至室温以下），使钢在室温下具有单相的奥氏体组织；铬和镍在奥氏体中的共同作用，更进一步改善了钢的耐蚀性；Ti 的主要作用是抑制在晶界上析出 $(Cr, Fe)_{23}C_6$，消除钢的晶间腐蚀蚀倾向，钛含量一般不大于 0.8%，过多时会使钢出现铁素体和产生 TiN 夹杂，会降低钢的耐蚀性。

为了提高 18-8 型不锈钢的性能，常用的热处理工艺有固溶处理、稳定化处理及去应力处理等。

（1）固溶处理　18-8 型不锈钢在缓冷时，将在奥氏体中析出 $(Cr, Fe)_{23}C_6$ 碳化物，并发生奥氏体向铁素体转变，缓冷至室温将获得 $A + F + (Cr, Fe)_{23}C_6$，而并非单相的奥氏体组织。显然，其耐蚀性将降低。为了保证 18-8 型不锈钢具有最为良好的耐蚀性，必须设法使它获得单相奥氏体组织。在生产上经常对 18-8 型不锈钢进行所谓的固溶处理，即将其加热至 1050~1150℃，让所有碳化物全部溶于奥氏体，然后采取水淬快冷的方法，使奥氏体在冷却过程中不发生析出或相变，在室温状态下获得单相的奥氏体组织。

（2）稳定化处理　是针对含钛的 18-8 型不锈钢而言的。在固溶处理后再进行一次稳定化处理，其目的就在于彻底消除晶间腐蚀倾向。稳定化处理的加热温度应该高于 $(Cr, Fe)_{23}C_6$ 完全溶解的温度，低于碳化钛完全溶解的温度，以使 $(Cr, Fe)_{23}C_6$ 完全溶解而碳化钛部分保留。随后的冷却速度应该缓慢，以便使加热时溶于奥氏体中的那一部分碳化钛在冷却时能够充分析出。这样，碳就几乎全部稳定于碳化钛中（稳定化处理即由此而得名），而使 $(Cr, Fe)_{23}C_6$ 不再析出，从而将固溶体中的含铬量提高。1Cr18Ni9Ti 钢所采用的稳定化处理工艺一般如下：加热温度为 850~880℃，保温时间为 6h，冷却方式采用空冷或炉冷。

（3）去应力处理　经过冷加工或焊接的 18-8 型不锈钢都会存在残余应力，如果不设法消除，将引起应力腐蚀，降低性能，并导致早期断裂。去应力处理工艺如下：对于消除冷加工残余应力，经常加热到 300~350℃；对于消除焊件残余应力，宜加热至 850℃以上，同时起到减轻晶间腐蚀倾向的作用。

二、耐热钢

耐热钢是指具有热化学稳定性和热强性的钢。热化学稳定性是指抗氧化性，即钢在高温下对氧化作用的稳定性。为提高钢的抗氧化能力，向钢中加入合金元素铬、硅、铝等，使其在钢的表面形成一层致密的氧化膜（如 Cr_2O_3、SiO_2、Al_2O_3），保护金属在高温下不再继续被氧化。热强性是指钢在高温下对外力的抵抗能力。高温（再结晶温度以上）下金属原子间结合力减弱，强度降低，此时金属在恒定应力作用下，随时间的延长会产生缓慢的塑性变形，称此现象为“蠕变”。为提高高温强度，防止蠕变，可向钢中加入铬、钼、钨、镍等元素，以提高钢的再结晶温度，或加入钛、铌、钒、钨、钼、铬等元素，形成稳定且均匀分布的碳化物，产生弥散强化，从而提高高温强度。

耐热钢按组织不同分为四类。

1. 珠光体型耐热钢

这类钢合金元素总含量 < 3% ~ 5%，是低合金耐热钢。常用牌号有 15CrMo 钢、12CrMoV 钢、25Cr2MoVA 钢、35CrMoV 钢等，主要用于制作锅炉炉管、耐热紧固件、汽轮机转子、叶轮等。此类钢使用温度 <600℃。

2. 马氏体型耐热钢

这类钢通常是在 Crl3 型不锈钢的基础上加入一定量的钼、钨、钒等元素。钼、钨可提高再结晶温度，钒可提高高温强度。此类钢使用温度 <650℃，为保持在使用温度下钢的组织和性能稳定，需进行淬火和回火处理。常用于制作承载较大的零件，如汽轮机叶片等。常用牌号有 1Crl3 钢和 1Cr11MoV 钢。

3. 奥氏体型耐热钢

这类钢含有较多的铬和镍。铬可提高钢的高温强度和抗氧化性，镍可促使形成稳定的奥氏体组织。此类钢工作温度为 650 ~ 700℃，常用于制造锅炉和汽轮机零件。常用牌号有 1Cr18Ni9Ti 钢和 4Cr14Ni14W2Mo 钢。1Cr18Ni9Ti 钢作耐热钢使用时，要进行固溶处理和时效处理，以进一步稳定组织。

4. 铁素体型耐热钢

这类钢主要含有铬，以提高钢的抗氧化性。钢经退火后可制作在 900℃以下工作的耐氧化零件，如散热器等。常用牌号有 1Cr17 钢等，1Cr17 钢可长期在 580 ~ 650℃使用。常用耐热钢的牌号、化学成分、热处理、力学性能及用途见表 6 – 20。

三、高锰耐磨钢

耐磨钢主要指在冲击载荷作用下产生冲击硬化的高锰钢，主要化学成分是含碳 1.0% ~ 1.3%，含锰 11% ~14%。由于这种钢机械加工比较困难，基本上都是铸造成型，其钢的牌号为 ZGMn13。

高锰钢使用时要进行“水韧处理”，即把高锰耐磨钢加热至临界点温度以上（约在 1000 ~ 1100℃），保温一定的时间，使钢中碳化物全部溶入奥氏体，然后在水中快速冷却。由于冷却速度非常快，碳化物来不及从奥氏体中析出，因而保持了均匀的奥氏体状态。水韧处理后，高锰钢的组织为单一的奥氏体，其硬度并不高，约为 180 ~ 220HBS 左右。当它在受到剧烈的冲击或较大压力作用时，表面层的奥氏体将迅速产生加工硬化，并伴有马氏体相变，从而使表面层硬度提高到 450 ~ 550HBW，并且使表面层获得高的耐磨性，其心部则仍维持原来的奥氏体状态的高韧性。

表 6－20　常用耐热钢的牌号、化学成分、热处理、力学性能及用途

类别	牌号	化学成分（质量分数）/%							热处理				力学性能						用途举例
		C	Si	Mn	Ni	Cr	Mo	其他	退火温度/℃	固溶处理温度/℃	淬火温度/℃	回火温度/℃	$\sigma_{0.2}$/MPa	σ_b/MPa	δ_5/%	ψ/%	A_K/J	HBS	
奥氏体型	4Cr14Ni14W2Mo	0.40～0.50	≤0.80	≤0.70	13.00～15.00	13.00～15.00	0.25～0.40	W 2.00～2.75	820～850 快冷				≥315	≥705	≥20	≥35		≤248	有较高的热强性，用于制作内燃机重负荷排气阀等
奥氏体型	3Cr18Mn12Si2N	0.22～0.30	1.40～2.20	10.50～12.50		17.00～19.00		N 0.22～0.33		1100～1150 快冷			≥390	≥685	≥35	≥45		≤248	有较高的高温强度、一定的抗氧化性及较好的抗碱、抗增碳性，用于制作吊性支架、渗碳炉构件等
铁素体型	0Cr13Al	≤0.08	≤1.00	≤1.00		11.50～14.50		Al 0.10～0.30	780～830 空冷或缓冷				≥177	≥410	≥20	≥60		≥183	因冷却硬化少，用于制作燃气透平压缩机叶片、退火箱、淬火台架等
铁素体型	1Cr17	≤0.12	≤0.75	≤1.00		16.0～18.0			780～850 空冷或缓冷				≥205	≥450	≥22	≥50		≥183	用于制作900℃以下耐氧化部件，如散热器、炉用部件、油喷嘴等
马氏体型	4Cr9Si2	0.35～0.50	2.00～3.00	≤0.70	≤0.60	8.00～10.00					1020～1040 油冷	780～830 油冷	≥590	≥885	≥19	≥50			有较高的热强性，用于制作内燃机进气阀、轻负荷发动机的排气阀等
马氏体型	1Cr13	≤0.15	≤1.00	≤1.00	≤0.60	11.50～13.50			800～900 缓冷或约750 快冷		950～1100 冷	700～750 油冷	≥345	≥540	≥25	≥55	≥78	≥159	用于制作800℃以下耐氧化部件

续表

类别	牌号	化学成分(质量分数)/%							热处理				力学性能						用途举例
		C	Si	Mn	Ni	Cr	Mo	其他	退火温度/℃	固溶处理温度/℃	淬火温度/℃	回火温度/℃	$\sigma_{0.2}$/MPa	σ_b/MPa	δ_5/%	ψ/%	A_K/J	HBS	
沉淀硬化型	0Cr17Ni4Cu4Nb	≤0.07	≤1.00	≤1.00	3.00~5.00	15.50~17.50		Cu 3.00~5.00 Nb 0.15~0.45		1020~1060 快冷		470~490 时效	≥1180	≥1310	≥10	≥40		≥375	用于制作燃气透平压缩机叶片、燃气透平发动机绝缘材料等
												540~560 时效	≥1000	≥1070	≥12	≥45		≥331	
												570~590 时效	≥865	≥1000	≥13	≥45		≥302	
												610~630 时效	≥725	≥930	≥16	≥50		≥277	

高锰钢广泛应用于既耐磨损又耐冲击的零件。在铁路交通方面，高锰钢可用于制造铁道上的辙岔、辙尖、转辙器及小半径转弯处的轨条等，这是因为高锰钢件不仅具有良好的耐磨性，而且由于其材质坚韧，不会突然折断，即使有裂纹产生，由于加工硬化作用，也会抵抗裂纹的继续扩展，使裂纹扩展缓慢而易被发觉。另外，高锰钢在寒冷气候条件下，还有良好的力学性能，不会发生冷脆；高锰钢用于制造挖掘机的铲斗、各式碎石机的颚板、衬板，显示出了非常优越的耐磨性；高锰钢在受力变形时，能吸收大量的能量，受到弹丸射击时也不易穿透，因此高锰钢也常用于制造防弹钢板以及保险箱钢板等；高锰钢还大量用于挖掘机、拖拉机、坦克等的履带板、主动轮、从动轮和履带支承滚轮等；由于高锰钢是非磁性的，也可用于制造既耐磨损又抗磁化的零件，如吸料器的电磁铁罩等。常用高锰耐磨钢铸件的牌号、化学成分、热处理、力学性能及用途见表 6－21。

表 6－21　常用高锰耐磨钢铸件的牌号、化学成分、热处理、力学性能及用途

牌　号	化学成分(质量分数)/%						热处理		力学性能					用途举例
	C	Mn	Si	其他	S≤	P≤	淬火温度/℃	冷却介质	σ_s/MPa	σ_b/MPa	δ_5/%	A_K/J	HBS	
									不小于				不大于	
ZGMn13－1	1.00～1.45	11.00～14.00	0.30～1.00	—	0.040	0.090	1060～1100	水	—	635	20	—	—	低冲击耐磨零件，如齿板、铲齿等
ZGMn13－2	0.90～1.35	11.00～14.00	0.30～1.00	—	0.040	0.070	1060～1100	水	—	685	25	147	300	普通耐磨零件，如球磨机等
ZGMn13－3	0.95～1.35	11.00～14.00	0.30～0.80	—	0.040	0.070	1060～1100	水	—	735	30	147	300	高冲击耐磨零件，如坦克、拖拉机履带板等
ZGMn13－4	0.90～1.30	11.00～14.00	0.30～0.80	Cr 1.50～2.50	0.040	0.070	1060～1100	水	390	735	20	—	300	复杂耐磨零件，如铁道道岔等

思考与应用

一、判断题

1. 锰和硅属合金元素，所以凡含有锰和硅的钢都属合金钢。(　　)

2. 几乎所有加入钢中的合金元素，都能溶入铁素体中，使铁素体产生固溶强化。(　　)

3. 合金元素锰、镍等因扩大了奥氏体相区，所以使高锰和高镍钢在室温下形成奥氏体组织。(　　)

4. 由于合金元素的加入，使 $Fe-Fe_3C$ 状态图中的 S 点左移，从而使含碳量相同的合金钢比碳素钢中珠光体的相对量增多。(　　)

5. 合金钢中形成的各种合金碳化物均具有比渗碳体高的硬度、熔点和稳定性。(　　)

6. 除锰钢外，合金钢加热时不易过热，所以淬火后有利于获得细马氏体。( )

7. 合金钢加热时，当合金元素溶入奥氏体后，能显著阻碍奥氏体晶粒长大。( )

8. 除钴外，所有溶于奥氏体中的合金元素都使过冷奥氏体稳定性增大，C 曲线右移，临界冷却速度减小，所以提高了钢的淬透性。( )

9. 除低合金结构和耐候钢，其他合金钢都属优质钢或高级优质钢。( )

10. 为保证渗碳零件心部获得良好的韧性，渗透钢的含碳量一般都小于 0.25%。( )

11. 因合金钢比碳钢具有较好的淬透性，所以生产中碳钢零件都采用水淬，合金钢零件都采用油淬。( )

12. W18Cr4V 高速钢因牌号中没有标出含碳量数字，所以该钢的含碳量大于 1.00%。( )

13. 高速钢淬火后，需进行多次回火，其目的是使淬火后的残余奥氏体减少到最低数量。( )

14. 为了减少高速钢淬火后的回火次数，将淬火后的钢可先进行冷处理，然后再进行一次回火，即可满足要求。( )

15. W18 Cr4V 高速钢的回火温度是 550 ~ 570℃，属高温回火温度范围，所以一般回火后获得的组织是回火索氏体。( )

16. GCr15 和 1Cr13 均属高合金钢。( )

17. 1Cr13 和 4Cr13 两种不锈钢，因含铬量相同，所以耐蚀性也相同。( )

18. 为了提高奥氏体不锈钢的强度和硬度，一般可通过淬火与回火来实现。( )

19. 高锰钢经水韧处理后硬度并不高，当它受到剧烈冲击或较大压力后，使表层产生加工硬化，并伴有马氏体相变，才使表层硬度提高。( )

二、选择题

1. 钢中由于合金元素的加入，使 $Fe-Fe_3C$ 状态图中的 S 点和 E 点( )。

A. S 点左移，E 点右移　　B. S 点、E 点都左移

C. S 点右移，E 点左移　　D. S 点、E 点都右移

2. 合金元素加入钢中存在的形式，因元素类别和数量可以( )。

A. 溶于铁素体　B. 溶于奥氏体　C. 溶于渗碳体　D. 形成碳化物

3. 当马氏体中溶有合金元素时，对淬火钢在回火时马氏体的分解( )。

A. 有促进作用　　B. 有阻碍作用

C. 无影响　　D. 有影响但无规律

4. 除钴外，所有合金元素溶入奥氏体中，均使过冷奥氏体的稳定性( )。

A. 增大　B. 减小　C. 无变化　D. 变化但无规律

5. 当马氏体中溶有合金元素时，使淬火钢在回火时马氏体的分解 ( )。

A. 加速　B. 减缓　C. 无变化　D. 变化，无规律

6. 对于要求表面具有高的硬度和耐磨性，而心部要求有足够强度和韧性的汽车变速齿轮，一般选用( )。

A. 低合金结构钢　B. 渗碳钢　C. 调质钢　D. 工具钢

7. 按淬透性 20 钢与 20CrMnTi 钢相比，其淬透性( )。

A. 20 钢较高　　B. 20CrMnTi 钢较高

C. 两种钢相同　　D. 无固定规律

8. 按淬透性40Cr钢与40CrNi钢相比，其淬透性(　　)。

A. 40Cr钢较高　　B. 40CrNi钢较高

C. 两种钢相同　　D. 无固定规律

9. 对于要求有较好综合力学性能的各种轴类零件，一般应选用(　　)。

A. 低合金结构钢　B. 碳素结构钢　C. 渗碳钢　D. 调质钢

10. 滚动轴承钢按钢中碳与合金元素的含量应属于(　　)。

A. 高碳、高合金　　B. 高碳、中合金

C. 高碳、低合金　　D. 中碳、高合金

11. 低合金工具钢按钢中合金元素的含量应属于(　　)。

A. 低碳，低合金　　B. 中碳，低合金

C. 高碳，低合金　　D. 高碳，中合金

12. 对于切削用量不大、形状较复杂的丝锥等工具，一般选用(　　)。

A. 碳素工具钢　　B. 低合金工具钢

C. 高速钢　　D. 模具钢

13. 高速钢按钢中碳和合金元素的含量属于(　　)。

A. 高碳，中合金　　B. 高碳，高合金

C. 中碳；高合金　　D. 中碳，中合金

14. 铸态高速钢锻造的目的是(　　)。

A. 获得要求的零件形状　　B. 获得理想的纤维组织

C. 击碎碳化物并使其分布较均匀　　D. 获得零件需要的性能

15. 奥氏体不锈钢固溶处理的目的是(　　)。

A. 提高强度和硬度　　B. 获得单一奥氏体

C. 降低硬度便于切削加工　　D. 提高耐蚀能力

三、填空题

1. 合金钢是指为了改善和提高钢的________在炼钢时有意加入________的钢。

2. 合金钢按合金元素总含量分为：(1)________合金钢(合金元素总含量为________)；(2)________合金钢(合金元素总含量为________)；(3)________合金钢(合金元素总含量为________)。

3. 合金钢的牌号是采用________符号和________数字来表示的。一般形式为________ + ________符号 + ________。

4. 合金结构钢的牌号形式为：________位数字 + ________符号 + 数字。前面数字表示钢中平均________的万分数。

5. 合金钢牌号中，紧跟元素符号后的数字表示合金元素平均含量的________，不标数字时表示合金元素平均含量________。轴承钢牌号中铬元素符号后的数字表示铬平均含量的________。

6. 不锈钢、耐热钢的牌号开始用________位数字表示钢中平均含碳量的________数，平均含碳量小于千分之一时用________表示，含碳量不大于0.03%时用________表示。

7. 当钢中的合金元素溶于铁素体后，使铁素体的强度、硬度________，塑性、韧性________，不同合金元素的溶入量相同时其影响效果是________。

8. 合金钢中的碳化物形成元素，按其与碳的亲合力，由弱到强形成碳化物的类型依次

是________渗碳体、________碳化物、________碳化物。以上碳化物均有比渗碳体________硬度、熔点和稳定性。

9. 钢中扩大 r 相区的合金元素能使 A_3 点________，当其含量增加到足够量时，可使钢在室温得到稳定的________组织。

10. 钢中缩小 r 相区的合金元素，使 A_3________，当其含量增加到足够量时，则奥氏体区有可能________。

11. 除钴外，所有溶于奥氏体中的合金元素，都使 C 曲线________移，临界冷却速度________，从而使钢的回火稳定性________。

12. 合金元素存在于马氏体中时，使马氏体在回火时________分解，从而使钢的回火稳定性________。

13. 低合金高强度结构钢大多数是在________状态下使用，其组织一般为________，它的屈服强度________，塑性、韧性和焊接性能________。

14. 耐侯钢指耐________腐蚀的钢，按其性质和用途分为________钢和________钢两类 。

15. 渗碳钢按含碳量属于________碳钢，以保证渗碳零件心部获得________的韧性，渗碳钢通过渗碳使低碳钢表面变成________，然后经过________和________热处理来满足使用要求。

16. 对调质钢性能的基本要求是：(1)________力学性能；(2)________的淬透性。调质钢按含碳量一般属于________碳钢。

17. 调质钢的零件，一般需进行________处理，当要求表面层有良好的耐磨性时，可讲行表面________处理，如表面________、________等。

18. 弹簧钢为避免弹簧工作时产塑性变行应具有高的________与________；为避免工作时产生疲劳破坏应具有高的________；为便于冷态成型和防止脆断应有一定的________。

19. 弹簧钢的最终热处理一般为________，利用冷拉钢丝冷卷成型的弹簧，只需在 250～300℃范围内进行________。

20. 滚动轴承钢是指用来制造________的钢，按成分一般多为________钢，最终热处理一般是________及________。

21. 低合金工具钢比碳素工具钢具有________的淬透性及________的淬火变形。主要用来制造切削用量________、形状________的刃具。

22. 高速钢按碳和合金元素的含量属________碳________合金钢。它具有________的热硬性，________的硬度、耐磨性和淬透性，________的强度和韧性。

23. 高速钢常加入的合金元素有________等，提高热硬性的主要元素是________，提高淬透性的主要元素是________。

24. 铸态高速钢进行锻造的主要目的是使碳化物________，锻造后需进行________热处理。

25. W18Cr4V 高速钢的淬火加热温度一般为________，为了减少淬火加热时变形和开裂，必须进行________。

四、问答题

1. 说明合金元素在钢中的存在形式有哪几种？并指出合金元素在钢中的存在对铁碳状态图中 A 相区和 E、S 点位置有何影响？

2. 说明合金元素在钢中的存在对钢的淬透性有何影响？并指出这种影响在生产中有何实际意义？

3. 说明合金元素在钢中的存在对淬火钢回火时组织转变有何影响？并指出这种影响对回火工艺及回火后的性能有何作用？

4. 画出 W18Cr4V 钢制造一般刀具时其淬火与回火工艺曲线。

五、应用题

1. 试对下列条件下工作的零件进行选材，并确定最终热处理方法：

(1) 汽轮机叶片；(2)弱腐蚀介质下工作的弹簧；(3)内燃机进气阀；(4)破碎机牙板。

2. 试对下列零件进行选材，并提出最终热处理方法：

(1) 汽车变速箱中的齿轮；(2)汽车板簧；(3)机器中较大截面的轴；(4)中等尺寸的滚动轴承。

3. 试对下列工具进行选材，并确定最终热处理方法：

(1) 板牙；(2)钻头；(3)尺寸较小结构简单的冷冲模；(4)小型热锻模。

第七章 铸 铁

本章导读：通过本章学习，学生应了解铸铁的基本概念以及在国民经济中的地位；掌握铸铁的性能特点、铸铁的石墨化过程以及铸铁的分类；熟悉灰铸铁的成分、组织和性能特点；掌握灰铸铁的牌号、热处理及使用范围；熟悉球墨铸铁的生产方法以及组织和性能特点；掌握球墨铸铁的牌号、热处理以及应用范围；了解可锻铸铁、蠕墨铸铁的成分、组织及性能；熟悉可锻铸铁、蠕墨铸铁的牌号及使用范围；了解耐磨铸铁、耐热铸铁、耐蚀铸铁的基本含义；掌握合金铸铁的成分、使用条件和用途。

第一节 概 述

通常人们把 $2.11\% < \omega_C < 6.69\%$ 的铁碳合金称为铸铁。一般说来铸铁与钢的不同表现为碳、硅以及杂质元素硫、磷的质量分数都比较高。有时为了进一步提高铸铁的力学性能或得到某种特殊性能，还可加入铬、钼、钒、铜、铝等合金元素，或提高硅、锰、磷等元素的质量分数，这种铸铁称为合金铸铁。

虽然铸铁的强度、塑性和韧性比钢差，也不能进行压力加工，但直到目前铸铁仍然是工业生产中最重要的金属材料之一，被广泛地应用于机械制造、交通运输和国防建设等各个领域。在各类机械中，铸铁件约占机器重量的40%～70%，在机床和重型机械中，甚至高达80%～90%。铸铁之所以能获得广泛的应用，是由于它所需要的生产设备和熔炼工艺简单，价格低廉并具有优良的铸造性能、切削加工性能、耐磨性及减震性等。工业上应用的铸铁有白口铸铁、灰铸铁、可锻铸铁、蠕墨铸铁和球墨铸铁等。特别是近些年来稀土镁球墨铸铁的发展，更进一步打破了钢与铸铁的使用界限，使得过去不少使用碳钢和合金钢制造的重要零件，如轴、连杆、齿轮等，已成功地采用球墨铸铁来制造。

一、铸铁的分类

1. 按石墨化程度分类

根据碳在铸铁中的存在形式，铸铁可分为以下三类：

（1）白口铸铁　碳几乎全部以 Fe_3C 形式存在，断口呈银白色，故称为白口铸铁。此类铸铁组织中存在大量莱氏体，性能硬而脆，切削加工较困难。除少数用来制造不需加工的硬度高、耐磨零件外，主要用作炼钢原料。

（2）灰口铸铁　碳主要以石墨形式存在，断口呈浅灰色或暗灰色，故称灰口铸铁，是工业上应用最多最广的铸铁。

（3）麻口铸铁　一部分碳以石墨形式存在，另一部分则以 Fe_3C 形式存在，其组织介于白口铸铁和灰口铸铁之间，断口黑白相间构成麻点，故称为麻口铸铁。该铸铁性能硬而脆、切削加工困难，故工业生产中使用也较少。

2. 按灰口铸铁中石墨形态分类

根据灰口铸铁中石墨存在的形态不同，可将灰口铸铁分为以下四种：

(1) 灰铸铁　铸铁组织中的石墨呈片状。这类铸铁力学性能较差，但生产工艺简单，价格低廉，工业上应用最广。

(2) 可锻铸铁　铸铁组织中的石墨呈团絮状。其力学性能优于灰铸铁，但生产工艺较复杂，成本高，故只用来制造一些重要的小型铸件。

(3) 球墨铸铁　铸铁组织中的石墨呈球状。此类铸铁生产工艺比可锻铸铁简单，且力学性能较好，工业生产中得到了广泛应用。

(4) 蠕墨铸铁　铸铁组织中的石墨呈短小的蠕虫状。其强度和塑性介于灰铸铁和球墨铸铁之间。此外，它的铸造性、耐热疲劳性比球墨铸铁好，可用来制造大型复杂的铸件，以及在较大温度梯度下工作的铸件。

二、铸铁的石墨化及其影响因素

铸铁中碳以石墨状态析出的过程，称为铸铁的石墨化。

1. 铁碳合金双重相图

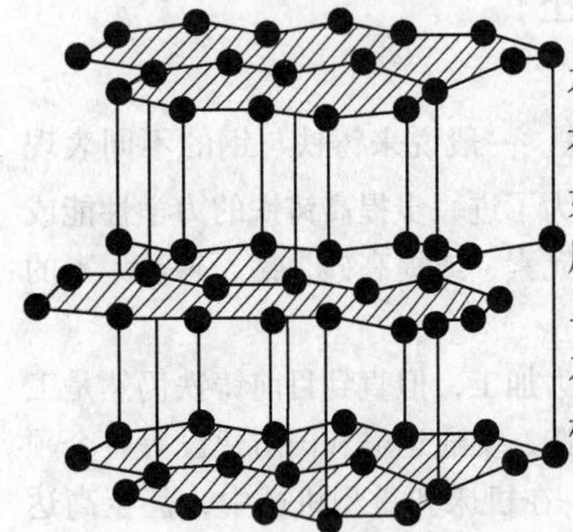

图 7-1　石墨的晶体结构图

碳在铸件中存在的形式有渗碳体(Fe_3C)和游离状态的石墨(G)两种。渗碳体是铁和碳组成的金属化合物，它具有较复杂的晶格结构。石墨的晶体结构是简单六方晶格，如图 7-1 所示。晶体中碳原子呈层状排列，同一层上的原子间为共价键结合，原子间距为 1.42Å，结合力强。层与层之间为分子键结合，而间距为 3.40Å，结合力较弱，石墨受力时容易沿层面间滑移，故其强度、塑性、韧性都极低，接近于零，硬度仅为 3HBS。

若将渗碳体加热到高温，则可分解为铁素体(奥氏体)与石墨，即 $Fe_3C \rightarrow F(A) + G$。这表明石墨是稳定相，而渗碳体仅是亚稳定相。成分相同的铁水在冷却时，冷却速度越慢，析出石墨的可能性越大；冷却速度越快，析出渗碳体的可能性越大。因此，描述铁碳合金结晶过程的相图应有两个，即前述的 $Fe-Fe_3C$ 相图(它说明了亚稳定相 Fe_3C 的析出规律)和 Fe-G 相图(它说明了稳定相石墨的析出规律)。为了便于比较和应用，习惯上把这两个相图合画在一起，称为铁碳合金双重相图，如图 7-2 所示。图中实线表示 $Fe-Fe_3C$ 相图，虚线表示 Fe-G 相图，凡虚线与实线重合的线条都用实线表示。

由图可见，虚线均位于实线的上方或下方，与渗碳体相比，石墨在奥氏体和铁素体中的溶解度比较小，且同一成分的铁碳合金，石墨析出的温度比渗碳体析出的温度要高一些。

2. 石墨化过程

1) 铸铁的石墨化

铸铁的石墨化有以下两种方式：

(1) 按照 Fe-G 相图，从液态和固态中直接析出石墨。在生产中经常出现的石墨飘浮现象，就证明了石墨可从铁液中直接析出。

(2) 按照 $Fe-Fe_3C$ 相图结晶出渗碳体，随后渗碳体在一定条件下分解出石墨。在生产中，白口铸铁经高温退火后可获得可锻铸铁，就证实了石墨也可由渗碳体分解得到。

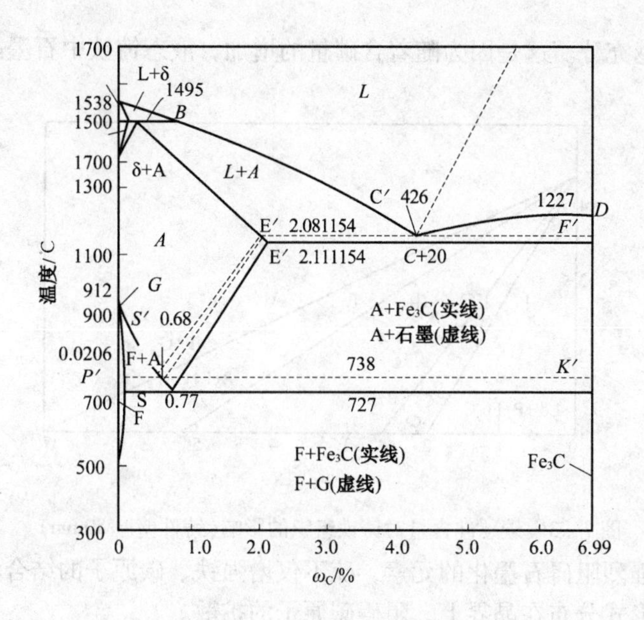

图7-2 铁碳合金双重相图

2）石墨化过程

现以过共晶合金的铁液为例，当它以极缓慢的速度冷却，并全部按 Fe-G 相图进行结晶时，则铸铁的石墨化过程可分为三个阶段：

（1）第一阶段(液相-共晶阶段)　从液体中直接析出石墨，包括过共晶液相沿着液相线 $C'D'$冷却时析出的一次石墨 G_I，以及共晶转变时形成的共晶石墨 $G_{共晶}$，其反应式可写成：

$$L \longrightarrow L_C' + G_I$$

$$L_C' \longrightarrow A_E' + G_{共晶}$$

（2）第二阶段(共晶-共析阶段)　过饱和奥氏体沿着 $E'S'$线冷却时析出的二次石墨 G_{II}，其反应式可写成：

$$A_E' \longrightarrow A_S' + G_{II}$$

（3）第三阶段(共析阶段)　在共析转变阶段，由奥氏体转变为铁素体和共析石墨 $G_{共析}$，其反应式可写成：

$$A_S' \longrightarrow F_P' + G_{共析}$$

上述成分的铁液若按 $Fe-Fe_3C$ 相图进行结晶，然后由渗碳体分解出石墨，则其石墨化过程同样可分为三个阶段：

（1）第一阶段　一次渗碳体和共晶渗碳体在高温下分解而析出石墨；

（2）第二阶段　二次渗碳体分解而析出石墨；

（3）第三阶段　共析渗碳体分解而析出石墨。

石墨化过程是原子扩散过程，所以石墨化的温度愈低，原子扩散愈难，因而愈不易石墨化。显然，由于石墨化程度的不同，将获得不同基体的铸铁。

3. 影响石墨化的因素

影响铸铁石墨化的主要因素是化学成分和结晶过程中的冷却速度。

1）化学成分的影响

（1）碳和硅　碳和硅是强烈促进石墨化的元素。在砂型铸造且铸件壁厚一定的条件下，碳、硅的质量分数高低对铸件组织的影响如图7-3所示。由图可见，铸铁中碳和硅的质量分数越高，石墨化越充分。这是因为随着含碳量的增加，液态铸铁中石墨晶核数目增多，所以促进了石墨化。

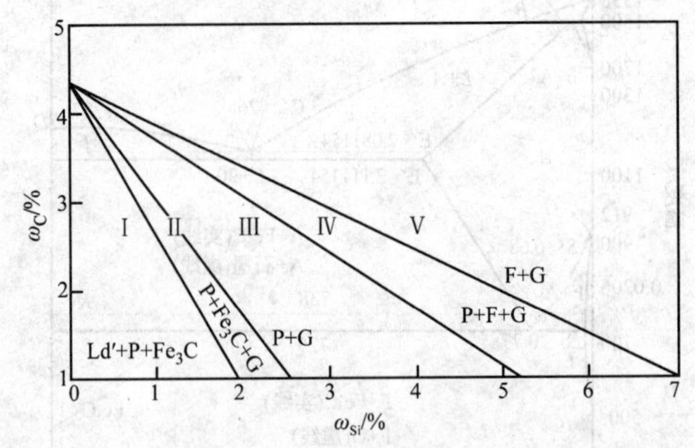

图 7-3 碳、硅含量对铸铁组织的影响（铸件壁厚 50mm）

（2）硫 硫是强烈阻碍石墨化的元素，硫不仅增强铁、碳原子的结合力，而且形成硫化物后，常以共晶体形式分布在晶界上，阻碍碳原子的扩散。

（3）锰 锰是阻碍石墨化的元素。但锰与硫能形成硫化锰，减弱了硫的有害作用，结果又间接地起着促进石墨化的作用，有利于形成珠光体，提高基体性能，因此，铸铁中含锰量要适当。

（4）磷 磷是微弱促进石墨化的元素，同时它能提高铁液的流动性，但形成的 Fe_3P 常以共晶体形式分布在晶界上，增加铸铁的脆性，使铸铁在冷却过程中易于开裂，所以一般铸铁中磷含量也应严格控制。

2）冷却速度的影响

生产实践证明，在同一成分的铸铁件中，可以具有不同的铸铁组织，比如铸铁件的表面和薄壁部分，常常容易出现白口组织，而内部和厚壁部分则容易得到灰口组织。冷却速度越慢，原子扩散时间越充分，也就越有利于石墨化的进行。冷却速度主要决定于浇注温度、铸件壁厚和铸型材料。浇注温度越高，铁水凝固前铸型吸收的热量越多，铸件冷却就越缓慢；铸件壁越厚，冷却速度也越缓慢；造型材料不同，其导热性是不同的，铸件在金属型中的冷却比在砂型中快，在湿砂型中的冷却比在干砂型中快。

根据上述分析可知，要得到所需的铸铁组织，必须根据铸件壁厚来选择适当的铸铁成分，即主要是选择适当的碳的质量分数和硅的质量分数。图 7-4 表示在一般砂型铸造条件下，铸铁成分、冷却速度对铸铁组织的影响。生产中就是利用这一关系，对于不同壁厚的铸铁件通过调整其碳和硅的质量分数以保证得到所需要的灰口铸铁组织。

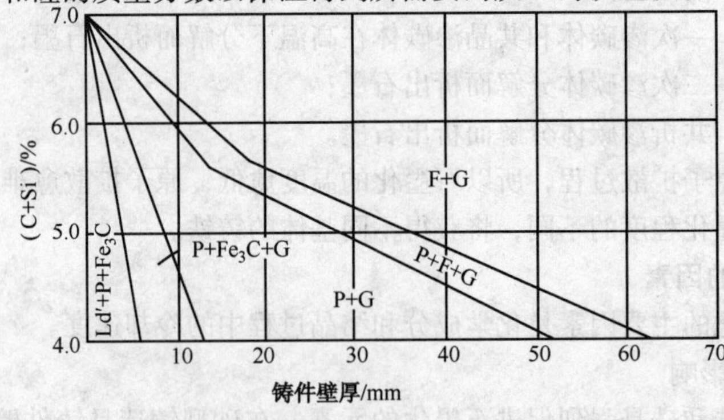

图 7-4 冷却速度和化学成分对铸铁组织影响

三、铸铁的组织与石墨化的关系

在实际生产中，由于化学成分、冷却速度以及孕育处理、铁水净化情况的不同，各阶段石墨化过程进行的程度也会不同，从而可获得各种不同金属基体的铸态组织。灰铸铁、球墨铸铁、蠕墨铸件、可锻铸铁的铸态组织与石墨化进行程度之间的关系如表 7－1 所示。

表 7－1　铸铁组织与石墨化进行程度之间的关系

铸铁名称	铸铁显微组织	石墨化进行的程度	
		第一阶段石墨化	第二阶段石墨化
灰铸铁	$F+G_{片}$ $F+P+G_{片}$ $P+G_{片}$	完全进行	完全进行 部分进行 未进行
球墨铸铁	$F+G_{球}$ $F+P+G_{球}$ $P+G_{球}$	完全进行	完全进行 部分进行 未进行
蠕墨铸铁	$F+G_{蠕虫}$ $F+P+G_{蠕虫}$	完全进行	完全进行 部分进行
可锻铸铁	$F+G_{团絮}$ $P+G_{团絮}$	完全进行	完全进行 未进行

第二节　灰铸铁及热处理

一、灰铸铁的成分、组织与性能

1. 灰铸铁的化学成分和组织

灰铸铁的化学成分是：$\omega_C=2.7\%\sim3.6\%$，$\omega_{Si}=1.0\%\sim2.5\%$，$\omega_{Mn}=0.5\%\sim1.3\%$，$\omega_P\leqslant0.3\%$，$\omega_S\leqslant0.15\%$。在灰铸铁中，碳、硅、锰是调节组织的元素，磷是控制使用的元素，硫是应限制的元素。灰铸铁是第一阶段和第二阶段石墨化过程都能充分进行时形成的铸铁，它的显微组织特征是片状石墨分布在各种基体组织上。

从灰铸铁中看到的片状石墨，实际上是一个立体的多枝石墨团。由于石墨各分枝都长成翘曲的薄片，在金相磨片上所看到的仅是这种多枝石墨团的某一截面，因此呈孤立的长短不等的片状(或细条状)石墨，其立体形态如图 7－5 所示。由于第三阶段石墨化程度的不同，可以获得三种不同基体组织的灰铸铁。

(1) 铁素体灰铸铁　其组织为铁素体＋片状石墨[见图 7－6(a)]。

(2) 珠光体灰铸铁　其组织为珠光体＋片状石墨[见图 7－6(b)]。

(3) 铁素体＋珠光体灰铸铁　其组织为铁素体＋珠光体＋片状石墨[见图 7－6(c)]。

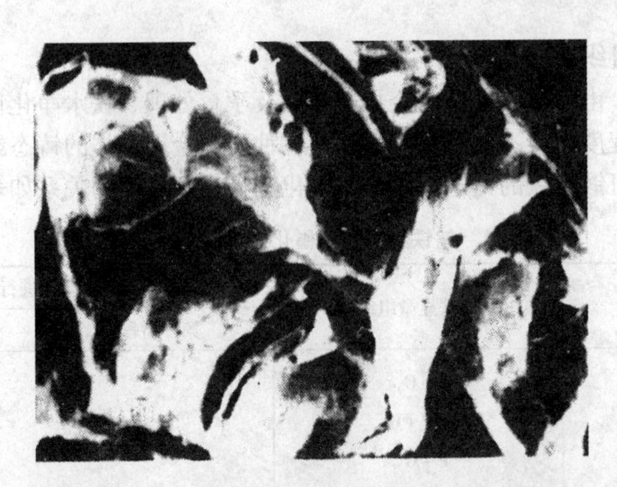

图 7－5　扫描电子显微镜下的片状石墨形态

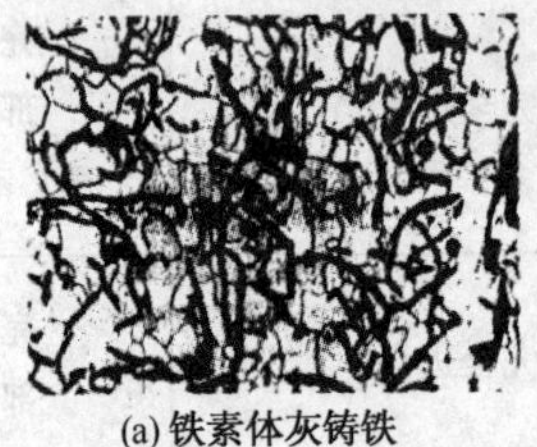

(a) 铁素体灰铸铁

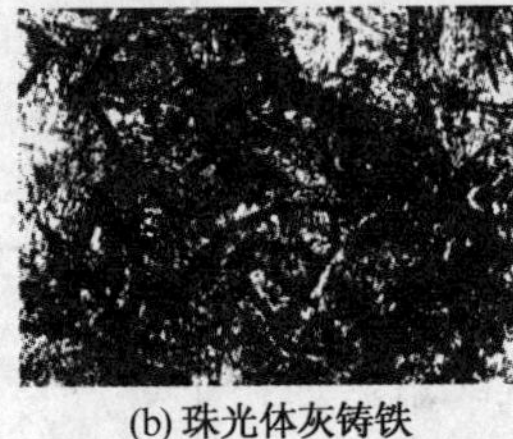

(b) 珠光体灰铸铁

(c) 铁素体+珠光体灰铸铁

图 7－6　灰铸铁的显微组织

2. 灰铸铁的性能特点

1）力学性能

灰铸铁的性能主要取决于基体组织的性能和石墨片的数量、尺寸和分布情况。灰铸铁组织相当于以钢为基体加片状石墨，而片状石墨的强度、塑性、韧性几乎为零，可近似地把它看成是一些孔洞和裂纹，它不仅割裂了基体的连续性，缩小了承受载荷的有效截面面积，而且在石墨片的尖角处易造成应力集中。故灰铸铁的抗拉强度、塑性、韧性远比同基体的碳钢低。石墨片的数量愈多、尺寸愈大、分布愈不均匀，对基体的割裂作用和应力集中现象愈严重，则铸铁的强度、塑性与韧性就愈低。

由于灰铸铁的抗压强度、硬度与耐磨性主要取决于基体，石墨的存在对其影响不大，故灰铸铁的抗压强度一般是其抗拉强度的 3～4 倍。同时，珠光体基体比其他两种基体的灰铸铁具有较高的强度、硬度与耐磨性。

2）其他性能

石墨虽然会降低铸铁的抗拉强度、塑性和韧性，但也正是由于石墨的存在，才使铸铁具有一系列其他优良性能。

（1）铸造性能良好　由于灰铸铁的碳当量接近共晶成分，故与钢相比，不仅熔点低，流动性好，而且铸铁在凝固过程中要析出比容较大的石墨，部分地补偿了液态收缩，从而降低了灰铸铁的收缩率，所以灰铸铁具有良好的铸造性能。

（2）减摩性好　灰铸铁中石墨本身具有润滑作用，而且当它从铸铁表面掉落后，所遗留下的孔隙具有吸附和储存润滑油的能力，使摩擦面上的油膜易于保持而具有良好的减摩性。

（3）减振性强　石墨比较松软，能阻止震动的传播，起缓冲作用，并把震动能量转变为热能。

（4）切削加工性良好　由于石墨割裂了基体的连续性，使铸铁切削时容易断屑和排屑，且石墨对刀具具有一定润滑作用，故可减少刀具磨损。

（5）缺口敏感性小　钢常因表面有缺口（如油孔、键槽、刀痕等）造成应力集中，使力学性能显著降低，故钢的缺口敏感性大。灰铸铁中石墨本身已使金属基体形成了大量缺口，致使外加缺口的作用相对减弱，所以灰铸铁具有较小的缺口敏感性。

由于灰铸铁具有上述一系列的优良性能，而且价廉，易于获得，故在目前工业生产中，它仍然是应用最广泛的金属材料之一。

二、灰铸铁的孕育处理

为了提高灰铸铁的力学性能，生产上常进行孕育处理。孕育处理就是在浇注前往铁水中加入少量孕育剂，改变铁液的结晶条件，从而细化石墨片和基体组织的工艺过程。经孕育处理后的铸铁称为孕育铸铁。常用的孕育剂为硅铁或锰铁。因孕育剂增加了石墨结晶的核心，经过孕育处理的铸铁石墨细小、均匀，强度、硬度较普通灰铸铁高。

三、灰铸铁的牌号和应用

灰铸铁的牌号用HT和三位数字来表示，其中HT表示灰铸铁汉语拼音字首，三位数字则表示最低抗拉强度值。例如，HT200，表示抗拉强度值大于200 MPa的灰铸铁。

常用灰铸铁的牌号、力学性能及用途如表7－2所示。由表可见，灰铸铁的强度与铸件壁厚大小有关，在同一牌号中，随着铸件壁厚的增加，其抗拉强度与硬度要降低。因此，根据零件的性能要求去选择铸铁牌号时，必须注意铸件壁厚的影响，若铸件的壁厚过大或过小，且超出表中所列的尺寸时，要根据具体情况，适当提高或降低灰铸铁强度级别。

表7－2　灰铸铁的牌号、力学性能及用途

牌　号	铸铁类别	铸件壁厚/mm	最小抗拉强度 σ_b/ MPa	适用范围及举例
HT100	铁素体灰铸铁	2.5～10	130	低载荷和不重要的零件，如盖、外罩、手轮、支架、锤等
		10～20	100	
		20～30	90	
		30～50	80	
HT150	珠光体＋铁素体灰铸铁	2.5～10	175	承受中等应力（抗弯应力小于100 MPa）的零件，如支柱、底座、齿轮箱、工作台、刀架、端盖、阀体、管路附件及一般无工作条件要求的零件
		10～20	145	
		20～30	130	
		30～50	120	
HT200	珠光体灰铸铁	2.5～10	220	承受较大应力（抗弯应力小于300 MPa）和较重要的零件，如气缸体、齿轮、机座、飞轮、床身、缸套、活塞、刹车轮、联轴器、齿轮箱、轴承座、液压缸等
		10～20	195	
		20～30	170	
		30～50	160	
HT250		4.0～10	270	
		10～20	240	
		20～30	220	
		30～50	200	

续表

牌　号	铸铁类别	铸件壁厚/mm	最小抗拉强度 σ_b/ MPa	适用范围及举例
HT300	孕育铸铁	10 ~ 20	290	承受高弯曲应力(小于 500 MPa)及抗拉应力的重要零件，如齿轮、凸轮、车床卡盘、剪床和压力机的机身、床身、高压液压缸、滑阀壳体等
		20 ~ 30	250	
		30 ~ 50	230	
HT350		10 ~ 20	340	
		20 ~ 30	290	
		30 ~ 50	260	

四、灰铸铁的热处理

由于热处理只能改变铸铁的基体组织，并不能改变石墨的数量、形状、大小和分布，因此，通过热处理来提高灰铸铁力学性能效果不大，生产中灰铸铁的热处理主要用于消除铸件的内应力和改善切削加工性等。

1. 消除内应力退火

铸件在铸造冷却过程中容易产生内应力，可能导致铸件变形和裂纹，为保证尺寸的稳定，防止变形开裂，对一些大型复杂的铸件，如机床床身、柴油机气缸体等，往往需要进行消除内应力的退火处理(又称人工时效)。工艺规范一般为：将铸铁加热到 500 ~ 550℃，其加热速度一般在 60 ~ 120℃/h，经一定时间保温后，炉冷到 150 ~ 220℃ 出炉空冷。

2. 改善切削加工性退火

灰口铸铁的表层及一些薄的截面处，由于冷速较快，可能产生白口，硬度增加，切削加工困难，故需要进行退火降低硬度，其工艺规程依铸件壁厚而定。厚壁铸件加热至 850 ~ 950℃，保温 2 ~ 3h；薄壁铸件加热至 800 ~ 850℃，保温 2 ~ 5h。冷却方法根据性能要求而定，如果主要是为了改善切削加工性，可采用炉冷或以 30 ~ 50℃/h 速度缓慢冷却。若需要提高铸件的耐磨性，采用空冷，可得到珠光体为主要基体的灰铸铁。

3. 表面淬火

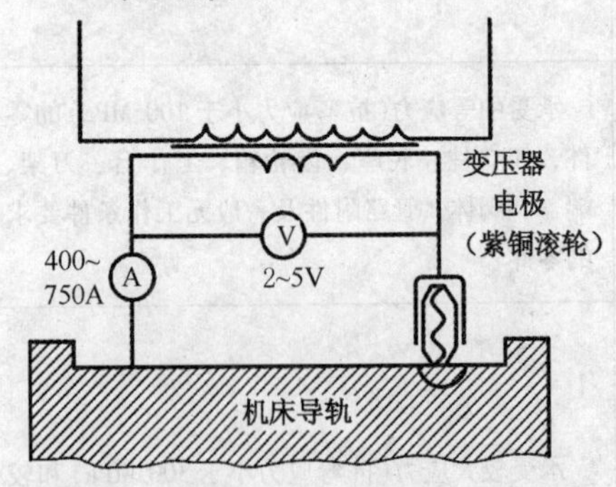

图 7 - 7　接触电阻加热表面淬火示意图

表面淬火的目的是提高灰铸铁件的表面硬度和耐磨性。其方法除感应加热表面淬火外，铸铁还可以采用接触电阻加热表面淬火。图 7 - 7 为机床导轨进行接触电阻加热表面淬火的示意图。其原理是用一个电极(紫铜滚轮)与欲淬硬的工作表面紧密接触，通以低压(2 ~ 5V)大电流(400 ~ 750A)的交流电，利用电极与工作接触处的电阻热将工件表面迅速加热到淬火温度，操作时将电极以一定的速度移动，于是被加热的表面依靠工件本身的导热而迅速冷却下来，从而达到表面淬火的目的。

接触电阻加热表面淬火层的深度可达 0. 20 ~ 0. 30mm，组织为极细的马氏体(或隐针马氏体) + 片状石墨。这种表面淬火方法设备简单，操作方便，且工件变形很小。为了保证工件淬火后获得高而均匀的表面硬度，铸铁原始组织应是珠光体基体上分布细小均匀的石墨。

第三节　球墨铸铁

球墨铸铁是20世纪40年代末发展起来的一种新型铸铁材料，它的石墨全部或大部分呈球状，对基体的割裂作用小，基体的应力集中倾向也很小，因此，球墨铸铁具有很高的强度，良好的塑性和韧性，而且铸造性能也很好，成本低廉，生产方便，在工业生产中被广泛应用。

一、球墨铸铁的生产方法

球墨铸铁一般生产过程如下：

（1）制取铁水　制造球墨铸铁所用的铁水碳含量要高（3.6%～4.0%），但硫、磷含量要低。为防止浇注温度过低，出炉的铁水温度必须高达1400℃以上。

（2）球化处理和孕育处理　浇注前，向铁液中加入球化剂和孕育剂进行球化处理和孕育处理。球化剂的作用是使石墨呈球状析出，国外使用的球化剂主要是金属镁，我国广泛采用的球化剂是稀土镁合金。稀土镁合金中的镁和稀土都是球化元素，其含量均小于10%，其余为硅和铁。以稀土镁合金作球化剂，结合了我国的资源特点，其作用平稳，减少了镁的用量，还能改善球墨铸铁的质量。球化剂的加入量一般为铁水质量的1.0%～1.6%（视铸铁的化学成分和铸件大小而定）。

孕育剂的主要作用是促进石墨化，防止球化元素所造成的白口倾向。常用的孕育剂为硅含量75%的硅铁，加入量为铁水质量的0.4%～1.0%。

二、球墨铸铁的成分、组织与性能特点

1. 球墨铸铁的成分

球墨铸铁的化学成分为：$\omega_C=3.6\%\sim4.0\%$，$\omega_{Si}=2.0\%\sim3.2\%$，$\omega_{Mn}=0.6\%\sim0.9\%$，$\omega_S<0.07\%$，$\omega_P<0.1\%$。与灰铸铁相比，其特点是含碳与含硅量高，含锰量较低，含硫与含磷量低，并含有一定量的稀土与镁；锰有去硫、脱氧的作用，并可稳定和细化珠光体，故要求珠光体基体时，$\omega_{Mn}=0.6\%\sim0.9\%$；要求铁素体基体时，$\omega_{Mn}<0.6\%$；硫、磷是有害元素，其含量愈低愈好。

2. 球墨铸铁的组织

根据基体组织的不同，球墨铸铁有三种：铁素体球墨铸铁、铁素体＋珠光体球墨铸铁、珠光体球墨铸铁。如图7－8所示。在光学显微镜下观察时，石墨的外观接近球形。

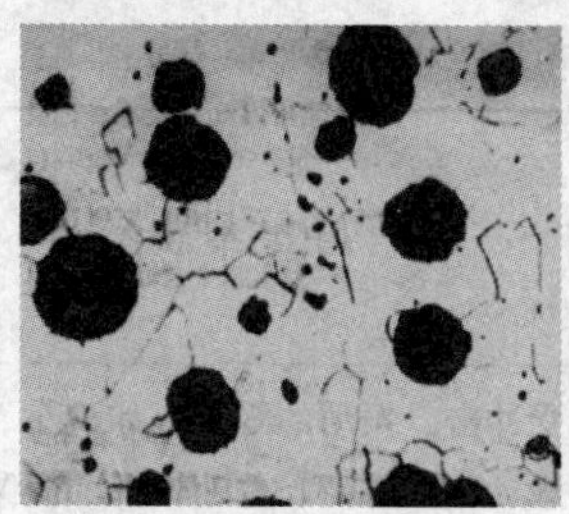
(a) 铁素体球墨铸铁

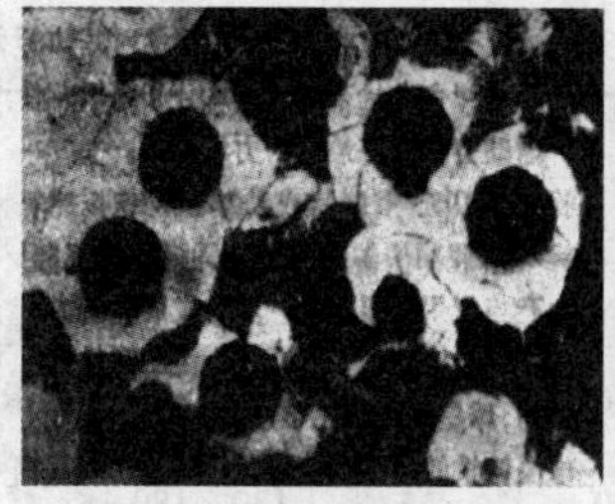
(b) 铁素体+珠光体球墨铸铁

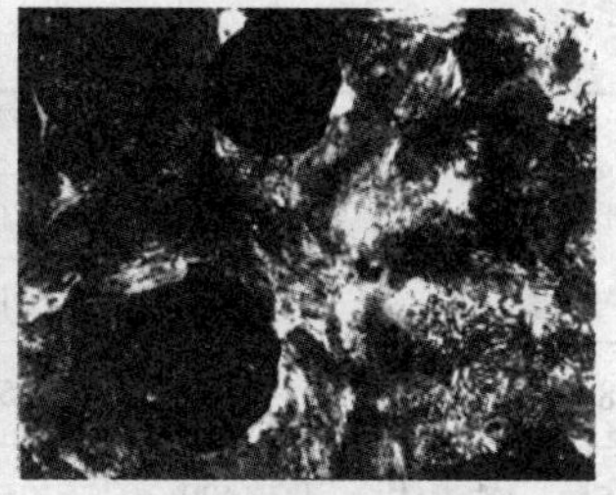
(c) 珠光体球墨铸铁

图7－8　球墨铸铁的显微组织

3. 球墨铸铁的性能特点

1）力学性能

由于球墨铸铁中的石墨呈球状，对基体的割裂作用和造成应力集中的倾向比片状石墨小，因此，球墨铸铁的基体强度利用率可高达70%～90%，而灰铸铁的基体强度利用率仅为30%～50%。所以球墨铸铁的抗拉强度、塑性、韧性不仅高于其他铸铁，而且可与相应组织的铸钢相媲美，如疲劳极限接近一般中碳钢，而冲击疲劳抗力则高于中碳钢，特别是球墨铸铁的屈强比几乎比钢提高一倍，一般钢的屈强比为0.35～0.50，而球墨铸铁的屈强比达0.7～0.8。对于承受静载荷的零件，用球墨铸铁代替铸钢，可以减轻机器重量。但球墨铸铁的塑性与韧性却低于钢。

球墨铸铁中的石墨球愈小、愈分散，球墨铸铁的强度、塑性与韧性愈好，反之则差。球墨铸铁的力学性能还与其基体组织有关。铁素体基体球墨铸铁具有高的塑性和韧性，但强度与硬度较低，耐磨性较差。珠光体基体球墨铸铁强度较高，耐磨性较好，但塑性、韧性较低。铁素体+珠光体基体球墨铸铁的性能介于前两种基体的球墨铸铁之间。经热处理后，具有回火马氏体基体的球墨铸铁硬度最高，但韧性很低；下贝氏体基体球墨铸铁则具有良好的综合力学性能。

2）其他性能

由于球墨铸铁中球状石墨的存在，使它具有近似于灰铸铁的某些优良性能，如良好的铸造性能、减摩性、切削加工性等。但球墨铸铁的过冷倾向大，易产生白口现象，而且铸件也容易产生缩松等缺陷，因而球墨铸铁的熔炼工艺和铸铁工艺都比灰铸铁要求高。

三、球墨铸铁的牌号与应用

我国球墨铸铁牌号的表示方法是用“QT”代号及其后面的两组数字组成。“QT”为球铁二字的汉语拼音首字母，第一组数字代表最低抗拉强度值，第二组数字代表最低伸长率值。

球墨铸铁的牌号、组织、性能和用途见表7－3。由表可见，球墨铸铁通过热处理可获得不同的基体组织，其性能可在较大范围内变化，加上球墨铸铁的生产周期短及成本低(接近于灰铸铁)，因此球墨铸铁在机械制造业中得到了广泛的应用。它成功地代替了不少碳钢、合金钢和可锻铸铁，用来制造一些受力复杂，强度、韧性和耐磨性要求较高的零件。如具有高强度与耐磨性的珠光体球墨铸铁，常用来制造拖拉机或柴油机中的曲轴、连杆、凸轮轴、各种齿轮、机床的主轴、蜗杆、蜗轮、轧钢机的轧辊、大齿轮及大型水压机的工作缸、缸套、活塞等。具有高的韧性和塑性的铁素体基体球墨铸铁，常用来制造受压阀门、机器底座、汽车的后桥壳等。

表7－3　球墨铸铁的牌号、组织、性能和用途

牌　号	基体组织	力学性能				用途举例
		σ_b/MPa	$\sigma_{0.2}$/MPa	δ/%	硬度/HBW	
		不小于				
QT400－18	铁素体	400	250	18	130－180	承受冲击、振动的零件，如汽车、拖拉机的轮毂、驱动桥壳、差速器壳、拨叉、农机具零件、中压阀门、上下水及气管道、压缩机高低压气缸、电动机机壳、齿轮箱等
QT400－15		400	250	15	130－180	
QT450－10		450	310	10	160－210	

续表

牌　号	基体组织	力学性能				用 途 举 例
		σ_b/MPa	$\sigma_{0.2}$/MPa	δ/%	硬度/HBW	
		不小于				
QT500－7	铁素体＋珠光体	500	320	7	170－230	机器座架、传动轴、飞轮，内燃机的机油泵齿轮、铁路机车车辆轴瓦等
QT600－3	铁素体＋珠光体	600	370	3	190－270	载荷大、受力复杂的零件，如汽车、拖拉机的曲轴、连杆、凸轮轴、气缸套，部分磨床、铣床、车床的主轴，机床蜗杆、涡轮，轧钢机轧辊、大齿轮，以及小型水轮机主轴、气缸体、桥式起重机大小滚轮等
QT700－2	珠光体	700	420	2	225－305	
QT800－2	珠光体或回火组织	800	480	2	245－335	
QT900－2	贝氏体或回火马氏体	900	600	2	280－360	高强度齿轮，如汽车后桥螺旋锥齿轮、大减速器齿轮及内燃机曲轴、凸轮轴等

四、球墨铸铁的热处理

球墨铸铁的热处理原理与钢大致相同，但由于球墨铸铁中含有较多的碳、硅等元素，而且组织中有石墨球存在，因此其热处理工艺与钢相比，具有以下特点：

(1) 共析转变温度高，因此奥氏体化的加热温度较碳钢高。

(2) 球墨铸铁的奥氏体等温转变图右移并形成两个鼻尖，淬透性比碳钢好，因而中小铸件可用油作淬火介质，并容易实现等温淬火工艺，获得下贝氏体基体。

(3) 可采用控制淬火加热温度和保温时间的方法来调整奥氏体中碳的质量分数。

球墨铸铁常用的热处理方法有退火、正火、等温淬火、调质处理等。

1. 退火

(1) 去应力退火　球墨铸铁的弹性模量以及凝固时收缩率比灰铸铁高，故铸造内应力比灰铸铁约大两倍。对于不再进行其他热处理的球墨铸铁铸件，都应进行去应力退火。去应力退火工艺是将铸件缓慢加热到500～620℃左右，保温2～8h，然后随炉缓冷。

(2) 石墨化退火　石墨化退火的目的是消除白口，降低硬度，改善切削加工性以及获得铁素体球墨铸铁。根据铸态基体组织不同，分为高温石墨化退火和低温石墨化退火两种。

① 高温石墨化退火　球墨铸铁白口倾向较大，因而铸态组织往往会出现自由渗碳体，为了获得铁素体球墨铸铁，需要进行高温石墨化退火。

高温石墨化退火工艺是将铸件加热到900～950℃，保温2～4h，使自由渗碳体石墨化，然后随炉缓冷至600℃，使铸件发生第二和第三阶段石墨化，再出炉空冷。其工艺曲线和组织变化如图7－9所示。

② 低温石墨化退火　铸态基体组织为珠光体＋铁素体，且无自由渗碳体存在时，为了获得塑性、韧性较高的铁素体球墨铸铁，可进行低温石墨化退火。

低温退火工艺是把铸件加热至共析温度范围附近，即720～760℃，保温2～8h，使铸件发生第二阶段石墨化，然后随炉缓冷至600℃，再出炉空冷。其退火工艺曲线和组织变化如图7－10所示。

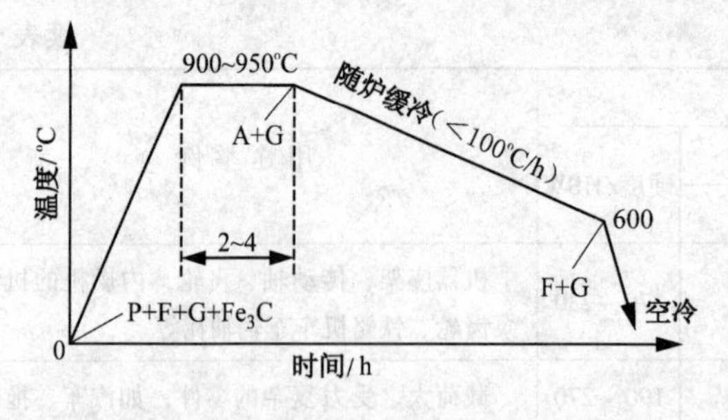

图 7-9　球墨铸铁高温石墨化退火工艺曲线

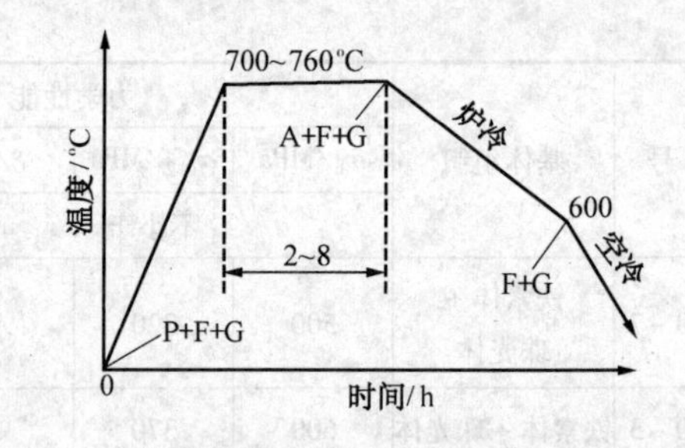

图 7-10　球墨铸铁低温石墨化退火工艺曲线

2. 正火

球墨铸铁正火的目的是为了获得珠光体组织，并使晶粒细化、组织均匀，从而提高零件的强度、硬度和耐磨性，并可作为表面淬火的预先热处理。正火可分为高温正火和低温正火两种。

(1) 高温正火　高温正火工艺是把铸件加热至共析温度范围以上，一般为 900 ~ 950℃，保温 1 ~ 3h，使基体组织全部奥氏体化，然后出炉空冷，使其在共析温度范围内，由于快冷而获得珠光体基体。对含硅量高的厚壁铸件，则应采用风冷，或者喷雾冷却，以保正火后能获得珠光体球墨铸铁。其工艺曲线如图 7 - 11 所示。

(2) 低温正火　低温正火工艺是把铸件加热至共析温度范围内，即 820 ~ 860℃，保温 1 ~ 4h，使基体组织部分奥氏体化，然后出炉空冷，其工艺曲线如图 7 - 12 所示。低温正火后获得珠光体 + 分散铁素体球墨铸铁，可以提高铸件的韧性与塑性。

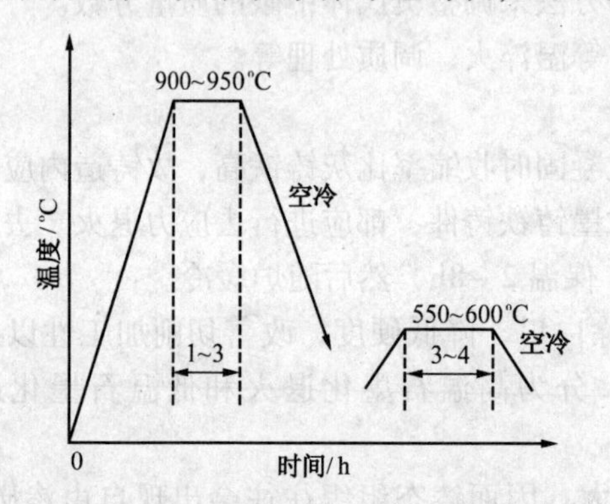

图 7 - 11　球墨铸铁高温正火工艺曲线

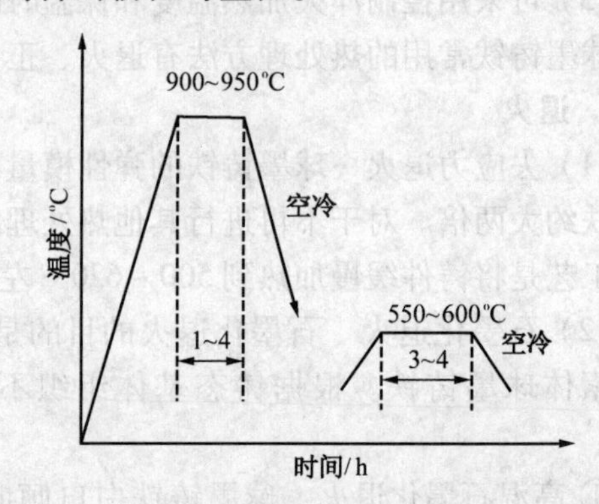

图 7 - 12　球墨铸铁低温正火工艺曲线

由于球墨铸铁导热性较差，弹性模量又较大，正火后铸件内有较大的内应力，因此多数工厂在正火后，还进行一次去应力退火(常称回火)，即加热到 550 ~ 600℃，保温 3 ~ 4h，然后出炉空冷。

3. 等温淬火

当铸件形状复杂且需要高的强度和较好的塑性与韧性时，正火已很难满足技术要求，而往往采用等温淬火。

球墨铸铁等温淬火工艺是把铸件加热至 860 ~ 920℃，保温一定时间(约是钢的一倍)，然后迅速放入温度为 250 ~ 350℃的等温盐浴中进行 0.5 ~ 1.5h 的等温处理，然后取出空冷。等温淬火后的组织为下贝氏体 + 少量残余奥氏体 + 少量马氏体 + 球状石墨。有时等温淬火后还进行一次低温回火，使淬火马氏体转变为回火马氏体，残余奥氏体转变为下贝氏体，这样可进一步提高强度、韧性与塑性。球墨铸铁经等温淬火后的抗拉强度 σ_b 可达 1100 ~ 1600MPa，硬度为 38 ~ 50HRC，冲击吸收功 A_K 为 24 ~ 64J。故等温淬火常用来处理一些要求有高的综合力学性能、良好的耐磨性且外形又较复杂、热处理易变形或开裂的零件，如齿轮、滚动轴承套圈、凸轮轴等。但由于等温盐浴的冷却能力有限，故一般仅适用于截面尺寸不大的零件。

4. 调质处理

调质处理的淬火加热温度和保温时间，基本上与等温淬火相同，即加热温度为 860 ~ 920℃。除形状简单的铸件采用水冷外，一般都采用油冷。淬火后组织为细片状马氏体和球状石墨。然后再加热到 550 ~ 600℃ 回火 2 ~ 6h。球墨铸铁调质处理工艺曲线如图 7 – 13 所示。

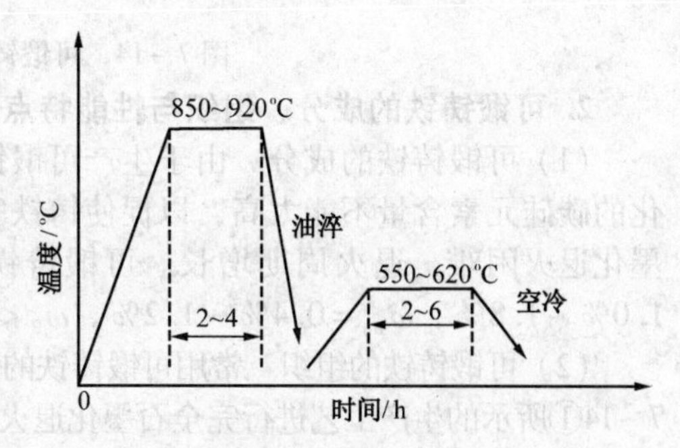

图 7 – 13　球墨铸铁调质处理工艺曲线

球墨铸铁经调质处理后，获得回火索氏体和球状石墨组织，硬度为 250 ~ 380HBS，具有良好的综合力学性能，故常用来调质处理柴油机曲轴、连杆等重要零件。

一般也可在球墨铸铁淬火后，采用中温或低温回火处理。中温回火后获得回火托氏体基体组织，具有高的强度与一定韧性，例如用球墨铸铁制作的铣床主轴就是采用这种工艺。低温回火后获得回火马氏体基体组织，具有高的硬度和耐磨性，例如用球墨铸铁制作的轴承内外套圈就是采用这种工艺。

球墨铸铁除能进行上述各种热处理外，为了提高球墨铸铁零件表面的硬度、耐磨性、耐蚀性及疲劳极限，还可以进行表面热处理，如表面淬火、渗氮等。

第四节　可锻铸铁与蠕墨铸铁

一、可锻铸铁

1. 可锻铸铁的生产方法

可锻铸铁的生产分为两个步骤：

第一步，浇注出白口铸件坯件。为了获得白口铸件，必须采用碳和硅含量均较低的铁水。为了后面缩短退火周期，也需要进行孕育处理。常用孕育剂为硼、铝和铋。

第二步，石墨化退火。其工艺是将白口铸件加热至 900 ~ 980℃ 保温约 15h 左右，使其组织中的渗碳体发生分解，得到奥氏体和团絮状的石墨组织。在随后缓冷过程中，从奥氏体中析出二次石墨，并沿着团絮状石墨的表面长大；当冷却至 750 ~ 720℃ 共析温度时，奥氏体发生转变生成铁素体和石墨。其退火工艺曲线如图 7 – 14 中的曲线①所示，如果在共析转变过程中冷却速度较快，如图 7 – 14 中的曲线②所示，最终将得到珠光体可锻铸铁。

由于球墨铸铁的迅速发展，加之可锻铸铁退火时间长、工艺复杂、成本高，不少可锻铸铁零件已被球墨铸铁所代替。

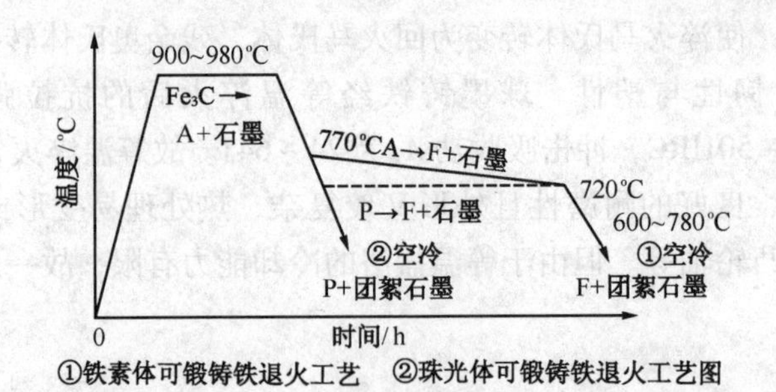

图7－14 可锻铸铁的可锻化退火工艺曲线

2. 可锻铸铁的成分、组织与性能特点

（1）可锻铸铁的成分 由于生产可锻铸铁的先决条件是先浇注出白口铸铁，故促进石墨化的碳硅元素含量不能太高，以促使铸铁完全白口化；但碳、硅含量也不能太低，否则使石墨化退火困难，退火周期增长。可锻铸铁的大致化学成分为：$\omega_C=2.2\%\sim2.8\%$，$\omega_{Si}=1.0\%\sim1.8\%$，$\omega_{Mn}=0.4\%\sim1.2\%$，$\omega_P<0.2\%$，$\omega_S<0.18\%$。

（2）可锻铸铁的组织 常用可锻铸铁的组织有两种，一种是铁素体基体＋团絮状石墨(按图7－14①所示的生产工艺进行完全石墨化退火后获得的铸铁)，其显微组织如图7－15(a)所示，称为铁素体基体可锻铸铁。其断口呈黑灰色，俗称黑心可锻铸铁。另一种为珠光体＋团絮状石墨(按图7－14中②所示的生产工艺只进行第一阶段石墨化退火)，其显微组织如图7－15(b)所示，称为珠光体基体可锻铸铁。

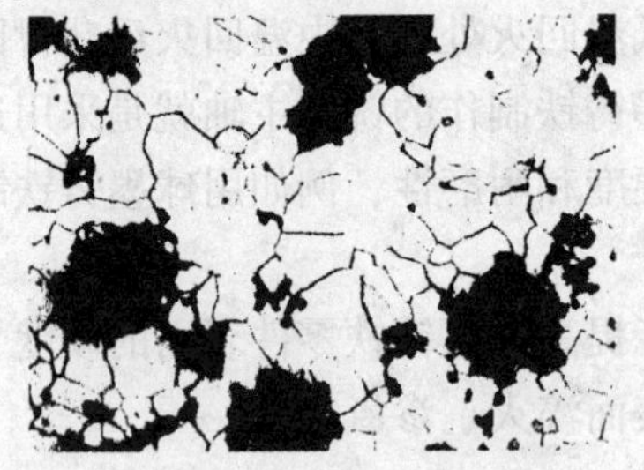

(a)铁素体基体可锻铸铁

(b)珠光体基体可锻铸铁

图7－15 可锻铸铁的显微组织

（3）可锻铸铁的性能特点 可锻铸铁的力学性能优于灰铸铁，并接近于同类基体的球墨铸铁，但与球墨铸铁相比，具有铁水处理简易、质量稳定、废品率低等优点。因此生产中，常用可锻铸铁制作一些截面较薄而形状较复杂、工作时受振动而强度、韧性要求较高的零件，因为这些零件如用灰铸铁制造，则不能满足力学性能要求，如用球墨铸铁铸造，易形成白口，如用铸钢制造，则因铸造性能较差，质量不易保证。

3. 可锻铸铁的牌号与应用

可锻铸铁的牌号和力学性能见表7－4。牌号中“KT”是“可铁”两字汉语拼音的首字母，“H”表示黑心可锻铸铁，“Z”表示珠光体可锻铸铁，符号后面的两组数字分别表示其最低抗拉强度值(MPa)和伸长率值(%)。

可锻铸铁常用来制造形状复杂、承受冲击和震动载荷并且壁厚＜25mm的铸件。拖拉机的后桥外壳、机床扳手、低压阀门、管接头、农具等承受冲击、震动和扭转载荷的零件，这些零件用铸钢生产时，因铸造性不好，工艺上困难较大；而用灰铸铁时，又存在性能不满足要求的问题。与球墨铸铁相比，可锻铸铁具有成本低、质量稳定、铁水处理简单、容易组织流水生产等优点。尤其对于薄壁件，若采用球墨铸铁易生成白口，需要进行高温退火，采用可锻铸铁更为实用。

表 7－4 可锻铸铁的牌号和力学性能

分类	牌号	试样直径/mm	σ_b/MPa	σ_S/MPa	δ/%	硬度/HBW	使用举例
			不小于				
铁素体可锻铸铁	KTH300－06	12 或 15	300	186	6	120～150	管道、弯头、接头、三通、中压阀门等
	KTH330－08	12 或 15	330	—	8	120～150	各种扳手、犁刀、犁柱，粗纺机和印花机盘头等
	KTH350－10	12 或 15	350	200	10	120～150	汽车、拖拉机中的前后轮壳、差速器壳、制动器支架；农机中的犁刀、犁柱；以及铁道扣板、船用电机壳等
	KTH370－12	12 或 15	370	226	12	120～150	
珠光体可锻铸铁	KTZ450－06	12 或 15	450	270	6	150～200	曲轴、凸轮轴、联杆、齿轮、摇臂、活塞环、轴套、犁刀、耙片、万向接头、棘轮、扳手、传动链条、矿车轮等
	KTZ550－04	12 或 15	550	340	4	180～250	
	KTZ650－02	12 或 15	650	430	2	210～260	
	KTZ700－02	12 或 15	700	530	2	240～290	

二、蠕墨铸铁

蠕墨铸铁是近年来发展起来的一种新型工程材料。它是在一定成分的铁水中加入适量的蠕化剂和孕育剂促使石墨呈蠕虫状析出，其方法和程序与球墨铸铁基本相同。蠕化剂目前主要采用镁钛合金、稀土镁钛合金或稀土镁钙合金等。

1. 蠕墨铸铁的化学成分和组织特征

蠕墨铸铁的化学成分一般为：$\omega_C = 3.5\% \sim 3.9\%$，$\omega_{Si} = 2.2\% \sim 2.8\%$，$\omega_{Mn} = 0.4\% \sim 0.8\%$，$\omega_P < 0.1\%$，$\omega_S < 0.1\%$。蠕墨铸铁中的石墨呈蠕虫状，其对机体的割裂作用和造成应力集中倾向介于片状和球状石墨之间的中间形态，在光学显微镜下为互不相连的短片，与灰铸铁的片状石墨类似，所不同的是，其石墨片的长厚比较小，端部较钝，如图 7－16 所示。

2. 蠕墨铸铁的牌号、性能特点及用途

蠕墨铸铁的牌号、力学性能及用途如表 7－5 所示。牌号中"RuT" 表示"蠕铁"二字汉语拼音的大写字头，在"RuT" 后面的数字表示最低抗拉强度。例如：RuT300 表示最低抗拉强度为 300 MPa 的蠕墨铸铁。

表 7－5 蠕墨铸铁的牌号、性能及用途

组织	牌号	力学性能			用途
		抗拉强度 σ_b/MPa	延伸率 δ/%	硬度/HBW	
珠光体＋石墨	RuT420	420	0.75	200～280	活塞环、制动盘、钢球研盘等
	RuT380	380	0.75	193～274	
铁素体＋珠光体＋石墨	RuT340	340	1.0	170～249	重型机床件，大型齿轮箱体、盖、座，飞轮起重机卷筒等
	RuT300	300	1.5	140～217	
铁素体＋石墨	RuT260	260	3.0	121～274	增压器废气缸体、汽车底盘零件等

由于蠕墨铸铁的组织是介于灰铸铁与球墨铸铁之间的中间状态，所以蠕墨铸铁的性能也介于两者之间，即强度和韧性高于灰铸铁，但不如球墨铸铁。蠕墨铸铁的耐磨性较好，它适用于制造重型机床床身、机座、活塞环、液压件等。蠕墨铸铁的导热性比球墨铸铁要高得多，几乎接近于灰铸铁，它的高温强度、热疲劳性能大大优于灰铸铁，适用于制造承受交变热负荷的零件，如钢锭模、结晶器、排气管和气缸盖等。蠕墨铸铁的减振能力优于球墨铸铁，铸造性能接近于灰铸铁，铸造工艺简便，成品率高。

第五节　合金铸铁

为改善铸铁的性能，在普通铸铁成分的基础上加入一部分合金元素的铸铁称为特殊性能铸铁或合金铸铁。根据其性能的不同，大致可分为耐磨铸铁、耐热铸铁及耐蚀铸铁等。

一、耐磨铸铁

耐磨铸铁根据组织可分为以下几类。

1. 耐磨灰铸铁

在灰铸铁中加入少量合金元素(如磷、钒、铝、锑、稀土元素等)，可以增加金属基体中珠光体数量，且使珠光体细化，同时也细化了石墨，使铸铁的强度和硬度升高，显微组织得到改善，这种灰铸铁具有良好的润滑性和抗咬合抗擦伤的能力(如磷铜钛铸铁、磷钒钛铸铁、铬钼铜铸铁。稀土磷铸铁、锑铸铁等)。耐磨灰铸铁广泛应用于制造机床导轨、气缸套、活塞环、凸轮轴等零件。

2. 抗磨铸铁

不易磨损的铸铁称为抗磨铸铁。通常通过急冷或向铸铁中加入铬、钨、钼、铜、锰、磷等元素，在铸铁中形成一定数量的硬化相来提高其耐磨性。抗磨铸铁按其工作条件大致可分为两类：减摩铸铁和抗磨白口铸铁。

减摩铸铁是在润滑条件下工作的，如机床导轨、气缸套、活塞环和轴承等。材料的组织特征应该是软基体上分布着硬的相。珠光体灰铸铁基本上符合要求，其珠光体基体中的铁素体为软基体，渗碳体为硬相组织，石墨本身是良好的润滑剂，并且由于石墨组织的“松散”特点，可储存润滑油，从而达到润滑摩擦表面的效果。

抗磨白口铸铁是在无润滑、干摩擦条件下工作的。白口组织具有高硬度和高耐磨性的特点。加入铬、钼、钒等合金元素，可以促使白口化。含铬大于12%的高铬白口铸铁，经热处理后，基体为高强度的马氏体，另外还有高硬度的碳化物，故具有很好的抗磨料磨损性能。抗磨白口铸铁牌号用汉语拼音字母“KmTB”表示，后面为合金元素及其含量。国家标准中规定了KmTBMn5W3、KmTBW5Cr4、KmTBCr9Ni5Si2、KmTBCr2Mo1Cu1、KmTBCr26等10个牌号。抗磨白口铸铁广泛应用于制造犁铧、泵体、各种磨煤机、矿石破碎机、水泥磨机、抛丸机的衬板等。

3. 中锰抗磨球墨铸铁

中锰抗磨球墨铸铁是一种含锰为4.5%~9.5%的抗磨合金铸铁。当含锰量在5%~7%时。基体部分主要为马氏体。当含锰量增加到7%~9%时，基体部分主要为奥氏体。另外，组织中还存在有复合型的碳化物，如$(Fe, Mn)_3C$。马氏体和碳化物具有高的硬度，是一种良好的抗磨组织。奥氏体具有加工硬化现象，使铸件表面硬度升高，提高耐磨性，而其心部仍具有一定韧性，所以中锰抗磨球铁具有较高的力学性能、良好的抗冲击性和抗磨性。中锰抗磨球墨铸铁可用于制造磨球、煤粉机锤头、耙片、机引犁铧、拖拉机履带板等。

二、耐热铸铁

能在高温下使用，其抗氧化或抗生长性能符合使用要求的铸铁称为耐热铸铁。铸铁在反复加热冷却时产生体积长大的现象称为铸铁的生长。在高温下铸铁产生的体积膨胀是不可逆的，这是由于铸铁内部发生氧化现象和石墨化现象引起的。因此，铸铁在高温下损坏的形式主要是在反复加热、冷却中发生相变和氧化，从而引起铸铁生长产生微裂纹。提高铸铁的耐热性可通过以下几方面的措施：

（1）合金化　在铸铁中加入硅、铝、铬等合金元素进行合金化，可使铸铁表面形成一层致密的、稳定性高的氧化膜，如 SiO_2、Al_2O_3、Cr_2O_3，阻止氧化气氛渗入铸铁内部产生内部氧化，从而抑制铸铁的生长。

（2）球化处理或变质处理　经过球化处理或变质处理，使石墨转变成球状和蠕虫状，提高铸铁金属基体的连续性，减少氧化气氛渗入铸铁内部的可能性，从而有利于防止铸铁内部氧化和生长。

（3）加入合金元素　使基体为单一的铁素体或奥氏体，这样使其在工作范围内不发生相变，从而减少因相变而引起的铸铁生长和微裂纹。

常用耐热铸铁有：中硅耐热铸铁（RTSi5.5）、中硅球墨铸铁（RQTSi5.5）、高铝耐热铸铁（RTAl22）、高铝球墨铸铁（RQTAl22）、低铬耐热铸铁（RTCr1.5）和高铬耐热铸铁（RTCr28）等。

常用耐热铸铁的化学成分、使用温度及用途见表 7－6。

表 7－6　几种耐热铸铁的化学成分、使用温度及用途

铸铁名称	化学成分/%						使用温度/℃	应用举例
	ω_C	w_{Si}	ω_{Mn}	ω_P	ω_S	其他		
中硅耐热铸铁	2.2～3.0	5.0～6.0	<1.0	<0.2	<0.12	ω_{Cr}：0.5～0.9	≤850	烟道挡板，换热器等
中硅球墨铸铁	2.4～3.0	5.0～6.0	<0.7	<0.1	<0.03	ω_{Mg}：0.4～0.07 ω_{RE}：0.015～0.035	900～950	加热炉底板、化铝电阻炉、坩埚等
高铝球墨铸铁	1.7～2.2	1.0～2.0	0.4～0.8	<0.2	<0.01	ω_{Al}：21～24	1000～1100	加热炉底板、渗碳罐、炉子传送链构件等
铝硅球墨铸铁	2.4～2.9	4.4～5.4	<0.5	<0.1	<0.02	ω_{Al}：4.0～5.0	950～1050	
高铬耐热铸铁	1.5～2.2	1.3～1.7	0.5～0.8	≤0.1	≤0.1	ω_{Cr}：32～36	110～1200	加热炉底板、炉子传送链构件等

三、耐蚀铸铁

能耐化学腐蚀、电化学腐蚀的铸铁称为耐蚀铸铁。耐蚀铸铁的化学和电化学腐蚀原理以及提高耐蚀性的途径基本上与不锈耐酸钢相同。即铸件表面形成牢固的、致密而又完整的保护膜，阻止腐蚀继续进行，提高铸铁基体的电极电位。铸铁组织最好在单相组织的基体上分布着彼此孤立的球状石墨，并控制石墨量。它广泛地应用于化工领域，用来制造管道、阀门、泵类、反应锅及盛储器等。

目前生产中，主要通过加入硅、铝、铬、镍、铜等合金元素，这些合金元素能使铸铁表面生成一层致密稳定的氧化物保护膜，从而提高耐蚀铸铁的耐腐蚀能力。耐蚀铸铁用“蚀铁”两字汉语拼音的第一个字母“ST”表示，后面为合金元素及其含量。耐蚀铸铁牌号较多，其中应用最广泛的是高硅耐蚀铸铁(STSi15)，它的含碳量 $\omega_C < 1.4\%$，含硅量 $\omega_{Si} = 10\% \sim 18\%$，组织为含硅合金铁素体 + 石墨 + Fe_3Si(或 FeSi)。这种铸铁在含氧酸(如硝酸、硫酸)中的耐蚀性不亚于1Cr18Ni9钢，而在碱性介质和盐酸、氢氟酸中，由于铸铁表面的 Fe_2SO_4 保护膜受到破坏，使耐蚀性下降。目前生产中使用的耐蚀铸铁还有高硅钼铸铁(STSi15Mo4)、铝铸铁(STA15)、铬铸铁(STCr28)、抗碱球铁(STQNiCrR)等。

思考与应用

一、判断题

1. 铸铁组织与力学性能一般是由含碳量的高低来决定的。(　　)

2. 从组织来看，可以把灰铸铁看成是以碳素钢为基体，增加了片状石墨 。(　　)

3. 灰铸铁的性能，主要取决于基体组织的性能和石墨的数量、形状、大小和分布情况。(　　)

4. 灰铸铁形成的基体组织类型和片状石墨的数量，主要取决于石墨化进行的程度。(　　)

5. 灰铸铁零件要求的组织与性能，一般都是通过控制其化学成分和浇注后的冷却速度来实现的。(　　)

6. 因灰铸铁具有与碳钢相同的基体组织，所以碳钢采用的热处理，一般都能适用于灰铸铁来改善和提高其机械性能。(　　)

7. 球墨铸铁的强度、塑性和韧性大大超过了同基体的灰铸铁，是由于球状石墨比片状石墨削弱基体和造成应力集中的作用小，使基体性能得到了充分发挥。(　　)

8. 可锻铸铁因具有良好的塑性和韧性，所以可锻铸铁零件可通过锻造成型来获得。(　　)

二、选择题

1. 同基体的球墨铸铁比灰铸铁的强度、塑性和韧性都高，是由于球状石墨较片状石墨(　　)。

A. 削弱基体作用小　　B. 造成应力集中的作用小

C. 自身机械性能小　　D. 能提高基体组织的机械性

2. 基体组织与碳素钢相同的球墨铸铁，其力学性能(　　)。

A. 强度与碳素钢相近　　B. 塑性、韧性低于碳素钢

C. 屈强比高于碳素钢　　D. 塑性、韧性与碳素钢相近

3. 普通车床床身一般采用(　　)作为毛坯件。

A. 锻件　　B. 铸件　　C. 焊接件　　D. 型材

4. 灰铸铁中，石墨的形态呈(　　)。

A. 片状　　B. 球状　　C. 团絮状　　D. 蠕虫状

5. 可锻铸铁中，石墨的形态呈(　　)。

A. 片状　　B. 球状　　C. 团絮状　　D. 蠕虫状

6. 为了提高灰铸铁的力学性能，生产上常采用(　　)处理。

A. 表面淬火　　B. 高温回火　　C. 孕育　　D. 固溶

三、填空题

1. 铸铁是含碳量________的铁碳合金。除铁和碳以外，还含有________等元素。有时为了得到某种特殊性能，还加入一些________，所得到的铸铁称为________铸铁。

2. 根据碳在铸铁中的存在形式，铸铁分为________、________、________。根据灰口铸铁中石墨存在的形态不同，灰口铸铁分为________、________、________、________等。

3. 灰铸铁中碳主要以________的形式存在；可锻铸铁中碳主要以________形式存在；蠕墨铸铁中碳主要以________形式存在。

4. 铸铁中碳以石墨形态析出的过程称为________。铸铁的石墨化方式：一种是石墨由渗碳体________而来；另一种是石墨直接从________析出。

5. 灰铸铁按基体组织的不同，分为三种类型：(1)________；(2)________；(3)________。

6. 由于石墨的抗拉强度、硬度和塑性________，它在灰铸铁中的存在如同在钢的基体上有了________和________一样，所以灰铸铁的抗拉强度和塑性比同样基体的钢________。

7. 灰铸铁的性能主要取决于基体组织的________和石墨的________情况。

8. HT250 是________。其中 HT 表示________；250 表示其________。

9. QT420 – 10 是________。QT 表示________，420 表示________，10 表示________。

10. 可锻铸铁的成分中碳和硅的含量________，可锻铸铁的生产步骤是________。

11. KTH350 – 10 是________，其中 350 表示________，10 表示________。

四、问答题

1. 为什么把石墨在铸铁中的存在可以看成基体组织上的孔洞和裂纹？并说明石墨的存在使铸铁具有哪些优良特性？

2. 为什么铸铁中含碳量含硅量越高，铸铁的抗拉性强度和硬度越低？

五、应用题

1. 铸铁零件生产中，具有三低(碳、硅、锰含量低)一高(硫含量高)成分的铁水易形成白口，同一铸件表层或薄壁处也易形成白口，为什么？

2. 有一孕育铸铁件，因抗拉强度不足在使用中提前发生破坏，经金相分析其显微组织为铁素体基体 + 细小片状石墨。试从组织和成分说明抗拉强度不足的原因。

第八章　非铁合金与粉末冶金材料

本章导读：通过本章学习，学生应重点掌握铝及铝合金、铜及铜合金、滑动轴承合金以及硬质合金材料的牌号、成分、性能和应用；熟悉铝合金的热处理、铝硅合金材料的变质处理；了解钛、镁、镍、铅及其合金的主要性能和应用。

金属材料通常可以分为铁基金属和非铁金属(俗称黑色金属和有色金属)两大类。铁基金属主要是指钢和铸铁(黑色金属)，除此以外的其他金属，如铝、铜、锌、镁、铅、钛、锡等及其合金统称为非铁金属(有色金属)。广义的有色金属还包括有色合金。有色合金是以一种有色金属为基体(通常大于50%)，加入一种或几种其他元素而构成的合金。

与黑色金属相比，有色金属及其合金具有许多特殊的力学、物理和化学性能，是现代工业中不可缺少的材料，在空间技术、原子能、计算机等新型工业领域中，有色金属材料应用很广泛。例如，铝、镁、钛等金属及其合金，具有比密度小、比强度高的特点，在航空航天工业、汽车制造、船舶制造等方面应用十分广泛；银、铜、铝等金属及其合金，导电性能和导热性能优良，是电器工业和仪表工业不可缺少的材料；钨、钼、铌是制造在1300℃以上使用的高温零件及电真空元件的理想材料。本章介绍工业中常用的铝、铜、镍、钛、锆等有色金属及其合金，以及轴承合金和粉末冶金材料。

第一节　铝及铝合金

铝及其合金是最重要的有色金属材料，世界上铝的年产量仅次于钢铁，而其在地壳中的蕴藏量则超过铁。铝具有低密度、高导热性、高导电性、良好的加工工艺性能等特点，在机械、化工、电子、电气、交通运输、民用建筑、食品轻工及日常生活中均有广泛应用。特别是近年来随着铝合金的比强度(强度与密度之比)、比刚度、耐热性等性能不断提高，在航空、航天、舰船、车辆建筑等领域的应用显著扩大，在许多场合已成为不可替代的重要材料。

一、工业纯铝

1. 工业纯铝性能

纯铝是一种银白色的轻金属，熔点为660℃，具有面心立方晶格，无同素异晶转变，密度为2.7g/cm^3(纯度为99.75%)，属轻金属。纯铝的导电性、导热性好，仅低于银和铜。室温下，纯铝的导电能力为铜的60%～64%。铝的纯度越高，导电能力就越好。铝的导热性好，在0～100℃，导热系数为2.26J/(cm·s·℃)，常用作换热器的部件。铝对电磁几乎没有影响，可用铝制作无磁性要求的各种电气装置。

铝在撞击时不会产生火花，可用铝制造储存易燃、易爆物料的容器。

纯铝和氧的亲和力很大，在空气中其表面能生成一层致密的氧化铝保护膜，所以在大气中具有良好的耐腐蚀性。

纯铝的强度、硬度较低（σ_b = 80 ~ 100 MPa、20HBS），但塑性很高（δ = 50%、ψ = 80%）。通过冷变形强化可提高纯铝的强度（σ_b = 150 ~ 250 MPa），也可以通过合金化来提高强度（σ_b = 500 ~ 600 MPa）。但通过冷变形来提高强度毕竟有限，而且还会降低塑性，所以很少采用，通常是通过合金化来提高强度。

工业中使用的纯铝一般指其纯度为99% ~99.99%，含有铁、硅等杂质，杂质含量越多，其导电、导热、耐腐蚀性及塑性越差。

2. 工业纯铝分类

工业纯铝分为纯铝（99% < ω_{Al} < 99.85%）和高纯铝（ω_{Al} >99.85%）两类。纯铝分未压力加工产品（铸造纯铝）及压力加工产品（变形铝）两种。按 GB/T 8063—1994 规定，铸造纯铝牌号由"Z"和铝的化学元素符号及表明铝含量的数字组成，例如 ZA199.5 表示 ω_{Al} = 99.5%的铸造纯铝；变形铝按 GB/T 16474—2011 规定，其牌号用四位字符体系的方法命名，即用1×××表示，牌号的最后两位数字表示最低铝百分含量中小数点后面两位数字，牌号第二位的字母表示原始纯铝的改型情况，如果字母为 A，则表示为原始纯铝。例如，牌号 1A30 的变形铝表示 ω_{Al} = 99.30%的原始纯铝，若为其他字母，则表示为原始纯铝的改型。按 GB/T 3190—2008 规定，我国变形铝的牌号有 1A50、1A30 等，高纯铝的牌号有 1A99、1A97、1A93、1A90、1A85 等。

二、铝合金

纯铝的强度低，不宜用来制造承受载荷的结构零件。在纯铝中加入适量的合金元素，如硅、铜、镁、锰等，可以制成具有较高强度的铝合金，若再经过冷变形强化或热处理，还可进一步提高其强度。铝合金的比强度高，具有良好的耐腐蚀性和切削加工性能，在国民经济特别是在航空航天领域得到十分广泛的应用。

1. 铝合金的分类

根据铝合金的成分、组织和工艺特点，可以将其分为形变铝合金和铸造铝合金两大类。形变铝合金是将合金熔融铸成锭子后，再通过压力加工（轧制、挤压、模锻等）制成半成品或模锻件，故要求合金应有良好的塑性变形能力。铸造铝合金则是将熔融的合金直接铸成复杂的甚至是薄壁的成型件，故要求合金应具有良好的铸造流动性。

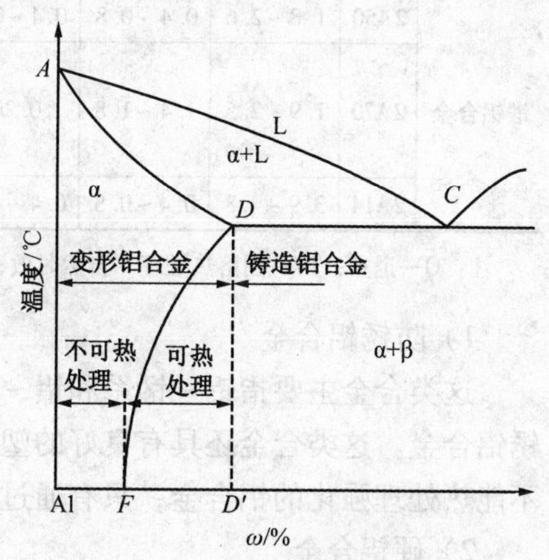

图 8-1　铝合金分类示意图

二元铝合金一般按共晶相图结晶，如图 8-1 所示。相图上最大饱和溶解度 D 是两种合金的理论分界线。合金成分大于 D 点的合金，由于有共晶组织存在，其流动性较好，且高温强度也比较高，可以防止热裂现象，故适于铸造。合金成分小于 D 点的合金，其平衡组织以固溶体为主，在加热至固溶线以上温度时，可得到均匀单相固溶体，其塑性变形能力很好，适于锻造、轧制和挤压。

2. 形变铝合金

形变铝合金按其性能特点可分为防锈铝合金、硬铝合金、超硬铝合金及锻铝合金等。经常是由冶金厂加工成各种规格的板、带、线、管等型材供应。

按 GB/T 3190—2008 规定，形变铝合金牌号采用四位字符体系表示。牌号的第一位数字表示铝及铝合金组别：用“1”表示纯铝；“2”表示主加元素为铜；“3”表示主加元素为锰、“4”表示主加元素为硅；“5”表示主加元素为镁；“6”表示主加元素为镁和硅；“7”表示主加元素为锌；“8”表示主加元素为其他元素铝合金等。第二位数字或字母表示纯铝或铝合金的改型情况：数字0或字母A表示原始纯铝和原始合金，1～9或B～Y表示改型情况。牌号的最后两位数字用来表示同一组中的不同的铝合金，纯铝则表示铝最低百分含量中小数点后面的两位。

常用形变铝合金的主要牌号、化学成分、力学性能及主要用途见表8－1。

表8－1　常用形变铝合金的主要牌号、化学成分、力学性能及主要用途

类别	牌号	化学成分(质量分数)/%					材料状态	力学性能			旧牌号
		Cu	Mg	Mn	Zn	其他		σ_b/MPa	δ/%	HBS	
防锈铝合金	5A05	0.10	4.8～5.5	0.3～0.6	0.20		O	280	20	70	LF5
	5A11	0.10	4.8～5.5	0.3～0.6	0.20	Ti或V：0.02～0.15	O	280	20	70	LF11
	3A21	0.20	0.05	1.0～1.6	0.10	Ti：0.15	O	130	20	30	LF21
硬铝合金	2A01	2.2～3.0	0.2～0.5	0.20	0.10	Ti：0.15	T4	300	24	70	LY1
	2A11	3.8～4.8	0.4～0.8	0.4～0.8	0.30	Ni：0.10 Ti：0.15	T4	420	15	100	LY11
	2A12	3.8～4.9	1.2～1.8	0.3～0.9	0.30	Ti：0.15	T4	480	11	131	LY12
超硬铝合金	7A04	1.4～2.0	1.8～2.8	0.2～0.6	5.0～7.0	Cr：0.1～0.25	T6	600	12	150	LC4
锻铝合金	2A50	1.8～2.6	0.4～0.8	0.4～0.8	0.30	Si：0.70～1.2	T6	420	13	105	LD5
	2A70	1.9～2.5	1.4～1.8	0.20	0.30	Ni：1.0～1.5 Ti：0.02～0.1 Fe：1.0～1.5	T6	440	12	120	LD7
	2A14	3.9～4.8	0.4～0.8	0.4～1.0		Si：0.5～1.2	T6	480	10	135	LD10

注：O—退火；T4—固溶热处理＋自然时效；T6—固溶热处理＋人工时效。

1）防锈铝合金

这类合金主要指铝－锰系和铝－镁系合金。其特点是具有很好的耐腐蚀性，故常称为防锈铝合金。这类合金还具有良好的塑性和焊接性能，但强度较低，不能进行时效硬化，属于不能热处理强化的铝合金，只有通过冷加工变形才能使其强化。

2）硬铝合金

硬铝合金为铝－铜－镁系合金，是一种应用较广的可热处理强化的铝合金。加入铜和镁的目的是使其形成强化相。硬铝中如含铜、镁量多，则强度、硬度高，耐热性好(可在200℃以下工作)，但塑性、韧性低。

这类合金通过淬火时效可显著提高强度，σ_b可达420MPa，其比强度与高强度钢(一般指σ_b为1000～1200MPa的钢)相近，故名硬铝。

硬铝的耐蚀性远比纯铝差，更不耐海水腐蚀，尤其是硬铝中的铜会导致其抗蚀性剧烈下降。为此，须加入适量的锰，对硬铝板材还可采用表面包一层纯铝或包覆铝，以增加其耐蚀性，但在热处理后强度稍低。

2A01(铆钉硬铝)有很好的塑性，大量用来制造铆钉。飞机上常用的铆钉材料为2A10，它比2A01含铜量稍高，含镁量低，塑性好，且孕育期长，还有较高的剪切强度。

2A11(标准硬铝)既有相当高的硬度，又有足够的塑性，退火状态可进行冷弯、卷边、冲压。时效处理后又可大大提高其强度，常用来制形状较复杂、载荷较低的结构零件，在仪器制造中也有广泛应用。

2A12(高强度硬铝)经淬火后，具有中等塑性，成形时变形量不宜过大。由于孕育期较短，一般均采用自然时效。在时效和加工硬化状态下切削加工性能较好。可焊性差，一般只适于点焊。2A12合金经淬火自然时效后可获得高强度，因而是目前最重要的飞机结构材料，广泛用于制造飞机翼肋、翼架等受力构件。2A12硬铝还可用来制造200℃以下工作的机械零件。

3）超硬铝合金

超硬铝合金是铝－铜－镁－锌系合金。在铝合金中，超硬铝时效强化效果最好，强度最高，σ_b可达600MPa，其比强度已相当于超高强度钢(一般指$\sigma_b>1400$MPa的钢)，故名超硬铝。

但超硬铝的耐蚀性、耐热性都较差，工作温度超过120℃就会软化。

目前应用最广的超硬铝合金是7A04。常用于飞机上受力大的结构零件，如起落架、大梁等。在光学仪器中，用于要求重量轻而受力较大的结构零件。

4）锻铝合金

这类铝合金大多是铝－铜－镁－硅系合金。其力学性能与硬铝相近，但热塑性及耐蚀性较高，更适于锻造，故名锻铝。

由于其热塑性好，所以锻铝主要用作航空及仪表工业中各种形状复杂、要求比强度较高的自由锻件或模锻件，如各种叶轮、框架、支杆等。

因锻铝的自然时效速率较慢，强化效果较低，故一般均采用淬火和人工时效。

3. 铸造铝合金

铸造铝合金具有良好的铸造性能，可浇注成各种形状复杂的铸件。按主要合金元素的不同，可分为四类：铝－硅系、铝－铜系、铝－镁系、铝－锌系等。

铸造铝合金的代号按GB/T 1173—1995规定，用“铸铝”两字的拼音首字母“ZL”加上三位数字表示。第一位数字表示合金系别：1表示铝－硅系合金；2表示铝－铜系合金；3表示铝－镁系；4表示铝－锌系。第二、三位数字表示合金的顺序号。例如：ZL104表示4号铝－硅系合金。

铸造铝合金的牌号由“ZAL”＋合金元素以及表示合金元素平均含量的百分数组成。

常用铸造铝合金的牌号、代号、成分、热处理、力学性能及用途见表8－2。

1）铸造铝－硅系铝合金

铸造铝－硅系铝合金又称为硅铝明，其特点是铸造性能好、线收缩小、流动性好、热裂倾向小，具有较高的耐蚀性和足够的强度，在工业上应用十分广泛。

这类合金最常见的是ZL102，硅含量$\omega_{Si}=10\%\sim13\%$，相当于共晶成分，铸造后几乎全部为$(\alpha+Si)$共晶体组织。它的最大优点是铸造性能好，由于硅本身脆性大，且呈粗大针状分布于组织中，故使合金力学性能大为降低。为了提高其力学性能，常采用变质处理，即

表 8-2　部分铸造铝合金的牌号、代号、成分、热处理、力学性能及用途

类别	牌　号	代号	化学成分(质量分数)/%						铸造方法	热处理方法	力学性能			用途举例
			Si	Cu	Mg	Mn	其他	Ai			σ_b/MPa	δ_5/%	HBS	
铝硅合金	ZAlSi7Mg	ZL101	6.5～7.5		0.25～0.45			余量	金属型	固溶热处理+不完全时效	205	2	60	形状复杂的砂型、金属型和压力铸造零件，如飞机仪器零件、抽水机壳体、工作温度不超过185℃的化油器等
									砂型		195	2	60	
									砂型变质处理	固溶热处理+完全时效	225	1	70	
	ZAlSi12	ZL102	10.0～13.0					余量	金属型	退火	145	3	50	形状复杂的砂型、金属型和压力铸造零件，如仪表、水泵壳体及工作温度在200℃以下的高气密性和低载零件
									砂型、金属型变质处理		135	4	50	
	ZAlSi9Mg	ZL104	8.0～10.5		0.17～0.30	0.2～0.5		余量	金属型	固溶热处理+完全时效	235	2	70	在200℃以下工作的零件，如气缸体、机体等
									砂型变质处理		225	2	70	
	ZAlSi5Cu1Mg	ZL105	4.5～5.5	1.0～1.5	0.4～0.6			余量	砂型	固溶热处理+不完全时效	225	0.5	70	形状复杂、工作温度为250℃以下的零件，如风冷发动机的气缸头、机匣、油泵壳体等
									金属型		235	0.5	70	
铝铜合金	ZAlCu5Mn	ZL201		4.5～5.3		0.6～1.0	Ti:0.15～0.35	余量	砂型	固溶热处理+自然时效	295	8	70	内燃机气缸头、活塞等零件
									砂型	固溶热处理+不完全时效	335	4	90	
	ZAlCu10	ZL202		9.0～11.0				余量	砂型	固溶热处理+完全时效	215		100	高温下工作不受冲击的零件以及要求硬度较高的零件
									金属型				100	
	ZAlCu4	ZL203		4.0～5.0				余量	砂型	固溶热处理+不完全时效	215	3	70	中等载荷、形状较简单的零件，如托架和工作温度不超过200℃并要求切削加工性能好的零件

续表

类别	牌号	代号	化学成分(质量分数)/%						铸造方法	热处理方法	力学性能			用途举例
			Si	Cu	Mg	Mn	其他	Ai			σ_b/MPa	δ_5/%	HBS	
铝镁合金	ZAlMg10	ZL301			9.5～11.0			余量	砂型	固溶热处理+自然时效	280	10	60	在大气或海水中工作的零件,承受大振动载荷,工作温度不超过150℃的零件。如氨用泵体、船舰配件等
	ZAlMg5Si1	ZL303	0.8～1.3		4.5～5.5	0.1～0.4		余量	砂型 金属型		145	1	55	腐蚀介质作用下的中等载荷零件,在严寒大气中以及工作温度不超过200℃的零件、如海轮配件的各种壳体
铝锌合金	ZAlZn11Si7	ZL401	6.0～8.0		0.1～0.3		Zn:9.0～13.0	余量	金属型	人工时效	245	1.5	90	压力加工铸造零件,工作温度不超过200℃、结构形状复杂的汽车、飞机、仪器零件,也可制作日用品

注:不完全时效是指时效温度低或时间短;完全时效是指温度180℃,时间较长。

在浇注前往合金液中加入2% ~3% 的2/3NaF +1/3NaCl的混合盐组成的变质剂，进行变质处理。钠能够促进硅晶核的形成，并阻碍其晶核长大，使硅晶体形成细小粒状。变质后，铝合金的力学性能可以得到显著提高(σ_b = 180 MPa, δ = 6%)，如图8-2所示。

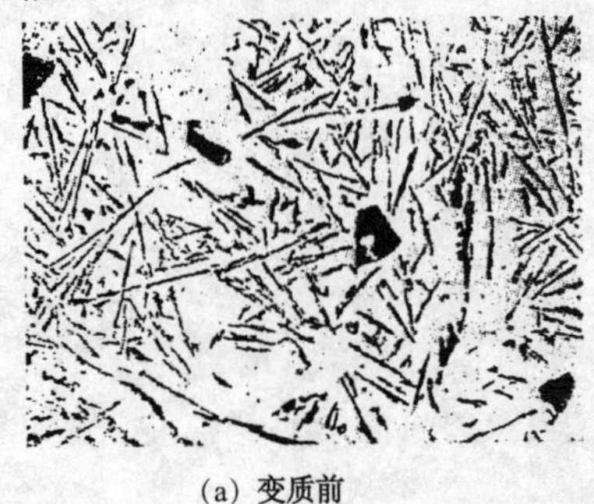

(a) 变质前

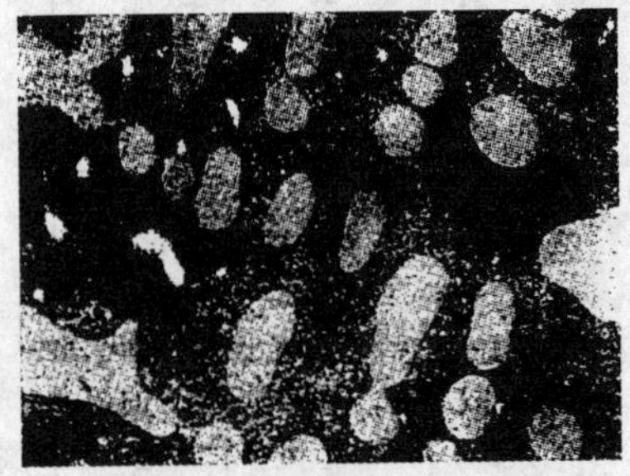

(b) 变质后

图8-2 ZL102的铸态组织(200×)

该合金不能进行热处理强化，主要在退火状态下使用。为了提高铝硅系合金的强度，满足较大负荷零件的要求，可在该合金成分基础上加入铜、锰、镁、镍等元素，组成复杂硅铝明，这些元素通过固溶实现合金强化，并能使合金通过时效处理进行强化。例如，ZL108经过淬火和自然时效后，强度极限可提高到200~260MPa，适用于强度和硬度要求较高的零件，如铸造内燃机活塞，因此也叫活塞材料。

2）铸造铝-铜系铝合金

这类合金的铜含量不低于ω_{Cu}=4%。由于铜在铝中有较大的溶解度，且随温度的改变而改变，因此这类合金可以通过时效强化提高强度，并且时效强化的效果能够保持到较高温度，使合金具有较高的热强性。由于合金中只含少量共晶体，故铸造性能不好，抗蚀性和比强度也较优质硅铝明低，此类合金主要用于制造在200~300℃条件下工作、要求较高强度的零件，如增压器的导风叶轮等。

3）铸造铝-镁系铝合金

这类合金有ZL301、ZL303两种，其中应用最广的是ZL301。该类合金的特点是密度小，强度高，比其他铸造铝合金耐蚀性好。但铸造性能不如铝硅合金好，流动性差，线收缩率大，铸造工艺复杂。它一般多用于制造承受冲击载荷、耐海水腐蚀、外型不太复杂便于铸造的零件，如舰船零件。

4）铸造铝-锌系铝合金

与ZL102相类似，这类合金铸造性能很好，流动性好，易充满铸型，但密度较大，耐蚀性差。由于在铸造条件下锌原子很难从过饱和固溶体中析出，因而合金铸造冷却时能够自行淬火，经自然时效后就有较高的强度。该合金可以在不经热处理的铸态下直接使用，常用于汽车、拖拉机发动机的零件。

第二节 铜及铜合金

铜在地壳中的储量较小，但铜及铜合金却是人类历史上应用最早的金属。铜有优异的导电、导热性能(仅次于银)，有足够的强度、弹性和耐磨性，有良好的塑性，易于加工成型。现代工业使用的铜及铜合金主要有工业纯铜、黄铜和青铜，白铜应用较少。

一、工业纯铜

1. 工业纯铜的性质

工业纯铜密度为8.96g/cm^3，熔点为1083.4℃，在新鲜状态时为桃红色，室温轻微氧化后呈紫红色，因此也称为紫铜(紫铜为各种纯铜的统称)。纯铜具有面心立方晶格，无同素异构转变，强度不高，硬度很低，塑性极好，并有良好的低温韧性，可以进行冷、热压力加工。

纯铜具有很好的化学稳定性，在大气、淡水及冷凝水中均有优良的抗蚀性。但在海水中的抗蚀性较差，易被腐蚀。纯铜在含有CO_2的湿空气中，表面将产生碱性碳酸盐的绿色薄膜，又称铜绿。

工业纯铜中常有0.1%～0.5%的杂质(铅、铋、氧、硫、磷等)，它们使铜的导电能力降低。另外，铅、铋杂质能与铜形成熔点很低的共晶体(Cu+Pb)和(Cu+Bi)，共晶温度分别为326℃和270℃。当铜进行热加工时，这些共晶体发生熔化，破坏了晶界的结合，而造成脆性破裂，这种现象叫热脆。相反，硫、氧也能与铜形成($Cu+Cu_2S$)和($Cu+Cu_2O$)共晶体，它们的共晶温度分别为1067℃和1065℃，虽不会引起热脆性，但由于Cu_2S和Cu_2O均为脆性化合物，冷加工时易产生破裂，这种现象称为冷脆。

铜的杂质是有规定的，我国工业纯铜有四个牌号，它们是T1($\omega_{Cu}=99.95\%$)、T2($\omega_{Cu}=99.90\%$)、T3($\omega_{Cu}=99.70\%$)和T4($\omega_{Cu}=99.50\%$)，如表8-3所示。

表8-3 纯铜的牌号、化学成分与用途

牌 号	铜的质量分数/%	杂质的质量分数/%		杂质总量/%	主要用途
		Bi	Pb		
T1	99.95	0.001	0.003	0.05	电线、电缆、雷管、储藏器等
T2	99.90	0.001	0.005	0.1	
T3	99.70	0.002	0.01	0.3	电器开关、垫片、铆钉、油管等

纯铜只能通过冷变形进行强化，因此纯铜的热处理只限于再结晶软化退火。实际退火温度一般选在500～700℃，温度过高会使铜发生强烈氧化。退火铜应在水中快速冷却，目的是为了爆脱在退火加热时形成的氧化皮，以得到纯洁的表面。

2. 工业纯铜的用途

纯铜主要用于导电、导热及兼有耐蚀性的器材，如电线、电缆、电刷、防磁器械、化工用传热或深冷设备等，在有机化工合成工业中广泛用于冷冻及空分设备中，可以制作蒸发器、蒸馏釜、蒸馏塔、管道以及热交换设备等。

二、铜合金

纯铜强度低，虽然冷变形加工可以提高其强度，但塑性显著降低，不能制作受力的结构件。铜合金是以铜为主要元素，加入少量其他元素形成的合金。铜合金比工业纯铜的强度高，且具有许多优良的物理化学性能，常用作工程结构材料。

铜合金按化学成分的不同，可以分为黄铜、青铜和白铜三大类。机械制造中，应用较广泛的是黄铜和青铜。

1. 黄铜

黄铜是以锌为主要添加元素的二元和多元合金。黄铜按化学成分不同分为普通黄铜(或简单黄铜）和特殊黄铜；按生产方法不同分为压力加工黄铜和铸造黄铜。黄铜有优良的力学性能和工艺性能，色泽美丽，价格也比纯铜便宜，在各类工业中应用广泛。

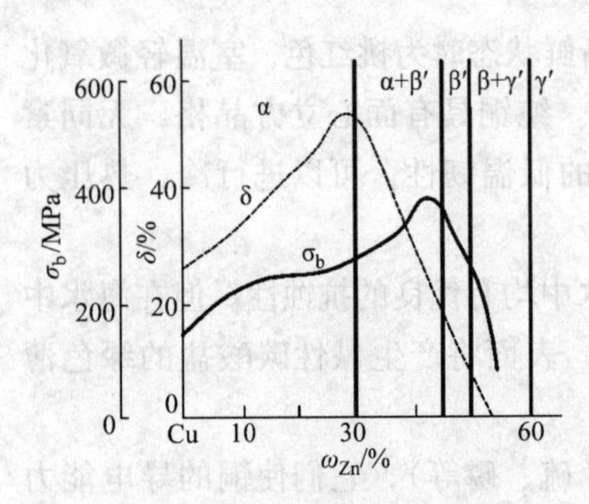

图 8－3　黄铜的组织和力学性能与含锌量的关系

1）普通黄铜

普通黄铜是铜和锌组成的二元合金。加入锌可以提高合金的强度、硬度和塑性，还可以改善其铸造性能。黄铜的组织和力学性能与含锌量的关系如图 8－3 所示。当锌含量小于 32% 时，合金的组织由单相面心立方晶格的 α 固溶体构成，塑性好。而且随 Zn 量的增加，强度和塑性均增加，适于冷变形加工。

当锌含量大于 32% 后，合金组织中开始出现 β 相。β 相是以电子化合物 CuZn 为基体的固溶体，呈体心立方结构，塑性好，但在 456～468℃时发生有序化，转变为很脆的 β′相，如图 8－3 所示。此时，合金的塑性随 Zn 的增加开始下降，而强度仍然在上升，因为少量 β′相存在对强度并无不利的影响。当 Zn 含量超过 45% 之后，β′相已占合金组织的大部分直至全部，其强度和塑性急剧下降。所以，工业黄铜中锌含量一般不超过 47%。

普通黄铜的耐腐蚀性良好，超过铁、碳钢和许多合金钢，并与纯铜相近。当 $\omega_{Zn}<7\%$ 时，耐海水和大气腐蚀性好；但当 $\omega_{Zn}>7\%$ 时，经冷变形加工后有残留应力存在，如果处在潮湿大气和海水中，特别是在含氨的介质中，易发生应力腐蚀开裂，或称“季裂”。防止应力开裂的方法是在 250～300℃进行去应力退火。

压力加工普通黄铜的牌号用 H（“黄”的汉语拼音首字母）及数字表示，其数字表示平均含铜量的百分数。例如 H68 表示平均 $\omega_{Cu}=68\%$，其余为锌含量的普通黄铜。

（1）H90（及 H80 等）　α 单相黄铜，有优良的耐蚀性、导热性和冷变形能力，并呈金黄色，故有金色黄铜之称。常用于镀层、及制作艺术装饰品、奖章、散热器等。

（2）H68（及 H70）　α 单相黄铜，按成分称为七三黄铜。它具有优良的冷、热塑性变形能力，适宜用冷冲压（深拉延、弯曲等）制造形状复杂而要求耐蚀的管、套类零件，如弹壳、波纹管等，故又有弹壳黄铜之称。

（3）H62（及 H59）　α＋双相黄铜，按成分称为六四黄铜。它的强度较高，并有一定的耐蚀性，广泛用来制作电器上要求导电、耐蚀及适当强度的结构件，如螺栓、螺母、垫圈、弹簧及机器中的轴套等，是应用广泛的合金，有商业黄铜之称。

普通黄铜的牌号、成分、力学性能及用途见表 8－4。

2）特殊黄铜

在普通黄铜基础上，加入其他合金元素所组成的多元合金称为特殊黄铜。常加入的元素有锡、铅、铝、硅、锰、铁等。特殊黄铜也可依据加入的第二合金元素命名，如锡黄铜、铅黄铜、铝黄铜等。

合金元素加入黄铜后，一般或多或少地能提高其强度。加入锡、铝、锰、硅后还可提高耐蚀性与减少黄铜应力腐蚀破裂的倾向。某些元素的加入还可改善黄铜的工艺性能，如加硅能改善铸造性能、加铅能改善切削加工性能等。

表 8-4　普通黄铜的牌号、成分、力学性能及用途

类别	牌号	主要成分(质量分数)/%			加工状态或铸造方法	力学性能			用　途
		Cu	其他	Zn		σ_b/MPa	δ/%	HBS	
						不小于			
压力加工普通黄铜	H70	68.5～71.5		余量	软	320	53		弹壳、冷凝管、散热器、导电零件等
					硬	660	3	150	
	H68	67.0～70.0		余量	软	320	55		复杂冷冲件、导管、波纹管等
					硬	660	3	150	
	H62	60.5～63.5		余量	软	330	49	56	铆钉、螺帽、垫圈、散热器零件等
					硬	600	3	164	
	H59	57.0～60.0		余量	软	390	44		机械零件、焊接件及热冲压件等
					硬	500	10	163	
铸造黄铜	ZCuZn38	60～63		余量	S	295	30	590	法兰、支架、手柄等一般结构件及耐腐蚀零件
					J	295	30	685	

常用特殊黄铜的牌号、代号、成分、力学性能及用途见表 8-5。

表 8-5　常用特殊黄铜的牌号、代号、成分、力学性能及用途

类别	牌号	主要成分(质量分数)/%			加工状态或铸造方法	力学性能			用　途
		Cu	其他	Zn		σ_b/MPa	δ/%	HBS	
						不小于			
压力加工特殊黄铜	HSn62-1	61.0～63.0	Sn：0.7～1.1	余量	硬	700	4	HRB95	与海水汽油接触的船舶零件
	HPb59-1	57～60	Pb：0.8～1.9	余量	硬	650	16	HRB 140	热冲压及切削加工零件，如螺钉螺母、轴套等
	HAl59-3-2	57～60	Al：2.5～3.5 Ni：2.0～3.0	余量	硬	650	15	155	高强度耐腐蚀零件
	HMn58-2	57～60	Mn：1.0～2.0	余量	硬	700	10	175	海轮制造业及弱电用零件
铸造特殊黄铜	ZCuZn16Si4	79～81	Si：2.5～4.5	余量	S	345	15	88.5	接触海水及 250℃ 以下配件
					J	390	20	98.0	
	ZCuZn40Pb2	58～63	Pb：0.5～2.5 Al：0.2～0.8	余量	S	220	15	78.5	一般用途耐磨、耐腐件，如轴套、齿轮等
					J	280	20	88.5	
	ZCuZn40Mn3Fe1	53～58	Mn：3.0～4.0 Fe：0.5～1.5	余量	S	440	18	98.0	接触海水耐蚀及 300℃ 以下配件，船用螺旋桨等大型铸件
					J	490	15	108.0	
	ZCuZn40Mn2	57～60	Mn：1.0～2.0	余量	S	345	20	78.5	300℃ 以下在各种燃料液体中工作的阀体、泵、接头等
					J	390	25	88.5	

注：软—600℃退火；硬—变形度 50%；S—砂型铸造；J—金属型铸造。

2. 青铜

青铜是人类应用最早的一种合金，原指铜锡合金。现在工业上把以铝、硅、铅、铍、锰、钛等为主加元素的铜基合金均称为青铜，分别称为铝青铜、铍青铜、硅青铜等。按照生产方式不同，青铜分为压力加工青铜和铸造青铜两类，其牌号、化学成分及主要用途如表8-6所示。

表8-6 常用青铜的牌号(代号)、化学成分及用途

组别	牌号(代号)	化学成分(质量分数)/%		主要用途
		第一主加元素	其他	
压力加工锡青铜	(QSn4-3)	Sn：3.5~4.5	Zn：2.7~3.3 余量Cu	弹性元件、管配件、化工机械中耐磨零件及抗磁零件
	(QSn6.5-0.1)	Sn：6.0~7.0	P：0.1~0.25 余量Cu	弹簧、接触片、振动片、精密仪器中的耐磨零件
铸造锡青铜	ZCuSn10P1 (ZQSn10-1)	Sn：9.0~11.5	P：0.5~1.0 余量Cu	重要的减磨零件，如轴承、轴套、涡轮、摩擦轮、机床丝杆螺母等
	ZCuSn5Zn5Pb5 (ZQSn5-5-5)	Sn：4.0~6.0	Zn：4.0~6.0 Pb：4.0~6.0 余量Cu	中速、中等载荷的轴承、轴套、涡轮及1MPa压力下的蒸汽管配件和水管配件
特殊青铜	ZCuAl10Fe3 (ZQA19-4)	A1：8.5~11.0	Fe：2.0~4.0 余量Cu	耐磨零件(压下螺母、轴承、涡轮、齿圈)及在蒸汽、海水中工作的高强度耐蚀件，250℃以下的管配件
	ZCuPb30 (ZQPb30)	Pb：27.0~33.0	余量Cu	大功率航空发动机、柴油机曲轴及连杆的轴承
	(QBe2)	Be：1.8~2.1	Ni：0.2~0.5 余量Cu	重要的弹簧与弹性元件、耐磨零件以及在高速、高压和高温下工作的轴承

1）锡青铜

锡含量低于8%的锡青铜称为压力加工锡青铜，锡含量大于10%的锡青铜称为铸造锡青铜。

在实用锡青铜的成分范围内，合金的液相线与固相线之间温度间隔大，这就使得锡青铜在铸造性能上具有流动性差、偏析倾向大及易形成分散缩孔等特点。锡青铜铸造因极易形成分散缩孔而收缩率小，能够获得完全符合铸模形状的铸件，适合铸造形状复杂的零件，但铸件的致密程度较低，若制成容器在高压下易漏水。

锡青铜在大气、海水、淡水以及水蒸气中抗蚀性比纯铜和黄铜好，但在盐酸、硫酸及氨水中的抗蚀性较差。

锡青铜中还可以加入其他合金元素以改善性能。例如，加入锌可以提高流动性，并可以通过固溶强化作用提高合金强度。加入铅可以使合金的组织中存在软而细小的黑灰色铅夹杂物，提高锡青铜的耐磨性和切削加工性。加入磷，可以提高合金的流动性，并生成Cu_3P硬质点，提高合金的耐磨性。

2）铝青铜

铝青铜是以铝为主加元素的铜合金，一般铝含量为5%~10%。铝青铜的力学性能和耐磨性均高于黄铜和锡青铜，它的结晶温度范围小，不易产生化学成分偏析，而且流动性好，分散缩孔倾向小，易获得致密铸件，但收缩率大，铸造时应在工艺上采取相应的措施。

铝青铜的耐蚀性优良，在大气、海水、碳酸及大多数有机酸中具有比黄铜和锡青铜更高的耐蚀性。

为了进一步提高铝青铜的强度和耐蚀性，可添加适量的铁、锰、镍元素。铝青铜可制造齿轮、轴套、蜗轮等高强度、耐磨的零件以及弹簧和其他耐蚀元件。

3）铍青铜

铍青铜一般铍含量为1.7% ~2.5%。铍青铜可以进行淬火时效强化，淬火后得到单相α固溶体组织，塑性好，可以进行冷变形和切削加工，制成零件后再进行人工时效处理，获得很高的强度和硬度（$\sigma_b = 1200 \sim 1400MPa$，$\delta = 2\% \sim 4\%$，330 ~ 400HBS），超过其他所有的铜合金。

第三节　其他有色金属及合金

一、镍和镍合金

镍的强度高，塑性、延展性好，可锻性强，镍及其合金具有非常好的耐蚀性。由于镍基合金还具有非常好的高温性能，所以发展了许多镍基高温合金以适应现代科学技术发展的需要。

镍的密度为8.907g/cm^3，熔点为1450℃。纯镍具有较高的强度和塑性，良好的延展性和可锻性，易于加工。

镍有较好的抗高温氧化性能。镍突出的耐蚀性是耐碱，它在各种浓度和各种温度的苛性碱溶液或熔融碱中都很耐蚀，是耐热浓碱和熔融碱腐蚀的最好材料。因此，烧碱工业中常用纯镍制作碱的蒸馏、储藏和精制设备，以及熔融碱的容器。

镍在大气、淡水和海水中都很耐蚀。镍在许多有机酸中也很稳定，同时镍离子无毒，可用于制药和食品工业。

镍合金包括许多种耐蚀、耐热或既耐蚀又耐热的合金，它们具有非常广泛的用途，在许多重要的技术领域中获得了应用。镍合金按用途可分为以下几类。

1. 镍基高温合金

主要合金元素有铬、钨、钼、钴、铝、钛、硼、锆等。其中铬起抗氧化和抗腐蚀作用，其他元素起强化作用。在650 ~ 1000℃高温下有较高的强度和抗氧化、抗燃气腐蚀能力，是高温合金中应用最广、高温强度最高的一类合金。主要用于制造航空发动机叶片和火箭发动机、核反应堆、能源转换设备上的高温零部件。

2. 镍基耐蚀合金

主要合金元素是铜、铬、钼。

1）镍铜合金

镍和铜可以形成任何比例的镍铜合金固溶体。铜的加入使镍的强度增加，硬度提高，塑性稍有降低，导热率增加。镍铜合金包括一系列的含镍70%左右、含铜30%左右的合金，即蒙乃尔（Monel）合金。我国常用的有Ni68Cu28Fe和Ni68Cu28Al，其中Ni68Cu28Fe是用量最大、用途最广、综合性能最佳的镍铜合金，相当于国外牌号 Monel400，具有典型的单相奥氏体组织。这类合金是耐氢氟酸腐蚀的重要材料之一。在任何浓度的氢氟酸中，只要不含氧及氧化剂，耐蚀性都非常好。

在化学和石油工业、制盐工业和海洋开发工程中，Ni68Cu28Fe 合金较多地用于制造各种换热设备、锅炉给水加热器、石油化工用管道、容器塔、槽、反应釜弹性部件以及泵、阀等。

该合金力学性能、加工性能良好，产品规格品种齐全，但价格较高。

2）镍钼铁合金和镍铬钼铁合金

这两个系列的镍合金，称为哈氏合金(Hastelloy 合金)。哈氏合金包括一系列的镍、钼、铁及镍、钼、铬、铁合金，如以镍、钼、铁为主的哈氏合金 A 及哈氏合金 B 为例，在非氧化性的无机酸和有机酸中有高的耐蚀性，如耐 70℃的稀硫酸，对所有浓度的盐酸、氢氟酸、磷酸等腐蚀性介质的耐蚀性能好；以镍、钼、铬、铁(还含钨)为主的哈氏合金 C，就是一种既能耐强氧化性介质腐蚀又耐还原性介质腐蚀的优良合金。这种合金对强氧化剂(如氯化铁、氯化铜等以及湿氯)的耐蚀性都好，并且对许多有机酸和盐溶液的腐蚀抵抗能力也很强，被认为是在海水中具有最好的耐缝隙腐蚀性能的材料之一。哈氏合金可以用于 1095℃以下氧化和还原气氛中。在相当高的温度下仍有较高的强度，因而可作为高温结构材料。

哈氏合金在苛性碱和碱性溶液中都是稳定的。

同时，这类合金的力学性能、加工性能良好，可以铸造、焊接和切削，因此在许多重要的技术领域中获得了应用。由于镍合金价格昂贵，镍又是重要的战略资源，在应用时要考虑到经济承受能力和必要性。

3. 镍基耐磨合金

主要合金元素是铬、钼、钨，还含有少量的铌、钽和铟。除具有耐磨性能外，其抗氧化、耐腐蚀、焊接性能也好。可制造耐磨零部件，也可作为包覆材料，通过堆焊和喷涂工艺将其包覆在其他基体材料表面。

4. 镍基精密合金

包括镍基软磁合金、镍基精密电阻合金和镍基电热合金等。最常用的软磁合金是含镍 80% 左右的玻莫合金，其最大磁导率和起始磁导率高，矫顽力低，是电子工业中重要的铁芯材料。镍基精密电阻合金的主要合金元素是铬、铝、铜，这种合金具有较高的电阻率、较低的电阻率温度系数和良好的耐蚀性，用于制作电阻器。镍基电热合金是含铬 20% 的镍合金，具有良好的抗氧化、抗腐蚀性能，可在 1000～1100℃温度下长期使用。

5. 镍基形状记忆合金

含钛 50% 的镍合金，其回复温度是 70℃，形状记忆效果好。少量改变镍钛成分比例，可使回复温度在 30～100℃范围内变化。多用于制造航天器上使用的自动张开结构件、宇航工业用的自激励紧固件、生物医学上使用的人造心脏马达等。

二、钛及钛合金

钛是地球上储量仅次于铁、铝、镁的元素。钛用作结构材料始于 20 世纪 50 年代，是一种较新的材料。钛是轻金属，密度为 4.5g/cm^3，只有铁的 1/2 略强，熔点为 1725℃。钛和钛合金有许多优良的性能，钛的强度高，具有较高的屈服强度和抗疲劳强度，钛合金在

450～480℃下仍能保持室温时的性能，同时在低温和超低温下也仍能保持其力学性能，随着温度的下降，其强度升高，而延伸性逐渐下降，因而首先被用于航空工业；还由于钛材耐蚀性好，可耐多种氧化性介质的腐蚀。

工业纯钛可承受锻造、轧制、挤压等加工措施，也可加工成型和焊接(其焊接工艺只能在保护性气体中进行)。热加工温度为200～400℃，可进行弯曲、胀管、拉拔和弯边等。工业纯钛也可用通用设备切削，但对切削工具表面有较大黏结性，切削速度宜小。

由于钛突出的耐蚀性，在化学工业及其他工业部门中用以制造对耐蚀性有特殊要求的设备，如热交换器、反应器、塔器、电解槽阳极、离心机、泵、阀门及管道等，也用于制造各种设备的衬里。

钛合金的力学性能与耐蚀性能均较纯钛有较多提高，少量钯(0.1%～0.5%)加入钛中形成钛钯合金(Ti－Pd合金)。钛钯合金工艺及力学性能与纯钛相似，在高温、高浓度氯化物溶液中极耐蚀。

由于钛及其合金优异的比强度，在航空、航天工业中得到了广泛应用，大量用于制造飞机与航天器中的重要结构件。在石油化工生产中，已是重要的耐蚀金属材料。目前，钛的应用领域已扩展到氯碱、纯碱、化肥、化纤、染料、农药、合成塑料、有机化工、炼油、制盐、造纸、电镀、海水淡化、医疗卫生等几十个行业。钛制化工设备有各种形式的换热器、蒸发器、反应釜、分离器、泵、阀、管道等。钛合金由于其高比强度和在人体液中的优良耐蚀性，在医疗业中用钛作为外科植入材料。

三、锆及锆合金

锆(Zr)的密度大于钛，但低于铁和镍，约为6.51g/cm^3。锆的热膨胀系数低，比钛、不锈钢和蒙乃尔合金低1/3～2/3。锆的导热性比不锈钢高18%。

锆合金在300～400℃的高温高压水和蒸汽中有良好的耐蚀性能、适中的力学性能、较低的原子热中子吸收截面(锆为$1.8\times10^{-29}m^2$)，对核燃料有良好的相容性，因此可用作水冷核反应堆的堆芯结构材料(燃料包壳、压力管、支架和孔道管)，这是锆合金的主要用途。锆对多种酸(如盐酸、硝酸、硫酸和醋酸)、碱和盐有优良的抗蚀性，所以锆合金也用于制作耐蚀部件和制药器件。锆与氧、氮等气体有强烈的亲和力，所以锆和锆合金还在电真空和灯泡工业中被广泛用作非蒸散型消气剂。锆具有优异的发光特性，所以成为闪光和焰火材料。

锆(Zr)和铪(Hf)在自然界是共生的，由于铪的热中子截面很大，在原子能工业中使用锆时必须将铪分离。但锆中的铪并不影响其在化工介质中的耐蚀性。所以，化工用锆一般不需分离铪，可降低化工用锆材的成本。一般化工用锆材含有1%～2%的铪。锆材分为无铪的原子能级和有铪的工业级两个级别。

工业规模生产的锆基合金有两个系列：锆锡系和锆铌系。前者的代表是Zr－2合金，后者的代表是Zr－2.5Nb合金。锆的合金元素选择原则是：一是不能明显增加锆的热中子吸收截面；二是要在提高锆的耐蚀性和强度的同时不能过多地损害工艺性能。在锆锡系合金中，锡、铁、铬、镍的综合加入(Zr－2合金)，可提高材料的强度、耐蚀性及耐蚀膜的导热性，降低表面状态对腐蚀的敏感性；Zr－4合金中不含镍，并适当增加铁含量，此合金腐蚀吸氢量仅为Zr－2合金的一半左右。通常Zr－2合金用于沸水堆，Zr－4合金用于压水堆。

锆和锆合金塑性好，可制成管材、板材、棒材和丝材，其中管材为主要产品。锆和锆合金的加工工艺取决于锆的基本性质和核反应堆对锆构件的特殊要求。核反应堆对锆构件的要求是尺寸精度高，显微组织要求严格，性能稳定。使用最广的无缝锆管加工的主要工序为：配制自耗电极→熔铸→锻造→热挤(管坯)→冷加工→精整。

锆和锆合金具有良好的熔焊性能。常用的焊接方法有钨极氩弧焊和电子束焊。大直径薄壁管常用焊接法制造。锆的粉屑易燃，在研磨和切削锆制品时要注意安全。

四、铅与铅合金

铅是重金属，密度为11.34g/cm³，熔点低(327.4℃)，导热系数小，硬度低，强度小，不耐磨，容易加工，便于焊接，但铸造性差。

铅在许多介质中有良好的耐蚀性，很早就被用来作为耐腐蚀材料。铅在很多腐蚀介质表面会形成致密的腐蚀产物膜，例如在硫酸中形成致密的硫酸铅，因而耐蚀性良好。特别是在稀硫酸、浓度低于80%的磷酸、亚硫酸、铬酸和浓度低于60%的氢氟酸中都是稳定的。

由于铅很软，一般不能单独用做结构，大部分情况下，使用铅作为设备的衬里。在化工生产中广泛应用，常用于碳钢设备以衬铅、搪铅作为防腐层。

铅的毒性较大，目前工业生产中正在逐渐用其他材料取代铅的应用。

常用铅合金为硬铅，即铅锑合金，硬度和强度比铅高；铅中加入锑可以提高对硫酸的耐蚀性，但若锑含量过高，反而使铅变脆，因此用于化工设备和管道的铅合金以含锑6%为宜。硬铅的用途较广，可制造加热管、加料管及泵的外壳等；用于硫酸和含硫酸盐的介质中，弥补了铅耐磨性差的缺陷。

五、镁与镁合金

镁是有色轻金属，密度为1.74g/cm³，镁在现代工业使用的金属中密度最小。其突出特点是优异的强度质量比(比强度大)。镁的熔点为651℃，与铝相近。比热容和膨胀系数比较大。

纯镁的耐蚀性很差，不能广泛地作为结构材料使用，但加入一些合金元素制成镁合金，并通过制造工艺加以控制，获得的系列镁合金可以大大改善镁合金的耐蚀性。

镁合金是以镁为基加入其他元素组成的合金。主要合金元素有铝、锌、锰、铈、钍以及少量锆或镉等。目前使用最广的是镁铝合金，其次是镁锰合金和镁锌锆合金。主要用于航空、航天、运输、化工、火箭等工业部门。

镁合金的密度虽然比塑料大，但是比强度和弹性率比塑料高，所以，对于同样强度的零部件，镁合金的零部件能做得比塑料的薄而且轻。另外，由于镁合金的比强度也比铝合金和铁高，因此在不减少零部件的强度下，可减轻铝或铁的零部件的重量。

虽然镁合金的导热系数不及铝合金，但是比塑料高出数十倍，因此，镁合金用于电器产品上可有效地将内部的热散发到外面。

镁合金比刚度(刚度与质量之比)接近铝合金和钢，远高于工程塑料。

镁合金熔点比铝合金熔点低，压铸成型性能好。镁合金铸件抗拉强度与铝合金铸件相当，一般可达250MPa，最高可达600MPa。其屈服强度、延伸率与铝合金也相差不大。

镁合金还个有良好的电磁屏蔽性能，即防辐射性能，可做到100%回收再利用。

镁合金具有良好的压铸成型性能，压铸件壁厚最小可达0.5mm，可用于制造汽车各类压铸件，并可进行高精度机械加工。

在弹性范围内，镁合金受到冲击载荷时，吸收的能量比铝合金件大一半，所以镁合金具有良好的抗震减噪性能，在受冲击载荷时能吸收较大的能量，同时还具有良好的吸热性能，因而是制造飞机轮毂的理想材料。镁合金在汽油、煤油和润滑油中很稳定，适于制造发动机齿轮机匣、油泵和油管，又因在旋转和往复运动中产生的惯性力较小而被用来制造摇臂、襟翼、舱门和舵面等活动零件。此外，为了在汽车受到撞击后提高吸收冲击力和轻量化，可在方向盘和坐椅上使用镁合金。

第四节　轴承合金

一、滑动轴承的工作条件及对轴承合金的性能要求

轴承合金是制造轴承用的合金的总称。滑动轴承是指支承轴和其他转动或摆动零件的支承件，它是由轴承体和轴瓦两部分构成的。用于制造滑动轴承(轴瓦)的材料，通常附着于轴承座壳内，起减摩作用，又称轴瓦合金。轴瓦可以直接由耐磨合金制成，也可在铜体上浇铸一层耐磨合金内衬制成。因此轴承合金包括用来制造轴瓦及其内衬的合金。滑动轴承支承着轴进行工作。当轴旋转时，轴与轴瓦之间产生相互摩擦和磨损，轴对轴承施有周期性交变载荷，有时还伴有冲击等。滑动轴承的基本作用是将轴准确地定位，并在载荷作用下支承轴颈而不被破坏，因此，对滑动轴承的材料有很高要求。为减小滑动轴承对轴颈的磨损，轴承合金应具备以下性能：

(1) 良好的减摩性能，要求由轴承合金制成的轴瓦与轴之间的摩擦系数要小，并有良好的可润滑性能。

(2) 有较高的抗压强度、疲劳强度和硬度，能承受转动着的轴施于的压力，但硬度不宜过高，以免磨损轴颈。

(3) 塑性和冲击韧性良好，以便能承受振动和冲击载荷，使轴和轴承配合良好。

(4) 表面性能好，即有良好的抗咬合性、顺应性和嵌藏性。

(5) 有良好的导热性、耐腐蚀性和较小的热膨胀系数。

(6) 有良好的工艺性，容易制造，价格便宜。

二、滑动轴承合金的组织特征

为满足上述要求，轴承合金的成分和组织应具备如下特点：

(1) 轴承材料基体应与钢铁互溶性小　因轴颈材料多为钢铁，为减少轴瓦与轴颈的黏着性和擦伤性，轴承材料的基体应采用对钢铁互溶性小的金属，即与金属铁的晶体类型、晶格常数、电化学性能等差别大的金属，如锡、铅、铝、铜、锌等。这些金属与钢铁配对运动时，与钢铁不易互溶或形成化合物。

(2) 轴承合金组织应软硬兼备　金相组织应由多个相组成，如软基体上分布着硬质点，或硬基体上嵌镶软颗粒(见图 8-4)。

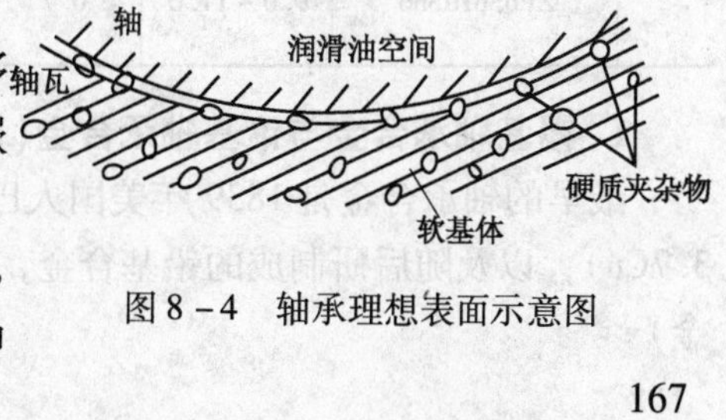

机器运转时，软的基体很快被磨损而凹陷下去，减少了轴与轴瓦的接触面积，硬的质点比较抗磨便凸

轴
轴瓦
润滑油空间
硬质夹杂物
软基体

图 8-4　轴承理想表面示意图

出在基体上，这时凸起的硬质点支撑轴所施加的压力，而凹坑能储存润滑油，可降低轴和轴瓦之间的摩擦系数，减少轴颈和轴瓦的磨损。同时，软基体具有抗冲击、抗振动和较好的磨合能力。此外，软基体具有良好的嵌镶能力，润滑油中的杂质和金属碎粒能够嵌入轴瓦内而不致划伤轴颈表面。

硬基体上分布软质点的组织，也可达到同样的目的，该组织类型的轴瓦具有较大的承载能力，但磨合能力较差。

三、常用的滑动轴承合金

常用的轴承合金有锡基轴承合金、铅基轴承合金、铜基轴承合金、铝基轴承合金等。

轴承合金牌号表示方法为“Z”(“铸”字汉语拼音的首字母) + 基体元素与主加元素的化学符号 + 主加元素的含量(质量分数 ×100) + 辅加元素的化学符号 + 辅加元素的含量(质量分数 ×100)。例如：ZSnSb8Cu4 为铸造锡基轴承合金，主加元素锑的质量分数为 8%，辅加元素铜的质量分数为 4%，余量为锡。ZPbSb15Sn5 为铸造铅基轴承合金，主加元素锑的质量分数为 15%，辅加元素锡的质量分数为 5%，余量为铅。常用轴承合金牌号、成分、性能及用途见表 8 -7。

表 8 -7　常用轴承合金牌号、成分、性能及用途

类别	牌　号	化学成分(质量分数)/%				硬度 HBS 不小于	用途举例
		Sb	Cu	Pb	Sn		
锡基轴承合金	ZSnSb12Pb10Cu4	11.0 ~ 13.0	2.5 ~ 5.0	9.0 ~ 11.0	余量	29	一般机械主轴承，但不适于高温
	ZSnSb12Cu6Cd1	11.0 ~ 13.0	4.5 ~ 6.8	0.15	余量	34	
	ZSnSb11Cu6	10.0 ~ 12.0	5.5 ~ 6.5	0.35	余量	27	1500kW 以上蒸汽机，400kW 以上涡轮机轴承
	ZSnSb8Cu4	7.0 ~ 8.0	3.0 ~ 4.0	0.35	余量	24	大机器及高载荷发动机轴承
	ZSnSb4Cu4	4.0 ~ 5.0	4.0 ~ 5.0	0.35	余量	20	涡轮内燃机高速轴承
铅基轴承合金	ZPbSb15Sn16Cu2	15.0 ~ 17.0	1.5 ~ 2.0	余量	15.0 ~ 17.0	30	120℃ 以下无显著冲击载荷、重载高速轴承
	ZPbSb15Sn5Cu5Cd2	14.0 ~ 16.0	2.5 ~ 3.0	余量	5.0 ~ 6.0	32	船舶机械抽水机轴承
	ZPbSb15Sn10	14.0 ~ 16.0	0.7	余量	9.0 ~ 11.0	24	中等压力机械高温轴承
	ZPbSb15Sn5	14.0 ~ 15.5	0.5 ~ 1.0	余量	4.0 ~ 5.5	20	低速轻压力轴承
	ZPbSb10Sn6	9.0 ~ 11.0	0.7	余量	5.0 ~ 7.0	18	重载、耐蚀、耐摩轴承

1. 锡基轴承合金与铅基轴承合金(巴氏合金)

最早的轴承合金是 1839 年美国人巴比特 (I. Babbitt)发明的锡基轴承合金(Sn -7.4Sb -3.7Cu)，以及随后研制成的铅基合金，因此称锡基和铅基轴承合金为巴比特合金(或巴氏合金)。

1）锡基轴承合金（锡基巴氏合金）

它是以锡为基体元素，加入锑、铜等元素组成的合金。其显微组织如图8－5所示。图中暗色基体是锑溶入锡所形成的α固溶体（硬度为24～30HBS），作为软基体；硬质点是以化合物SnSb为基体的β固溶体（硬度为110HBS，呈白色方块状）以及化合物Cu_3Sn（呈白色星状）和化合物Cu_6Sn_5（呈白色针状或粒状）。化合物Cu_3Sn和Cu_6Sn_5首先从液相中析出，其密度与液相接近，可形成均匀的骨架，防止密度较小的β相上浮，以减少合金的比密度偏析。

图8－5　ZSnSb11Cu6铸造锡基轴承的显微组织

锡基轴承合金摩擦系数小，塑性和导热性好，是优良的减摩材料，常用作重要的轴承，如汽轮机、发动机、压气机等大型机器的高速轴承。它的主要缺点是疲劳强度较低，且锡较稀少，因此这种轴承合金价格最贵。

2）铅基轴承合金（铅基巴氏合金）

它是以铅－锑为基体的合金。加入锡能形成SnSb硬质点，并能大量溶入铅中而强化基体，故可提高铅基合金的强度和耐磨性。加铜可形成Cu_2Sb硬质点，并防止比密度偏析。铅基轴承合金的显微组织如图8－6所示，黑色软基体为（α＋β）共晶体（硬度为7～8HBS），α相是锑溶入铅所形成的固溶体，β相是以SnSb化合物为基的含铅的固溶体；硬质点是初生的β相（白色方块状）及化合物Cu_2Sb（白色针状或晶状）。

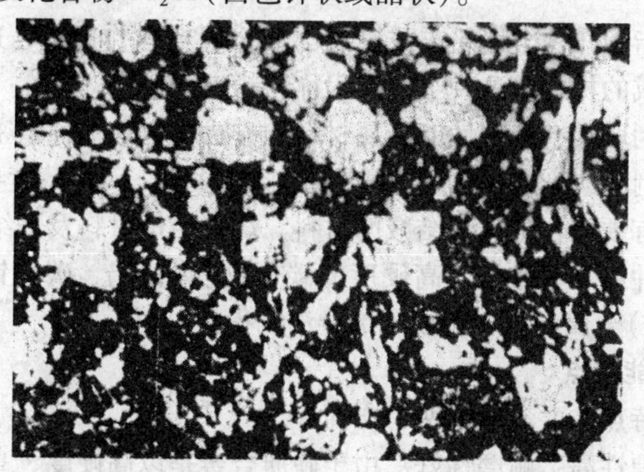

图8－6　ZPbSb16Sn16Cu2铸造铅基轴承的显微组织

铅基轴承合金的强度、塑性、韧性及导热性、耐蚀性均较锡基合金低，且摩擦系数较大，但价格较便宜。因此，铅基轴承合金常用来制造承受中、低载荷的中速轴承，如汽车、拖拉机的曲轴、连杆轴承及电动机轴承。

无论是锡基还是铅基轴承合金，它们的强度都比较低（$\sigma_b=60\sim90\text{MPa}$），不能承受大的压力，故需将其镶铸在钢的轴瓦（一般为08号钢冲压成形）上，形成一层薄而均匀的内衬，才能发挥作用。这种工艺称为“挂衬”，挂衬后就形成所谓双金属轴承。

2. 铜基轴承合金

有许多种铸造青铜和铸造黄铜均可用作轴承合金，其中应用最多的是锡青铜和铅青铜。

铅青铜中常用的有ZCuPb30，铅含量$\omega_{Pb}=30\%$，其余为铜。铅不溶于铜中，其室温显微组织为 Cu + Pb，铜为硬基体，颗粒状铅为软质点，是硬基体上分布软质点的轴承合金，这类合金可以制造承受高速、重载的重要轴承，如航空发动机、高速柴油机等轴承。

锡青铜中常用的有 ZCuSn10P1，其成分为 $\omega_{Sn}=10\%$，$\omega_{P}=1\%$，其余为 ω_{Cu}。室温组织为 $\alpha+\delta+Cu_3P$，α 固溶体为软基体，δ 相及 Cu_3P 为硬质点，该合金硬度高，适合制造高速、重载的汽轮机、压缩机等机械上的轴承。

铜基轴承合金的优点是承载能力大，耐疲劳性能好，使用温度高，具有优良的耐磨性和导热性，它的缺点主要是顺应性和嵌镶性较差，对轴颈的相对磨损较大。

3. 铝基轴承合金

铝基轴承合金密度小，导热性好，疲劳强度高，价格低廉，广泛应用于高速负荷条件下工作的轴承上。按化学成分可分为铝锡系(Al - 20% Sn - 1% Cu)、铝锑系(Al - 4% Sb - 0.5% Mg)和铝石墨系(Al - 8Si 合金基体 + 3% ~6% 石墨)三类。

铝锡系铝基轴承合金具有疲劳强度高、耐热性和耐磨性良好等优点，因此适宜制造高速、重载条件下工作的轴承。铝锑系铝基轴承合金适用于载荷不超过 20MPa、滑动线速度不大于 10m/s 工作条件下的轴承。铝石墨系轴承合金具有优良的自润滑作用、减震作用以及耐高温性能，适用于制造活塞和机床主轴的轴承。

第五节　粉末冶金材料

一、硬质合金

粉末冶金材料是指用几种金属粉末或金属与非金属粉末作原料，通过配料、压制成型、烧结等工艺过程而制成的材料。这种工艺过程称为粉末冶金法。

粉末冶金法既是制取具有特殊性能金属材料的方法，也是一种精密的无切屑或少切屑的加工方法。它可使压制品达到或极接近于零件要求的形状、尺寸精度要求，表面粗糙度低。常用的粉末冶金材料有硬质合金、烧结减摩材料、烧结结构材料及烧结摩擦材料等。

硬质合金是以一种或几种难熔、高硬度的碳化物(碳化钨、碳化钛等)为基体，并加入起黏结作用的钴(或镍)金属粉末，用粉末冶金法制得的材料。

1. 硬质合金的性能特点

硬质合金的性能特点主要有以下两个方面：

(1) 硬度高、热硬性高、耐磨性好　由于硬质合金是以高硬度、高耐磨、极为稳定的碳化物为基体，在常温下，硬度可达 86 ~ 93HRA(相当于 69 ~ 81HRC)，热硬性可达 900 ~ 1000℃。故硬质合金刀具在使用时，其切削速度、耐磨性与寿命都比高速钢有显著提高。这是硬质合金最突出的优点。

(2) 抗压强度高　抗压强度可达 6000MPa，高于高速钢，但抗弯强度较低，只有高速钢的 1/3 ~ 1/2。硬质合金弹性模量很高，约为高速钢的 2 ~ 3 倍。但它的韧性很差，$A_K=2\sim4.8J$，约为淬火钢的 30% ~ 50%。

另外，硬质合金还具有良好的耐蚀性(抗大气、酸、碱等)与抗氧化性，线膨胀系数小，导热性差。

硬质合金主要用来制造高速切削刃具和切削硬而韧的材料的刃具。此外，它也用来制造某些冷作模具、量具及不受冲击、振动的高耐磨零件(如磨床顶尖等)。

2. 常用的硬质合金的分类、成分和牌号

常用的硬质合金按成分与性能特点可分为三类，其牌号、成分与性能如表8－8所示。

表8－8　常用硬质合金的牌号、成分和性能

类 别	牌 号	化学成分(质量分数)/%				物理、力学性能		
		WC	TiC	TaC	Co	密度 ρ/(g·cm^{-3})	硬度/HRA	σ_b/MPa
							不小于	
钨钴类合金	YG3X	96.5	—	<0.5	3	15.0~15.3	91.5	1100
	YG6	94.0	—	—	6	14.6~15.0	89.5	1450
	YG6X	93.5	—	<0.5	6	14.6~15.0	91.0	1373
	YG8	92.0	—	—	8	14.5~14.9	89.5	1471
	YG8C	92.0	—	—	8	14.5~14.9	88	1750
	YG11C	89.0	—	—	11	14.0~14.4	86.5	2100
	YG15	85.0	—	—	15	13.0~1.2	87	2100
	YG4C	96.0	—	—	4	14.9~15.2	89.5	1422
	YG6A	92.0	—	2	6	14.6~15.0	91.5	1373
	YG8A	91	—	<1.0	8	14.5~14.9	89.5	1500
钨钛钴类合金	YT5	85	5	—	10	12.5~13.2	89	1400
	YT15	79	15	—	6	11.0~11.7	91	1150
	YT30	66	30	—	4	9.3~9.7	92.5	900
通用硬质合金	YW1	84	6	4	6	12.8~13.3	91.5	1200
	YW2	82	6	4	8	12.6~13.0	90.5	1300

(1) 钨钴类硬质合金　它的主要化学成分为碳化钨及钴。其代号用“硬”、“钴”两字汉语拼音的字首“YG”加数字表示。数字表示钴的含量(质量分数×100)。例如YG6，表示钨钴类硬质合金，$\omega_{Co}=6\%$，余量为碳化钨。

(2) 钨钴钛类硬质合金　它的主要化学成分为碳化钨、碳化钛及钴。其代号用“硬”、“钛”两字的汉语拼音的字首“YT”加数字表示。数字表示碳化钛含量(质量分数×100)。例如YT15，表示钨钴钛类硬质合金，$\omega_{TiC}=15\%$，余量为碳化钨及钴。

(3) 通用硬质合金　它是以碳化钽或碳化铌取代YT类合金中的一部分碳化钛。在硬度不变的条件下，取代的数量越多，合金的抗弯强度越高。它适用于切削各种钢材，特别对于不锈钢、耐热钢、高锰钢等难于加工的钢材，切削效果更好。它也可代替YG类合金加工铸铁等脆性材料，但韧性较差，效果并不比YG类合金好。通用硬质合金又称“万能硬质合金”，其代号用“硬”、“万”两字的汉语拼音的字首“YW”加顺序号表示。

3. 硬质合金的应用

(1) 刀具材料　硬质合金中，碳化物的含量越多，钴含量越少，则合金的硬度、热硬性及耐磨性越高，但强度及韧性越低。当含钴量相同时，YT类合金由于碳化钛的加入，具有较高的硬度与耐磨性。同时，由于这类合金表面会形成一层氧化钛薄膜，切削时不易黏刀，故具有较高的热硬性。但其强度和韧性比YG类合金低。因此，YG类合金适宜加工脆性材料(如铸铁等)，而YT类合金则适宜于加工塑性材料(如钢等)。同一类合金中，含钴量较高者适宜制造粗加工刀具，反之，则适宜制造精加工刀具。

(2) 模具材料　硬质合金主要用于制造冷作模具，如冷拉模、冷冲模、冷挤模和冷镦模

等。YG6、YG8适用于小拉深模，TG15适用于大拉深模和冲压模等。

（3）量具和耐磨零件　将量具的易磨损面镶以硬质合金，可增加耐磨性，提高使用寿命，并且可以提高测量精度。例如千分尺的测量头、车床的顶尖等。

以上硬质合金的硬度很高，脆性大，除磨削外，不能进行一般的切削加工，故冶金厂将其制成一定规格的刀片供应。使用前采用焊接、黏接或机械固紧的办法将它们固紧在刀体或模具体上。近年来，用粉末冶金法还生产了另一种新型工模具材料——钢结硬质合金。其主要化学成分是碳化钛或碳化钨以及合金钢粉末。它与钢一样可进行锻造、热处理、焊接与切削加工。它在淬火低温回火后，硬度达70HRC，具有高耐磨性、抗氧化及耐腐蚀等优点。用作刃具时，钢结硬质合金的寿命与YG类合金差不多，大大超过合金工具钢，如用作高负荷冷冲模时，由于具有一定韧性，寿命比YG类提高很多倍。由于它可切削加工，故适宜制造各种形状复杂的刃具、模具与要求钢度大、耐磨性好的机械零件，如镗杆、导轨等。

常见钢结构硬质合金代号、成分及性能见表8-9。

表8-9　常见钢结构硬质合金代号、成分及性能

代　号	化学成分（质量分数）/%						性　能				
	TiC	WC	Cr	Mo	C	Fe	密度/（g·cm^{-3}）	硬度/HRC		抗弯强度/MPa	冲击吸收功 A_K/J
								退火	淬火		
YE65	35	—	2	2	0.6	余量	6.4~6.6	39~46	69~73	1300~2300	—
YE50	Ni0.3	50	1.1	0.3	0.8	余量	10.3~10.6	35~42	68~72	2700~2900	9.6

二、烧结减摩材料

在烧结减摩材料中最常用的是多孔轴承，它是将粉末压制成轴承后，再浸在润滑油中，由于粉末冶金材料的多孔性，在毛细现象作用下，可吸附大量润滑油（一般含油率为12%~30%），故又称为含油轴承。工作时由于轴承发热，使金属粉末膨胀，孔隙容积缩小。再加上轴旋转时带动轴承间隙中的空气层，降低磨擦表面的静压强，在粉末孔隙内外形成压力差，迫使润滑油被抽到工作表面。停止工作后，润滑油又渗入孔隙中。故含油轴承有自动润滑的作用。它一般用作中速、轻载荷的轴承，特别适宜不能经常加油的轴承，如纺织机械、食品机械、家用电器（电扇、电唱机）等轴承，在汽车、拖拉机、机床中也广泛应用。

常用的多孔轴承有两类：

（1）铁基多孔轴承　常用的有铁-石墨（$\omega_{石墨}$为0.5%~3%）烧结合金和铁-硫（ω_S为0.5%~1%）-石墨（$\omega_{石墨}$为1%~2%）烧结合金。前者硬度为30~110HBS，组织是珠光本（>40%）+铁素体+渗碳体（<5%）+石墨+孔隙。后者硬度为35~70HBS，除有与前者相同的几种组织外，还有硫化物。组织中石墨或硫化物起固体润滑剂作用，能改善减摩性能，石墨还能吸附很多润滑油，形成胶体状高效能的润滑剂，进一步改善磨擦条件。

（2）铜基多孔轴承　常用ZCuSn5Pb5Zn5青铜粉末与石墨粉末制成。硬度为20~40HBS，它的成分与ZCuSn5Pb5Zn5锡青铜相近，但其中有0.3%~2%的石墨（质量分数），组织是α固溶体+石墨+铅+孔隙。它有较好的导热性、耐蚀性、抗咬合性，但承压能力较铁基多孔轴承小，常用于纺织机械、精密机械、仪表中。

近年来，出现了铝基多孔轴承。铝的摩擦系数比青铜小，故工作时温升也低，且铝粉价格比青铜粉低，因此在某些场合，铝基多孔轴承会逐渐代替铜基多孔轴承而得到广泛使用。

三、烧结铁基结构材料（烧结钢）

该材料是以碳钢粉末或合金钢粉末为主要原料，并采用粉末冶金方法制造成的金属材料或直接制成烧结结构零件。

这类材料制造结构零件的优点是：制品的精度较高、表面光洁（径向精度 2～4 级、表面粗糙度 $R_a=1.6\sim0.20$），不需或只需少量切削加工。制品还可以通过淬火＋低温回火或渗碳淬火＋低温回火提高耐磨性。烧结铁基结构材料制品多孔，可浸渍润滑油，改善磨擦条件，减少磨损，并有减振、消音的作用。长轴类、薄壳类及形状特别复杂的结构零件，则不适宜采用粉末合金材料。

四、烧结摩擦材料

机器上的制动器与离合器大量使用摩擦材料，如图 8－7、图 8－8 所示。它们都是利用材料相互间的摩擦力传递能量的，尤其是在制动时，制动器要吸收大量的动能，使摩擦表面温度急剧上升（可达 1000℃左右），故摩擦材料极易磨损。因此，对摩擦材料性能的要求是：①较大的摩擦系数；②较好的耐磨性；③良好的磨合性、抗咬合性；④足够的强度，以能承受较高的工作压力及速度。

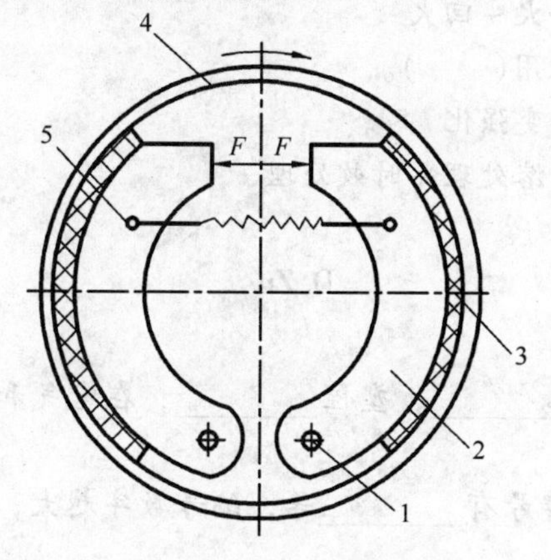

图 8－7　制动器示意图

1—销轴；2—制动片；3—摩擦材料；4—被制动的旋转体；5—弹簧

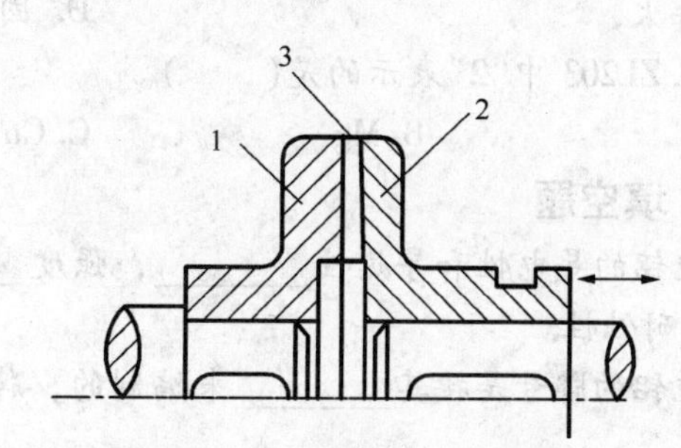

图 8－8　摩擦离合器简图

1—主动片；2—从动片；3—摩擦材料

摩擦材料通常由强度高、导热性好、熔点高的金属（如用铁、铜）作为基体，并加入能提高摩擦系数的摩擦组分（如 Al_2O_3、SiO_2 及石棉等），以及能抗咬合、提高减摩性的润滑组分（如铅、锡、石墨、二硫化钼等）的粉末冶金材料。因此，它能较好地满足使用性能的要求。其中铜基烧结磨擦材料常用于汽车、拖拉机、锻压机床的离合器与制动器。而铁基的多用于各种高速重载机器的制动器。与烧结摩擦材料相互摩擦的对偶件，一般用淬火钢或铸铁。

思考与应用

一、判断题

1. 纯铝和纯铜都是可以采用热处理来强化的金属。（　　）
2. 形变铝合金按其性能特点可以分为防锈铝合金、硬铝合金及锻铝合金三种。（　　）
3. 单相黄铜比双相黄铜的塑性好，因而适合于冷、热压力加工。（　　）
4. 铸造铝合金的铸造性能好，但其塑性较差，所以不适合压力加工。（　　）

5. 轴承合金是用来制造轴承的内、外圈及滚动体的材料。(　)

6. 硬质合金制造的刀具，其热硬性要比高速钢好。(　　)

7. 使用变质处理的方法，可以有效地提高铸造铝合金的力学性能。(　　)

8. 普通黄铜的耐腐蚀性良好，而且当 $\omega_{Zn}>7\%$ 时，耐海水和大气腐蚀性好。(　　)

9. 固溶处理后的铝合金在随后的时效过程中强度明显下降，但其塑性得以提高。(　)

10. 形变铝合金的塑性好，因而适宜压力加工。(　)

二、选择题

1. 为提高形变铝合金的力学性能，可以采用(　　)。

A. 淬火　　B. 回火　　C. 退火　　D. 固溶处理+时效处理

2. 硬质合金的热硬性可达(　　)。

A. 200~300℃　　B. 500~600℃　　C. 600~800℃　　D. 900~1000℃

3. 防锈铝合金可采用(　　)方法来强化。

A. 变质处理　　B. 形变强化

C. 固溶处理+时效处理　　D. 淬火+回火

4. 为了提高铸造铝合金的力学性能，可以采用(　　)。

A. 变质处理　　B. 形变强化

C. 淬火　　D. 固溶处理+时效处理

5. 在ZL203中“2”表示的是(　　)。

A. Si　　B. Mg　　C. Cu　　D. Zn

三、填空题

1. 纯铝的导电性和导热性________，强度________，塑性________，在空气和水中有________耐蚀性。

2. 纯铝的牌号是按其________来编制的，牌号有________等，编号数字越大，其纯度________。

3. 适宜于________加工的铝合金称为形变铝合金．常用的形变铝合金有________等。

4. 用来制造________的铝合金称为铸造铝合金。按照主要合金元素的不同，可分为________合金、________合金、________合金及________合金等。

5. 代号ZL101表示________合金，其中“ZL”表示________，第一个数字1表示________，第二、第三个数字表示________。

6. 牌号ZALSi7Mg表示________合金，其中数字表示________。

7. 纯铜的导电性、导热性________，耐腐蚀性________，塑性________，但强度________。工业用纯铜的代号，根据________的含量分为________四个代号，数字越大，纯度________。

8. 普通黄铜是指________合金，其牌号用________表示，数字代表________。

9. 特殊黄铜是指在________的基础上________其他合金元素所组成的________。

10. 青铜是主加元素除________和________以外的铜合金。按其化学成分青铜分为________青铜和________青铜。

11. 青铜的牌号以字母________表示，后面加第一个主加元素________及除________以外各元素的________含量。如果是铸造青铜，牌号应加一________字母。

12. 锡基轴承是以________为基础，加入________等合金元素的合金。铝基轴承合金是以________为基础，加入________等合金元素的合金。

13. ZChSnSb11－6是________合金的牌号，其中数字依次分别表示________________。ZChPbSb16－16－2是________的牌号，其中数字依次分别表示________。

14. 粉末冶金工艺包括________的生产、________的成型、________及________等四个基本工序。

15. YG6表示________硬质合金，其中6表示________。YT15表示________硬质合金，其中15表示________。

16. 硬质合金是选用________的工艺制成的一种工具材料。它是将一些________粉末和________相混合，先经________成型，再经________而制成的成品。

17. 钢结硬质合金是以________为硬化相，以________粉末为黏结剂，经________而制成的粉末冶金材料。

18. 钢结硬质合金的性能介于________之间，它适用于制造________刀具，也可制造在高温条件下工作________和________零件。

四、问答题

1. 形变铝合金有哪几类？其主要性能特点是什么？

2. 对于铝合金，怎样进行热处理来提高其力学性能？

3. 滑动轴承合金必须具备哪些特点？常用滑动轴承合金有哪些？

五、应用题

由于铝合金等非铁金属材料具有许多钢铁材料不具备的特点，如密度小、耐腐蚀、比强度高、高塑性等，使其在生产和生活中的应用日益广泛。试列举一些例子来说明。

第九章　非金属材料与复合材料

本章导读：通过本章学习，学生应重点掌握高分子材料的特点、种类及其应用；陶瓷及碳－石墨材料的分类、生产工艺、常用陶瓷材料和不透性石墨性能、用途；基本了解复合材料的分类和增强理论；常用复合材料及其用途。

在机械工程中主要使用金属材料，特别是钢铁材料。但是随着生产的发展和科学技术的进步，金属材料已不能完全满足各种不同零件的性能要求，非金属材料正越来越多地应用于各类工程结构中，并且取得了巨大的技术及经济效益。

非金属材料包括有机非金属材料和无机非金属材料两大类。有机非金属材料包括塑料、橡胶、涂料、木材等；无机非金属材料包括玻璃、石墨、陶瓷、水泥等。非金属材料具有金属材料所不及的一些优异性能，如塑料的质轻、绝缘、耐磨、隔热、美观、耐腐蚀、易成型，橡胶的高弹性、吸震、耐磨、绝缘等，陶瓷的高硬度、耐高温、抗腐蚀等，加上它们的原料来源广泛，价格比较低廉，成型工艺简便，故在生产中的应用得到了迅速发展，近年在化工生产中用得越来越多。采用非金属材料不仅可以节省大量昂贵的不锈钢和有色金属，实际上在某些工况下，已不再是所谓“代材”了，而是任何金属材料所不能替代的。例如，合成盐酸、氯化和溴化过程、合成酒精等生产系统，只有采用了大量非金属材料才使大规模的工业化得以实现。另外，某些要求高纯度的产品，如医药、化学试剂、食品等生产设备，很多都是采用陶瓷、玻璃、搪瓷之类的非金属材料制造。当然，就目前而言，在工程领域里所使用的材料，无论从数量上或使用经验方面仍然是金属材料处于主导地位。但从发展趋势来看，非金属材料的应用比重必将不断增大。

大多数非金属材料较普遍地应用到工业上的历史还不很长，以塑料应用到化学工业上作结构材料来说，最早也只能追溯到20世纪30年代。而对非金属材料综合性能的提高，施工技术的改进，则还处于初期发展阶段，需要更多的人去研究、探索。

第一节　高分子材料

由相对分子质量很大(一般在1000以上)的有机化合物为主要组分组成的材料，称为高分子材料。高分子材料有塑料、合成橡胶、合成纤维、涂料、胶黏剂等。

一、塑料

塑料是以有机合成树脂为主要原料，再加入各种助剂和填料组成的一种可塑制成型的材料。它通常可在加热、加压条件下塑制成型。

1. 塑料的特性

(1) 质轻　塑料的密度大多在$(0.8\sim2.3)\times10^3 kg/m^3$之间，只有钢铁的1/8～1/4。这一特点，对于要求减轻自重的设备具有重要的意义。

（2）优异的电绝缘性能　各种塑料的电绝缘性能都很好，是电机、电器和无线电、电子工业中不可缺少的绝缘材料。

（3）优良的耐腐蚀性能　很多塑料在一般的酸、碱、盐、有机溶剂等介质中均有良好的耐蚀性能，特别是聚四氟乙烯塑料更为突出，甚至连“王水”也不能腐蚀它。塑料的这一性能，使它们在化学工业中有着极为广泛的用途，可作为设备的结构材料、管道和防腐衬里等。

（4）良好的成型加工性能　绝大多数塑料成型加工都比较容易，而且形式多种多样，有的可采用挤压、模压、注射等成型方法，制造多种复杂的零部件，不仅方法简单，而且效率也高；有的可像金属一样，采用焊、车、刨、铣、钻等方法进行加工。

（5）热性能较差　多数塑料的耐热性能较差，且导热性不好，一般不宜用作换热设备；其热膨胀系数大，制品的尺寸会受温度变化的影响。

（6）力学性能较差　一般塑料的机械强度都较低，特别是刚性较差，在长时间载荷作用下会产生破坏。

（7）易产生自然老化　塑料在存放或在户外使用过程中，因受日照和大气的作用，性能会逐渐变劣，如强度下降、质地变脆、耐蚀性能降低等。

2. 塑料的组成

塑料的主要成分是树脂，它是决定塑料物理、力学性能和耐蚀性能的主要因素。树脂的品种不同，塑料的性质也就不同。

为改善塑料的性能，除树脂外，塑料中还常加有一定比例的添加剂，以满足各种不同的要求。塑料的添加剂主要有下列几种：

（1）填料　填料又叫填充剂，对塑料的物理、力学性能和加工性能都有很大的影响，同时还可减少树脂的用量，从而降低塑料的成本。常用的填料有玻璃纤维、云母、石墨粉等。

（2）增塑剂　增塑剂能增加塑料的可塑性、流动性和柔软性，降低脆性并改善其加工性能，但使塑料的刚度减弱，耐蚀性降低。因此用于防腐蚀的塑料，一般不加或少加增塑剂。常用的增塑剂有邻苯二甲酸二丁酯、邻苯二甲酸二辛酯、磷酸三丁酯等。

（3）稳定剂　稳定剂能增强塑料对光、热、氧等老化作用的抵抗力，延长塑料的使用寿命。常用的稳定剂有硬脂酸钡、硬脂酸铅等。

（4）润滑剂　润滑剂能改善塑料加热成型时的流动性和脱模性，防止黏模，也可使制品表面光滑。常用的润滑剂有硬脂酸盐、脂肪酸等。

（5）着色剂　着色剂能增加制品美观及适应各种要求。

（6）其他添加剂　除上述几种添加剂外，为满足不同要求还可以加入其他种类的添加剂。例如为使树脂固化，需用固化剂；为增加塑料的耐燃性，或使之自熄，需加入阻燃剂；为制备泡沫塑料，需用发泡剂；为消除塑料在加工、使用中因摩擦产生静电，需加入抗静电剂；为降低树脂黏度、便于施工，可加入稀释剂等。

3. 塑料的分类

（1）根据树脂在加热和冷却时所表现的性质可分为以下两类：

① 热塑性塑料　加热时软化并熔融，可塑造成型，冷却后即成型并保持既得形状，而且该过程可反复进行。这类塑料有聚氯乙烯、聚乙烯、聚丙烯、聚苯乙烯、聚酰胺(尼龙)、聚甲醛、聚碳酸脂等。这类塑料加工成型简便，具有较高的力学性能，但耐热性和刚性比较差。

② 热固性塑料　初加热时软化，可塑造成型，但固化后再加热将不再软化，也不溶于溶剂。这类塑料有酚醛树脂、环氧树脂、氨基树脂、不饱和聚酯等。它们具有耐热性高、受压不易变形等优点，但力学性能不好。

(2) 按使用范围可分为以下三类：

① 通用塑料　应用范围广、生产量大的塑料品种。主要有聚氯乙烯、聚苯乙烯、聚烯烃、酚醛塑料和氨基塑料等，其产量约占塑料总产量的四分之三以上。

② 工程塑料　综合工程性能(包括力学性能、耐热耐寒性能、耐蚀性和绝缘性能等)良好的各种塑料。主要有聚甲醛、聚酰胺、聚碳酸酯和 ABS 四种。

③ 耐热塑料　能在较高温度(100 ~ 200℃)下工作的各种塑料。常见的有聚四氟乙烯、聚三氟氯乙烯、有机硅树脂、环氧树脂等。

4. 常用的工程塑料

1) 热塑性塑料

(1) 聚氯乙烯塑料(PVC)

聚氯乙烯塑料是以聚氯乙烯树脂为主要原料，加入填料、稳定剂、增塑剂等辅助材料，经捏合、混炼及加工成型等过程而制得的。

根据增塑剂的加入量不同，聚氯乙烯塑料可分为两类，一般在 100 份(质量比)聚氯乙烯树脂中加入 30 ~ 70 份增塑剂的称为软聚氯乙烯塑料，不加或只加 5 份以下增塑剂的称为硬聚氯乙烯塑料。

硬聚氯乙烯塑料是中国发展最快、应用最广的一种热塑性塑料。由于硬聚氯乙烯塑料具有一定的机械强度，且焊接和成型性能良好，耐腐蚀性能优越，因此已成为化工、石油、冶金、制药等工业中常用的一种耐蚀材料。

硬聚氯乙烯塑料的物理、力学性能在非金属材料中，可以说是相当优越的。但是硬聚氯乙烯塑料的强度与温度之间的关系非常密切，一般情况下只有在 60℃以下方能保持适当的强度；在 60 ~ 90℃时强度显著降低；当温度高于 90℃时，硬聚氯乙烯塑料不宜用作独立的结构材料。当温度低于常温时，硬聚氯乙烯塑料的冲击韧性随温度降低而显著降低，因此当采用它制作承受冲击载荷的设备、管道时，必须充分注意这一特点。

硬聚氯乙烯塑料具有优越的耐腐蚀性能，总地说来，除了强氧化剂(如浓度大于 50% 的硝酸、发烟硫酸等)外，硬聚氯乙烯塑料能耐大部分的酸、碱、盐类，在碱性介质中更为稳定。

硬聚氯乙烯塑料具有良好的切削加工性能和热成型加工性能。硬聚氯乙烯塑料在烘箱中加热至 135℃软化，可在圆柱形木模上成型；硬聚氯乙烯塑料也可以焊接。它的焊接不同于金属的焊接，它不用加热到流动状态，也不形成熔池，而只是把塑料表面加热到黏稠状态，在一定压力的作用下黏合在一起。目前用得最普遍的仍为电热空气加热的手工焊。这种方法焊接的焊缝一般强度较低也不够安全，因此往往采用组合焊缝或外部加强。

由于硬聚氯乙烯塑料具有一定的机械强度，良好的成型加工及焊接性能，且具有优越的耐蚀性能，因此在化学工业中被广泛用作生产设备、管道的结构材料，如塔器、储罐、电除雾器、排气烟囱、泵和风机以及各种口径的管道等。20 世纪 60 年代用硬聚氯乙烯塑料制作的硝酸吸收塔，使用二十余年，腐蚀轻微，效果良好。另外在氯碱行业中，已成功地应用了硬聚氯乙烯塑料氯气干燥塔；在硫酸生产净化过程中，已成功地应用了硬聚氯乙烯塑料电除雾器等。近年来，人们对聚氯乙烯做了许多改性研究工作。例如玻璃纤维增强聚氯乙烯塑料，就是在聚氯乙烯树脂加工时，加入玻璃纤维进行改性，以提高其物理、力学性能；又如导热聚氯乙烯，就是用石墨来改性，以提高导热性能等。

软聚氯乙烯因其增塑剂的加入量较多，所以其物理、力学性能及耐蚀性能均比硬聚氯乙烯要差。

软聚氯乙烯质地柔软，可制成薄膜、软管、板材以及许多日用品，也可用作电线电缆的保护套管、衬垫材料，还可用作设备衬里或复合衬里的中间防渗层等。

（2）聚乙烯塑料(PE)

聚乙烯由乙烯单体聚合而成。根据合成方法不同，可分为高压、中压和低压三种。高压聚乙烯相对分子质量、结晶度和密度较低，质地柔软，常用来制作塑料薄膜、软管和塑料瓶等。低压聚乙烯质地刚硬，耐磨性、耐蚀性及电绝缘性较好，常用来制造塑料管、板材、绳索以及承载不高的零件，如齿轮、轴承等。

聚乙烯塑料的强度、刚度均远低于硬聚氯乙烯塑料，因此不适宜作单独的结构材料，只能用作衬里和涂层。

聚乙烯塑料的机加工性能近似于硬聚氯乙烯，可以用钻、车、切、刨等方法加工。其薄板可以剪切。

聚乙烯塑料热成型温度为105～120℃，可以用木制模具或金属模具热压成型。

聚乙烯塑料的使用温度与硬聚氯乙烯塑料差不多，但聚乙烯塑料的耐寒性很好。

聚乙烯焊接机理同聚氯乙烯，只是焊接时不能用压缩空气作载热介质，以避免聚乙烯塑料的氧化，而要用氮气或其他非氧化性气体。

聚乙烯有优越的耐腐蚀性能和耐溶剂性能，对非氧化性酸(盐酸、稀硫酸、氢氟酸等)、稀硝酸、碱和盐类均有良好的耐蚀性。在室温下，几乎不被任何有机溶剂溶解，但脂肪烃、芳烃、卤代烃等能使它溶胀，但溶剂去除后，它又能恢复原来的性质。聚乙烯塑料的主要缺点是较易氧化。

聚乙烯塑料广泛用作农用薄膜、电器绝缘材料、电缆保护材料、包装材料等。聚乙烯塑料可制成管道、管件及机械设备的零部件；其薄板也可用作金属设备的防腐衬里。聚乙烯塑料还可用作设备的防腐涂层。这种涂层就是把聚乙烯加热到熔融状态使其黏附在金属表面，形成防腐保护层。聚乙烯涂层可以采用热喷涂的方法制作，也可采用热浸涂方法制作。

（3）聚丙烯塑料(PP)

聚丙烯由丙烯单体聚合而成。聚丙烯塑料为无色、无味、无毒的热塑性塑料，是目前商品塑料中密度最小的一种，其密度只有0.9～0.91g/cm^3。虽然聚丙烯塑料的强度及刚度均小于硬聚氯乙烯塑料，但高于聚乙烯塑料，且其比强度大，故可作为独立的结构材料。

聚丙烯塑料的使用温度高于聚氯乙烯和聚乙烯，可达100℃，如不受外力作用，在150℃时还可保持不变形。但聚丙烯塑料的耐寒性较差，温度接近-10℃时，材料变脆，抗冲击强度明显降低。另外，聚丙烯的耐磨性也不好。

聚丙烯塑料的主要缺点是膨胀系数大，为金属的5～10倍，比硬聚氯乙烯约大一倍。因此当钢质设备衬聚丙烯时，处理不好易发生脱层现象；在管道安装时，应考虑设置热补偿器。

聚丙烯的热成型与硬聚氯乙烯相仿，也可焊接但不易控制。

聚丙烯塑料有优良的耐腐蚀性能和耐溶剂性能。除氧化性介质外，聚丙烯塑料能耐几乎所有的无机介质，甚至到100℃都非常稳定。

聚丙烯塑料可用作化工管道、储槽、衬里等，还可用作汽车零件、医疗器械、电器绝缘材料、食品和药品的包装材料等。若用各种无机填料增强，可提高其机械强度及抗蠕变性能，用于制造化工设备。若用石墨改性，可制成聚丙烯热交换器。

（4）氟塑料

含有氟原子的塑料总称为氟塑料。随着非金属材料的发展，这类塑料的品种不断增加，目前主要的品种有聚四氟乙烯（PTFE，简称 F-4）、聚三氟氯乙烯（简称 F-3）和聚全氟乙丙烯（简称 F-46）。

氟塑料相比其他塑料的优点是：耐高、低温，耐腐蚀，耐老化和电绝缘性能很好，且吸水性和摩擦系数低，尤以聚四氟乙烯最突出。

聚四氟乙烯（PTFE）俗称塑料王，具有非常优良的耐高、低温性能，缺点是强度低及冷流性强。其主要用于制作减摩密封零件、化工耐蚀零件与热交换器，以及高频或潮湿条件下的绝缘材料。

PTFE 相对密度较大（2.14～2.2），几乎不吸水，坚韧而无回弹性，表面光滑，摩擦系数是所有塑料中最小的（只有 0.04），表现为具有优异的润滑性。PTFE 的静磨擦系数比动磨擦系数更小，且从超低温到熔点，磨擦因数几乎保持不变，可用作轴承、活塞环等摩擦部件。聚四氟乙烯与其他材料的黏附性很差，PTFE 是固体材料中表面张力最小的，几乎所有固体材料都不能黏附在它的表面，这就给其他材料与聚四氟乙烯黏结带来困难。

常温下 PTFE 的力学性能与其他塑料相比无突出之处，它的强度、刚性等均不如硬聚氯乙烯。但在高温或低温下，其力学性能比一般塑料好得多。但 PTFE 硬度低，易被其他材料磨损。

PTFE 的耐高温、低温性能优于其他塑料。PTFE 的热稳定性在所在工程塑料中是极为突出的。从 200℃到熔点，其分解速度极慢，分解量也极小，在 200℃加热一个月，分解量小于百万分之一，可以忽略不计。PTFE 在 -250℃下仍不发脆。因此可在 -250～260℃长期使用。

PTFE 是一种高度非极性材料，具有极其优异的介电性能，突出地表现在 0℃以上时，介电性能不受温度的影响，也不受湿度和腐蚀性气体的影响。PTFE 的体积电阻率和表面电阻率是所有工程塑料中最高的，即使长期浸在水中，也不会明显下降，在 100% 相对湿度的空气中，表面电阻率也保持不变。PTFE 的结晶度在 50%～80% 之间时，介电强度几乎与结晶度无关，且具最低的介电常数。PTFE 耐电弧性极好。

PTFE 具有极高的化学稳定性，且不受氧或紫外线的作用，耐候性极好，如 0.1mm 厚的聚四氟乙烯薄膜，经室外暴露 6 年，其外观和力学性能均无明显变化。PTFE 的阻燃性也非常突出。

PTFE 的高温流动性较差，因此难以用一般热塑性塑料的成型加工方法进行加工，只能将聚四氟乙烯树脂预压成型，再烧结制成制品。

PTFE 除常用作填料、垫圈、密封圈以及阀门、泵、管子等各种零部件外，还可用作设备衬里和涂层。由于其施工性能不良，使应用受到了一定的限制。

聚三氟氯乙烯的强度、刚性均高于聚四氟乙烯，但耐热性不如聚四氟乙烯。

聚三氟氯乙烯的耐蚀性能优良，仅次于聚四氟乙烯；吸水率极低，耐候性也非常优良。

聚三氟氯乙烯高温时（210℃以上）有一定的流动性，其加工性能比聚四氟乙烯要好，可采用注塑、挤压等方法进行加工，也可与有机溶剂配成悬浮液，用作设备的耐腐蚀涂层。

聚三氟氯乙烯在化工防腐蚀中主要用作耐蚀涂层和设备衬里，还可制作泵、阀、管件和密封材料。

聚全氟乙丙烯是一种改性的聚四氟乙烯，耐热性稍次于聚四氟乙烯，而优于聚三氟氯乙烯，可在200℃的高温下长期使用。聚全氟乙丙烯的抗冲击性、抗蠕变性均较好。

聚全氟乙丙烯的化学稳定性极好，除使用温度稍低于聚四氟乙烯外，在各种化学介质中的耐蚀性能与聚四氟乙烯相仿。聚全氟乙丙烯的高温流动性比聚三氟氯乙烯好，易于加工成型，可用模压、挤压和注射等成型方法制造各种零件，也可制成防腐涂层。

氟塑料换热器是20世纪60年代发展起来的一种新型换热设备，这种换热器在国外通称泰弗隆换热器，它是用氟塑料软管制成管束，制成管壳式或者沉浸式的换热器。一般情况下，管壳式换热器的腐蚀介质走管内，沉浸式换热器的腐蚀介质走管外。这种换热器是用管径很小的氟塑料管（较为普通的为ϕ2.5mm×0.25mm和ϕ6mm×0.6mm两种规格的管子）很多根（多达数千根）制成的管束。因为管径很小，所以非常紧凑，在较小的容积内可以容纳较大的传热面积，使得单位体积的传热能力有可能比金属的更好。氟塑料换热器由于采用了直径很小的管子，管壁很薄，热阻小，并且氟塑料很光滑，不易结垢，还因为软管在流体的流动状态下经常抖动，即使有沉淀结垢现象，也结不牢，容易剥落下来，随流体带走，所以不易结垢。有这几个方面的原因，就补偿了普通塑料导热性能差的缺点，因而其总传热效果仍然相当好，这就为在一定压力条件下的强腐蚀介质在相当高的温度下（如160～170℃的70%左右的硫酸）的热交换装置开辟了广阔的前景。其还有质量轻、占地面积小等优点，是很有发展前途的一种新型换热设备。

氟塑料在高温时会分解出剧毒产物，所以在施工时，应采取有效的通风方法，操作人员应带防护面具及采用其他保护措施。

（5）聚苯乙烯（PS）

聚苯乙烯由苯乙烯单体聚合而成。聚苯乙烯刚度大、耐蚀性好、电绝缘性好，缺点是抗冲击性差、易脆裂、耐热性不高。可用于制造纺织工业中的纱管、纱锭、线轴；电子工业中的仪表零件、设备外壳；化工中的储槽、管道、弯头；车辆上的灯罩、透明窗；电工绝缘材料等。

（6）ABS塑料

ABS塑料是丙烯腈、丁二烯和苯乙烯的三元共聚物。它具有“硬、韧、刚”的特性，综合机械性能良好，同时尺寸稳定，容易电镀和易于成形，耐热性较好，在－40℃的低温下仍有一定的机械强度。可制造齿轮、泵叶轮、轴承、把手、管道、储槽内衬、电机外壳、仪表壳、仪表盘、蓄电池槽、水箱外壳等。近来在汽车零件上的应用发展很快，如用作挡泥板、扶手、热空气调节导管以及小轿车车身等。此外用作纺织器材、电讯器件都有很好的效果。

（7）聚酰胺（PA）

聚酰胺又称尼龙或锦纶，是由二元胺与二元酸缩合而成，或由氨基酸脱水成内酰胺再聚合而得，有尼龙610、66、6等多个品种。尼龙具有突出的耐磨性和自润滑性能；良好的韧性，强度较高（因吸水不同而异）；耐蚀性好，如耐水、油、一般溶剂、许多化学药剂，抗霉、抗菌、无毒；成型性能也好。

可用于制造耐磨耐蚀零件，如轴承、齿轮、螺钉、螺母等。

(8) 聚碳酸酯(PC)

聚碳酸酯誉称“透明金属”，具有优良的综合性能。其冲击韧性和延性突出，在热塑性塑料中是最好的；弹性模量较高，不受温度的影响；抗蠕变性能好，尺寸稳定性高；透明度高，可染成各种颜色；吸水性小；绝缘性能优良，在10～130℃间介电常数和介质损耗近于不变。可用于制造精密齿轮、蜗轮、蜗杆、齿条等。利用其高的电绝缘性能，可制造垫圈、垫片、套管、电容器等绝缘件，并可作电子仪器仪表的外壳、护罩等。由于透明性好，在航空及宇航工业中，是一种不可缺少的制造信号灯、挡风玻璃、座舱罩、帽盔等的重要材料。

(9) 聚甲基丙烯酸甲酯(PMMA)

聚甲基丙烯酸甲酯俗称有机玻璃。有机玻璃的透明度比无机玻璃还高，透光率达92%，密度也只有后者的一半，为1.18g/cm^3。其机械性能比普通玻璃高得多(与温度有关)。可用于制造仪表护罩、外壳、光学元件、透镜等。

(10) 氯化聚醚(CPE)

氯化聚醚又称聚氯醚，具有良好的力学性能和突出的耐磨性能。其吸水率低，体积稳定性好。氯化聚醚在温度骤变及潮湿情况下，也能保持良好的力学性能，它的耐热性较好，可在-30～120℃的温度下长期使用。氯化聚醚的耐蚀性能优越，仅次于氟塑料，除强氧化剂(如浓硫酸、浓硝酸等)外，能耐各类酸、碱、盐及大多数有机溶剂，但不耐液氯、氟、溴的腐蚀。

氯化聚醚的成型加工性能很好，可用模压、挤压、注射及喷涂等方法加工成型，成型件可进行车、铣、钻等机械加工。

氯化聚醚可用于制泵、阀、管道、齿轮等设备零件，也可用于防腐涂层，还可作为设备衬里。它的热导率比其他热塑性塑料低得多，是良好的隔热材料。例如，以它作衬里的设备，外部一般不需要额外的隔热层。

2) 热固性塑料

(1) 酚醛塑料(PF)

酚醛塑料是由酚类和醛类在酸或碱催化剂作用下缩聚合成酚醛树脂，再加入添加剂而制得的高聚物，一般为热固性塑料。酚醛塑料具有一定的机械强度和硬度，耐磨性好，绝缘性良好，耐蚀性优良，耐热性较高，可在110～140℃下使用。其缺点是性脆易碎，抗冲击强度低，不耐碱，在阳光下易变化，因此多做成黑色、棕色等。酚醛塑料可分为模压塑料、酚醛注射塑料和酚醛层压板等，广泛用于制作插头、开关、电话机、仪表盒、外壳等各种电气绝缘零件，还可制作汽车刹车块、内燃机曲轴皮带轮、纺织机和仪表中的无声齿轮、凸轮、手柄、化工用耐酸泵、日用用具等。

(2) 环氧塑料(EP)

环氧塑料是环氧树脂加入固化剂后形成的热固性塑料。环氧塑料强度较高，韧性较好；尺寸稳定性高和耐久性好，具有优良的绝缘性能，耐热、耐寒，化学稳定性很高，成形工艺性能好。其缺点是有某些毒性。环氧塑料是很好的胶黏剂，对各种材料(金属及非金属)都有很强的胶黏能力。环氧塑料用于制作塑料模具、印刷线路板、灌封电器元件及配制飞机漆、油船漆、罐头涂料。

二、橡胶

通常把具有橡胶弹性的有机高分子材料称作橡胶。橡胶在较宽的温度范围内具有高弹性，在较小的应力作用下就能产生较大的弹性变形，其弹性变形量可达100%～1000%，而且回弹性好，回弹速度快。橡胶的用途很广，主要用来制作各种橡胶制品。橡胶具有良好的物理机械性能和良好的耐腐蚀及防渗性能，而且具备一些特有的加工性质，如优良的可塑性、可黏接性、可配合性和硫化成型等特性；同时，橡胶还有一定的耐磨性，具有较好的抗撕裂、耐疲劳性，在使用中经多次的弯曲、拉伸、剪切、压缩均不受损伤；有很好的绝缘性和不透气、不透水性。所以被广泛用于金属设备的防腐衬里或复合衬里中的防渗层，也是常用的弹性材料、密封材料、减震防震材料和传动材料。

1. 橡胶的分类

按照原料的来源，橡胶可分为天然橡胶和合成橡胶两大类。合成橡胶主要有七大品种：丁苯橡胶、顺丁橡胶、氯丁橡胶、异戊橡胶、丁基橡胶、乙丙橡胶和丁腈橡胶。习惯上按用途将合成橡胶分成两类：性能和天然橡胶接近、可以代替天然橡胶的通用橡胶和具有特殊性能的特种橡胶。通用橡胶主要用于制造工业制品和日用杂品，特种橡胶用于制造特殊环境(高低温、酸、油类、辐射等)使用的制品。

2. 橡胶制品的组成

人工合成用以制胶的高分子聚合物称为生胶。生胶要先进行塑炼，使其处于塑性状态，再加入各种配料，经过混炼成型、硫化处理，才能成为可以使用的橡胶制品。配料主要包括：

(1) 硫化剂　变塑性生胶为弹性胶的处理即为硫化处理，能起硫化作用的物质称硫化剂。常用的硫化剂有硫磺、含硫化合物、硒、过氧化物等。

(2) 硫化促进剂　胺类、胍类、秋兰姆类、噻唑类及硫脲类物质，可以起降低硫化温度、加速硫化过程的作用，称为硫化促进剂。

(3) 补强填充剂　为了提高橡胶的机械性能，改善其加工工艺性能，降低成本，常加入填充剂，如碳黑、陶土、碳酸钙、硫酸钡、氧化硅、滑石粉等。

生橡胶必须通过硫化交联才能得到有使用价值的硫化橡胶。

3. 常用橡胶

1) 天然橡胶

天然橡胶是用从胶园收集的橡胶树的胶乳或自然凝固的杂胶，经加工凝固、洗涤、压片、压炼、造粒和干燥，制备成的各种片状或颗粒状的固体制品，它是不饱和异戊二烯的高分子聚合物，这是一种线性聚合物，只有经过交联反应使之成为网状大分子结构才具有良好的物理、力学性能及耐蚀性能。天然橡胶的交联剂多用硫磺，其交联过程称为硫化。硫化的结果使橡胶在弹性、强度、耐溶剂性及耐氧化性能方面得到改善，并能增加天然橡胶的品种。

根据硫化程度的高低，即含硫量的多少可分为软橡胶(含硫量2%～4%)、半硬橡胶(含硫量12%～20%)和硬橡胶(含硫量20%～30%)。软橡胶的弹性较好，耐磨，耐冲击振动，适用于温度变化大和有冲击振动的场合。但软橡胶的耐腐蚀性能及抗渗性则比硬橡胶差些。硬橡胶由于交联度大，故耐腐蚀性能、耐热性和机械强度均较好，但耐冲击性能则较软橡胶差些。

天然橡胶的化学稳定性能较好，可耐一般非氧化性酸、有机酸、碱溶液和盐溶液腐蚀，但在氧化性酸和芳香族化合物中不稳定。如对50%以下的硫酸(硬橡胶可达60%以下)、盐酸(软橡胶在65℃的30%盐酸中有较大的体积膨胀)、碱类、中性盐类溶液、氨水等都耐蚀。其使用温度一般不超过65℃，如长期超过这一温度范围，使用寿命将显著降低。

2）合成橡胶

合成橡胶中有少数品种的性能与天然橡胶相似，大多数与天然橡胶不同，但两者都是高弹性的高分子材料，一般均需经过硫化和加工之后，才具有实用性和使用价值。合成橡胶在20世纪初开始生产，从40年代起得到了迅速的发展。合成橡胶一般在性能上不如天然橡胶全面，但它具有高弹性、绝缘性、气密性、耐油、耐高温或低温等性能，因而广泛应用于工农业、国防、交通及日常生活中。

（1）丁苯橡胶　丁苯橡胶是最早工业化的合成橡胶，简称SBR。它是以丁二烯和苯乙烯为单体共聚而成，是产量最大的通用合成橡胶，具有较好的耐磨性、耐热性、耐老化性，价格便宜。它主要用于制造轮胎、胶带、胶管及生活用品。

（2）顺丁橡胶　顺丁橡胶是由丁二烯聚合而成。顺丁橡胶的弹性、耐磨性、耐热性、耐寒性均优于天然橡胶，是制造轮胎的优良材料。其缺点是强度较低、加工性能差。它主要用于制造轮胎、胶带、弹簧、减震器、耐热胶管、电绝缘制品等。

（3）氯丁橡胶　氯丁橡胶是由氯丁二烯聚合而成。氯丁橡胶的机械性能和天然橡胶相似，但耐油性、耐磨性、耐热性、耐燃烧性、耐溶剂性、耐老化性能均优于天然橡胶，所以称为“万能橡胶”。它既可作为通用橡胶，又可作为特种橡胶。其耐燃性是通用橡胶中最好的，但氯丁橡胶耐寒性较差（$-35℃$），密度较大（为$1.23g/cm^3$），生胶稳定性差，成本较高，电绝缘性稍差。它主要用于制造低压电线、电缆的外皮、胶管、输送带等。

（4）丁腈橡胶　丁腈橡胶是丁二烯和丙烯腈两种单体的共聚物。其主要优点是耐油，耐有机溶剂；丁腈橡胶的耐热、耐老化、耐腐蚀性也比天然橡胶和通用橡胶好，还具有较好的抗水性。它的缺点是耐寒性低，脆化温度为$-10\sim-20℃$；耐酸性差，对硝酸、浓硫酸、次氯酸和氢氟酸的抗蚀能力特别差；电绝缘性能很差；耐臭氧性差；弹性稍低；强度很低，只有$3\sim4MPa$，加入补强剂以后，可提高到$25\sim30MPa$。丁腈橡胶以优异的耐油性著称，在现有橡胶中，其耐油性仅次于聚硫橡胶、聚丙烯酸酯橡胶和氟橡胶，广泛应用于制造各种耐油制品，如输油胶管、各种油封制品和储油容器衬里及隔膜、耐油胶管、印刷胶辊和耐油手套等。

（5）硅橡胶　硅橡胶是由各种硅氧烷缩聚而成。所用的硅氧烷单体的组成不同，可得到不同品种的硅橡胶，其中以二甲基硅橡胶应用最广，它是由二甲基硅氧烷缩聚而成。硅橡胶的柔顺性较好，既耐高温又耐严寒，橡胶中它的工作温度范围最广（$-100\sim300℃$），具有十分优异的耐臭氧老化性能、耐光老化性能、耐候老化性能及良好的电绝缘性能。其缺点是常温下其硫化胶的抗拉强度、撕裂强度和耐磨性能比天然橡胶及其他合成橡胶低，其价格也比较贵，限制了其应用。它主要用于制造军事及航空航天工业的密封减震、电绝缘材料和涂料以及医疗卫生制品。

（6）氟橡胶　氟橡胶是以碳原子为主链、含有氟原子的高聚物。它具有很高的化学稳定性，在酸、碱、强氧化剂中的耐蚀能力居各类橡胶之首，并具有很好的耐热性。其缺点是价格昂贵、耐寒性差、加工性能不好。它主要用于制造高级密封件、高真空密封件、化工设备中的里衬及火箭、导弹的密封垫圈。

第二节 陶瓷材料

一、概述

传统意义上的陶瓷主要指陶器和瓷器，也包括玻璃、搪瓷、耐火材料、砖瓦等。这些材料都是用黏土、石灰石、长石、石英等天然硅酸盐类矿物制成的。由于传统陶瓷材料的主要原料是硅酸盐产物，所以传统陶瓷又叫硅酸盐材料。主要用于制造日用、建筑、卫生陶瓷用品，以及工业上应用的低压和高压陶瓷、耐酸陶瓷、过滤陶瓷等。

随着先进陶瓷的发展，现今意义上的陶瓷材料已有了巨大变化，许多新型陶瓷已经远远超出了硅酸盐的范畴，不仅在性能上有了重大突破，在应用上也已渗透到各个领域。广义的陶瓷概念是指用陶瓷的工艺方法生产的无机非金属材料。例如用氧化物、氟化物、硼化物、碳化物或其他无机非金属材料制成的成品，都属于广义陶瓷的范畴。因此现代陶瓷的含义泛指包括玻璃、水泥、耐火材料等全部的硅酸盐材料，以及经过成型、烧结等工序制得的金属氧化物、非氧化物等无机非金属材料的总称。

陶瓷材料通常分为玻璃、玻璃陶瓷和工程陶瓷（也叫烧结陶瓷）三大类：

（1）玻璃　包括光学玻璃、电工玻璃、仪表玻璃等在内的工业玻璃、建筑玻璃和日用玻璃等无固定熔点的受热软化的非晶态固体材料。

（2）玻璃陶瓷　包括耐热耐蚀的微晶玻璃、无线电透明微晶玻璃、光学玻璃陶瓷等。

（3）工程陶瓷　又分为普通陶瓷和特种陶瓷两大类，而金属陶瓷通常被视为金属与陶瓷的复合材料。

陶瓷材料按应用分为结构陶瓷材料与功能陶瓷材料。

工程陶瓷的生产过程如下：

（1）原料制备　将矿物原料经拣选、粉碎后配料、混合、磨细得到坯料。

（2）坯料成型　将坯料加工成一定形状和尺寸并有一定机械强度和致密度的半成品。包括可塑成型（如传统陶瓷）、注浆成型（如形状复杂、精度要求高的普通陶瓷）和压制成型（如特种陶瓷和金属陶瓷）。

（3）烧成与烧结　烧成与烧结是指干燥后的坯料加热到高温，进行一系列的物理、化学变化而成瓷的过程。烧成是使坯件瓷化的工艺（1250～1450℃），烧结是指烧成的制品开口气孔率极低、而致密度很高的瓷化过程。

衡量陶瓷的质量指标有原料的纯度和细度、坯料混合均匀性、成型密度及均匀性、烧成或烧结温度、炉内气氛、升降温速度等。

陶瓷材料不仅可作为结构材料，而且能作为性能优异的功能材料，在空间技术、海洋技术、电子、医疗卫生、无损检测、广播电视等领域得到了重要应用。

二、陶瓷材料的结构特点

陶瓷是一种多晶固体材料，它的内部组织结构较为复杂，一般是由晶相、玻璃相和气相组成。这些相的结构、数量、晶粒大小、形态、结晶特性、分布状况、晶界及表面特征的不同，都会对陶瓷的性能产生重要影响，决定了陶瓷的力学性能、热性能以及耐蚀性能等基本性能。而其组织结构又主要取决于陶瓷的原料及加工工艺。

1. 晶体相

晶体相是指陶瓷的晶体结构，它是由某些化合物或固溶体组成，是陶瓷的主要组成相，一般数量较大，对性能的影响最大。陶瓷材料和金属材料一样，通常是由多晶体组成。有时，陶瓷材料不止一个晶相，而是多相晶体，即除了主晶相外，还有次晶相、第三晶相……。对陶瓷材料来说，主晶相的性能，往往决定着陶瓷的机械、物理、化学性能。例如刚玉瓷具有较高的机械强度、耐高温、抗腐蚀、电绝缘性能好等性能特点，其主要原因是其主晶相（$\alpha-Al_2O_3$、刚玉型）的晶体结构紧密、离子键结合强度大的缘故。另外，和其他所有晶体材料一样，陶瓷中的晶体相也存在着各种晶体缺陷。

在陶瓷晶体相结构中，最重要的有氧化物结构和硅酸盐结构两大类。

（1）氧化物结构　大多数氧化物结构是由氧离子排列成简单立方、面心立方和密排六方的三种晶体结构，正粒子位于其间隙中。它们大都是以离子键结合的晶体，这是大多数典型陶瓷特别是特种陶瓷的主要组成和晶体相。图 9－1 为 MgO 与 Al_2O_3的晶体结构。

（2）硅酸盐结构　硅酸盐是传统陶瓷的主要原料，同时又是陶瓷组织中的重要晶体相，它是由硅氧四面体[SiO_4]为基本结构单元所组成的，如图 9－2 所示。[SiO_4]就像高分子化合物大分子链中的基本结构单元——链节一样，它既可以孤立地在结构中存在，也可以互成单链、双链或层状连接，如图 9－3 所示，因此，硅酸盐有无机高分子化合物之称。

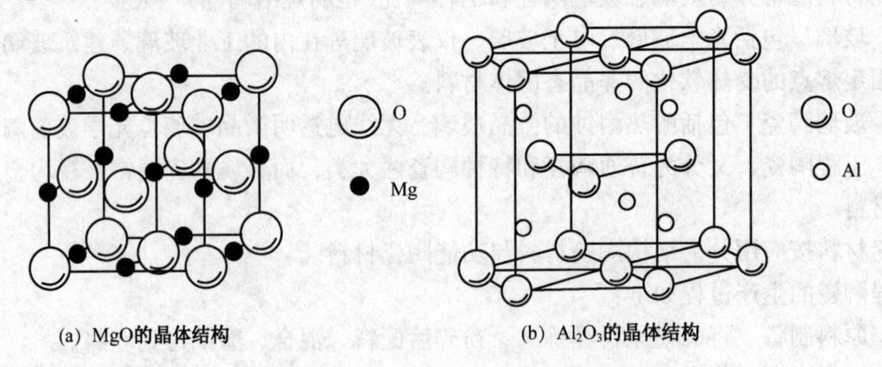

(a) MgO的晶体结构　　(b) Al_2O_3的晶体结构

图 9－1　氧化物的晶体结构

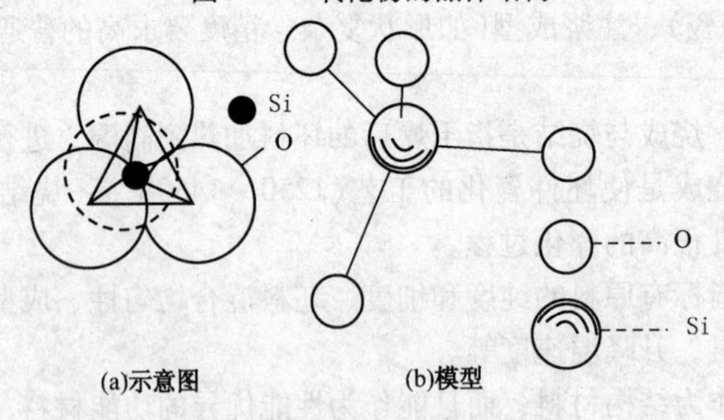

(a)示意图　　(b)模型

图 9－2　[SiO_4]四面体

2. 玻璃相

玻璃相是一种非晶态的低熔点固体相。形成玻璃相的内部条件是黏度，外部条件是冷却速度。一般黏度较大的物质，如 Al_2O_3、SiO_2、B_2O_3等化合物的液体，当其快速冷却时很容易凝固成非晶态的玻璃体，而缓慢冷却或保温一段时间，则往往会形成不透明的晶体。

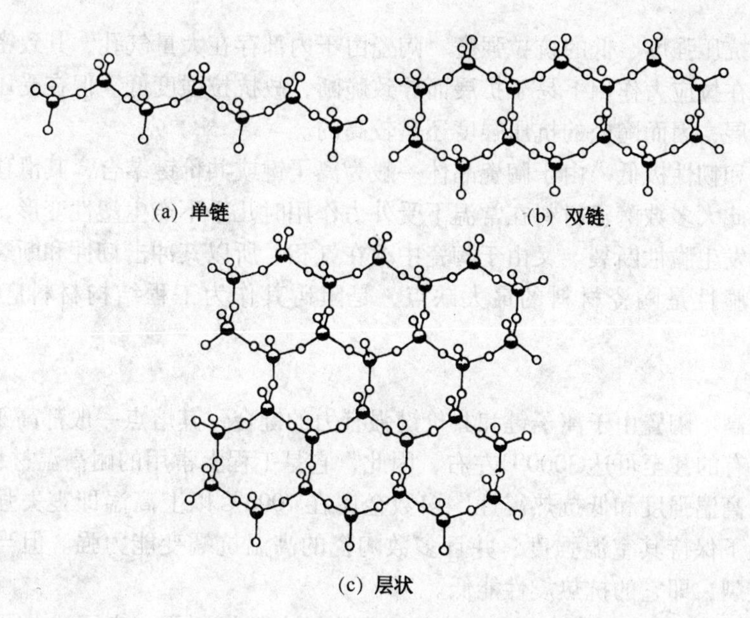

图 9－3 ［SiO_4］四面体连接模型

玻璃相在陶瓷材料中也是一种重要的组成相，除釉层中绝大部分是玻璃相外，在瓷体内部也有不少玻璃相存在。玻璃相的主要作用是：将分散的晶相黏结在一起，填充气孔空隙，使瓷坯致密，抑制晶体长大，防止晶格类型转变，降低陶瓷烧结温度，加快烧结过程以及获得一定程度的玻璃特性等。但玻璃相组成不均匀，致使陶瓷的物理、化学性能有所不同，而且玻璃相的强度低、脆性大、热稳定性差、电绝缘性差，故玻璃相含量应根据陶瓷性能要求合理调整，一般控制在20%～40%或者更多些，如日用陶瓷的玻璃相可达60%以上。

3. 气相

气相是指陶瓷组织结构中的气孔。气相的存在对陶瓷材料的性能有较大的影响，它使材料的强度降低（见图9－4），热导率、抗电击穿能力下降，介电损耗增大，而且它往往是产生裂纹的原因。同时，气相对光有散射作用而降低陶瓷的透明度。然而，要求生产隔热性能好、密度小的陶瓷材料，则希望气孔数量多，分布和大小均匀一些，通常陶瓷中的残留气孔量为5%～10%。

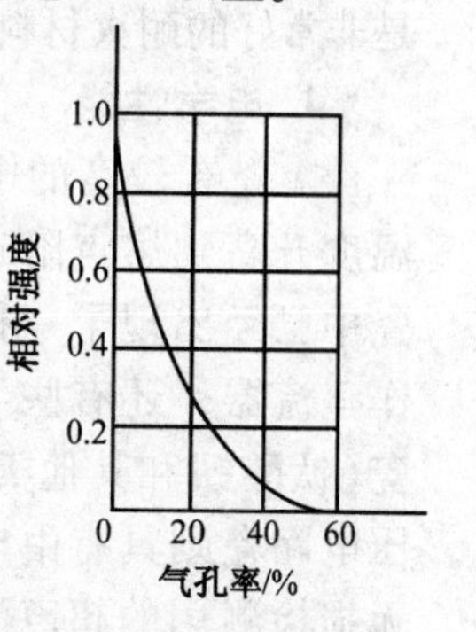

图 9－4 气孔对陶瓷强度的影响

陶瓷材料几乎都是由一种或多种晶体组成，晶体周围通常被玻璃体包围着，在晶内或晶界处还分布着大大小小的气孔。由不同种类、不同数量、不同形状和分布的晶体相、玻璃相、气相组成了具有各种物理、化学性能的陶瓷材料。通过对陶瓷材料组织结构的了解和研究，可以让我们知道什么样组织结构的陶瓷材料具有什么样的性能，从而找出改进材料性能的途径，以达到指导生产、调整配料方案、改进工艺措施及合理使用的目的。

三、陶瓷材料的性能

陶瓷材料的性能主要包括力学性能、热性能、化学性能、电性能、磁性能以及光学性能等方面。

1. 力学性能

（1）硬度高、耐磨性好　大多数陶瓷的硬度远高于金属材料，其硬度大都在1500HV以上，而淬火钢只有500～800HV。陶瓷耐磨性好，常用来制作耐磨零件，如轴承、刀具等。

（2）高的抗压强度、低的抗拉强度　陶瓷由于内部存在大量气孔，其致密程度远不及金属高，且气孔在拉应力作用下易于扩展而导致脆断，故抗拉强度低。但在受压时，气孔不会导致裂纹的扩展，因而陶瓷的抗压强度还是较高的。

（3）塑性和韧性极低　由于陶瓷晶体一般为离子键或共价键结合，其滑移系要比金属材料少得多，因此大多数陶瓷材料在常温下受外力作用时几乎不产生塑性变形，而是在一定弹性变形后直接发生脆性断裂。又由于陶瓷中存在气相，所以其冲击韧性和断裂韧度要比金属材料低得多。脆性是陶瓷材料的最大缺点，是阻碍其作为工程结构材料广泛使用的主要问题。

2. 热性能

（1）熔点高　陶瓷由于离子键和共价键强有力的键合，其熔点一般都高于金属，大多在2000℃以上，有的甚至可达3000℃左右，因此，它是工程上常用的耐高温材料。

（2）优良高温强度和低抗热震性　多数金属在1000℃以上高温即丧失强度，而陶瓷却仍能再此高温下保持其室温强度，并且多数陶瓷的高温抗蠕变能力强。但当温度剧烈变化时，陶瓷易破裂，即它的抗热震性能低。

（3）低的热导率、低的热容量　陶瓷的热传导主要靠原子、离子或分子的热振动来完成，所以大多数陶瓷的热导率低，且随温度升高而下降。陶瓷的热容随温度升高而增加，但总地来说较小，且气孔率大的陶瓷热容量更小。

3. 化学性能

陶瓷是离子晶体，其金属原子被周围的非金属元素（氧原子）所包围，屏蔽于非金属原子的间隙之中，形成极为稳定的化学结构。因此，它不但在室温下不会同介质中的氧发生反应，而且在高温下（即使1000℃以上）也不易氧化，所以具有很高的耐火性能及不可燃烧性，是非常好的耐火材料，并且陶瓷对酸、碱、盐类以及熔融的有色金属均有较强的抗蚀能力。

4. 电学性能

陶瓷有较高的电阻率，较小的介电常数和介电损耗，是优良的电绝缘材料。只有当温度升高到熔点附近时，才表现出一定的导电能力。随着科学技术的发展，在新型陶瓷中已经出现了一批具有各种电性能的产品，如经高温烧结的氧化锡就是半导体，可作整流器，还有些半导体陶瓷，可用来制作热敏电阻、光敏电阻等敏感元件；铁电陶瓷（钛酸钡和其他类似的钙钛矿结构）具有较高的介电常数，可用来制作较小的电容器；压电陶瓷则具有由电能转换成机械能的特性，可用作电唱机、扩音机中的换能器以及无损检测用的超声波仪器等。

5. 磁学性能

通常被称为铁氧体的磁性陶瓷材料（如Fe_3O_4、$CuFe_2O_4$等）在唱片和录音磁带、变压器铁心、大型计算机的记忆元件等方面应用广泛。

6. 光学性能

陶瓷作为功能材料，还表现在它具有特殊光学性能的方面，如用作固体激光材料、光导纤维、光储存材料等。它们对通讯、摄影、激光技术和电子计算机技术的发展有很大的影响。近代透明陶瓷的出现，是光学材料的重大突破，现已广泛用于高压钠灯灯管、耐高温及辐射的工作窗口、整流罩以及高温透镜等工业领域。

四、普通陶瓷

普通陶瓷也叫传统陶瓷，其主要原料是黏土（$Al_2O_3 \cdot 2SiO_2 \cdot 2H_2O$）、石英（$SiO_2$）和长

石($K_2O \cdot Al_2O_3 \cdot 6SiO_2$)。组分的配比不同，陶瓷的性能会有所差别。例如，长石含量高时，熔化温度低而使陶瓷致密，表现在性能上即是抗电性能高、耐热性能及机械性能差；黏土或石英含量高时，烧结温度高而使得陶瓷的抗电性能差，但有较高的热性能和机械性能。普通陶瓷坚硬而脆性较大，绝缘性和耐蚀性极好。由于其制造工艺简单、成本低廉，因而在各种陶瓷中用量最大。普通陶瓷通常分为日用陶瓷和工业陶瓷两大类。

1. 普通日用陶瓷

普通日用陶瓷主要用作日用器皿和瓷器，一般具有良好的光泽度、透明度及较高的热稳定性和机械强度。

常用普通日用陶瓷有：

(1) 长石质瓷　国内外常用的日用瓷，用作一般工业瓷制品。

(2) 绢云母质瓷　我国的传统日用瓷。

(3) 骨质瓷　近些年得到广泛应用，主要用作高级日用瓷制品。

(4) 滑石质瓷　我国发展的综合性能好的新型高质瓷。

(5) 高石英质日用瓷　是最近我国研制成功的，石英含量≥40%，瓷质细腻、色调柔和、透光度好、机械强度和热稳定性好。

2. 普通工业陶瓷

(1) 建筑卫生瓷　用于装饰板、卫生间装置及器具等，通常尺寸较大，要求强度和热稳定性好。主要用于制造化工、制药、食品等工业及实验室中的管道设备、耐蚀容器及实验器皿等，通常要求耐各种化学介质腐蚀的能力要强。

(2) 电工瓷　主要指电器绝缘用瓷，也叫高压陶瓷，要求机械性能高、介电性能和热稳定性好。

改善工业陶瓷性能的方法是：加入 MgO、ZnO、BaO、Cr_2O_3等或增加莫来石晶体相，提高机械强度和耐碱抗力；加入 Al_2O_3、ZrO_2等提高强度和热稳定性；加入滑石或镁砂降低热膨胀系数；加入 SiC 提高导热性和强度。

氧化铝熔点达 2050℃，抗氧化性好，广泛用作耐火材料；较高纯度的 Al_2O_3粉末压制成型、高温烧结后可得到刚玉耐火砖、高压器皿、坩埚、电炉炉管、热电偶套管等；微晶刚玉的硬度极高(仅次于金刚石)，红硬性达 1200℃，可制作要求高的工具，如切削淬火钢刀具、金属拔丝模等。它具有很高的电阻率和低的导热率，是很好的电绝缘材料和绝热材料。其强度和耐热强度均较高(是普通陶瓷的 5 倍)，是很好的高温耐火结构材料，如可制作内燃机火花塞、空压机泵零件等。单晶体氧化铝可制作蓝宝石激光器，氧化铝管坯可制作钠蒸气照明灯泡。

几种普通陶瓷的基本性能见表 9－1。

表 9－1　几种普通陶瓷的基本性能

陶瓷种类	日用陶瓷	建筑陶瓷	高压陶瓷	耐酸陶瓷
密度/(10^3kg · m^{-3})	2.3～2.5	<2.2	2.3～2.4	2.2～2.3
气孔率/%		<5		<6
吸水率/%		3～7		<3
抗拉强度/MPa		10.8～51.9	23～35	8～12
抗压强度/MPa		568.4～803.6		80～120

续表

陶瓷种类	日用陶瓷	建筑陶瓷	高压陶瓷	耐酸陶瓷
抗弯强度/MPa	40~65	40~96	70~80	40~60
冲击韧度/(kJ·m^{-2})	1.8~2.1		1.8~2.2	1~1.5
线膨胀系数/(10^{-6}/℃)	2.5~4.5			4.5~6.0
导热系数/[W·(m·K)$^{-1}$]		<1.5		0.92~1.04
介电常数			6~7	
损耗角正切			0.02~0.04	
体积电阻率/(Ω·m)			≮1011	
莫氏硬度	7	7		7
热稳定性/℃	220	250	150~200	(2①)

① 试样由220℃急冷至20℃的次数。

五、化工陶瓷(耐酸陶瓷)

应用于腐蚀工程中的硅酸盐硬质陶瓷称为化工陶瓷，又称耐酸陶瓷。其主要成分为$SiO_2$60%~70%、$Al_2O_3$20%~30%，并含有少量的MgO、CaO、K_2O、Fe_2O_3等。

化工陶瓷按组成及烧成温度的不同，可分为耐酸陶瓷、耐酸耐温陶瓷和工业瓷三种。耐酸耐温陶瓷的气孔率、吸水率都较大，故耐温度急变性较好，容许使用温度也较高，而其他两类的耐温度急变性和容许使用温度均较低。

化工陶瓷的耐腐蚀性能很好，除氢氟酸和含氟的其他介质以及热浓磷酸和碱液外，能耐几乎其他所有的化学介质，如热浓硝酸、硫酸甚至“王水”。

化工陶瓷制品有板、砖、管、各种化工设备及流体输送机械，是化工生产中常用的耐蚀材料。许多设备都用耐酸板、砖作防腐蚀衬里，也常用作耐酸地坪；陶瓷塔器、容器和管道常用于生产和储存、输送腐蚀性介质；陶瓷泵、阀等都是很好的耐蚀设备。化工陶瓷是一种应用非常广泛的耐蚀材料。

但是，由于化工陶瓷是一种典型的脆性材料，其抗拉强度小，冲击韧性差，热稳定性低，所以在安装、维修、使用中都必须特别注意，应防止撞击、振动、应力集中、骤冷骤热等，还应避免大的温差范围。

六、特种陶瓷

特种陶瓷也叫现代陶瓷、精细陶瓷或高性能陶瓷，包括特种结构陶瓷和功能陶瓷两大类，如压电陶瓷、磁性陶瓷、电容器陶瓷、高温陶瓷等。工程上最重要的是高温陶瓷，包括氧化物陶瓷、硼化物陶瓷、氮化物陶瓷和碳化物陶瓷。特种陶瓷的种类及用途见表9-2。

表9-2 特种陶瓷的种类及用途

种　类	组　成	用　途
烧结刚玉(氧化铝瓷)	Al_2O_3	火花塞，物理化学设备，人工骨、牙等
高氧化铝瓷	A-Al_2O_3	绝缘子，电器材料，物理化学设备
莫来石瓷	$3Al_2O_3 \cdot 2SiO_2$	电器材料，耐热耐酸材料
氧化镁瓷	MgO	物理化学设备
氧化锆瓷	ZrO_2	物理化学设备，电器材料，人工骨、关节
氧化铍瓷	BeO	物理化学设备，电器材料

续表

种　　类		组　　成	用　　途
氧化钍瓷		ThO_2	物理化学设备，炉材
尖晶石瓷		$MgO \cdot Al_2O_3$	物理化学设备，电器材料
氧化锂瓷(耐热高强度陶瓷)		$Li_2O \cdot Al_2O_3 \cdot 2SiO_2$ $Li_2O \cdot Al_2O_3 \cdot 4SiO_2$ $Li_2O \cdot Al_2O_3 \cdot 8SiO_2$	高温材料，物理化学设备
块滑石(滑石瓷)		$MgO \cdot SiO_2$	高频绝缘材料
氧化钛瓷		TiO_2 TiO_2 $CaSiTiO_5$	介电材料
钛酸钡系陶瓷		BaO，TiO_2；SrO_2，TiO_2 PbO，ZrO_2 等的固溶体 PZT，PLZT，PLLZT	铁电材料，电光材料
氧化物，碳化物，硼化物，氮化物，硅化物系陶瓷		ZrO_2，SiC，Si_3N_4，BN	超高温材料
铁氧体系瓷	软磁铁氧体	MnZn，NiZn 系	无线电设备用磁头
	硬磁铁氧体	Co，Ba	永久磁铁
	记忆铁氧体	MgZn，Li 系	记忆磁心
稀土钴系		SmCoMnBi，GdCo 膜	永久磁铁存储器
半导体陶瓷		ZnO，SiC，ZrO_2，SnO_2，$BaTiO_3$，$\gamma-Fe_2O_3$，CdS，$MgCr_2O_4$	非线性电阻，气体传感器，热敏元件，湿度传感器，太阳电池，自控温发热体
其他锆质蛇纹岩系瓷，钡长石多孔陶瓷		$ZrSiO_2$ $FeO \cdot MgO \cdot Al_2O_3 \cdot SiO_2$ 系，$BaO \cdot Al_2O_3 \cdot 2SiO_2$	耐碱性 X 射线设备用断路器，电解用过滤器

1. 氧化物陶瓷

氧化物陶瓷熔点大多在2000℃以上，烧成温度约1800℃；单相多晶体结构，有时有少量气相；强度随温度的升高而降低，在1000℃以下时一直保持较高强度，随温度变化不大；纯氧化物陶瓷任何高温下都不会氧化。

(1) 氧化铝(刚玉)陶瓷　氧化铝的结构是 O^{2-} 排成密排六方结构，Al^{3+} 占据间隙位置。根据含杂质的多少，氧化铝呈红色(如红宝石)或蓝色(如蓝宝石)。实际生产中，氧化铝陶瓷按 Al_2O_3 含量可分为75、95和99等几种。

(2) 氧化锆陶瓷　氧化锆陶瓷的熔点在2700℃以上，耐2300℃高温，推荐使用温度为2000～2200℃；能抗熔融金属的浸蚀，可用作铂、锗等金属的冶炼坩埚和1800℃以上的发热体及炉子、反应堆绝热材料等。氧化锆作添加剂大大提高了陶瓷材料的强度和韧性，氧化锆增韧陶瓷可替代金属制造模具、拉丝模、泵叶轮和汽车零件如凸轮、推杆、连杆等。

(3) 氧化铍陶瓷　氧化铍陶瓷具备一般陶瓷的特性，导热性极好，有很高的热稳定性，强度低，抗热冲击性较高，并且消散高能辐射的能力强、热中子阻尼系数大。氧化铍陶瓷可制造坩埚、真空陶瓷和原子反应堆陶瓷、气体激光管、晶体管散热片和集成电路的基片和外壳等。

2. 碳化物陶瓷

碳化物陶瓷有很高的熔点、硬度(近于金刚石)和耐磨性(特别是在浸蚀性介质中)。其缺点是耐高温氧化能力差(约900～1000℃)、脆性极大。

(1) 碳化硅陶瓷　碳化硅陶瓷密度为 $3.2 \times 10^3 kg/m^3$，弯曲强度为200～250MPa，抗压强度为1000～1500MPa，硬度为莫氏9.2，其热导率很高，热膨胀系数很小，在900～

1300℃时慢慢氧化。它主要用于制造加热元件、石墨表面保护层以及砂轮及磨料等。

（2）碳化硼陶瓷　碳化硼陶瓷硬度极高，抗磨粒磨损能力很强，其熔点达2450℃，高温下会快速氧化，与热或熔融黑色金属发生反应，因此使用温度应限定在980℃以下。它主要用作磨料，有时用于制造超硬质工具材料。

（3）其他碳化物陶瓷　碳化钼、碳化铌、碳化钽、碳化钨和碳化锆陶瓷的熔点和硬度都很高，可用于2000℃以上的中性或还原气氛中的高温材料；碳化铌、碳化钛还可用于2500℃以上的氮气气氛中的高温材料。

3. 硼化物陶瓷

硼化物陶瓷有硼化铬、硼化钼、硼化钛、硼化钨和硼化锆等。

硼化物陶瓷具有高硬度，同时具有较好的耐化学浸蚀能力。其熔点范围为1800～2500℃。比起碳化物陶瓷，硼化物陶瓷具有较高的抗高温氧化性能，使用温度达1400℃。

硼化物主要用于制造高温轴承、内燃机喷嘴、各种高温器件、处理熔融非铁金属的器件等，还可用作电触点材料。

4. 氮化物陶瓷

1）氮化硅陶瓷

氮化硅陶瓷是键能高而稳定的共价键晶体，其硬度高而摩擦系数低，有自润滑作用，是优良的耐磨减摩材料。氮化硅的耐热温度比氧化铝低，而抗氧化温度高于碳化物和硼化物；1200℃以下具有较高的机械性能和化学稳定性，且热膨胀系数小、抗热冲击，可用作优良的高温结构材料；耐各种无机酸（氢氟酸除外）和碱溶液浸蚀，是优良的耐腐蚀材料。

反应烧结法得到的$\alpha-Si_3N_4$，用于制造各种泵的耐蚀、耐磨密封环等零件。

热压烧结法得到的$\beta-Si_3N_4$，用于制造高温轴承、转子叶片、静叶片以及加工难切削材料的刀具等。

在Si_3N_4中加一定量Al_2O_3烧制成陶瓷可制造柴油机的气缸、活塞和燃气轮机的转动叶轮。

2）氮化硼陶瓷

六方氮化硼为六方晶体结构，也叫“白色石墨”。其硬度低，可进行各种切削加工；导热和抗热性能高，耐热性好，有自润滑性能；高温下耐腐蚀、绝缘性好。可用于制造高温耐磨材料和电绝缘材料、耐火润滑剂等。

在高压和1360℃时六方氮化硼转化为立方$\beta-BN$，硬度接近金刚石的硬度，用作金刚石的代用品，制作耐磨切削刀具、高温模具和磨料等。

七、其他硅酸盐材料

1. 玻璃

玻璃光滑，对流体的阻力小，适宜作为输送腐蚀性介质的管道和耐蚀设备，又由于玻璃是透明的，能直接观察反应情况且易清洗，因而玻璃可用来制作实验仪器。

玻璃的耐蚀性能与化工陶瓷相似，除氢氟酸、热浓磷酸和浓碱以外，几乎能耐一切无机酸、有机酸和有机溶剂的腐蚀。其耐蚀性能随其组分的不同有较大差异，一般说来玻璃中SiO_2含量越高，其耐蚀性越好。

但玻璃也是脆性材料，具有和陶瓷一样的缺点。

普通玻璃中除了SiO_2外，还含有较多量的碱金属氧化物（K_2O、Na_2O），因此化学稳定性和热稳定性都较差，不适合化工使用。化工中使用的是石英玻璃、高硅氧玻璃和硼硅酸盐玻璃。

石英玻璃不仅耐蚀性好(含 SiO_2 达 99%)，而且线膨胀系数极小，有优异的耐热性和热稳定性。加热至 700～900℃，迅速投入水中也不开裂，长期使用温度高达 1100～1200℃。但由于熔制困难、成本高，目前主要用于制作实验仪器和有特殊要求的设备。

高硅氧玻璃含有 95% SiO_2，具有石英玻璃的许多特性，线膨胀系数小，耐热性高，通常使用温度达 800℃，具有与石英玻璃相似的良好耐蚀性。制作工艺和成本高于普通玻璃，但低于石英玻璃，是石英玻璃优良的替代品。

硼硅酸盐玻璃通常又称为硬质玻璃，含有 79% SiO_2，加入 12%～14% B_2O_3，只含有少量的 Al_2O_3 和 Na_2O。B_2O_3 提高了玻璃的制作工艺性和使用中的化学稳定性。这类玻璃耐热性差，使用温度为 160℃，具有与石英玻璃相似的良好耐蚀性。

目前用于制造玻璃管道的主要有低碱无硼玻璃和硼硅酸盐玻璃，用于制造设备的为硼硅酸盐玻璃。这类玻璃由于价格低廉，故应用较广，也是制造实验室仪器的主要材料。

玻璃在化工中应用最广的是制作管道，为克服玻璃易碎的缺点，可用玻璃钢增强或钢衬玻璃管道的方法，此外还发展了高强度的微晶玻璃。

玻璃制化工设备有塔器、冷凝器、泵等。如使用得法，效果都很好。

2. 化工搪瓷

搪瓷釉是一种化学组分复杂的碱－硼－硅酸盐玻璃，它是将石英砂、长石等天然岩石加上助溶剂(如纯碱、硼砂、氟化物等)以及少量能使瓷釉起牢固密实作用的物质，粉碎后在 1130～1150℃的高温下熔融而成玻璃态物质，然后将上述熔融物加水、黏土、石英、乳浊剂等在研磨机内充分细磨，即成瓷釉浆。

化工搪瓷是将含硅量高的耐酸瓷釉浆均匀地涂敷在钢(铸铁)制设备表面上，经 900℃左右的高温灼烧使瓷釉紧密附着在金属表面而制成的。

化工搪瓷设备兼有金属设备的力学性能和瓷釉的耐腐蚀性能的双重优点。除氢氟酸和含氟离子的介质、高温磷酸、强碱外，能耐各种浓度的无机酸、有机酸、盐类、有机溶剂和弱碱的腐蚀。此外，化工搪瓷设备还具有耐磨、表面光滑、不挂料、防止金属离子干扰化学反应污染产品等优点，能经受较高的压力和温度。

化工搪瓷设备有储罐、反应釜、塔器、热交换器和管道、管件、阀门、泵等。可大量用来制作精细化工过程设备。

化工搪瓷设备虽然是钢(铸铁)制壳体，但搪瓷釉层本身仍属脆性材料，使用不当容易损坏，因此运输、安装、使用时都必须特别注意。

3. 铸石

铸石是以天然岩石或某些工业废渣为主要原料，并添加角闪石、白云石、石灰石、萤石等为辅助材料，以及铬铁矿、钛铁矿等结晶剂，经配料、熔化、浇注成型、结晶、退火等工艺过程制得的一种基本是单一矿相的工业材料。其品种主要有辉绿岩铸石和玄武岩铸石，其中以辉绿岩铸石使用最多。

辉绿岩铸石是将天然辉绿岩熔融后，再铸成一定形状的制品(包括板、管及其他制品)。它具有高度的化学稳定性和非常好的抗渗透性。

辉绿岩铸石的耐蚀性能极好，除氢氟酸和熔融碱外，对一切浓度的碱及大多数的酸都耐蚀，它对磷酸、醋酸及多种有机酸也耐蚀。

化工中用得最普遍的是用辉绿岩板作设备的衬里。这种衬里设备的使用温度一般在150℃以下为宜。辉绿岩铸石的脆性大，热稳定性小，使用时应注意避免温度的骤变。辉绿岩粉常用作耐酸胶泥的填料。

辉绿岩铸石的硬度很大，耐磨强度极高，故也是常用的耐磨材料（如球磨机用的球等），还可用作耐磨衬里或耐蚀耐磨的地坪。

铸石为脆性材料，受冲击载荷的能力很差，抗压强度较高，热稳定性差，不耐温度的急剧变化。

4. 天然耐酸材料

天然耐酸材料中常用作结构材料的为各种岩石。在岩石中用得较为普遍的则为花岗石。各种岩石的耐酸性决定于其中二氧化硅的含量、材料的密度以及其他组分的耐蚀性和材料的强度等。

花岗石是一种良好的耐酸材料。其耐酸度很高，可达97%～98%，高的可达99%。花岗石的密度很大，孔隙率很小。但是由于密度大，所以热稳定性低，一般不宜用于超过200～250℃的设备，在长期受强酸侵蚀的情况下，使用温度范围应更低，一般以不超过50℃为宜。花岗石的开采、加工都比较困难，且结构笨重。

花岗石可用来制造常压法生产的硝酸吸收塔、盐酸吸收塔等设备，较为普遍的为花岗石砌筑的耐酸储槽、耐酸地坪和酸性下水道等。

石棉也属于天然耐酸材料，长期以来用于工业生产中，是工业上的一项重要的辅助材料，有石棉板、石棉绳等，也常用作填料、垫片和保温材料。

第三节　碳－石墨材料

碳有三种同素异形体：无定形碳、石墨和金刚石。各种煤炭不具有晶体结构，为无定形碳，而石墨、金刚石是结晶形碳，具有晶体的特征，且在一定的温度、压力下，无定形碳可转化为结晶形碳。在煤炭与天然石墨的化学组成中，除含有碳元素外，还有大量的矿物杂质。

化工机械用的炭及石墨一般为人造炭、石墨材料，其成品通称为碳素制品，其制造方法类似陶瓷。由于碳－石墨制品具有一系列优良的物理、化学性能，而被广泛应用于冶金、机电、化工、原子能和航空等领域。随着原料和制造工艺的不同，可以获得各种不同性能的碳素制品，其密度、气孔率均有很大差异。碳素制品在制造过程中，有机物的分解使其形成气孔，气孔的多少和特征对其微观结构、机械强度、热性能、渗透性和化学性能都有极大的影响。

在化工中应用的人造石墨是由无烟煤、焦炭与沥青混捏压制成型，于电炉中焙烧，在1400℃左右所得到的制品叫炭精制品，再于2400～2800℃高温下石墨化所得到的制品叫石墨制品。

石墨具有优异的导电、导热性能，线膨胀系数很小，能耐温度骤变。但其机械强度较低，性脆，孔隙率大。

石墨的耐蚀性能很好，除强氧化性酸（如硝酸、铬酸、发烟硫酸等）外，在所有的化学介质中都很稳定。

虽然石墨有优良的耐蚀、导电、导热性能，但由于其孔隙率比较高，这不仅影响到它的机械强度和加工性能，而且气体和液体对它有很强的渗透性，因此不宜制造化工设备。为了弥补石墨的这一缺陷，可采用适当的方法来填充孔隙，使之具有“不透性”，即用人造石墨经过抽真空、加压、干燥等工艺处理，使一些浸渍剂（如酚醛树脂等）充满石墨内部的空隙。这种经过填充孔隙处理的石墨即为不透性石墨。

一、不透性石墨的种类及成型工艺

常用的不透性石墨主要有浸渍石墨、压型石墨和浇注石墨三种。

1. 浸渍石墨

浸渍石墨是人造石墨用树脂进行浸渍固化处理所得到的具有“不透性”的石墨材料。用于浸渍的树脂称浸渍剂。在浸渍石墨中，固化了的树脂填充了石墨中的孔隙，而石墨本身的结构没有变化。

浸渍剂的性质直接影响到成品的耐蚀性、热稳定性、机械强度等指标。目前用得最多的浸渍剂是酚醛树脂，其次是呋喃树脂、水玻璃以及其他一些有机物和无机物。

浸渍石墨具有导热性好、孔隙率小、不透性好、耐温度骤变性能好等特点。

2. 压型石墨

压型石墨是将树脂和人造石墨粉按一定配比混合后经挤压和压制而成。它既可以看作是石墨制品，又可看作是塑料制品，其耐蚀性能主要取决于树脂的耐蚀性，常用的树脂为酚醛树脂、呋喃树脂等。

与浸渍石墨相比，压型石墨具有制造方便、成本低、机械强度较高、孔隙率小、导热性差等特点。

3. 浇注石墨

浇注石墨是将树脂和人造石墨粉按一定比例混合后，浇注成型制得的。为了具有良好的流动性，树脂含量一般在50%以上。浇注石墨制造方法简单，可制造形状比较复杂的制品，如管件、泵壳、零部件等，但由于其力学性能差，所以目前应用不多。

二、不透性石墨性能

石墨经浸渍、压型、浇注后，性质将引起变化，这时其表现出来的是石墨和树脂的综合性能。

1. 物理、力学性能

（1）机械强度　石墨板在未经“不透性”处理前，结构比较疏松，机械强度较低，而经过处理后，由于树脂的固结作用，强度较未处理前要高。

（2）导热性　石墨本身的导热性能很好，树脂的导热性较差。在浸渍石墨中，石墨原有的结构没有破坏，故导热性与浸渍前变化不大，但在压型石墨和浇注石墨中，石墨颗粒被热导率很小的树脂所包围，相互之间不能紧密接触，所以导热性比石墨本身要低，而浇注石墨的树脂含量较高，其导热性能更差。

（3）热稳定性　石墨本身的线膨胀系数很小，所以热稳定性很好，而一般树脂的热稳定性都较差。在浸渍石墨中，由于树脂被约束在空隙里，不能自由膨胀，故浸渍石墨的热稳定性只是略有下降。但压型石墨和浇注石墨的情况就不是这样了，它们随温度的升高，线膨胀系数增加很快，所以它们的热稳定性与石墨相比要差得多，不过不透性石墨的热稳定性比许多物质要好，在允许使用温度范围内，不透性石墨均可经受任何温度骤变而不破裂和改变其物理、力学性能。不透性石墨的这一特点为热交换器的广泛使用和结构设计提供了良好的条件，也是目前许多非金属材料所不及的。

（4）耐热性 石墨本身的耐热性很好，树脂的耐热性一般不如石墨，所以不透性石墨的耐热性取决于树脂。

总地说来，石墨在加入树脂后，提高了机械强度和抗渗性，但导热性、热稳定性、耐热性均有不同程度的降低，并且与制取不透性石墨的方法有关。

2. 耐蚀性能

石墨本身在400℃以下的耐蚀性能很好，而一般树脂的耐蚀性能比石墨要差一些，所以，不透性石墨的耐蚀性有所降低。不透性石墨的耐蚀性取决于树脂的耐蚀性。在具体选用不透性石墨设备时，应根据不同的腐蚀介质和不同的生产条件，选用不同的不透性石墨。

三、碳－石墨的应用

不透性石墨在化工防腐中的主要用途是制造各类热交换器，也可制成反应设备、吸收设备、泵类和输送管道等，还可以用作设备的衬里材料。

这类材料尤其适用于盐酸工业。石墨设备是在世界工业需求大量盐酸，而缺乏既耐盐酸腐蚀又具有高热导率材料的局面下问世的。据资料介绍，德国和美国分别在1934年和1937年开发出酚醛树脂浸渍石墨材料和酚醛石墨一次成型材料，采用这类材料制造的盐酸吸收器，代替了传统的陶瓷盐酸吸收器和玻璃吸收器。石墨设备最先应用于氯碱行业，随后又在硫酸、磷酸、磷肥、石油化工、医药、冶金、轻工等领域得到了应用，有效地代替了金属、有色金属、贵重金属和稀有金属，在世界工业发展中作出了贡献。

石墨制化工设备的类型较多，性能各有特色，按不同的原则可以作出不同的分类，大体可以分为以下几类：①换热器类；②降膜式吸收器系列；③合成炉类；④塔类设备；⑤泵类；⑥管道、管件及零部件。

其中换热器类是应用领域最广、使用量最大的一类，每年的年产量及用量占石墨设备的四分之三。目前使用较多的是列管式石墨换热器和块孔式石墨换热器。石墨的价格与不锈钢相当或略低，但它可以用在不锈钢无法应用的场合（如含 Cl^- 的介质）。石墨作为内衬材料，价格比耐酸瓷板略贵，但在有传热、导静电及抗氟化物的工况下只能使用石墨作为衬里材料。

石墨材料在化工机器上用得最多的是密封环和滑动轴承，这主要是利用了石墨具有的自润滑减摩特性。石墨化程度高的制品，质软且强度低，一般适用于轻载条件。对于重载的摩擦副，如机械密封环，通常都使用石墨化程度低的制品，此时主要以其高的硬度和强度显示石墨耐磨的特性。

四、石墨设备国内生产现状及发展方向

1. 石墨设备国内生产现状

我国生产石墨设备已有近五十年的历史，目前不仅可以生产各种不同类型的设备，而且可以生产成套设备。无论是单元设备性能还是成套装置的生产能力，均达到了一定的设计要求。由于石墨设备所用坯材、浸渍剂等基础材料与国外材料相比有一定的差距，影响了我国石墨设备产品质量的进一步提高。

国内石墨制化工设备主要生产厂家所采用的不透性石墨坯材(指未浸渍的石墨材料),基本上以冶金工业用石墨材料——电极石墨为主体材料。一些电碳厂生产的石墨设备所采用的不透性石墨材料,又常以电碳用石墨材料为主体的材料。这些坯材的主要差别,就是组成石墨材料的颗粒大小的不同。冶金石墨是热挤压型粗颗粒结构材料,在组成的石墨设备中,存在着结构粗糙、力学性能和热性能较低、块孔眼的孔间距大、坯材利用率不高等缺陷。电碳石墨是冷压型的细颗粒结构石墨材料,颗粒虽细,却存在坯材制造的成品率较低、技术难度大、成本很高等问题。此外,石墨设备制造质量有待于提高。目前酚醛树脂浸渍石墨在行业中应用相当广泛,工艺比较成熟,大多数制造厂均能严格按工艺进行操作及制造。由于某些制造单位或使用单位对石墨设备使用场合了解不深,使石墨设备没有得到较好使用,如浸渍剂浸渍深度不够及树脂的固化时间不足而造成设备使用早期腐蚀渗漏等。

2. 发展方向

石墨制化工设备具有十分广泛的发展前景。努力开发新品种,加强基础材料研究以及提高产品质量是今后发展的主要方向。我国市场广阔,“十二五”期间,现代化工、化肥、冶金等行业的发展,有力地促进了我国重大成套设备工业的发展。我国氯碱、硫酸、化肥等行业中的各种传统的换热设备也需要更新换代,因而需要大量先进的石墨制设备。

提高石墨设备产品质量是很重要的,方法也是多种多样的。应不断开发增强石墨材料及化工专用石墨材料,研制新型浸渍剂,不断提高石墨制化工设备的性能。我国石墨制化工设备的品种并不比国外少,在基础材料上下些功夫,石墨设备质量一定会有所突破。

第四节　复合材料

一、概述

复合材料是指两种或两种以上的物理、化学性质不同的物质,经一定方法组合而得到的一种新的多相固体材料。它通常由连续相和分散相构成,其中连续相称为为基体,起黏结作用,同时又起传递力的作用;分散相为增强体,起提高强度和韧性的作用。树脂、金属和陶瓷等为主要的基体,增强体主要有纤维、颗粒、晶须和织物等。

复合材料的突出特点是,可以根据需要对其组分设计,使各组分起到取长补短的作用,得到的复合材料性能比组成材料的性能优越得多,大大改善或克服了组成材料的弱点,从而使得能够按零件的结构和受力情况并按预定的、合理的配套性能进行最佳设计,甚至可创造单一材料不具备的双重或多重功能,或者在不同时间或条件下发挥不同的功能。

最典型的例子是汽车的玻璃纤维挡泥板,如果单独使用玻璃会太脆,单独使用聚合物材料则强度低而且挠度满足不了要求,但强度和韧性都不高的这两种单一材料经复合后得到了令人满意的高强度、高韧性的新材料,而且重量很轻。

用缠绕法制造的火箭发动机壳,由于玻璃纤维的方向与主应力的方向一致,所以在这一方向上的强度是单一树脂的 20 多倍,从而最大限度地发挥了材料的潜能。

自动控温开关是由温度膨胀系数不同的黄铜片和铁片复合而成的,如果单用黄铜或铁片,不可能达到自动控温的目的,而在导电的铜片两边加上两片隔热、隔电塑料,即可实现一定方向导电、另外方向绝缘及隔热的双重功能。

复合材料种类繁多，分类方法也不尽统一，图 9－5 列出了几种常用的分类方法。原则上讲，复合材料可以根据使用要求由金属材料、高分子材料和陶瓷材料中任意两种或几种复合而成。

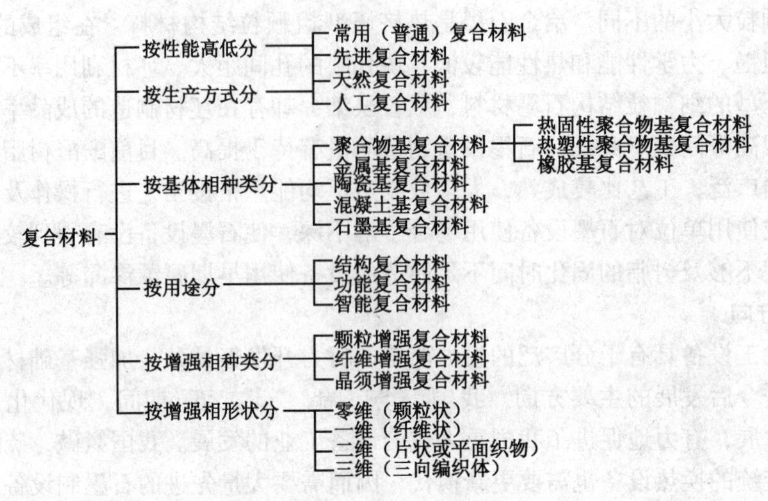

图 9－5　复合材料的分类

二、复合材料的复合原则

1. 纤维增强复合材料的复合原则

纤维增强相是具有强结合键的材料或硬质材料（陶瓷、玻璃等），内部含微裂纹，易断裂，因而脆性大。将其制成细纤维可降低裂纹长度和出现裂纹的几率，使脆性降低，极大地发挥增强相的强度。高分子基复合材料中纤维增强相能有效阻止基体分子链的运动；金属基复合材料中纤维增强相能有效阻止位错运动而强化基体，如图 9－6 所示。

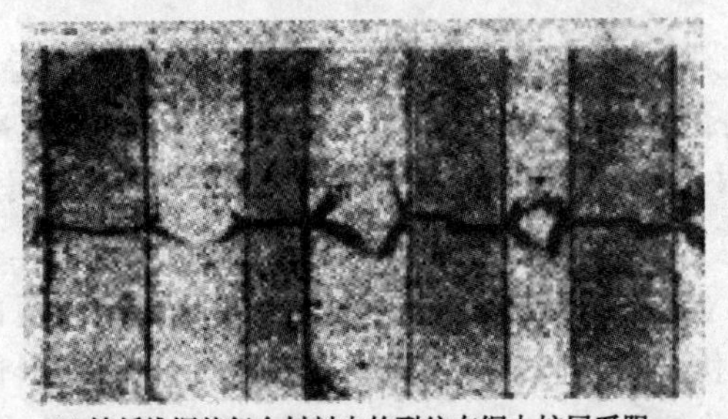

(a) 钨纤维铜基复合材料中的裂纹在铜中扩展受阻

(b) 碳纤维环氧树脂复合材料断裂时纤维断口电子扫描照片

图 9－6　纤维增强复合材料的强化机理

纤维增强复合材料的复合原则：

（1）纤维增强相是主要承载体，应有高的强度和模量，且高于基体材料。

（2）基体相起黏接剂作用，应对纤维相有润湿性，基体相应有一定塑性和韧性。

（3）纤维增强相和基体相两者之间结合强度应适当。结合力过小，受载时容易沿纤维和基体间产生裂纹；结合力过高，会使复合材料失去韧性而发生危险的脆性断裂。

（4）基体与增强相的热膨胀系数不能相差过大。

（5）纤维相必须有合理的含量、尺寸和分布。

（6）两者间不能发生有害的化学反应。

2. 颗粒复合材料的复合原则

对于颗粒复合材料，基体承受载荷时，颗粒的作用是阻碍分子链或位错的运动。增强的效果同样与颗粒的体积含量、分布、尺寸等密切相关。

颗粒复合材料的复合原则：

（1）颗粒相应高度均匀地弥散分布在基体中，从而起到阻碍导致塑性变形的分子链或位错的运动。

（2）颗粒大小应适当：颗粒过大本身易断裂，同时会引起应力集中，从而导致材料的强度降低；颗粒过小，位错容易绕过，起不到强化的作用。通常，颗粒直径为几微米到几十微米。

（3）颗粒的体积分数应在20%以上，否则达不到最佳强化效果。

（4）颗粒与基体之间应有一定的结合强度。

三、复合材料的性能特点

复合材料是各项异性的非匀质材料，与传统材料相比，它具有以下几种性能特点：

（1）比强度与比模量高　比强度、比模量是指材料的强度或模量与其密度之比。如果材料的比强度或比模量越高，构件的自重就会越小，或者体积会越小。通常，复合材料的复合结果是密度大大减小，因而高的比强度和比模量是复合材料的突出性能特点。如硼纤维增强环氧树脂复合材料的比强度是钢的5倍，比模量是钢的4倍。表9-3为某些材料的性能比较。

表9-3　某些材料的性能比较

材　　料	密度ρ/ ($10^3 kg \cdot m^{-3}$)	抗拉强度σ_b/ MPa	弹性模量E/ MPa	比强度($\sigma_b \rho$)/ ($MPa \cdot m^3 \cdot kg^{-1}$)	比弹性模量($E\rho$)/ ($MPa \cdot m^3 \cdot kg^{-1}$)
钢	7.8	1010	206×10^3	0.129	26
铝	2.3	461	74×10^3	0.165	26
钛	4.5	942	112×10^3	0.209	25
玻璃钢	2.0	1040	39×10^3	0.520	20
碳纤维 II/环氧树脂	1.45	1472	137×10^3	1.015	95
碳纤维 I/环氧树脂	1.6	1050	235×10^3	0.656	147
有机纤维 PRD/环氧树脂	1.4	1373	78×10^3	0.981	56
硼纤维/环氧树脂	2.1	1344	206×10^3	0.640	98
硼纤维/铝	2.65	981	196×10^3	0.370	74

（2）抗疲劳性能好　通常，复合材料中的纤维缺陷少，因而本身抗疲劳能力高；而基体的塑性和韧性好，能够消除或减少应力集中，不易产生微裂纹；塑性变形的存在又使微裂纹产生钝化而减缓了其扩展。这样就使得复合材料具有很好的抗疲劳性能。例如：碳纤维增强树脂的疲劳强度为拉伸强度的70%～80%，一般金属材料却仅为30%～50%。图9-7是三种不同材料的疲劳性能比较。

（3）减振性能好　基体中有大量细小纤维，较大载荷下部分纤维断裂时载荷由韧性好的基体重新分配到未断裂纤维上，构件不会瞬间失去承载能力而断裂。图9-8为两种材料的振动衰减特性比较。

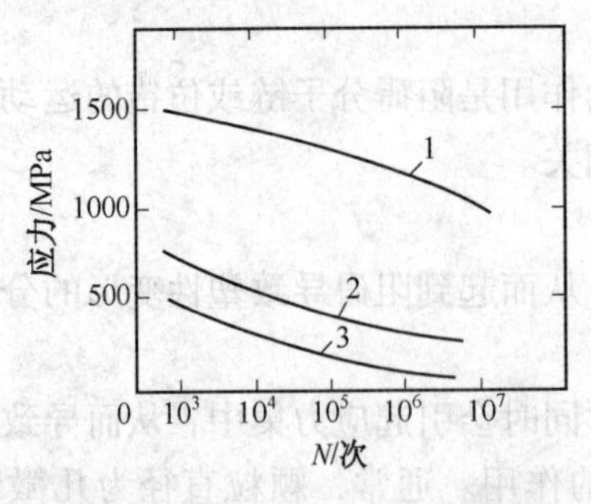

图 9－7　几种材料的疲劳曲线

1—碳纤维复合材料；2—玻璃钢；3—铝合金

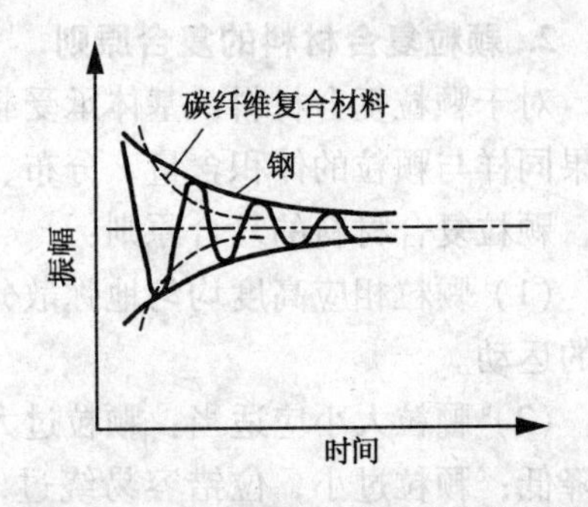

图 9－8　两种材料震动衰减特性比较

（4）优良的高温性能　大多数增强纤维具有优越的耐高温性能，高温下保持很高的强度。如聚合物基复合材料使用温度为 100～350℃；金属基复合材料使用温度为 350～1100℃；SiC 纤维、Al_2O_3 纤维陶瓷复合材料在 1200～1400℃范围内保持很高的强度。碳纤维复合材料在非氧化气氛下可在 2400～2800℃长期使用。

（5）减摩、耐磨、减振性能　它具有良好的减摩、耐磨性和较强的减振能力。其摩擦系数比高分子材料本身低得多，少量短切纤维可大大提高耐磨性。它的比弹性模量高，自振频率也高，其构件不易共振；纤维与基体界面有吸收振动能量的作用，产生振动也会很快衰减。

（6）其他特殊性能　它还具有高韧性和抗热冲击性能（金属基复合材料）；优良电绝缘性，不受电磁作用，不反射无线电波（玻璃纤维增强塑料）；耐辐射性、蠕变性能高以及特殊的光、电、磁等性能。

四、树脂基复合材料——玻璃钢

树脂基（或聚合物基）复合材料是以高分子树脂为基材，以颗粒、片状、纤维状增强体组分为骨架的复合材料。以基体性质不同分为热固性树脂基复合材料、热塑性树脂基复合材料和橡胶类复合材料。基体品种主要有环氧树脂、酚醛树脂、不饱和聚酯、呋喃树脂、有机硅树脂等热固性树脂，除此以外，聚乙烯、聚丙烯、聚氯乙烯、聚苯乙烯、聚碳酸树脂等热塑性树脂也已用于复合材料的基体，按增强相类型可以分为纤维增强、晶须增强、层片增强、颗粒增强等树脂基复合材料，其中应用最普遍的、用量最大的是玻璃纤维。聚合物基复合材料的分类如图 9－9 所示。

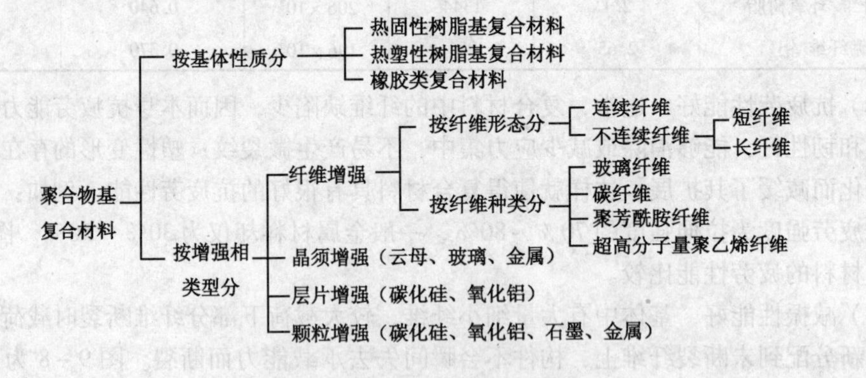

图 9－9　聚合物基复合材料分类

树脂基复合材料中常用的材料为玻璃钢。

1. 玻璃钢的种类

玻璃钢即玻璃纤维增强塑料，它是以合成树脂为黏结剂，以玻璃纤维及其制品(如玻璃布、玻璃带、玻璃毡等)为增强材料，按一定的成型方法制成的。由于它的比强度超过一般钢材，因此称为玻璃钢。

玻璃钢的质量轻、强度高，其耐腐蚀性能及成型加工性能都很好，因此在许多工业领域都获得了广泛的应用。

玻璃钢的种类很多，有热固性玻璃钢和热塑性玻璃钢两种。通常可按所用合成树脂的种类来分类，即由环氧树脂与玻璃纤维及其制品制成的玻璃钢称为环氧玻璃钢；由酚醛树脂与玻璃纤维及其制品制成的玻璃钢称为酚醛玻璃钢等。目前，在化工中常用的有环氧、酚醛、呋喃、聚酯四类玻璃钢。为了改性，也可采用添加第二种树脂的办法，制成改性的玻璃钢。这种玻璃钢一般兼有两种树脂玻璃钢的性能，常用的有环氧－酚醛玻璃钢、环氧－呋喃玻璃钢等。

热固性玻璃钢是指以热固性树脂为黏接剂的玻璃纤维增强材料，如酚醛树脂玻璃钢、环氧树脂玻璃钢、聚酯树脂玻璃钢和有机硅树脂玻璃钢等。热固性玻璃钢成型工艺简单、质量轻、比强度高、耐蚀性能好。热固性玻璃钢的缺点是：弹性模量低(1/5～1/10 结构钢)、耐热度低(≤250℃)、易老化。可以通过树脂改性改善性能，酚醛树脂和环氧树脂混溶的玻璃钢即有良好黏接性，又降低了脆性，还保持了耐热性，也具有较高的强度。热固性玻璃钢主要用于机器护罩、车辆车身、绝缘抗磁仪表、耐蚀耐压容器和管道及各种形状复杂的机器构件和车辆配件，如图 9－10 所示。

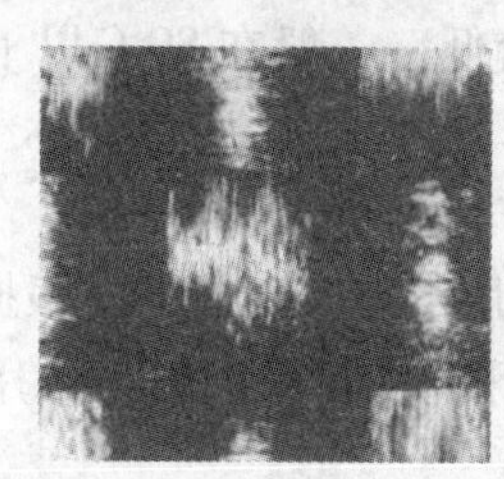
(a)表面

(b)横截面

(c)酚醛树脂玻璃钢齿轮

图 9－10 热固性玻璃钢环氧树脂玻璃钢显微组织和用途

热塑性玻璃钢是指以热塑性树脂为黏接剂的玻璃纤维增强材料，如尼龙 66 玻璃钢、ABS 玻璃钢、聚苯乙烯玻璃钢等。热塑性玻璃钢强度不如热固性玻璃钢，但成型性好、生产率高，且比强度不低。表 9－4 为常见热塑性玻璃钢性能及用途

表 9－4 常见热塑性玻璃钢性能及用途

材料	密度 ρ/(10^3 kg · m^{-3})	抗拉强度 σ_b/MPa	弯曲模量/(10^2 MPa)	特性及用途
尼龙 66 玻璃钢	1.37	182	91	刚度、强度、减摩性好，用作轴承、轴承架、齿轮等精密件、电工件、汽车仪表、前后灯等
ABS 玻璃钢	1.28	101	77	用作化工装置、管道、容器等
聚苯乙烯玻璃钢	1.28	95	91	用作汽车内装、收音机机壳、空调叶片等
聚碳酸酯玻璃钢	1.43	130	84	用作耐磨、绝缘仪表等

2. 玻璃钢的主要组成

玻璃钢由合成树脂、玻璃纤维及其制品以及固化剂、填料、增塑剂、稀释剂等添加剂组成。其中合成树脂和玻璃纤维及其制品对玻璃钢的性能起决定性作用。

1）合成树脂

（1）环氧树脂

环氧树脂是指含有两个或两个以上的环氧基团的一类有机高分子聚合物。环氧树脂的种类很多，以二酚基丙烷(简称双酚 A)与环氧氯丙烷缩聚而成的双酚 A 环氧树脂应用最广。化工中常用的环氧树脂型号为6101(E－44)、634(E－42)，均属此类。

环氧树脂可以热固化，也可以冷固化。工程上多用冷固化方法固化。环氧树脂的冷固化是在环氧树脂中加入固化剂后成为不熔的固化物，只有固化后的树脂才具有一定的强度和优良的耐腐蚀性能。

环氧树脂的固化剂种类很多，有胺类固化剂、酸酐类固化剂、合成树脂类固化剂等。在玻璃钢衬里工程中，基于配制工艺及固化条件的限制，常选用胺类固化剂，如脂肪胺中的乙二胺和芳香胺中的间苯二胺。这些固化剂配制方便，能室温下固化，但都有毒性，使用时应加强防护措施。许多固化剂虽可在室温下使树脂固化，然而一般情况下，加热固化所得制品的性能比室温固化要好，且可缩短工期。所以，在可能条件下，以采用加热固化为宜。

固化后的环氧树脂具有良好的耐腐蚀性能，能耐稀酸、碱以及多种盐类和有机溶剂，但不耐氧化性酸(如浓硫酸、硝酸等)。

环氧树脂具有很强的黏结力，能够黏结金属、非金属等多种材料。

固化后的环氧树脂具有良好的物理、力学性能，许多主要指标比酚醛、呋喃等优越。其强度高，尺寸稳定，施工工艺性能良好，但其使用温度较低，一般在 80℃以下使用，价格稍高。

（2）酚醛树脂

酚醛树脂是以酚类和醛类化合物为原料，在催化剂作用下缩合制成的。根据原料的比例和催化剂的不同可得到热塑性和热固性两类。在化工中用的玻璃钢一般都采用热固性酚醛树脂。

用于酚醛树脂的固化剂一般为酸性物质，因此施工时应注意不宜将加有酸性固化剂的酚醛树脂直接涂覆在金属或混凝土表面上，中间应加隔离层。常用的固化剂有苯磺酰氯、对甲苯磺酰氯、硫酸乙酯等，这些固化剂有的有毒，挥发出来的气体刺激性大，施工时应加强防护措施。就其性能而言，它们各有特点。为了取得较佳效果也常用复合固化剂，如对甲苯磺酰氯与硫酸乙酯等。用桐油钙松香改性可以改善树脂固化后的脆性。

热固性酚醛树脂在常温下很难达到完全固化，所以必须采用加热固化。加入固化剂能使它缩短固化时间，并能在常温下固化。

酚醛树脂在非氧化性酸(如盐酸、稀硫酸等)及大部分有机酸、酸性盐中很稳定，但不耐碱和强氧化性酸(如硝酸、浓硫酸等)的腐蚀，对大多数有机溶剂有较强的抗溶解能力。

酚醛树脂的耐热性比环氧树脂好，可达到 120～150℃，价格低，绝缘性好，但酚醛树脂的脆性大，附着力差，抗渗性不好，尺寸稳定性差。

（3）呋喃树脂

呋喃树脂是指分子结构中含有呋喃环的树脂。常见的种类有糠醇树脂、糠醛－丙酮树脂、糠醛－丙酮－甲醛树脂等。

呋喃树脂的固化可用热固化，也可采用冷固化。工程上常用冷固化。

呋喃树脂固化时所用的固化剂与酚醛树脂一样，如苯磺酰氯、硫酸乙酯等。不同的只是呋喃树脂对固化剂的酸度要求更高，所以在施工时同样应注意不能和金属或混凝土表面直接接触，中间应加隔离层，也应加强劳动保护。

呋喃树脂在非氧化性酸(如盐酸、稀硫酸等)、碱、较大多数有机溶剂中都很稳定，可用于酸、碱交替的介质中，其耐碱性尤为突出，耐溶剂性能较好。呋喃树脂不耐强氧化性酸的腐蚀。

呋喃树脂的耐热性很好，可在160℃的条件下应用。但呋喃树脂固化时反应剧烈、容易起泡，且固化后性脆、易裂。可加环氧树脂进行改性。

(4) 聚酯树脂

聚酯树脂是多元酸和多元醇的缩聚产物，用于玻璃钢的聚酯树脂是由不饱和二元酸(或酸酐)和二元醇缩聚而成的线型不饱和聚酯树脂。

不饱和聚酯树脂的固化是在引发剂存在下与交联剂反应，交联固化成体型结构。

可与不饱和聚酯树脂发生交联反应的交联剂为含双键的不饱和化合物，如苯乙烯等。用作引发剂的通常是有机过氧化物，如过氧化苯甲酰、过氧化环己酮等。由于它们都是过氧化物，具有爆炸性，为安全起见，一般都掺入一定量的增塑剂(如邻苯二甲酸二丁酯等)配成糊状物使用。

不饱和聚酯树脂可在室温下固化，且具有固化时间短、固化后产物的结构较紧密等特点，因此不饱和聚酯树脂与其他热固性树脂相比具有最佳的室温接触成型的工艺性能。

不饱和聚酯树脂在稀的非氧化性无机酸和有机酸、盐溶液、油类等介质中的稳定性较好，但不耐氧化性酸、多种有机溶剂、碱溶液的腐蚀。

不饱和聚酯树脂主要用作玻璃钢。聚酯玻璃钢加工成型容易，可常温固化，综合性能好，价格低，是玻璃钢中用得最多的品种。但它的耐蚀性不够好，耐热性和强度都较差，所以在化工中应用不多。

2) 玻璃纤维及其制品

玻璃纤维及其制品是玻璃钢的重要成分之一，在玻璃钢中起骨架作用，对玻璃钢的性能及成型工艺有显著的影响。

玻璃纤维是以玻璃为原料，在熔融状态下拉丝而成的。玻璃纤维质地柔软，可制成玻璃布或玻璃带等织物。

玻璃纤维的抗拉强度高，耐热性好，可用到400℃以上；耐腐蚀性好，除氢氟酸、热浓磷酸和浓碱外，能耐绝大多数介质；弹性模量较高。但玻璃纤维的伸长率较低，脆性较大。

玻璃纤维按其所用玻璃的化学组成不同可分成有碱、无碱和低碱等几种类型。在化工防腐中无碱和低碱的玻璃纤维用得较多。

玻璃纤维还可根据其直径或特性分为粗纤维、中级纤维、高级纤维、超级纤维、长纤维、短纤维、有捻纤维、无捻纤维等。

3. 玻璃钢的成型方法及应用

玻璃钢的施工方法有很多，常用的有手糊法、模压法和缠绕法三种。

(1) 手糊成型法　手糊成型是以不饱和聚酯树脂、环氧树脂等室温固化的热固性树脂为黏结剂，将玻璃纤维及其织物等增强材料黏接在一起的一种无压或低压成型的方法。它的优点是操作方便，设备简单，不受产品尺寸和形状的限制，可根据产品设计要求铺设不同厚度的增强材料；缺点是生产效率低，劳动强度大，产品质量欠稳定。由于其优点突出，因此在与其他成型方法竞争中仍未被淘汰，目前在中国耐腐蚀玻璃钢的制造中占有主要地位。

(2) 模压成型法　模压成型是将一定质量的模压材料放在金属制的模具中，于一定的温度和压力下制成的玻璃钢制品的一种方法。它的优点是生产效率高，制品尺寸精确，表面光滑，价格低廉，多数结构复杂的制品可以一次成型，不用二次加工；缺点是压模设计与制造复杂，初期投资高，易受设备限制，一般只用于设备中、小型玻璃钢制品，如阀门、管件等。

(3) 缠绕成型法　缠绕成型是连续地将玻璃纤维经浸胶后，用手工或机械法按一定顺序绕到芯模上，然后在加热或常温下固化，制成一定形状的制品。用这种方法制得的玻璃钢产品质量好且稳定；生产效率高，便于大批生产；比强度高，甚至超过钛合金。但其强度方向性比较明显，层间剪切强度低，设备要求高。通常适用于制造圆柱体、球体等产品，在防腐方面主要用来制备玻璃钢管道、容器、储槽，可用于油田、炼油厂和化工厂，已部分代替不锈钢使用，具有防腐、轻便、持久和维修方便等特点。

玻璃钢的应用主要在以下几个方面：

(1) 设备衬里　玻璃钢用作设备衬里既可单独作为设备表面的防腐蚀覆盖层，又可作为砖、板衬里的中间防渗层。这是玻璃钢在化工防腐蚀中应用最广泛的一种形式。

(2) 整体结构　玻璃钢可用来制作大型设备、管道等。目前较多用于制作管道。随着化学工业的发展，大型玻璃钢化工设备的应用范围将越来越广。

(3) 外部增强　玻璃钢可用于塑料、玻璃等制的设备和管道的外部增强，以提高强度和保证安全，如用玻璃钢增强的硬聚氯乙烯制的铁路槽车效果很好。目前使用得较为普遍的是用玻璃钢增强的各种类型的非金属管道。

用玻璃钢制成的设备与不锈钢相比来讲，价格要便宜得多，运输、安装费用也要少得多，是应用很广泛的工程材料。

4. 其他树脂基复合材料

树脂基复合材料除玻璃钢外，还有碳纤维树脂复合材料和硼纤维树脂复合材料。

1) 碳纤维树脂复合材料

碳纤维是一种力学性能优异的新材料，它的密度不到钢的1/4，碳纤维比玻璃纤维强度更高，弹性模量也高几倍；高温低温性能好；具有很高的化学稳定性、导电性和低的摩擦系数，是很理想的增强剂；脆性大，与树脂的结合力不如玻璃纤维，表面氧化处理可改善其与基体的结合力。碳纤维树脂复合材料抗拉强度一般都在3500MPa以上，是钢的7～9倍，抗拉弹性模量亦高于钢。

碳纤维环氧树脂、碳纤维酚醛树脂和碳纤维聚四氟乙烯等得到了广泛应用。这种复合材料具有许多碳和石墨的特点，如密度小、导热性高、膨胀系数低以及对热冲击不敏感；比强度非常高；随温度升高强度升高；断裂韧性高、蠕变低；化学稳定性高，耐磨性极好。

该类材料主要用于航空航天、军事和生物医学等领域，如宇宙飞船和航天器的外层材料，人造卫星和火箭的机架、壳体，飞机刹车盘、赛车和摩托车刹车系统、密封片及挡声板等，人体骨骼替代材料、各种精密机器的齿轮、轴承以及活塞、密封圈，化工容器和零件等。

2) 硼纤维树脂复合材料

硼纤维树脂复合材料抗压强度和剪切强度都很高（优于铝合金、钛合金），且蠕变小、硬度和弹性模量高，疲劳强度很高，耐辐射及导热极好(硼纤维比强度与玻璃纤维相近，比弹性模量比玻璃纤维高5倍，耐热性更高)。

硼纤维环氧树脂、硼纤维聚酰亚胺树脂等复合材料多用于航空航天器、宇航器的翼面、仪表盘、转子、压气机叶片、螺旋桨的传动轴等。

五、陶瓷基复合材料

1. 种类和基本性能

陶瓷具有硬度高、强度高、耐磨性好、耐蚀性和耐热性优良等特点，但不足之处是塑性与韧性差、脆性大，不能承受剧烈的机械冲击和热冲击。所以，提高陶瓷材料的韧性和改善其综合力学性能是当前陶瓷研究中主要解决的问题。

陶瓷基复合材料是一类范围很大的无机化合材料，晶体结构复杂，有硫酸盐、氧化物、碳化物、氮化物等多种类型。陶瓷基复合材料中主要陶瓷基体材料有：硼硅酸盐玻璃、苏打－石灰玻璃、Al_2O_3、SiC、Si_3N_4、莫来石等。陶瓷基复合材料中主要纤维增强体有：高模量碳纤维、碳化硅纤维、$\alpha-Al_2O_3$纤维、硼纤维、不锈钢丝、碳化硅晶须、Si_3N_4晶须等。

2. 特点及应用

陶瓷基复合材料的突出特点是高强度、高硬度、高模量、低密度、耐高温、耐磨、耐蚀和良好的韧性。工作温度可达1300～1900℃，适用于制造高速切削工具、摩擦磨损件和内燃机部件等。长纤维碳化硅增强复合材料因具有良好的耐磨损性能，而用于制作高速列车的制动件，在航空航天领域可制作耐高温的导弹尖锥、燃气轮机组件、火箭喷管等。

六、金属基复合材料

1. 种类和基本性能

金属基复合材料是以金属及其合金为基体，与一种或几种金属或非金属增强的复合材料。其总特点是强度和刚度高，有良好的冲击性能和韧性，同时耐热性和导电性优良，克服了传统聚合物基复合材料弹性模量低、耐热度低、易老化的缺点。

金属基复合材料的分类方法通常有两种，即按增强相类型分类和按金属基体分类，如图9－11所示。

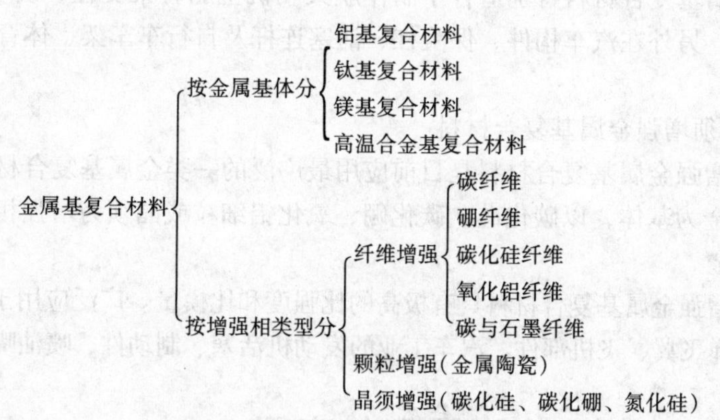

图9－11　金属基复合材料的分类

此外，也可以按用途将金属基复合材料分为结构和功能两大类，或按使用温度分为低温、中温和高温三类材料。表9－5列出了几种金属基复合材料的性能。

表 9－5　几种典型金属基复合材料的性能

材　　料	硼纤维增强铝	CVD 碳化硅增强铝	碳纤维增强铝	碳化硅晶须增强铝	碳化硅颗粒增强铝
增强相含量(体积分数)/%	50	50	35	18～20	20
抗拉强度/MPa	1200～1500	1300～1500	500～800	500～620	400～510
拉伸模量/GPa	200～220	210～230	100～150	96～138	110
密度/(10^3 kg · m^{-3})	2.6	2.85～3.0	2.4	2.8	2.8

2. 特点及应用

1）金属陶瓷

金属陶瓷是金属(通常为钛、镍、钴、铬等及其合金)和陶瓷(通常为氧化物、碳化物、硼化物和氮化物等)组成的非均质材料，是颗粒增强型的复合材料。金属和陶瓷按不同配比组成工具材料(陶瓷为主)、高温结构材料(金属为主)和特殊性能材料。

氧化物金属陶瓷多以钴或镍作为黏接金属，热稳定性和抗氧化能力较好，韧性高，可制作高速切削工具材料，还可制作高温下工作的耐磨件，如喷嘴、热拉丝模以及机械密封环等。

碳化物金属陶瓷是应用最广泛的金属陶瓷。通常以 Co 或 Ni 作金属黏接剂，根据金属含量不同可用作耐热结构材料或工具材料。碳化物金属陶瓷用作工具材料时，通常被称为硬质合金。

2）纤维增强金属基复合材料

自 20 世纪 60 年代中期硼纤维增强铝基复合材料问世以来，人们又先后开发了碳化硅纤维、氧化铝纤维以及高强度金属丝等增强纤维，基体材料也由铝及铝合金扩展到了镁合金、钛合金和镍合金等。

除了金属丝增强外，硼纤维、陶瓷纤维、碳纤维等增强相都是无机非金属材料，一般它们的密度低，强度和模量高，并且耐高温性能好，所以这类复合材料有比强度高、比模量高和耐高温等优点。

纤维增强金属基复合材料特别适合于制作航天飞机主舱骨架支柱、发动机叶片、尾翼、空间站结构材料，另外在汽车构件、保险杠、活塞连杆及自行车车架、体育运动器械上也得到了应用。

3）细粒和晶须增强金属基复合材料

细粒和晶须增强金属基复合材料是目前应用最广泛的一类金属基复合材料。这类材料多以铝、镁和钛合金为基体，以碳化硅、碳化硼、氧化铝细粒或晶须为增强相。最典型的代表是 SiC 增强铝合金。

细粒和晶须增强金属基复合材料具有极高的比强度和比模量。广泛应用于军工行业，如制造轻质装甲、导弹飞翼、飞机部件。汽车工业的发动机活塞、制动件、喷油嘴件等也有使用。

思考与应用

一、判断题

1. 陶瓷的塑性很差，但强度都很高。(　)

2. 传统陶瓷的生产一般是可塑成型，形状复杂、精度要求高的普通陶瓷一般是注浆成型，而特种陶瓷和金属陶瓷一般是压制成型。(　　)

3. 纯氧化物陶瓷在高温下会氧化。(　　)

4. 由于氧化铍陶瓷的导热性好，所以用于真空陶瓷、原子反应堆陶瓷，并用于制造坩埚。(　　)

5. 增韧氧化锆陶瓷材料可制作剪刀，既不生锈，也不导电。(　　)

二、选择题

1. 聚氯乙烯是一种(　　)。

A. 热固性塑料，可制作化工用排污管道

B. 热塑性塑料，可制作导线外皮等绝缘材料

C. 合成橡胶，可制作轮胎

D. 热固性塑料，可制作雨衣、台布等

2. PE 是(　　)。

A. 聚乙烯　　B. 聚丙烯　　C. 聚氯乙烯　　D. 聚苯乙烯

3. PVC 是(　　)。

A. 聚乙烯　　B. 聚丙烯　　C. 聚氯乙烯　　D. 聚苯乙烯

4. 高压聚乙烯可用于制作(　　)。

A. 齿轮　　B. 轴承　　C. 板材　　D. 塑料薄膜

5. 下列塑料中密度最小的是(　　)。

A. 聚乙烯　　B. 聚丙烯　　C. 聚氯乙烯　　D. 聚苯乙烯

三、问答题

1. 何谓高聚物的老化？如何防止高聚物老化？

2. 简述工程材料的种类和性能特点。

3. 简述常用橡胶的种类、性能特点及应用。

4. 什么是陶瓷？陶瓷的组织是由哪些相组成的？它们对陶瓷改性有什么影响？

5. 简述陶瓷材料的力学性能、物理性能及化学性能。

6. 什么是玻璃钢？是如何分类的？

四、应用题

陶瓷制品的基本生产工艺过程有哪些？

第十章 典型零件的选材及热处理工艺分析

本章导读：通过本章学习，学生应熟悉零件的失效形式与失效分析的方法和防止失效的措施；重点掌握零件选材及热处理的一般原则和方法、典型零件的选材及工艺路线设计。

工程机械都是由各种零件组合而成，所以零件的制造是生产出合格机械产品的基础。而要生产出一个合格的零件，必须解决以下三个关键的问题：即合理的零件结构设计、恰当的材料选择以及正确的加工工艺。这三个关键环节相互依存，缺一不可。其中任何一个环节出了差错，都将严重影响零件的质量，甚至使零件因不能使用而报废。

当零件有了合理地结构设计后，那么选材及材料的后续加工就是至关重要的了，它将直接关系到产品的质量及生产效益。因此，掌握各种工程材料的性能，合理地选择材料和使用材料，正确地制定热处理工艺，是从事机械设计与制造的工程技术人员必须具备的知识。

第一节 机械零件的失效

一、失效的概念与形式

失效是指零件在使用中，由于形状、尺寸的改变或内部组织及性能的变化，而失去原设计的效能。一般机械零件在以下三种情况下可认为已失效：零件完全不能工作；零件虽能工作，但已不能完成设计功能；零件已有严重损伤，不能再继续安全使用。

一般机械零件失效的常见形式有：

（1）断裂失效　零件承载过大或因疲劳损伤等发生破断。

（2）磨损失效　零件因过度摩擦而造成磨损过量、表面龟裂及麻点剥落等表面损伤。

（3）变形失效　零件承载过大而发生过量的弹、塑性变形或高温下发生蠕变等。

（4）腐蚀失效　零件在腐蚀性环境下工作而造成表层腐蚀脱落或断裂等。

同一个零件可能有几种不同的失效形式，例如轴类零件，其轴颈处因摩擦而发生磨损失效，在应力集中处则发生疲劳断裂，两种失效形式同时起作用。但一般情况下，总是由一种形式起主导作用，很少有两种形式同时都使零件失效。另外，这些失效形式可相互组合成为更复杂的失效形式，如腐蚀疲劳断裂、腐蚀磨损等。

二、零件失效的原因及分析

1. 零件失效的原因

引起零件失效的因素很多且较为复杂，它涉及到零件的结构设计、材料选择、材料的加工，产品的装配及使用保养等方面。

（1）设计不合理　零件的尺寸以及几何形状结构不正确，如存在尖角或缺口、过渡圆角不合适等。设计中对零件的工作条件估计不全面，或者忽略了温度、介质等其他因素的影响，造成零件实际工作能力的不足。

（2）选材不合理　设计中对零件失效的形式判断错误，使所选材料的性能不能满足工作条件的要求，或者选材所根据的性能指标不能反映材料对实际失效形式的抗力，从而错误地选择了材料。另外，所用材料的冶金质量太差，也会造成零件的实际工作性能满足不了设计要求。

（3）加工工艺不当　零件在成型加工的过程中，由于采用的工艺不恰当，可能会产生种种缺陷。例如，热加工中产生的过热、过烧和带状组织等；热处理中产生的脱碳、变形及开裂等；冷加工中常出现的较深刀痕、磨削裂纹等。

（4）安装使用不良　安装时配合过松、过紧及对中不准、固定不稳等，都可能使零件不能正常工作或工作不安全。使用维护不良，不按工艺规程正确操作，也可使零件在不正常的条件下运行，造成早期失效。

零件的失效原因还可能有其他因素，在进行零件的具体失效分析时，应该从多方面进行考查，确定引起零件失效的主要原因，从而有针对性地提出改进措施。

零件的失效形式与其特有的工作条件是分不开的。例如齿轮，当载荷大、摩擦严重时常发生断齿或磨损失效；而当承载小、摩擦较大时，常发生麻点剥落失效。

零件的工作条件主要包括：受力情况(力的大小、种类、分布、残余应力及应力集中情况等)、载荷性质(静载荷、冲击载荷、循环载荷等)、温度(低温、常温、高温、变温等)、环境介质(干爽、潮湿、腐蚀性介质等)、摩擦润滑(干摩擦、滑动摩擦、滚动摩擦、有无润滑剂等)以及运转速度、有无振动等。

2. 零件的失效分析及改进措施

一般来说，零件的工作条件不同，发生失效的形式也会不一样。那么，防止零件失效的相应措施也就有所差别。

若零件发生断裂失效，如果是在高应力下工作，则可能是零件强度不够，应选用高强度材料或进行强化处理；如果是在冲击载荷下工作，零件可能是韧性不够，应选塑性、韧性好的材料或对材料进行强韧化处理；如果是在循环载荷下工作，零件可能发生的是疲劳破坏，则应选强度较高的材料经过表面强化处理，在零件表层存在一定的残余压应力为好；如果零件处于腐蚀性环境下工作，则可能发生的是腐蚀破坏，那么就应选择对该环境有相当耐蚀能力的材料。

若零件发生磨损失效，如果是黏着磨损，则往往是摩擦强烈，接触负荷大而零件的表层硬度不够，应选用高硬度材料或进行表面硬化处理；如果零件表层出现大面积剥落，则往往是表层出现软组织或存在网状或块状不均匀碳化物等，应改进热处理工艺或重新锻造来均匀组织。

若零件发生变形失效，则往往是零件的强度不够，应选用淬透性好、高强度的材料或进行强韧化处理，提高其综合力学性能；如果是在高温下发生的变形失效，则往往是因零件的耐热性不足而造成的，应选用化学稳定性好、高温性能好的热强材料来制作。

第二节　选材的一般原则、方法和步骤

一、选材的基本原则

设计人员在进行零件的选材时，应对该零件的服役条件、应具备的主要性能指标、能满足要求的常用材料的性能特点、加工工艺性及成本高低等，进行全面分析，综合考虑。

合理的选材标志应该是在满足零件工作要求的条件下，最大限度地发挥材料潜力，提高性价比。

选材的基本原则是材料在能满足零件使用性能的前提下，具有较好的工艺性和经济性；根据本国资源情况，优先选择国产材料。

1. 材料的使用性能应满足工作要求

材料的使用性能是指机械零件在正常工作条件下应具备的力学、物理、化学等性能。它是保证该零件可靠工作的基础。对一般机械零件来说，选材时主要考虑的是其机械性能(力学性能)。而对于非金属材料制成的零件，则还应该考虑其工作环境对零件性能的影响。

零件按力学性能选材时，首先应正确分析零件的服役条件、形状尺寸及应力状态，结合该类零件出现的主要失效形式，找出该零件在实际使用中的主要和次要的失效抗力指标，以此作为选材的依据。根据力学计算，确定零件应具有的主要力学性能指标，能够满足条件的材料一般有多种，再结合其他因素综合比较，选择出合适材料。

2. 材料的工艺性应满足加工要求

材料的工艺性是指材料适应某种加工的特性。零件的选材除了首先考虑其使用性能外，还必须兼顾该材料的加工工艺性能，尤其是在大批量、自动化生产时，材料的工艺性能更显得重要。良好的加工工艺性能保证在一定生产条件下，高质量、高效率、低成本地加工出所设计的零件。

(1) 铸造性　是指材料在铸造生产工艺过程中所表现出的工艺性能。其好坏是保证获得合格铸件的主要因素。材料的铸造性能主要包括流动性、收缩性，还有吸气、氧化、偏析等，一般来说，铸铁的铸造性能比铸钢好得多，铜、铝合金的铸造性能较好，介于铸铁和铸钢之间。

(2) 锻造性　是指锻造该材料的难易程度。若该材料在锻造时塑性变形大，而所需变形抗力小，那么该材料的锻造性能就好，否则，锻造性能就差。影响材料锻造性的因素主要是材料的化学成分和内部组织结构以及变形条件。一般来说，碳钢的可锻性好于合金钢，低碳钢好于高碳钢，铜合金可锻性较好而铝合金较差。

(3) 焊接性　是指材料对焊接成型的适应性，也就是在一定的焊接工艺条件下材料获得优质焊接接头的难易程度。一般来说，低碳钢及低合金结构钢焊接性良好，中碳钢及合金钢焊接性较差，高碳高合金钢及铸铁的焊接性很差，一般不用作焊接结构。铜、铝合金焊接性较差，一般需采取一些特殊工艺才能保证焊接质量。

(4) 切削加工性　是指材料切削加工的难易程度，它一般用切削抗力大小、刀具磨损程度、切屑排除的难易及加工出的零件表面质量来综合衡量。

(5) 热处理工艺性　是指材料对热处理加工的适应性能。它包括淬透性、淬硬性、氧化、脱碳倾向、变形开裂倾向、过热过烧倾向、回火脆性倾向等。

（6）黏结固化性　高分子材料、陶瓷材料、复合材料及粉末冶金材料大多数都是靠黏结剂在一定条件下将各组分黏结固化而成。因此，这些材料在成型过程中，应注意各组分之间的黏结固化倾向，才能保证顺利成型及成型质量。

3. 材料的性能价格比要高

从选材经济性原则考虑，应尽可能选用货源充足、价格低廉、加工容易的材料，而且应尽量减少所选材料的品种、规格，以简化供应、保管等工作。但是，仅仅考虑材料的费用及零件的制造成本并不是最合理的，必须使该材料制成的性价比尽可能高些。例如某大型柴油机中的曲轴，以前用珠光体球墨铸铁生产，价格160元左右，使用寿命3~4年，后改为40Cr调质再表面淬火后使用，价格300元，使用寿命近10年，由此可见，虽然采用球墨铸铁生产曲轴成本低，但就性能价格比来说，用40Cr来生产曲轴则更为合理。因为后者的性价比要高于前者，况且曲轴是柴油机中的重要零件，其质量好坏直接影响整台柴油机的运行安全及使用寿命，因此，为了提高这类关键零件的使用寿命，即使材料价格和制造成本较高，但从整体来看，其经济性仍然是合理的。

二、零件选材中的注意事项

零件选材通常遵循选材的基本原则，一般认为在正常工作条件下，该零件运行应该是安全可靠的，生产成本也应该是经济合理的。但是，由于有许多没有估计到的因素会影响到材料的性能和零件的使用寿命，甚至也影响到该零件生产及运行的经济效益，因此，零件选材时还必须注意以下一些问题：

1. 零件的实际工作情况

实际使用的材料不可能绝对纯净，大都存在或多或少的夹杂物及各种不同类型的冶金缺陷，它们的存在，都会对材料的性能产生各种不同程度的影响。

另外，材料的性能指标是通过试验来测定的，而试验中的试样与实际工作中的零件无论是在材料、形状尺寸还是在受力状况、服役条件等方面都存在差异。因此，从试验中测出的数值与实际工作的零件可能会不一样，会有些出入。所以，材料的性能指标只有通过与工作条件相似的模拟试验才能最终确定下来。

2. 材料的尺寸效应

用相同材料制成的尺寸大小不一样的零件，其力学性能会有一些差异，这种现象称为材料的尺寸效应。例如钢材，由于尺寸大的零件淬硬深度要小些，尺寸小的淬硬深度要大些，从而使得零件淬火后在整个截面上获得的组织不均匀一致。对于淬透性低的钢，尺寸效应更为明显。

另外，尺寸效应还会影响钢材淬火后获得的表面硬度。在其他条件一样时，随零件尺寸的增大，淬火后零件获得的表面硬度会越低。

同样，尺寸效应现象在铸铁件以及其他一些材料中也同样存在，只是程度不同而已，因此，零件选材，特别是在零件尺寸较大的情况下，必须考虑尺寸效应的影响而适当加以调整。

3. 材料力学性能之间的合理配合

由于硬度值是材料一个非常重要的性能指标，且测定简便而迅速，又不破坏零件，另外材料的硬度与其他力学性能指标存在或多或少的联系，因此大多数零件在图纸上的技术性能标注的大都是其硬度值。

材料硬度值的合理选择应综合考虑零件的工作条件及结构特点。例如对强烈摩擦的零件，为提高其耐磨性，应选高硬度材料；为保证有足够的塑性和韧性，应选较低的硬度值；而对于相互摩擦的配合零件，应使两零件的硬度值合理匹配(轴的硬度一般比轴瓦高几个HRC)。

强度的高低反映材料承载能力的大小，通常机械零件都是在弹性范围内工作的。因此零件的强度设计都是以屈服强度$\sigma_{0.2}$为原始数据(脆性材料为抗拉强度σ_b)，再以安全系数N加以修正，从而保证零件的安全使用。但是，这种安全也不是绝对的。实际工作的零件有时在许用应力以下也会发生脆断，或因短时过载而断裂。这种情况下不能只片面提高强度指标，因为钢材强度提高后，其塑性和韧性指标一般会呈下降趋势。当材料的塑性、韧性很低时，容易造成零件的脆性断裂。所以必须采取一定措施(如强韧化处理)，在提高材料强度的同时，保证其有相当的塑性和韧性。

塑性及韧性指标一般不用于材料的设计计算，但它们对零件的工作性能都有很大的影响。一定的塑性能有效地提高零件工作的安全性。当零件短时过载时，能通过材料局部塑性变形，削弱应力峰，产生加工硬化，提高零件的强度，从而增加其抗过载的能力。一定的韧性，能保证零件承受冲击载荷及有效防止低应力脆断的危险。但也不能因此而片面追求材料的高塑性和韧性，因为塑性和韧性的提高，必然是以牺牲材料的硬度和强度为代价，反而会降低材料的承载能力和耐磨性，故应根据实际情况合理调配这些性能指标。

第三节　热处理工艺位置安排和热处理方案的选择

在零件的生产加工过程中，热处理被穿插在各个冷热加工工序之间，起着承上启下的作用。热处理方案的正确选择以及工艺位置的合理安排，是制造出合格零件的重要保证。

一、热处理工艺位置安排

根据热处理的目的和各机械加工工序的特点，热处理工艺位置一般安排如下。

1. 预先热处理的工艺位置

预先热处理包括退火、正火、调质等，其工艺位置一般安排在毛坯生产(铸、锻、焊)之后，半精加工之前。

(1) 退火、正火的工艺位置　退火、正火一般用于改善毛坯组织，消除内应力，为最终热处理做准备的，其工艺位置一般安排在毛坯生产之后，机械加工之前。即：毛坯生产(铸、锻、焊、冲压等)→退火或正火→机械加工。另外，还可在各切削加工之间安排去应力退火，用于消除切削加工的残余应力。

(2) 调质的工艺位置　调质主要是用来提高零件的综合力学性能，或为以后的最终热处理做好组织准备。其工艺位置一般安排在机械粗加工之后，精加工或半精加工之前。即：毛坯生产→退火或正火→机械粗加工→调质→机械半精加工或精加工。另外，调质前须留一定加工余量，调质后工件变形如较大则需增加校正工序。

2. 最终热处理工艺位置

最终热处理包括淬火、回火及化学热处理等。零件经这类热处理之后硬度一般较高，难以切削加工，故其工艺位置应尽量靠后，一般安排在机械半精加工之后，磨削之前。

(1) 淬火、回火的工艺位置　淬火的作用是充分发挥材料潜力，极大幅度地提高材料硬度和强度。淬火后及时回火能获得稳定回火组织，从而得到材料最终使用时的组织用性能。故一般安排在机械半精加工之后，磨削之前。即：下料→毛坯生产→退火或正火→机械粗加工→调质→机械半精加工→淬火、回火→磨削。另外，整体淬火前一般不进行调质处理，而表面淬火前则一般须进行调质，用以改善工件心部力学性能。

（2）渗碳的工艺位置　渗碳是最常用的化学热处理方法，当工件某些部位不需渗碳时，应在设计图纸上注明，并采取防渗措施，且在渗碳后淬火前去掉该部位的渗碳层。其工艺位置安排为：下料→毛坯生产→退火或正火→机械粗加工→调质→机械半精加工→去应力退火→粗磨→渗碳→研磨或精磨。另外，零件不需渗碳的部位也应采取防护措施或预留防渗余量。

二、热处理方案的选择

每一种热处理方法都有它的特点，而每一种材料也有它适宜的热处理方法。另外，实际工作中的零件的结构形状、尺寸大小、性能要求不一样，这些对热处理方案的选择都有较大的影响。

1. 确定预备热处理

常用预备热处理方法有三大类：退火、正火和调质。钢材通过预备热处理可以使晶粒细化，成分、组织均匀，内应力得到消除，为最终热处理做好组织准备。因此，它是减少应力，防止变形和开裂的有效措施。一般地，零件预先热处理大都采用正火。但当成分偏析较严重、毛坯生产后内应力较大以及正火后硬度偏高时，应采用退火工艺。共析钢及过共析钢多采用球化退火；亚共析钢则应采用完全退火(现一般用等温退火来代替)；对毛坯中成分偏析严重的应采用均匀化高温扩散退火；消除内应力较彻底的应采用去应力退火。如果对零件综合力学性能要求较高时，预先热处理则应采用调质。

2. 采用合理的最终热处理

最终热处理的方法很多，主要包括淬火、回火、表面淬火及化学热处理等。工件通过最终热处理，获得最终所需的组织及性能，满足工件使用要求。因此，它是热处理中保证质量的最后一道关口。一般根据工件的材料类型、形状尺寸、淬透性大小及硬度要求等选择合适的淬火方法。例如，对于形状简单的碳钢件可采用单液水中淬火；对于合金钢制工件多采用单液油中淬火；为了有效地减小淬火内应力，防止工件变形、开裂，则可采用预冷、双液、分级、等温淬火方法；对于某些只需局部硬化的工件可针对相应部位进行局部淬火；对于精密零件和量具等，为稳定尺寸、提高耐磨性可采用冷处理或长时间的低温时效处理。淬火后的工件应及时回火，而且回火应充分。对于要求高硬度、耐磨工件应采用低温回火；对于高韧性、较高强度的工件则进行中温回火；对于要求具备较高综合力学性能的工件应进行高温回火。有时，工作条件要求零件表层与心部具有不同性能，这时可根据材料化学成分和具体使用性能的不同，选择相应的表面热处理方法。例如，对于表层具有高硬度、强度、耐磨性及疲劳极限，而心部具有足够塑性及韧性的中碳钢或中碳合金钢工件，可采用表面淬火法；对于低碳钢或低碳合金钢工件，可采用渗碳法；对于承载力不大但精度要求较高的合金钢，多采用渗氮。为了提高化学热处理的效率，生产中还可采用低温气体氮碳共渗及中温气体碳氮共渗。另外，还可根据需要对工件进行其他渗金属或非金属的处理，如为提高工件高温抗氧化性可渗铝，为提高工件耐磨性和红硬性可渗硼等。还有，为了提高零件表面硬度和耐磨性，减缓材料的腐蚀，可在零件表面涂覆其他超硬、耐蚀材料。

当然，在实际生产过程中，由于零件毛坯的类型及加工工艺过程的不同，在具体安排热处理方法及工艺位置时并不一定要完全按照上述原则，而应根据实际情况进行灵活调整。例如对于精密零件，为消除机械加工造成的残余应力，可在粗加工、半精加工及精加工后都安排去应力退火工艺。另外，对于淬火、回火后残余奥氏体较多的高合金钢，可在淬火或第一次回火后进行深冷处理，以尽量减少残余奥氏体量并稳定工件形状及尺寸。

第四节　热处理技术条件的标注

设计者应根据零件性能要求，在零件图相应位置标示出热处理技术条件，其主要内容应包括最终热处理方法及热处理后应达到的主要力学性能指标等，供热处理生产及检验时参考。

零件经热处理后应达到的力学性能指标，一般只需标出硬度值，且标定的硬度值可允许有一个波动范围，一般布氏硬度范围为 30 ~ 40 单位左右，洛氏硬度范围在 5 个单位左右，如淬火、回火 48 ~ 53HRC。

但对于某些力学性能要求较高的重要零件，如重型零件、关键零件等则还需根据需要标出强度、塑性、韧性等指标，有的还对显微组织有相应要求。例如连杆，其热处理技术条件为：调质 260 ~ 315HBS；组织为回火索氏体，不允许有块状铁素体。

另外，对于表面淬火零件应标明淬硬层硬度、深度及淬硬部位，有的对表面淬火后的变形量有要求。对渗碳、渗氮零件则应标明化学热处理后的硬度、渗碳或氮的部位及渗层深度；有的还对显微组织有要求。

在图样上标注热处理技术条件时，可用文字也可采用国标规定的热处理工艺代号。GB/T12603 规定的热处理工艺代号如下所示：

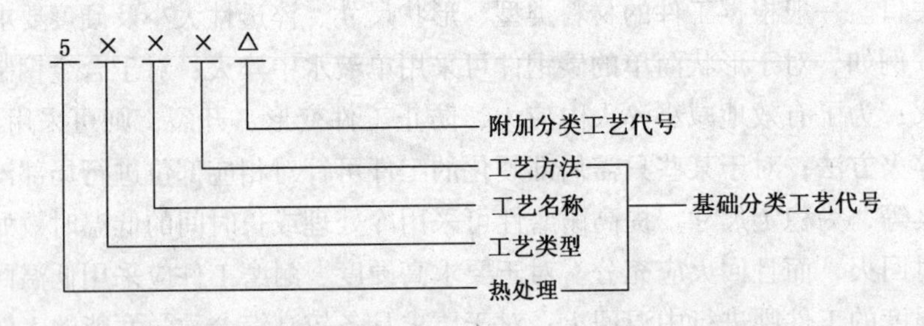

热处理工艺代号由两部分组成，即基础分类工艺代号 + 附加分类工艺代号。基础分类代号由四位数字组成：第一位数字“5”表示热处理特定工艺代号；第二、三、四位数字分别表示工艺类型、工艺名称、工艺方法的代号(见表 10 - 1)。当某个层次不需进行分类时，该层次就用“0”表示，附加分类工艺代号连在基础分类代号之后，用英文字母表示某些热处理工艺具体的实施条件，如加热冷却介质、具体热处理名称等。多工序热处理代号用“ - ”将各工艺代号连接组成，但除第一个工艺外，后面的工艺均省略第一位数字“5”。如 5311G - 141 表示气体渗碳后淬火、回火。“G”为附加分类工艺代号，表示加热介质为气体。

表 10－1　热处理工艺分类及代号

工艺总称	代　号	工艺类型	代　号	工艺名称	代　号	加热方法	代　号
热处理	5	整体热处理	1	退火	1	加热炉	1
				正火	2		
				淬火	3		
				淬火和回火	4	感应	2
				调质	5		
				稳定化处理	6	火焰	3
				固溶处理；水韧处理	7		
				固溶处理和时效	8	电阻	4
		表面热处理	2	表面淬火和回火	1		
				物理气相沉积	2	激光	5
				化学其相沉积	3		
				等离子体化学气相沉积	4		
		化学热处理	3	渗碳	1	电子束	6
				碳氮共渗	2		
				渗氮	3		
				氮碳共渗	4	等离子体	7
				渗其他非金属	5		
				渗金属	6	其他	8
				多元共渗	7		
				熔渗	8		

第五节　典型零件、工具的选材及热处理

一、轴类零件的选材及热处理

轴是机器中的重要零件之一，用来支持旋转的机械零件，如齿轮、带轮等。根据承受载荷的不同，轴可分为转轴、传动轴和心轴三种。这里仅以受力较复杂的一种传动轴(机床主轴)为例来讨论其选材和热处理工艺。

1. 机床主轴的工作条件、失效形式及技术要求

1）机床主轴的工作条件

机床主轴工作时高速旋转，并承受弯曲、扭转，冲击等多种载荷的作用；机床主轴的某些部位承受着不同程度的摩擦，特别是轴颈部分与其他零件相配合处承受摩擦与磨损。

2）机床主轴的主要失效形式

当弯曲载荷较大、转速很高时，机床主轴承受着很高的交变应力。而当轴表面硬度较低、表面质量不良时，常发生因疲劳强度不足而产生疲劳断裂，这是轴类工件最主要的失效形式。

当载荷大而转速高，且轴瓦材质较硬而轴颈硬度不足时，会增加轴颈与轴瓦的磨擦，加

剧轴颈的磨损而失效。

3）对机床主轴的材料性能要求

根据机床主轴的工作条件及失效形式，要求主轴材料应具备以下主要性能：

(1) 具有较高的综合力学性能。当主轴运转工作时，要承受一定的变动载荷与冲击载荷，常产生过量变形与疲劳断裂失效。如果主轴材料通过正火或调质处理后具有较好的综合力学性能，即较高的硬度、强度、塑性与韧性，则能有效地防止主轴产生变形与疲劳失效。

(2) 主轴轴颈等部位淬火后应具有高的硬度和耐磨性，以提高主轴运转精度及使用寿命。

2. 主轴选材及热处理工艺的具体实例

主轴的材料及热处理工艺的选择应根据其工作条件、失效形式及技术要求来确定。

主轴的材料常采用碳素钢与合金钢，碳素钢中的35、45、50等优质中碳钢，因具有较高的综合机械性能，应用较多，其中以45钢用得最为广泛。为了改善材料力学性能，应进行正火或调质处理。

合金钢具有较高的机械性能，但价格较贵，多用于有特殊要求的轴。当主轴尺寸较大、承载较大时可采用合金调质钢如40Cr、40CrMn、35CrMo等进行调质处理。对于表面要求耐磨的部位，在调质后再进行表面淬火，当主轴承受重载荷、高转速，且冲击与变动载荷很大时，应选用合金渗碳钢如20Cr、20CrMnTi等进行渗碳淬火。而对于在高温、高速和重载条件下工作的主轴，必须具有良好的高温机械性能，常采用27Cr2Mo1V、38CrMoAlA等合金结构钢。此外，合金钢对应力集中的敏感性较高，因此设计合金钢轴时，更应从结构上避免或减少应力集中现象，并减少轴的表面粗糙度值。

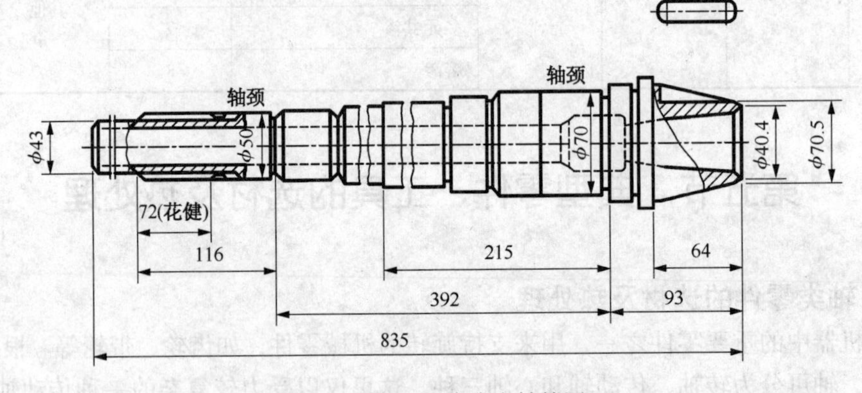

图10－1　C616车床主轴简图

现以C616车床主轴(见图10－1)为例，分析其选材与热处理工艺。该主轴承受交变弯曲应力与扭转应力，但载荷不大，转速较低，受冲击较小，故材料具有一般综合力学性能即可满足要求。主轴大端的内锥孔和外锥体经常与卡盘、顶尖有相对磨擦，花键部位与齿轮有相对滑动，因此对这些部位的硬度及耐磨性有较高要求。该主轴在滚动轴承中运转，为保证主轴运转精度及使用寿命，轴颈处硬度为220～250HBS。

根据上述工作条件分析，该主轴可选45钢。热处理工艺及应达到的技术条件是：主轴整体调质，改善综合力学性能，硬度为220～250HBS；内锥孔与外锥体淬火后低温回火，硬度为45～50HRC；应注意保护键槽淬硬，故宜采用快速加热淬火；花键部位采用高频感应表面淬火，以减少变形并达到表面淬硬的目的，硬度达48～53HRC。由于主轴较长，而且锥孔与外锥体对两轴颈的同轴度要求较高，故锥部淬火应与花键部位淬火分开进行，以减少淬火变形。随后用粗磨纠正淬火变形，然后再进行花键的加工与淬火，其变形可通过最后精磨予以消除。

二、齿轮类零件的选材及热处理

1. 齿轮的工作条件、失效形式及对材料性能的要求

1）齿轮的工作条件

齿轮作为一种重要的机械传动零件，在工业上应用十分广泛，各类齿轮的工作过程大致相似，只是受力程度、传动精度有所不同。

（1）齿轮工作时，通过齿面接触传递动力，在啮合齿表面存在很高的接触压应力及强烈的摩擦。

（2）传递动力时，轮齿就像一根受力的悬臂梁，接触压应力作用在轮齿上，使齿根部承受较高的弯曲应力。

（3）若啮合不良，启动或换档时轮齿将承受较高的冲击载荷。

2）齿轮的主要失效形式

在通常情况下，齿轮的失效形式主要有：断齿、齿面剥落、磨损及擦伤等。

（1）断齿　断齿大多数情况下是由于齿轮在交变应力作用下齿根产生疲劳破坏的结果，但也可能是超载引起的脆性折断。

（2）齿面剥落　齿面剥落是接触应力超过了材料的疲劳极限而产生的接触疲劳破坏。根据疲劳裂纹产生的位置，可分为裂纹产生于表面的麻点剥落，裂纹产生于接触表面下某一位置的浅层剥落，以及裂纹产生于硬化层与心部交界处的深层剥落。

（3）齿面磨损　齿面磨损是啮合齿面相对滑动时互相摩擦的结果。齿轮磨损主要有两种类型，即黏着磨损和磨粒磨损。黏着磨损产生的原因主要是油膜厚度不够，黏度偏低，油温过高，接触负荷大而转速低，当以上某一因素超过临界值就会造成温度过高而产生断续的自焊现象而形成黏着磨损；磨粒磨损则是由切削作用产生的，其原因是接触面粗糙，存在外来硬质点或互相接触的材料硬度不匹配等。

（4）齿面擦伤　齿面擦伤基本上也是一种自焊现象，影响因素主要是表面状况和润滑条件。一般来说，零件表面硬度高对抗擦伤有利。另外，凡有利于降低温度的因素如摩擦小、有稳定的油膜层、热导率高、散热条件好等都有利于减轻擦伤现象。还有，齿轮采用磷化工艺可有效改善走合性能及表面润滑条件，避免擦伤。

3）对齿轮材料性能要求

根据齿轮的工作条件和主要失效形式，要求齿轮应具备以下主要性能：

（1）具有高的弯曲疲劳强度　使运行中的齿轮不致因根部弯曲应力过大而造成疲劳断裂。因此，齿根圆角处的金相组织与硬度非常重要，一般来说，该处的表层组织应是马氏体和少量残余奥氏体。此外，齿根圆角处表面残余压应力的存在对提高弯曲疲劳强度也非常有利。还有，一定的心部硬度和有效淬火层深度对弯曲疲劳强度亦有很大影响，根据国内外大量试验数据表明，对于齿轮心部硬度最佳控制在 36 ~ 40HRC，有效层深为齿轮模数的 15% ~ 20%。

（2）具有高的接触疲劳抗力　使齿面不致在受到较高接触应力时而发生齿面剥落现象。通过提高齿面硬度，特别是采用渗碳、渗氮、碳氮共渗及其他齿面强化措施可大幅度提高齿面抗剥落的能力。一般来说，渗碳淬火后齿轮表层的理想组织是细晶粒马氏体加上少量残余奥氏体。不允许有贝氏体和珠光体，因为贝氏体和珠光体对疲劳强度、抗冲击能力、抗接触

疲劳能力均不利。心部金相组织应是马氏体和贝氏体的混和组织。另外，齿轮表层组织中含有少量均匀分布的细小的碳化物对提高表面接触疲劳强度和抗磨损能力都是有利的。

总之，提高材料的冶金质量及热处理质量，减少钢中非金属夹杂物，细化显微组织，改善碳化物形态，优化尺寸及分布，减少或避免表面脱碳层及淬火时的表面非马氏体组织，使表面获得残余压应力状态等均可使齿轮的弯曲疲劳强度、接触疲劳强度及耐磨性等得到改善，并提高其使用寿命。

2. 齿轮选材及热处理工艺具体实例

1）机床齿轮选材

机床中齿轮的载荷一般较小，冲击不大，运转较平稳，其工作条件较好。

机床齿轮常用材料分中碳钢或中碳合金钢及低碳钢或低合金结构钢两大类。中碳钢常选用45钢，经高频感应加热淬火，低温或中温回火后使用，硬度值达45～50HRC，主要用于中小载荷齿轮，如变速箱次要齿轮，溜板箱齿轮等。中碳合金钢常选用40Cr或42SiMn钢，调质后感应加热淬火，低温回火后使用，硬度值可达50～55HRC，主要用于中等载荷、冲击不大的齿轮，如铣床工作台变速箱齿轮、机床走刀箱、变速箱齿轮等。低碳钢一般选用15或20钢，渗碳后直接淬火，低温回火后使用，硬度可达58～63HRC，一般用于低载荷、耐磨性高的齿轮。低合金结构钢常采用20Cr、20CrMnTi、12CrNi3等渗碳用钢，经渗碳后淬火，低温回火后使用，硬度值可达58～63HRC，主要用于高速、重载及受一定冲击的齿轮，如机床变速箱齿轮、立式车床上重要的弧齿锥齿轮等。

2）汽车、拖拉机齿轮选材

汽车、拖拉机齿轮主要分装在变速箱和差速器中。在变速箱中，通过它来改变发动机、曲轴和主轴齿轮的转速；在差速器中，通过它来增加扭转力矩，调节左右两车轮的转速，并将发动机动力传给主动轮，推动汽车、拖拉机运行。所以这此类齿轮传递功率、承受冲击载荷及摩擦压力都很大，工作条件比机床齿轮要繁重得多。因此，对其疲劳强度、心部强度、冲击韧性及耐磨性等方面都有更高要求，实践证明，选用合金渗碳钢经渗碳(或碳氮共渗)，淬火及低温回火后使用非常合适。常采用的合金渗碳钢为20CrMo、20CrMnTi、20CrMnMo等，这类钢的淬透性较高，通过渗碳、淬火及低温回火后，齿面硬度为58～63HRC，具有较高的疲劳强度和耐磨性，心部硬度为33～45HRC，具有较高的强度及韧性，且齿轮的变形较小，完全可以满足其工作条件。要求大批量生产时，齿轮坯宜采用模具生产，既节约金属，又提高了齿轮力学性能。齿轮坯常采用正火处理，齿轮常用渗碳温度为920～930℃，渗碳层深一般为$\delta=(0.2\sim0.3)m$(m为齿轮模数)，表层含碳量$\omega_C=0.7\%\sim1.0\%$。表层组织应为细针状体和少量残余奥氏体以及均匀弥散分布的细小碳化物。该类齿轮的加工路线通常为：下料→锻造→正火→机械粗加工→渗碳→淬火、低温回火→喷丸→磨齿。

对于运行速度更高、周期长、安全可靠性要求高的齿轮，如冶金、电站设备、铁路机车、船舶的汽轮发动机等设备上的齿轮，可选用12CrNi2、12CrNi3、12CrNi4、20CrNi3等淬透性更高的合金渗碳钢。对于传递功率更大、齿轮表面载荷高、冲击更大、结构尺寸很大的齿轮，则可选用20CrNi2Mo、20Cr2Ni4、18Cr2Ni4W等高淬透性合金渗碳钢。

三、弹簧类零件的选材及热处理

1. 弹簧的工作条件及失效形式

弹簧是利用材料的弹性变形储存能量，以缓冲震动和冲击作用的零件。它们大多是在冲击、振动或周期性弯曲、扭转等交变应力下工作，利用弹性变形来达到储存能量、吸振、缓和冲击的作用。因此，用作弹簧类零件的材料应具有高的弹性极限，保证弹簧具有足够的弹性变形能力。当承受大载荷时不发生塑性变形，材料应具有高的疲劳极限，因弹簧工作时一般承受的是变动载荷。此外，弹簧材料还应具有足够的塑性、韧性，因脆性大的材料对缺口十分敏感，会显著降低疲劳强度。对于特殊条件下工作的弹簧，还有某些特殊性能要求，如耐热性、耐蚀性等。

通常情况下弹簧的失效形式有：弹性丧失、疲劳断裂、变形过大等。

2. 弹簧选材及热处理工艺具体实例

弹簧钢按化学成分可分为碳素弹簧钢与合金弹簧钢两大类。为了保证高的弹性极限和疲劳强度，碳素弹簧钢的 $\omega_C = 0.6\% \sim 0.9\%$。一般为高碳优质碳素结构钢，如 60、65、70、75、60Mn、65Mn、75Mn 等。这类钢价格比合金弹簧钢便宜，热处理后具有一定的强度，但淬透性差。水淬时弹簧极易变形和开裂，当弹簧直径 >12 ~15mm 时，油淬通常不能淬透，使屈服点下降，弹簧寿命显著降低。因此，碳素弹簧钢一般只适宜制作线径较小的不太重要的弹簧(主要承受静载荷及有限次数的循环载荷)，如直径小于 ϕ12mm 的一般机器上的弹簧及直径小于 ϕ25mm 的弹簧发条、刹车弹簧等。

合金弹簧钢的 $\omega_C = 0.5\% \sim 0.7\%$，钢中加入硅、锰、铬、钒、钨等合金元素，主要目的是提高钢的淬透性、强化铁素体、细化晶粒以及增加回火稳定性。其中硅能显著提高钢的弹性极限和屈强比，但含量过高会使钢在加热时容易脱碳，故常与锰同时加入使用。考虑到锰有较大的过热敏感性，因此，对于性能要求较高的弹簧，还需加入少量的铬、钒、钨等元素，以减少弹簧钢的过热倾向，同时进一步提高弹性极限、屈强比和耐热性，还能细化晶粒，提高钢的强韧性。常用合金弹簧钢有 55Si2MnB、60Si2Mn、50CrVA、60Si2CrVA 等，这类钢的淬透性较好，热处理后弹性极限高，疲劳强度也较高，广泛应用于制作机械工程中各类重要的弹性零件，如车辆板弹簧、气阀弹簧等。

弹簧的尺寸不同，其成型工艺和热处理方法也有差别。对于线径或板厚大于 10mm 的螺旋弹簧或板弹簧，往往在热态下成型，然后进行淬火及中温回火处理，获得回火托氏体组织，硬度为 35 ~50HRC，具有高的弹性极限和较高的韧性；对于线径或板厚小于 10mm 的弹簧，常用冷拉弹簧钢丝或冷轧弹簧钢带在冷态下制成，由于冷加工硬化作用，屈服强度大大提高，这类弹簧一般只进行 200 ~300℃ 的去应力回火，以消除内应力及定型弹簧，而不需再经淬火、回火处理。

四、常用刀具的选材及热处理

按切削速度的高低可将刀具简单地划分为两大类：低速切削刀具和高速切削刀具。

1. 刀具的工作条件、主要失效形式及对材料性能要求

在切削过程中，刀具切削部分承受切削力、切削高温的作用以及剧烈的摩擦、磨损和冲击、振动。

刀具在使用中发生的最主要失效形式是刀具磨损，即刀具在切削过程中，其前刀面、后刀面上微粒材料被切屑或工件带走的现象。刀具磨损常表现在后刀面上形成后角为零的棱带以及前刀面上形成月牙形凹坑。造成刀具磨损的主要原因是切屑、工件与刀具间强烈的摩擦以及由切削温度升高而产生的热效应引起磨损加剧，或因受到冲击、内应力过大而导致崩刃或刀片突然碎裂的现象。

根据上述的刀具工作条件及失效形式，要求刀具材料应具备以下主要性能：

（1）高硬度　刀具材料的硬度必须高于工作材料的硬度，否则切削难以进行，在常温下，一般要求其硬度在60HRC以上。

（2）高耐磨性　为承受切削时的剧烈摩擦，刀具材料应具有较强的抵抗磨损的能力，以提高加工精度及使用寿命。

（3）高红硬性　切削时由于金属的塑性变形、弹性变形和强烈摩擦，会产生大量的切削热，造成较高的切削温度，因此刀具材料必须具有高的红硬性，在高温下仍能保持高的硬度、耐磨性和足够的坚韧性。

（4）良好的强韧性　为了承受切削力、冲击和振动，刀具材料必须具备足够的强度和韧性才不致被破坏。

刀具材料除应有以上优良的切削性能外，一般还应具有良好的工艺性和经济性。

2. 刀具选材及热处理工艺实例

1）低速刀具的选择及热处理工艺

常见低速切削刀具有锉刀、手用锯条、丝锥、板牙及铰刀等。它们的切削速度较低，受力较小，摩擦和冲击都不大。

对于这类刀具，常采用的材料有碳素工具钢及低合金工具钢两大。碳素工具钢是一种含碳量高的优质钢，淬火、低温回火后硬度可达60～65HRC，可加工性能好，价格低，刃口容易磨得锋利，适用于制造低速或手动刀具。常用牌号为T8、T10、T13、T10A等，各牌号的碳素工具钢淬火后硬度相近，但随含碳量的增加，未溶碳化物增多，钢的耐磨性增加，而韧性降低，故T7、T8适用于制造承受一定冲击而韧性要求较高的刀具，如木工用斧头、钳工凿子等；T9、T10、T11钢适用于制造冲击较小而要求高硬度与耐磨的刀具，如手锯条、丝锥等；T12、T13钢硬度及耐磨性最高，而韧性最差，用于制造不承受冲击的刀具，如锉刀、刮刀等。牌号后带“A”的高级优质碳素工具钢比相应的优质碳素工具钢韧性好且淬火变形及开裂倾向小，适于制造形状复杂的刀具。低合金工具钢含有少量合金元素，与碳素工具钢相比有较高的红硬性与耐磨性，淬透性好，热处理变形小，主要用于制造各种手用刀具和低速机用切削刀具，如手铰刀、板牙、拉刀等，常用牌号有9SiCr，CrWMn等。

手用铰刀是加工金属零件内孔的精加工刀具。因是手动铰削，速度较低，且加工余量小，受力不大。它的主要失效形式是磨损及扭断。因此，手用铰刀对材料的性能要求是：齿刃部经热处理后，应具有高硬度和高耐磨性以抵抗磨损，硬度为62～65HRC，刀轴弯曲畸变量要小，约为0.15～0.3mm，以满足精加工孔的要求。

根据以上条件，手用铰刀可选低合金工具钢9SiCr经适当热处理后满足要求，其具体热处理工艺为：刀具毛坯锻压后采用球化退火改善内部组织，机械加工后的最终热处理采用分级淬火600～650℃预热，再升温至850～870℃加热，然后在160～180℃硝盐中冷却（ϕ3～13）或≤80℃油冷（ϕ13～50），热矫直，再在160～180℃进行低温回火，柄部则采用600℃高温回火后快冷。经过以上热处理，手用铰刀基本上可满足工作性能要求，且变形量很小。

2）高速刀具的选材及热处理工艺

常见高速切削刀具有车刀、铣刀、钻头、齿轮滚刀等，它们的切削速度高、受力大、摩擦剧烈、温度高且冲击性大。

对于这类刀具，常采用的材料有高速钢、硬质合金、陶瓷以及超硬材料四类。这里，我们只就高速钢作介绍。

高速钢是一种含较多合金元素的高合金工具钢，红硬性较高，允许在较高速度下切削，高速钢的强度和韧性高，制造工艺性好，易于磨出锋利刃口，因而得到广泛应用，适于制造各种复杂形状的刀具。常用高速钢的牌号有 W18Cr4V、W6Mo5Cr4V2、W18Cr4V2Co8、W6Mo5Cr4V2Al 等，其中 W18Cr4V 属典型的钨系高速钢，硬度为 62～65HRC，具有较好的综合性能，在国内外应用最广；W6Mo5Cr4V2 属钨钼系高速钢，其碳化物分布均匀，强度和韧性好，但易脱碳、过热，红硬性稍差，适于制造热轧刀具，如热轧麻花钻头等；W18Cr4V2Co8 属含钴超硬系高速钢，其硬度高，耐磨性和红硬性好，适于制造特殊刀具，用来加工难以切削的金属材料，如高温合金、不锈钢等；W6Mo5Cr4V2Al 属含铝超硬系高速钢，其硬度可达 68～69HRC，耐磨性与红硬性均很高，适用于制造切削难加工材料的刀具以及要求耐用度高、精度高的刀具，如齿轮滚刀、高速插齿刀等。

车刀是一种最简单也是最基本和最常用的刀具，用来夹持在车床上切削工件外圆或端面等。车削的速度不是很高，且一般是连续进行，冲击性不大，但粗车时载荷可能较大。它的主要失效形式是刀刃和刀面的磨损。因此，车刀对材料的性能要求是：高的硬度和耐磨性，经热处理后切削部分的硬度≥64HRC；红硬性较高，应≥52HRC，使刀具能担负较高的切削速度；足够的强度及韧性，使刀具能承受较大的切削力及一定的冲击性。

根据以上条件，车刀选取最常用的钨系高速成钢 W18Cr4V 即可满足其性能要求。其具体热处理工艺为：为了改善刀具毛坯的机械加工性能，消除锻造应力，为最终热处理做组织准备，其预先热处理采用等温球化退火(即在 850～870℃保温后，迅速冷却到 720～740℃等温停留 4～5h，再冷到 600℃以下出炉)，退火后的组织为索氏体及细小粒状碳化物，硬度为 210～255HBS；机械加工后进行淬火、回火的最终热处理，淬火温度通常为 1290～1320℃。因高速钢的塑性和导热性较差，为了减少热应力，防止刀具变形和开裂，必须进行(850±10)℃的中温预热，淬火冷却可采用油冷或在 580～620℃的盐浴中等温冷却，对厚度小、刃部长的车刀可在 240～280℃保温 1.5～3h 进行分级淬火，回火常采用 560℃×(1～1.5)h 回火三次，以尽量减少钢中残余奥氏体量，产生二次硬化，获得最高硬度≥64HRC。经过上述热处理，W18Cr4V 制车刀完全能满足工作性能要求。

思考与应用

一、判断题

1. 在选择材料时，不仅要考虑材料能否满足零件的使用性能，而且还要考虑材料的工艺性以及经济性。(　　)

2. 为了降低零件的成本，零件在选材时应尽量考虑采用铝合金材料。(　　)

3. 当材料的硬度在 50～60HRC 的时候，其切削加工性最好。(　　)

4. 当零件在交变载荷作用下工作时，其主要的破坏形式是疲劳断裂。(　　)

5. 汽车、拖拉机的变速箱齿轮由于要承受较大的冲击力以及要求具有较高的耐摩性，常选用低碳合金钢经渗碳，然后再淬火并低温回火处理。(　　)

二、选择题

1. 机床的主轴要求具有良好的综合力学性能。制造时应选择的材料以及应采取的热处理工艺为(　　)。

A. T8 钢，淬火＋高温回火　　　　B. 20 钢，淬火＋高温回火

C. 45 钢，淬火 + 高温回火　　　　　D. 45 钢，正火 + 轴颈淬火 + 低温回火

2. 在制造锉刀、模具时，应选择的材料以及应采取的热处理的工艺为(　　)。

A. 45 钢，淬火 + 高温回火　　　　　B. T8 钢，淬火 + 高温回火

C. T12 钢，淬火 + 低温回火　　　　D. T12 钢，淬火

3. 制造汽车变速箱齿轮时，应选择以下哪种材料(　　)。

A. T12　　B. 20Mn2B　　C. Cr12　　D. W18Cr4V

4. 齿轮、弹簧等在交变载荷作用下工作的零件，在选材时主要考虑材料的(　　)。

A. 硬度　　B. 塑性　　C. 韧性　　D. 疲劳强度

5. 制造锉刀时，应考虑选择下列哪种材料(　　)。

A. 45　　B. Cr12　　C. T12　　D. W18Cr4V

三、问答题

1. 零件选材应考虑什么原则？注意哪些问题？

2. 什么是失效？零件常见的失效形式有哪几种？

四、应用题

1. 某拖拉机上重载齿轮，要求齿面硬度达到 60HRC，心部要有较好的综合力学性能，材料选用 20CrMnTi 制造，试分析该齿轮的加工工艺路线。

2. 对 9Mn2V 钢制精密淬硬丝杆进行热处理工艺分析，指出其各热处理工序的主要目的。已知：

(1) 技术要求：较高硬度(>56HRC)和耐磨性，低变形和高的尺寸稳定性。

(2) 工艺路线安排：锻造→球化退火→毛坯校直→粗车→去应力退火→精车成光杆→整体淬火→热校直→回火→冷处理→回火→清理、喷砂、检验→粗磨→人工时效→半精磨→人工时效→精磨至尺寸要求。

3. 已知直径为 ϕ60mm 的轴，要求心部硬度为 30 ~ 40HRC，轴颈表面硬度为 50 ~ 55HRC，现库存 45、20CrMnTi、40CrNi、40Cr 四种钢材，问宜选用哪种材料制造为好？其工艺路线如何安排？

4. 某柴油机凸轮轴，要求表面有高的硬度(>50HRC)，而心部具有良好的韧性(A_K > 40J)。原采用 45 钢调质处理再在凸轮表面进行高频淬火，最后低温回火，现因工厂库存的 45 钢已用完，而改用 20 钢代替。试说明：

(1) 原 45 钢各热处理工序的作用。

(2) 改用 20 钢后，其热处理工序是否需进行修改？你认为应采用何种热处理工艺最恰当？

附录一　实训项目手册

实训项目一　拉伸试验

一、实训目的

(1) 测定金属的强度指标(屈服极限、抗拉极限)和塑性指标(伸长率和断面收缩率)；

(2) 加深对低碳钢和铸铁拉伸曲线的理解；

(3) 了解万能材料试验机的主要结构和使用方法。

二、实训仪器、设备与工具

(1) 万能材料试验机一台。

材料试验的目的，是模仿工程实际中的零件、构件的真实情况，在实验室研究它们的性能。因此，需要将各种零件、构件以及不同的工作情况，在实验室模拟再现。作为被测试对象的零件、构件称为试件，应按相似原理制成模型或试样，并模仿其具体工作条件，进行模拟实验，从而测量试件的承载能力和变形等参数。提供模拟试验、给出稳定参数的设备，称为试验机。

试验机种类繁多。按照所模拟的载荷情况来分，有静载、动载、冲击、交变等几种试验机；也可以按照试验机的功能来分，有拉伸、压缩、弯曲、硬度等几种试验机。在常温、静载拉力试验机上，增设一些附具扩展功能，还能进行压缩、剪切、弯曲等试验。这种多功能的试验机称为万能材料试验机，如附图 1 - 1 所示。

万能材料试验机是由机架、加载系统、测力示值系统、载荷位移记录系统以及夹具、附具等五个基本部分所组成。其中加载系统、测力示值系统和载荷位移记录系统反映了试验机的主要性能。

(2) 游标尺、千分尺各一把。

(3) 低碳钢、铸铁标准(或比例)试样各一根。

三、实训内容指导

1. 拉伸曲线图

一般材料试验机都具有载荷位移记录装置，可以将试样的抗力和变形的关系 $P-\Delta l$ 曲线记录下来。

如附图 1 - 2 所示低碳钢的 $P-\Delta l$ 曲线图，说明试样在拉伸全过程中抗力和变形的关系。纵坐标表示载荷 P，单位是牛顿(N)；横坐标表示绝对伸长量 Δl，单位是毫米(mm)。整个变形过程，可分为四个阶段：

oc——弹性阶段。其特征是载荷与伸长量成线性关系，即材料服从虎克定律。

bd——屈服阶段。b 为上屈服点，c 为下屈服点，cd 为屈服平台。

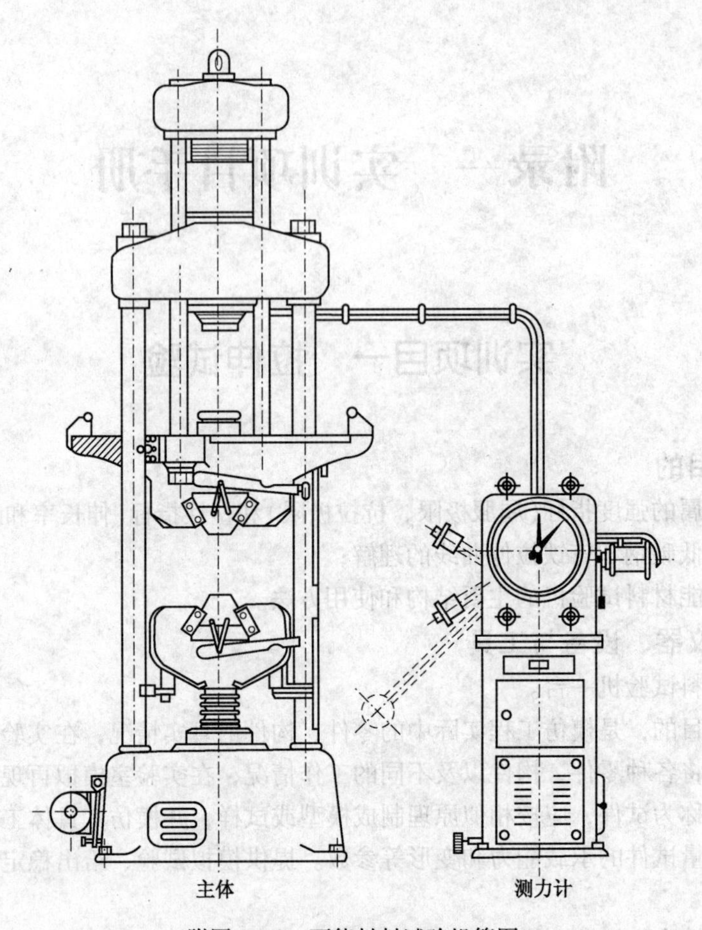

附图 1－1　万能材料试验机简图

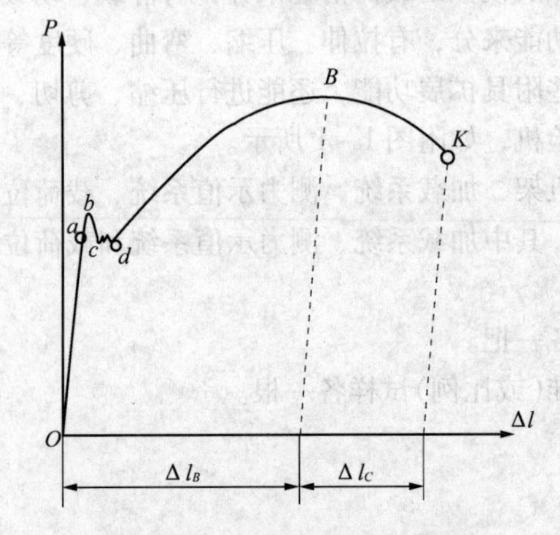

附图 1－2　低碳钢 $P-\Delta l$ 曲线图

dB——强化阶段。在屈服阶段以后，欲使试样继续伸长，必须不断加载，直到所加载荷为最大载荷 P_b时，试件产生颈缩。在此过程中，随着塑性变形增大，试样变性抗力也增加，产生形变强化(或称加工硬化)。

BK——局部塑性变形阶段。载荷达到最大值 P_b时，试样抗力下降而变形继续增加，出现颈缩。这时变形局限于颈缩附近，直到断裂。

本实验，需遵照国家标准，测定两个强度指标(屈服极限 σ_s、强度极限 σ_b)和两个塑性指标（伸长率 δ、断面缩率 ψ）。

2. 屈服极限的测定

1）物理屈服极限 σ_s

按国家标准规定，对于有明显屈服现象的材料，其屈服点可借助于试验机测力盘的指针或拉伸曲线图来确定。

（1）指针法　在测力盘的指针停止转动时的恒定载荷，或第一次回转的最小载荷，即为所求屈服点的载荷 P_s。

（2）图示法　在 $P-\Delta l$ 曲线上找出屈服平台的恒定载荷，或第一次下降的最小载荷，即为所求屈服点载荷 P_s。如图 1－6 中的上、下屈服点 b、c，应取下屈服点 c 点为屈服载荷 P_s。因为下屈服点对试验条件的影响较小，其值较稳定。

（3）屈服极限的计算

$$\sigma_s = \frac{P_s}{A_0} \quad \mathrm{N/mm^2}$$

式中　A_0——试样的原始面积。

2）条件屈服极限 $\sigma_{0.2}$

大部分金属材料都不存在明显的屈服现象，在拉伸图上由弹性到弹塑性的过渡是光滑连续的，如附图 1－3 所示。根据国家标准规定：试样在拉伸过程中，标距部分的残余伸长量达到原标距长度的 0.2% 时的应力为条件屈服极限 $\sigma_{0.2}$。

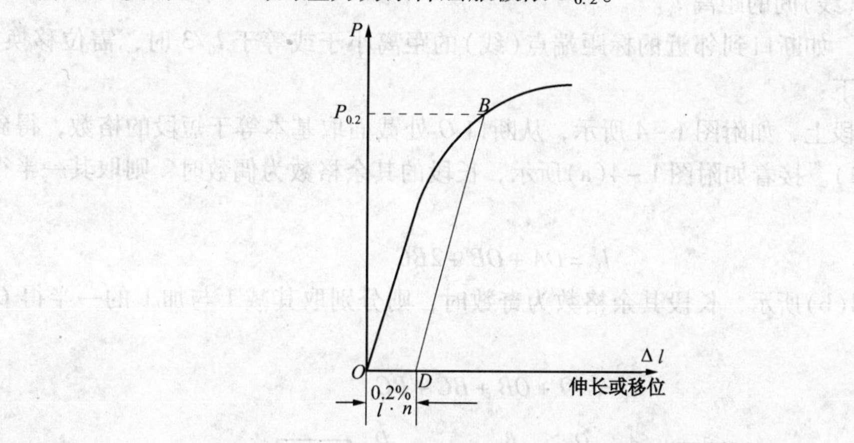

附图 1－3　灰铸铁拉伸曲线（HT150）

（1）图解法　如附图 1－3 所示的 $P-\Delta l$ 曲线，在其横坐标上，截取使 $OD=0.2\% \times l \times n$，从 D 点作弹性直线段的平行线，交曲线于 B 点，点 B 的纵坐标值，即所求的屈服载荷 $P_{0.2}$。式中 l 为上、下夹头间试件长度，n 为夹头位移的放大倍数，应不小于 50 倍。

（2）引伸计法　由引伸计法测出试样在残余变形为 0.2% 时所对应的载荷值为屈服载荷 $P_{0.2}$。

条件屈服极限的计算式为：

$$\sigma_{0.2} = \frac{P_{0.2}}{A_0} \quad \mathrm{N/mm^2}$$

3）试验条件

加载速度对屈服极限有影响，一般加载速度增高时，σ_s 也增高。为了保证所测性能的准确性，一般规定拉伸速度为：

(1) 屈服前，应力增加的速度为 1(kgf/mm^2)/s。

(2) 屈服后，试验机活动夹头移动速度不大于 0.5l/s。

3. 强度极限的测定

根据国家标准规定：向试样连续施加载荷直至拉断。由测力盘或拉伸曲线上读出最大载荷值 P_{max}。

抗力强度的计算式为：

$$\sigma_b = \frac{P_{max}}{A_0} \quad N/mm^2$$

4. 塑性指标的测定

材料的塑性指标，通常以拉断时残余相对伸长 δ 表示，称为伸长率，以及断裂时截面相对收缩 ψ 表示，称为断面收缩率。

1) 伸长率的测定

先在试样的标距长度 l_0 内，用划线器刻划等间距的标点或圆周细线 10 格。每格间距：长试样为 10 ㎜；短试样为 5 ㎜。

断后标距部分长度 l_k 的量测：将试样拉断后的两段，在断口处紧密对齐，尽量使它们的轴线位于同一直线上，按下述方法量测 l_k。

(1) 直线法　如断口到邻近的标距端点(或端线)的距离大于 $l_0/3$ 时，需移位换算，可直接量测两端点(线)间的距离 l_k。

(2) 移位法　如断口到邻近的标距端点(线)的距离小于或等于 $l_0/3$ 时，需位移换算。移位换算方法如下：

在试样的长段上，如附图 1-4 所示，从断口 O 处截面取基本等于短段的格数，得到 B 点(即令 $OB = OA$)。接着如附图 1-4(a)所示，长段的其余格数为偶数时，则取其一半得 C 点，于是

$$l_k = OA + OB + 2BC$$

如附图 1-4(b)所示，长段其余格数为奇数时，则分别取其减 1 与加 1 的一半得 C 与 C_1 两点，于是

$$l_k = AO + OB + BC + BC_1$$

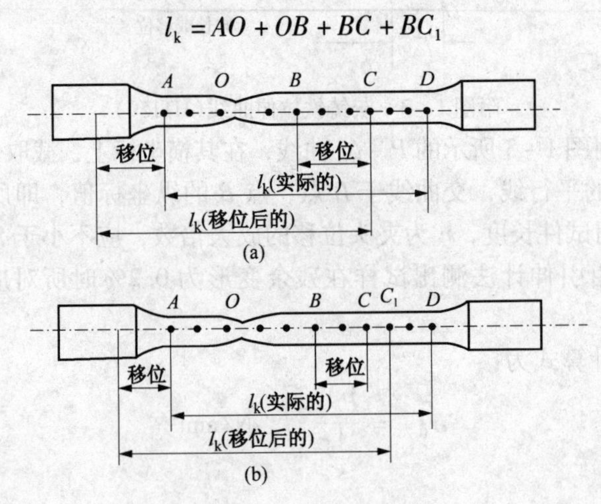

附图 1-4　伸长率测量原理

伸长率的计算式为：

$$\delta=\frac{l_k-l_0}{l_0}\times100\%$$

短、长比例试样的伸长率分别以δ_5、δ_{10}表示。

2）断面收缩率的测定

圆形试样拉断后，在颈缩最小处的两个互相垂直方向上量测其直径，以二者的算术平均值，计算颈缩处最小横截面积A_k；板状试样的断口如附图1－5所示，用颈缩处最大宽度b_1乘以最小厚度a_1算得断面截面积A_k。

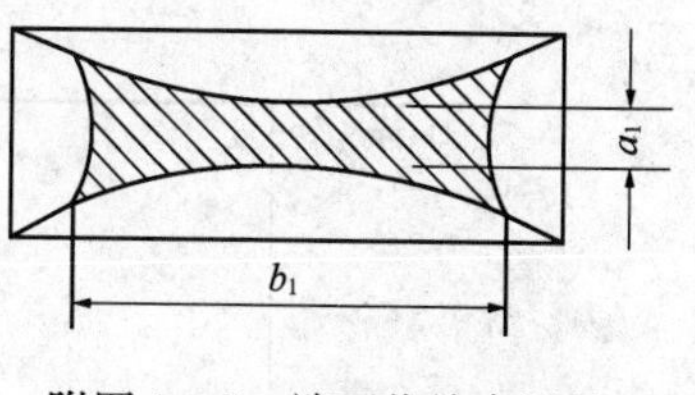

附图1－5　端面收缩率测量

断面收缩率的计算式：

$$\psi=\frac{A_0-A_k}{A_0}\times100\%$$

四、实训步骤

（1）量测试样直径　在试样标距长度的两端和中间三处用千分尺量测直径，为了消除截面椭圆度的误差，应在每处以相互垂直方向量测，取算术平均值。在强度计算时，考虑到试样从最薄弱处开始破坏，应取三处平均直径中的最小直径。测量精度至少达到0.02mm。

（2）试样划线　为了观察低碳钢试样拉断后的变形分布情况，在试样的标距长度内，用划线器等间距划10格。例如长试样间距为10mm，短试样则为5mm。铸铁试样不必划线。

（3）试验机的准备工作　选择测力盘，配置相应的砝码，将试验机的测力指针调到零位；安装试样；调整载荷位移记录机构。

（4）检查和试车　在教师检查、允许下，手动或缓慢加载试车，观察测力机构、绘图机构运行是否正常；然后卸载，使测力指针回零，将试验机处于待命工作状态。

（5）实验测试　加载人员集中精力，手动或慢速机动操作试验机，使试样受到均匀、缓慢的载荷而变形。

注意观察试样、测力指针和记录图在拉伸过程中的全部现象，尤其是低碳钢试样在屈服时其表面的变化、测力指针的摆动和记录图的形状；记下指针停止转动时的恒定值，或第一次回转的最小值，为屈服载荷P_s，临近颈缩时试样表面的变化，颈缩现象，直到试样断裂，记录指针的最大载荷P_{max}，取下试样，观察和分析试样断口，以及考察物理现象。

取下记录曲线图，实验完毕，将试验机各机构恢复原位。

（6）量测低碳钢断裂试样　按试验要求量测试样的各个尺寸。

【注意事项】

（1）临开机前，必须仔细检查，排除遗漏和失误。在教师同意下才能开动试验机。

（2）开始加载要缓慢，特别是油压试验机，防止油门开得过大，引起冲击载荷，造成事故。

（3）试样安装必须正确，防止偏斜和夹入过短。

（4）运行时，如发现异常（如声音、气味或机构失灵等），应立即停车，排除故障。

实训报告

日期：

<table>
<tr><td rowspan="2">评语</td><td colspan="5" rowspan="2">

教师签字：　　　日期：</td><td>成绩</td><td></td></tr>
<tr><td>项目编号</td><td></td></tr>
<tr><td>姓名</td><td></td><td>学号</td><td></td><td>班级</td><td></td><td>组别</td><td></td></tr>
<tr><td>实训名称</td><td colspan="3">金属材料力学性能之拉伸试验</td><td>教材</td><td colspan="3"></td></tr>
</table>

一、实训目的

（1）

（2）

（3）

二、实训设备和仪器

（1）

（2）

（3）

三、实训数据记录

1. 低碳钢拉伸试验记录

（1）试件

<table>
<tr><th colspan="3">试 验 前</th><th colspan="2">试 验 后</th></tr>
<tr><td colspan="2">初始标距 l_0/mm</td><td></td><td>断裂后标距 l_k/mm</td><td></td></tr>
<tr><td rowspan="3">直径 d_0/mm</td><td>上</td><td></td><td rowspan="3">断裂后最小直径 d_k/mm</td><td rowspan="3"></td></tr>
<tr><td>中</td><td></td></tr>
<tr><td>下</td><td></td></tr>
<tr><td colspan="2">初始截面面积 A_0/mm²</td><td></td><td>断口处截面面积 A_k/mm</td><td></td></tr>
</table>

（2）计算结果

屈服载荷：$P_s =$　　　kgf =　　　N

极限载荷：$P_b =$　　　kgf =　　　N

屈服极限：$\sigma_s = \frac{P_s}{A_0} =$　　　MPa

强度极限：$\sigma_b = \frac{P_b}{A_0} =$　　　MPa

延伸率：$\delta = \frac{l_k - l_0}{l_0} \times 100\% =$

截面收缩率：$\psi = \frac{A_0 - A_k}{A_0} \times 100\% =$

(3)绘制 $P - \Delta l$ 曲线及断口形状

2. 铸铁拉伸试验记录

试验前		试验后	
直径 d_0/mm		断裂后最小直径 d_k/mm	

最大载荷：P_b = kgf = N

强度极限：$\sigma_b = \frac{P_b}{A_0} =$ MPa

断口形状：

四、问题及建议

实训项目二 硬度试验

一、实训目的

(1) 了解布氏硬度计、洛氏硬度计的基本原理及使用方法；

(2) 进一步加深对硬度概念的理解；

(3) 熟悉布氏硬度、洛氏硬度的测定方法和操作步骤。

二、实训仪器、设备与工具

(1) 布氏硬度计、洛氏硬度计；

(2) 读数显微镜；

(3) 试样(钢、铸铁或有色金属)一组。

三、实训内容指导

1. 布氏硬度实验

1) 布氏硬度计

HB-3000 型布氏硬度计的构造如附图 2-1 所示。它主要由机体、可更换工作台 6、大杠杆 16、小杠杆 1、压轴 3、减速器 13、换向开关 14 等部件组成。

工作台机构机体下部安装套筒 11，套筒内装有螺杆 8，在螺杆上部是工作台立柱 7。立柱上安装可更换工作台 6，旋转手轮 9，通过螺母 10 可使螺杆带动工作台上下垂直移动。

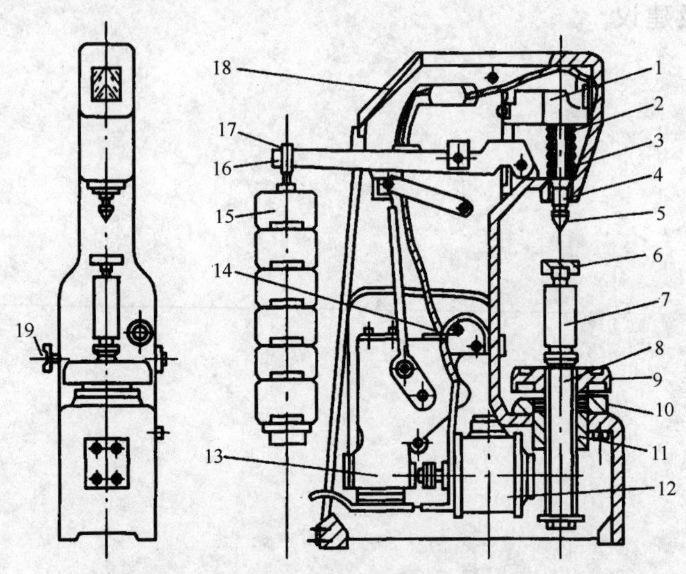

附图 2-1 HB-3000 型布氏硬度试验机简图

1—小杠杆；2—弹簧；3—压轴；4—主轴衬套；5—压头；6—可更换工作台；
7—工作台立柱；8—螺杆；9—升降手轮；10—螺母；
11—套筒；12—电动机；13—减速器；14—换向开关；15—砝码；
16—大杠杆；17—吊环；18—机体；19—电源开关

杠杆机构由大杠杆 16、吊环 17、小杠杆 1 和压轴 3 等组成。载荷是由砝码 15 通过大杠杆 16、吊环 17、小杠杆 1 和压轴 3、主轴衬套 4、压头 5 等部件的作用，将钢球压入试样表面。加载或卸载是由电动机12通过减速器13和一组连杆机构来实现的。

压轴机构是由弹簧2、压轴3和主轴衬套4等部件组成。弹簧在非工作状态时是将主轴衬套压靠在锥形座内，使压轴紧靠在小杠杆中间的刀刃支架上，从而保持压轴的准确位置。

2）试样的技术要求

（1）试样的测量面，应制成光滑平面，不应有氧化皮及污物，试样表面粗糙度 R_a 值一般不应大于0.8μm。

（2）在试样制备过程中，应尽量避免由于受热及冷加工对试样表面硬度产生影响。

（3）布氏硬度试样厚度至少应为压痕深度的10倍。

（4）试验温度一般在10～35℃范围内。

3）实训操作步骤

（1）根据材料和布氏硬度实验规范（见附表2－1），确定压头直径、载荷及载荷的保持时间。

附表2－1 布氏硬度试验规范

金属材料类型	布氏硬度值范围/HBS	试样厚度/mm	载荷 F 与钢球直径 D 的关系	钢球直径 D	载荷 F/kgf(N)	载荷保持时间 t/s
黑色金属	140～450	6～3 4～2 <2	$F=30D^2$	10 5 2.5	3000(30KN) 750(7.5KN) 187.5(1.875KN)	10
	<140	>6 6～3 <3	$F=10D^2$	10 5 2.5	1000(10KN) 250(2.5KN) 62.5(0.625KN)	10
有色金属	>130	6～3 4～2 <2	$F=30D^2$	10 5 2.5	3000(30KN) 750(7.5KN) 187.5(1.875KN)	30
	35～130	9～3 6～3 <3	$F=10D^2$	10 5 2.5	1000(10KN) 250(2.5KN) 62.5(0.625KN)	30
	8～35	>6 6～3 <3	$F=2.5D^2$	10 5 2.5	250(2.5KN) 62.5(0.625KN) 15.6(0.156KN)	60

（2）将压头5装在主轴衬套4内，先暂时将压头固定螺钉轻轻地旋压在压头杆扁平处。

（3）将试样和工作台6的台面揩擦干净，将试样稳固地放在工作台上，然后按顺时针方向转动工作台升降手轮9使工作台缓慢上升，并使压头与试样接触，直到手轮与升降螺母10产生相对运动时为止，接着再将压头固定螺钉旋紧。

（4）准备就绪后施加载荷将钢球压入试样。首先打开电源开关19，电源指示灯（绿色）亮，然后启动换向开关14，并且立即做好拧紧时间定位器的压紧螺钉的准备工作，当加荷指示灯（红色）亮时即载荷全部加上，立即转动时间定位器至所需载荷保持时间的位置，迅速拧紧时间定位器的压紧螺钉，使圆盘随曲柄一起回转，又自动反向旋转直到停止。从加荷指示灯亮到熄灭为止为全负荷保持时间。施加载荷时间为2～8s。钢铁材料试验载荷的保持时间为 10～15s，非铁金属为 30s，布氏硬度小于 35 时为 60s。

(5) 时间定位器停止转动后，逆时针转动手轮 9，降下工作台 6，取下试样。

(6) 用读数显微镜在两个垂直方向测出压痕直径 d_1 和 d_2 的数值，取平均值。然后根据压痕平均直径，由附录二中的附表一"压痕直径与布氏硬度对照表"查得布氏硬度值。

4) 实验注意事项

(1) 试样压痕平均直径 d 应在 $0.25D \sim 0.6D$ 之间，否则无效，应换用其他载荷做实验。

(2) 压痕中心距试样边缘距离不应小于压痕平均直径的 2.5 倍，两相邻压痕中心距离不应小于压痕平均直径的 4 倍，布氏硬度小于 35 时，上述距离应分别为压痕平均直径的 3 倍和 6 倍。

2. 洛氏硬度实验

1) 洛氏硬度计

常用的 HR－150 型硬度计的简单构造如附图 2－2 所示。HR－150 型硬度计是由机架、加载机构、测量指示机构及工作台升降机构等主要部分组成。

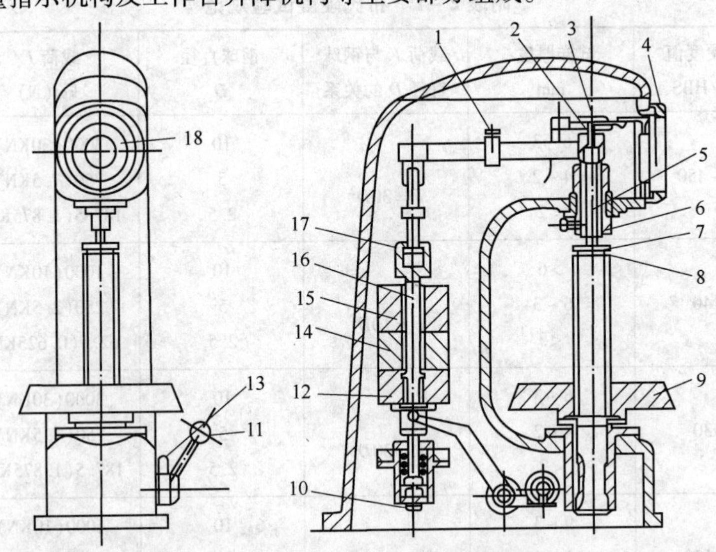

附图 2－2　HR－150 型洛氏硬度试验机简图

1—调整块；2—顶杆；3—调整螺钉；4—表盘；5—按钮；6—紧固螺母；7—试样；8—工作台；9—手轮；10—放油螺钉；11—操纵手柄；12—砝码座；13—油针；14、15—磁码；16—吊杆；17—吊套；18—指示器

加载机构由压头、主轴系统、加载杠杆、砝码、缓冲器、连杆和操纵手柄等组成。

硬度计初载荷 98N(10kgf) 是由主轴、加载杠杆、吊杆 16 等零件的重量以及指示器 18 的测量载荷和指示杠杆对主轴的作用载荷等共同组成。顺时针方向旋转手轮 9，升起工作台 8 使试样与压头接触直到指示器小指针指于红点，即表示初载荷已加上。

总载荷是由初载荷和通过加载杠杆放大后的砝码作用载荷（即主载荷）共同组成。在缓冲器的托盘上放置一组砝码，当缓冲器活塞下降时，砝码也随同下降，砝码的重量便作用于加载杠杆上，于是压头就受到总载荷的作用。若选用不同数量的砝码，便可获得三种不同大小的总载荷。缓冲器的作用是为了缓慢地施加主载荷，以防止产生冲击现象。

操纵手柄 11 专门作为主载荷的施加或卸除用，当手柄向后推倒时，主载荷便借助缓冲器缓慢平稳地施加在压头上；当手柄向前扳回时，主载荷砝码被托盘托起而被卸载。但 98N 初载荷仍作用在压头上。

测量指示机构由顶杆 2、小杠杆、指示器 18 等机件组成，它可显示初载荷是否加上，同时又是测定硬度的读数装置。当试样随工作台升起，顶住压头主轴，通过顶杆、小杠杆等机构转动指示器内的小指针指于红点时，表明初载荷已加上。当主载荷加上，主轴和压头受到总载荷作用后，压头便平稳地压入被测试样的表面。此时由于主轴的下降，通过小杠杆反映到指示器上，引起大指针逆时针回转到某一位置。当卸除主载荷后，由于试样压痕部位的弹性变形消除，促使主轴上移，又经小杠杆作用，使大指针顺时针旋转停于某一位置。最后大指针所指的刻度盘上的读数，即为试样所测得的硬度值。

工作台升降机构是由升降螺母、丝杠手轮 9 和工作台 8 所组成。

2）洛氏硬度计的测量原理

洛氏硬度试验是用特殊的压头(金刚石压头或钢球压头)，在先后施加两载荷(预载荷和总载荷)的作用下压入金属表面来进行的。总载荷 P 为预载荷 P_0 和主载荷 P_1 之和，即 $P = P_0 + P_1$。

洛氏硬度值是施加总载荷 P 并卸除主载荷 P_1 后，在预载荷 P_0 继续作用下，由主载荷 P_1 引起的残余压入深度 e 来计算，如附图 2 - 3 所示。

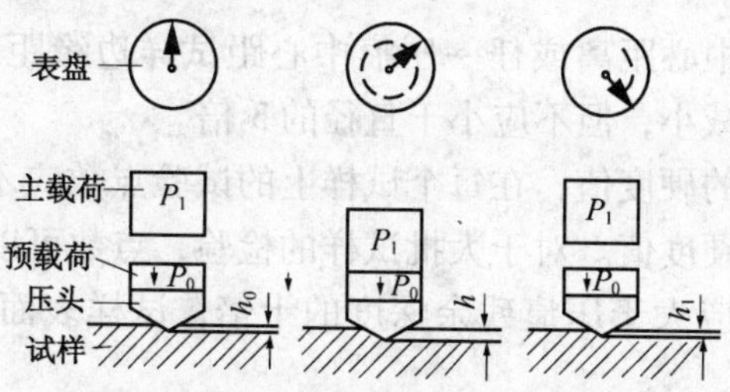

附图 2 - 3　洛氏硬度测量原理示意图

图中，h_0 表示在预载荷 P_0 作用下压头压入被试材料的深度，h_1 表示施加总载荷 P 并卸除主载荷 P_1，但仍保留预载荷 P_0 时，压头压入被试材料的深度。

深度差 $e = h_1 - h_0$，该值用来表示被测材料硬度的高低。

在实际应用中，为了使硬的材料得出的硬度值比软的材料得出的硬度值高，以符合一般的习惯，将被测材料的硬度值用公式加以适当变换。即

$$HR = [K - (h_1 - h_0)]/C$$

式中，K 为一常数，其值在采用金刚石压头时为 0.2，采用钢球压头时为 0.26，C 为另一常数，代表指示器读数盘每一刻度相当于压头压入被测材料的深度，其值为 0.002mm。

HR 为标注洛氏硬度的符号。当采用金刚石压头及 1471N(150kgf)的总载荷试验时，应标注 HRC；当采用钢球压头及 980.7N(100kgf)总载荷试验时，则应标注 HRB。HR 值为一无名数，测量时可直接由硬度计表盘读出。表盘上有红、黑两种刻度，红线刻度为 HRB 的读数，黑线刻度为 HRA、HRC 的读数。

为了扩大洛氏硬度的测量范围，可采用不同压头和总载荷配成不同的洛氏硬度标度，每一种标度用同一个字母在洛氏硬度符号 HR 后加以注明，常用的有 HRA、HRB、HRC 等三种。

各种洛氏硬度值之间，洛氏硬度与布氏硬度间都有一定的换算关系，可参见附录二中的附表三“布氏、维氏、洛式硬度值的换算表”。对于钢铁材料大致有下列关系式：

$$HRC = 2HRA - 104$$

$$HB = 10HRC\ (HRC = 40 \sim 60 \text{ 范围})$$

$$HB = 2HRB$$

四、实训操作步骤

（1）根据试样材料及预计硬度范围，选择压头类型和初、主载荷。

（2）根据试样形状和大小，选择适宜工作台，将试样平稳地放在工作台上。

（3）顺时针方向转动工作台升降手轮，将试样与压头缓慢接触使指示器指针或指示线至规定标志即加上初载荷。如超过规定则应卸除初载荷，在试样另一位置试验。

（4）调整指示器至 B(或 C)点后，将操纵手柄向前扳动，加主载荷，应在 4 ~ 8s 内完成。待大指针停止转动后，再将卸载手柄扳回，卸除主载荷。

（5）卸除载荷(在 2s 完成)后，按指示器大指针所指刻度线读出硬度值。以金刚石圆锥体作压头(HRA 和 HRC)的，按刻度盘下圈标记为“C”的黑色格子读数；若是以淬火钢球作为压头的，则按内圈标记为“B”的红色格子读数。

（6）逆时针方向旋转手轮，降下工作台，取下试样，或移动试样选择新的部位，继续进行实验。

【注意事项】

（1）试样两相邻压痕中心距离或任一压痕中心距试样边缘距离一般不小于 3mm，在特殊情况下，这个距离可以减小，但不应小于直径的 3 倍。

（2）为了获得较准确的硬度值，在每个试样上的试验点数应不小于三点(第一点不记)，取三点的算术平均值作为硬度值。对于大批试样的检验，点数可以适当减少。

（3）被测试样的厚度应大于压痕残余深度的十倍，试样表面应光洁平整，不得有氧化皮、裂缝及其他污物沾染。

（4）要记住手轮的旋转方向，顺时针旋转时工作台上升，反之下降。特别是在试验快结束时，需下降工作台卸除初载荷，取下试样或调换试样位置的时候，手轮不得转错方向，否则，手轮转错使工作台上升，就容易顶坏压头。

实训报告

日期：

评语	教师签字：　　日期：					成绩	
						项目编号	
姓名		学号		班级		组别	
实训名称	金属材料力学性能之硬度试验			教材			

一、实训目的

(1)

(2)

(3)

二、实训设备和仪器

(1)

(2)

三、实训数据记录

1. 布氏硬度数据

项目 材料及热处理状态	试验规范			实验结果					换算成洛氏硬度值	
	钢球直径 D/mm	载荷 F/N	F/D^2	第一次		第二次		均硬度值/HBS	HRC	HRB
				压痕直径 d/mm	硬度值/HBS	压痕直径 d/mm	硬度值/HBS			

2. 洛氏硬度数据

项目 材料及热处理状态	试验规范			测得硬度值				换算成布氏硬度值/HBS
	压头	总载荷 *F*/N	硬度标尺	第一次	第二次	第三次	平均硬度值	

四、问题及建议

（1）简述布、洛氏硬度计的优缺点及适用范围。

（2）根据本实验中布氏硬度试验测得的硬度值，分析退火状态碳钢的含碳量与硬度间的关系，并画出其关系曲线图。

实训项目三　冲击试验

一、实训目的

（1）了解冲击试验机的主要构造及操作方法；

（2）初步掌握金属材料韧性的测定方法；

（3）初步建立碳钢的含碳量与其冲击韧度之间的关系。

二、实训仪器、设备及工具

（1）冲击试验机；

（2）测量试样尺寸用的游标卡尺；

（3）冲击试样：每实验小组所用的试样为退火状态的 20 钢、45 钢和 T12 钢冲击试样各一根。

三、实训内容指导

一次冲击弯曲试验是测定金属材料韧性的常用方法。它是将一定尺寸和形状的金属试样放在试验机的支座上，再将一定重量的摆锤升高到一定高度，使其具有一定位能，然后让摆锤自由下落将试样冲断。摆锤冲断试样所消耗的能量即为冲击吸收功 A_K，A_K 值的大小代表金属材料韧性的高低。但习惯上仍采用冲击韧度值 a_K 表示金属材料韧性。冲击韧度 a_K 是用冲击吸收功 A_K 除以样式断口处的原始横切面积 S 来表示的。

退火状态碳钢的韧性随着含碳量的增加而下降。

冲击试验机有手动和半自动两种。附图 3 - 1 为手动摆锤式冲击试验机的外形结构。

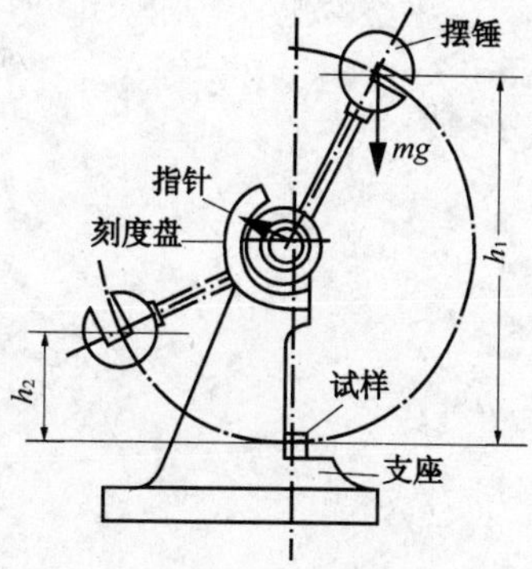

试验时先把手柄拨至“预备”位置，然后将摆锤稍加抬起并固定后，把试样放在支座钳口上，再把摆锤抬到试验高度，使插销插入摆轴的支槽内，待一切准备完毕后，将手柄由“预备”位置拨至“冲击”位置，这时摆锤就以摆轴为旋转中心而自由下落。

当摆锤冲断试样后，其剩余能量又使摆锤向另一方向扬起一定高度，这时将手柄再拨至“停止”位置，使摆锤停止摆动。

附图 3 - 1　手动摆锤式冲击试验机

试样的冲击吸收功 A_K 值由指针指示。因为当摆锤自由下落时，待拨针碰到指针时，又带动指针一起转动。但当摆锤回摆，拨针反转时，指针停止不动。这时指针在刻度盘上指出的读数，即为试样所承受的冲击吸收功值。

半自动摆锤式冲击实验机的构造原理与手动的基本相同，但摆锤的上扬挂摆、下落冲击和制动等均由电气机械控制，免去了人工扬摆的劳动。

四、实训步骤

（1）检查试样有无缺陷，试样缺口部位一般不能划伤或锈蚀。

（2）用精度不低于 0.02mm 的量具测量试样缺口处的断面尺寸，并记下测量数据。

（3）检查摆锤空打时的指针是否指零（即摆锤自由地处在铅垂位置时，使指针紧靠拨针并对准最大打击能量处，然后扬起摆锤空打，指针指示零位），其偏离不应超过最小分度的1/4。

（4）放置冲击试样。试样应紧贴支座，并使试样缺口背向摆锤的刀刃，然后用找正样板使试样处于支座的中心位置。

（5）按冲击试验机的操作顺序将冲击试样冲断。

（6）读出指针在刻度盘上指出的冲击吸收功 A_K 值，并作好记录。

（7）观察试样的断口特征。

【注意事项】

（1）在试验机摆锤运动的平面内，严禁站人，以防因摆锤运动或冲断的试样飞出伤人。

（2）未经许可不准随便搬动摆锤和控制手柄。

（3）在装置冲击试样时，应将摆锤用支架支住。切不可将摆锤抬高到预备位置，以防摆锤偶然落下时造成严重事故。

（4）当手柄在“预备”位置，摆锤已上扬至预定的试验高度后，应平稳缓慢地将手放开，并使插销插入摆轴的槽内，以防放手过急而冲断插销。

（5）当试样被冲断而摆锤尚在摆动时，不能将手柄拨回至“预备”位置，以防插销的头部与摆锤发生摩擦或插销有可能插入摆锤的槽内而被冲断。

（6）试样冲断时如有卡锤现象，则数据无效。

实训报告

日期：

<table>
<tr><td rowspan="2">评语</td><td colspan="5" rowspan="2">

教师签字：　　　　日期：</td><td>成绩</td></tr>
<tr><td>项目编号</td></tr>
<tr><td>姓名</td><td></td><td>学号</td><td></td><td>班级</td><td></td><td>组别</td></tr>
<tr><td>实训名称</td><td colspan="3">金属材料力学性能之冲击试验</td><td>教材</td><td colspan="2"></td></tr>
</table>

一、实训目的

（1）

（2）

（3）

二、实训设备和仪器

（1）

（2）

（3）

三、实训数据记录

（1）根据实验记录填写下表。

试验材料及其处理状态	试验温度	试样缺口处断面尺寸			冲击吸收功 A_K/J	冲击韧性 α_K/（J/cm^2）	断口特性
		高/cm	宽/cm	断口面积/cm^2			

（2）根据试验测得的冲击韧度值，分析退火状态碳钢的含量与冲击韧度之间的关系，并画出其关系曲线图。

实训项目四　金相试样的制备和铁碳合金平衡组织观察

一、实训目的

（1）观察和识别铁碳合金（碳钢和白口铁）在平衡状态下的显微组织；

（2）了解铁碳合金的成分、组织和性能之间的对应变化关系；

（3）熟悉金相显微镜的使用；

（4）了解金相试样的制备方法。

二、实训设备、仪器及材料

（1）金相显微镜；

（2）砂轮机、砂轮切割机、抛光机等；

（3）铁碳合金试样。

三、实训内容指导

1. 金相试样的制备

为了在金相显微镜下确切、清楚地观察到金属内部的显微组织，金属试样必须进行精心的制备。试样制备过程包括取样、磨制、抛光、浸蚀等工序。

1）取样

取样部位及观察面的选择，必须根据被分析材料或零件的失效特点、加工工艺的性质以及研究的目的等因素来确定。例如，研究铸造合金时，由于它的组织不均匀，应从铸件表面、中心等典型区域分别切取试样，全面地进行金相观察。研究零件的失效原因时，应在失效的部位和完好的部位分别取样，以便作比较性的分析。对于轧材，如研究材料表层的缺陷和非金属夹杂物的分布时，应在垂直轧制方向上切取横向试样；研究夹杂物的类型、形状、材料的变形程度、晶粒被拉长的程度、带状组织等，应在平行于轧向切取纵向试样。在研究热处理后的零件时，因为组织较均匀，可自由选取断面试样。对于表面热处理后的零件，要注意观察表面情况，如氧化层、脱碳层、渗碳层等。

取样时，要注意采用的取样方法应保证不使试样被观察面的金相组织发生变化。对于软材料可用锯、车等方法；硬材料可用水冷砂轮切片机切取或电火花线切割机切割；硬而脆的材料（如白口铸铁）可用锤击；大件材料可用氧气切割等。

试样尺寸不要太大，一般以高度为 10～15mm、观察面的边长或直径为 15～25mm 的方形或圆柱形较为合适。

2）磨制

试样的磨制一般分两步完成：

（1）粗磨　软材料（有色金属）可用锉刀锉平。一般钢铁材料通常在砂轮机上磨平，磨样时应利用砂轮侧面，以保证试样磨平。打磨过程中，试样要不断用水冷却，以防温度升高引起试样组织变化。另外，试样边缘的棱角如没有保存的必要，可最后磨圆（倒角），以免在细磨及抛光时划破砂纸或抛光布。

（2）细磨　将砂纸平放在玻璃板上，用手拿持试样，在金相砂纸上单方向向前推进，来回磨会使沙粒嵌镶于试样表面，形成伪组织。我国金相砂纸按粗细分为 01 号、02 号、03

号、04 号、05 号几种。细磨时，依次从 01 号磨至 05 号。必须注意，每更换一道砂纸时，应将试样冲洗干净，用酒精棉球擦去表面的水分，用热吹风吹干表面，以免表面生锈。将试样的磨制方向调转 90°，即与上一道磨痕方向垂直，以便观察上一道磨痕是否被磨去。水砂纸按粗细有 200 号、800 号、400 号、500 号、600 号、700 号、800 号、900 号等。用水砂纸磨制时，要不断加水冷却，由 200 号逐次磨到 900 号砂纸，每换一道砂纸，将试样用水冲洗干净，并调换 90°方向。

3）抛光

细磨后的试样还需进行抛光，目的是去除细磨时遗留下的磨痕，以获得光亮而无磨痕的镜面。试样的抛光有机械抛光、电解抛光和化学抛光等方法。实验时一般采用机械抛光。机械抛光在专用抛光机上进行。抛光机主要由一个电动机和被带动的一个或两个抛光盘组成，转速为 200～600r/min。抛光盘上放置不同材质的抛光布。粗抛时常用帆布或粗呢，精抛时常用绒布、细呢或丝绸，抛光时在抛光盘上不断滴注抛光液（用 Al_2O_3、MgO 或 Cr_2O_3 等细粉末加水配置的悬浮液），或在抛光盘上涂以由极细金刚石粉制成的膏状抛光剂。抛光时应将试样磨面均匀地、平正地压在旋转的抛光盘上。压力不宜过大，并沿盘的边缘到中心不断作径向往复移动。抛光时间不宜过长，试样表面磨痕全部消除而呈光亮的镜面后，抛光即可停止。试样用水冲洗干净，然后进行侵蚀或直接在显微镜下观察。

4）浸蚀

抛光后的试样表面非常平整，在显微镜下只能看到光亮的磨面和非金属杂质等。除观察试样中某些非金属夹杂物或铸铁中的石墨等情况外，还需对抛光后的试样进行浸蚀。

常用化学浸蚀法来显示金属的显微组织，其主要原理是由于材料各处的组织不同，利用浸蚀剂对试样表面进行化学溶解或进行电化学反应，使试样表面各处浸蚀速度不同，造成表面凸凹不平，光照后各处反应不一样。对不同的材料，显示不同的组织，可选用不同的浸蚀剂（可查浸蚀剂手册）。钢铁材料最常用的浸蚀剂为 4% 硝酸酒精溶液或者苦味酸酒精溶液。

浸蚀时可将试样磨面浸入浸蚀剂中，也可用棉花沾浸蚀剂擦拭表面。浸蚀的深浅根据组织的特点和观察时的放大倍数来确定。高倍观察时，浸蚀要浅一些，低倍略深一些。单相组织浸蚀重一些，双相组织浸蚀轻些。一般浸蚀到试样磨面稍发暗时即可。浸蚀后用水冲洗。必要时再用酒精清洗，最后用吸水纸（或毛巾）吸干，或用吹风机吹干。

2. 金相显微镜的结构及使用

金相显微镜的种类和型式很多，常见的有台式、立式和卧式三大类。金相显微镜的构造通常由照明系统、光学系统、机械调节系统等主要部分组成。教学用的金相显微镜的结构如附图 4－1 所示。

1）显微调焦装置

在金相显微镜的两侧有粗动调节手轮 6 和微动调节手轮 5，两者在同一轴上，随着粗调手轮的转动，通过内部的齿轮传动，使支撑载物台 1 的架臂作上下运动。在粗调手轮的一侧有制动装置，用以固定调焦正确后固定载物台的位置。微调手轮通过多级齿轮传动机构减速，能使载物台极缓慢地升降，以便获得清晰的图像。

2）载物台

载物台用于放置金相试样，其下面和托盘之间有导架，移动结构仍然采用黏性油膜联结，在手的推动下可引导载物台在水平面上作一定范围的定向移动，以改变试样的观察部位。

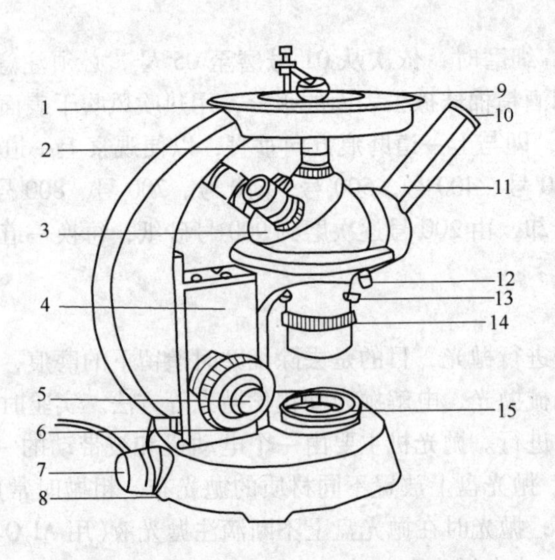

附图 4-1　XJB-1 型金相显微镜外形结构图

1—载物台；2—物镜；3—转换器；4—传动箱；5—微动调节手轮；6—粗动调节手轮；7—光源；8—偏心圈；9—试样；10—目镜；11—目镜筒；12—固定螺钉；13—调节螺钉；14—视场光阑；15—孔径光阑

3）孔径光栅和视场光栅

通过这两个孔径可变的光栅的调节可以提高最后映像的质量。孔径光栅在照明后镜座上面，调整孔径光栅能够控制入射光线的粗细，以保证映像达到清晰的程度，视场光栅则设在物镜支架下面，其作用是控制视场范围，使目镜中所见到的视场被照亮而无阴影，在刻有直纹的套圈上还有两个螺钉用来调整光栅中心。

4）物镜转换器

物镜转换器 3 呈球面形，上面有三个螺孔，可安装不同放大倍数的物镜，旋动转换器，可使各物镜镜头进入光路，并与不同的目镜搭配使用，即获得各种放大倍数。

5）目镜筒

目镜筒 11 是 45°倾斜式安装在附有棱镜的半球形座上，还可以将目镜转向 90°呈水平状态。

3. 铁碳合金的平衡组织观察

利用金相显微镜观察金属的组织和缺陷的方法称为显微分析；所看到的组织称为显微组织。

合金在极缓慢冷却条件（如退火状态）下得到的组织为平衡组织。铁碳合金的平衡组织可以根据 Fe-C 相图来分析。从相图可知，所有碳钢和白口铁在温室时的组织均由铁素体和渗碳体组成。但由于含碳量的不同及结晶条件的差异，铁素体和渗碳体的相对数量、形态、分布和混合情况是不一样的，因而将组成各种不同特征的组织或组织组成物，其基本特征如下所述。

1）铁素体（F）

铁素体（F）是碳溶于 α-Fe 中的固溶体，具有良好的塑性，硬度较低（80～120HBS），经 3%～5% 硝酸酒精溶液浸蚀后，在显微镜下呈白色大粒状，如附图 4-2 所示。随着钢中含碳量的增加，铁素体量减少，珠光体量增多（见附图 4-3 中 20 钢和附图 4-4 中 45 钢中的黑块状铁素体）。

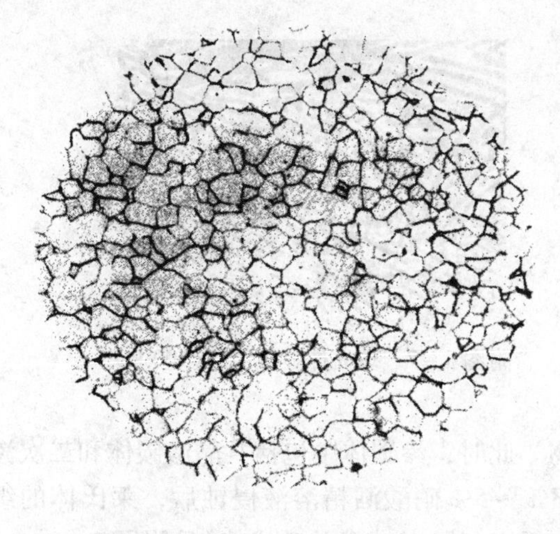

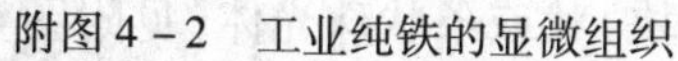

附图 4－2　工业纯铁的显微组织

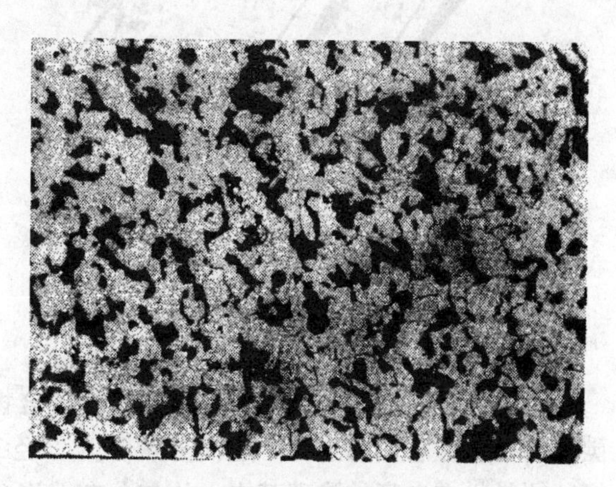

附图 4－3　20 钢的显微组织

2）渗碳体（Fe_3C）

渗碳体是铁与碳的化合物，含碳量为 6.69%，抗浸蚀能力较强。经 3% ～5% 硝酸酒精溶液浸蚀后呈白亮色；若用苦味酸钠溶液热浸蚀，则被染成黑褐色，而铁素体仍为白色，由此可区别开铁素体和渗碳体。渗碳体的硬度很高，达 800HBS 以上，脆性很大，强度和塑性很差。经过不同的热处理，渗碳体可以呈片状、粒状或断续网状（见附图 4－5 T10 钢中的网状渗碳体及附图 4－6、附图 4－7 共析钢中的片状渗碳体）。

3）珠光体（P）

珠光体是铁素体和渗碳体的共析混合物，有片状和珠状两种。

片状珠光体一般经退火得到，是铁素体和渗碳体交替分布的层片状组织，疏密程度不同。经 3% ～5% 硝酸酒精溶液或苦味酸溶液浸蚀后，铁素体和渗碳体皆呈白亮色，但其边界被浸蚀呈黑色线条。在不同放大倍数下观察时，组织具有不一样的特征。

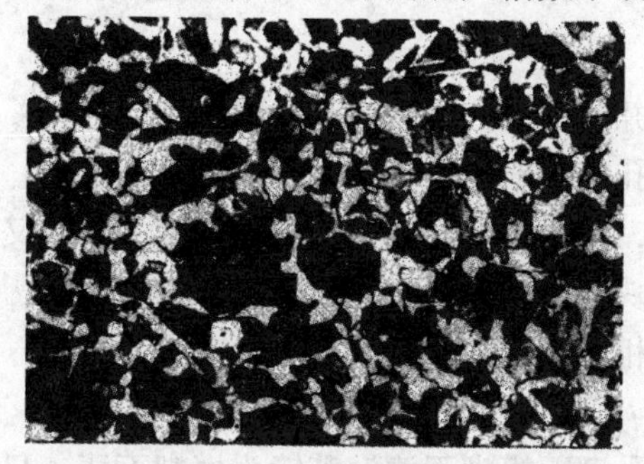

附图 4－4　45 钢的显微组织

附图 4－5　T10 钢的显微组织

在高倍（600 倍以上）下观察时，珠光体中平行相间的宽条铁素体和细条渗碳体都呈白亮色，而其边界呈黑色（见附图 4－6）。

中倍（400 倍左右）观察时，白亮色渗碳体被黑色边界所“吞食”而成为细黑条。这时看到的珠光体为白条状铁素体和细黑条渗碳体的相间混合物（见附图 4－7）。

低倍（200 倍以下）观察时，连宽白条的铁素体和细黑条的渗碳体也很难分辨，这时，珠光体为黑块组织（见附图 4－3 中 20 钢和附图 4－4 中 45 钢中的黑块状珠光体）。

附图 4 - 6　珠光体显微组织(600×)

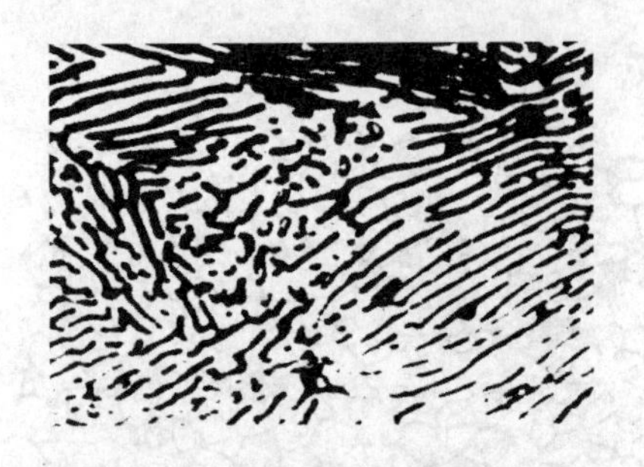

附图 4 - 7　珠光体显微组织(400×)

4) 莱氏体(Ld)

莱氏体在室温时是珠光体和渗碳体的混合物。此时，渗碳体中包括共晶渗碳体和二次渗碳体两种，但它们相连在一起而分辨不开。经 3% ~5% 硝酸酒精溶液侵蚀后，莱氏体的组织特征是，在白亮的渗碳基本上均匀分布着许多黑点(块)状或条状珠光体(见附图 4 - 8)。

莱氏体组织硬度很高，达 700HB，脆性大。一般存在于含碳量大于 2.11% 的白口铸铁中，在某些高碳合金钢的铸造组织中也常可见。

亚共晶白口铸铁的组织包括：莱氏体、呈黑粗树枝态分布的珠光体及其周围白亮圈的二次渗碳体(见附图 4 - 9)。二次渗碳体与莱氏体中的渗碳体相连，无界线，无法区别。过共晶白口铸铁的组织是，莱氏体和长白条一次渗碳体(见附图 4 - 10)。

附图 4 - 8　共晶白口铁

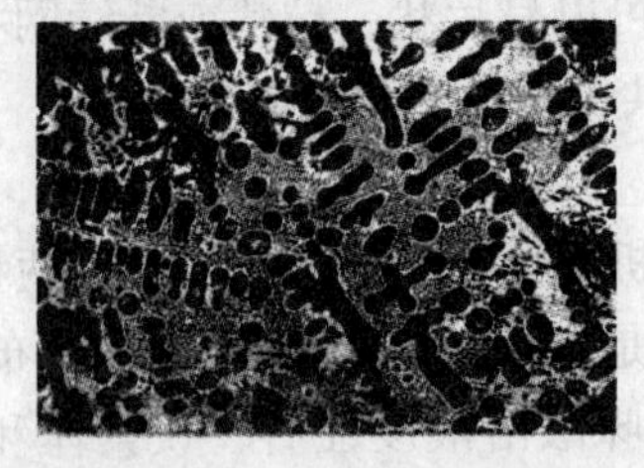

附图 4 - 9　亚共晶白口铁

附图 4 - 10　过共晶白口铁

四、实训步骤

(1) 按放大倍数，选取合适的物镜和目镜，并分别装入物镜座和目镜筒内。

(2) 将光源灯泡插头插入电源变压器低压插孔(5 ~8V)内，将试样置于载物台上，缓慢地转动粗调焦手轮使载物台缓慢地下降靠近物镜，然后眼睛贴近目镜向内观察，同时又缓慢地来回转动粗调焦手轮，当找到试样的金相组织映像后，再调微调焦手轮，进行调节，直到映像最清晰为止。同时用铅笔描绘出观察到的金相显微组织。

【注意事项】

(1) 操作时，切勿口对目镜讲话，以免镜头受潮而模糊不清。若镜头模糊不清，只能用质地柔软的镜头纸轻轻擦拭，严禁用手指、手帕、衣袖或其他纸张、杂布擦拭。

(2) 已经浸蚀好的试样观察面，切勿用手去擦拭或贴放在桌面上，以免损伤或污染而影响观察效果。

(3) 实验完毕后，要关掉电源，将试样和镜头卸下分别放置于各自的干燥器内存放，然后用防尘罩把显微镜盖好。可使各物镜镜头进入光路，并与不同的目镜搭配使用，即获得各种放大倍数。

实训报告

日期：

<table>
<tr><td rowspan="2">评语</td><td colspan="5" rowspan="2">

教师签字：　　　日期：</td><td>成绩</td><td></td></tr>
<tr><td>项目编号</td><td></td></tr>
<tr><td>姓名</td><td></td><td>学号</td><td></td><td>班级</td><td></td><td>组别</td><td></td></tr>
<tr><td>实训名称</td><td colspan="3">金相试样的制备和铁碳合金平衡组织观察</td><td>教材</td><td colspan="3"></td></tr>
</table>

一、实训目的

(1)

(2)

(3)

(4)

二、实训设备和仪器

(1)

(2)

(3)

三、实训结果与分析

(1) 按实验要求填写下列各项，并在右侧的方框中画出所观察试样的显微组织特征。

材料名称 ________
处理状态 ________
放大倍数 ________
浸蚀剂 ________
金相组织 ________

材料名称 ________
处理状态 ________
放大倍数 ________
浸蚀剂 ________
金相组织 ________

材料名称 ________
处理状态 ________
放大倍数 ________
浸蚀剂 ________
金相组织 ________

材料名称 ________
处理状态 ________
放大倍数 ________
浸蚀剂 ________
金相组织 ________

材料名称 ________
处理状态 ________
放大倍数 ________
浸蚀剂 ________
金相组织 ________

材料名称 ________
处理状态 ________
放大倍数 ________
浸蚀剂 ________
金相组织 ________

（2）金相试样制备的基本过程。

（3）根据所观察的组织，说明碳含量对铁碳合金的组织和性能的影响规律。

四、思考题

（1）珠光体组织在低倍观察和高倍观察时有何不同？为什么？

（2）渗碳体有哪几种？它们的形态有什么差别？

实训项目五　钢的热处理综合实训

一、实训目的

（1）了解钢的普通热处理（退火、正火、淬火、回火）的工艺方法和操作规程，掌握各种成分的碳钢加热规范的选定原则；

（2）研究热处理的冷却速度对钢的组织和性能的影响，了解回火温度对淬火钢的组织和性能的影响；

（3）了解各种热处理设备的结构和使用方法。

二、实训设备及材料

（1）箱式电阻炉；

（2）洛氏硬度计、布氏硬度计；

（3）各种碳钢试样。

三、实训内容

（1）箱式电阻炉简介；

（2）碳钢的热处理操作。

1. 箱式电阻加热炉简介

1）电阻炉

一般实验室均采用箱式电阻加热炉作为热处理的加热设备，其大致构造如附图 5－1 所示。它主要由炉壳和炉芯两部分组成，炉壳和炉芯之间填有保温材料，以减少炉内热量的损失，炉芯一般由耐高温的 Al_2O_3 或 SiC 等耐火材料制成，炉芯壁内分布着许多圆形电热丝孔 3 以供穿插电热丝用。电热丝多用铁铬铝合金丝制成螺旋形。当电源通过接线盒 5 使电热丝中通有电流时便产生电热效应，所发生的热量即可加热炉内的试样 7。为了避免取放试样时碰坏或磨损加热室 2 底部耐火材料，在加热室底部放置一块高强度耐火材料制成的炉底板 6。加热室的开口处用炉门 9 封闭。炉门上有一小孔，供观察炉内温度和试样的加热情况用。炉门下部有一挡铁，当炉门关闭时，挡铁触动控制开关 8，使加热室内的电热丝中有电流通过；当炉门打开时，控制开关切断了电源控制电路，此时即使闭合电源开关，电炉中的电热丝也不会有电流通过，从而保证了操作时的安全。在加热室后壁开有一测温孔 4，供插入热电偶用。整个炉体用钢板包裹，并由支架支撑。

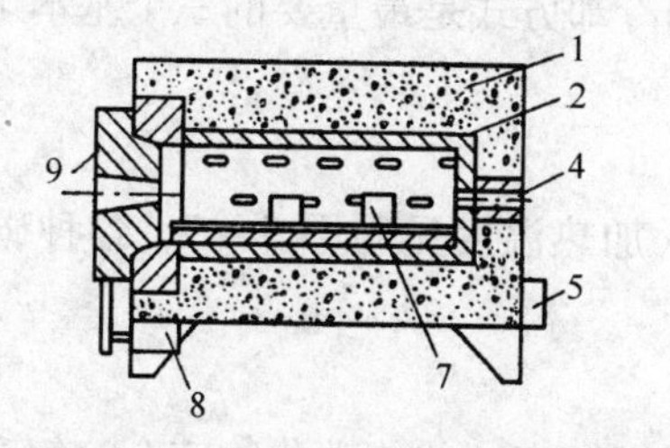

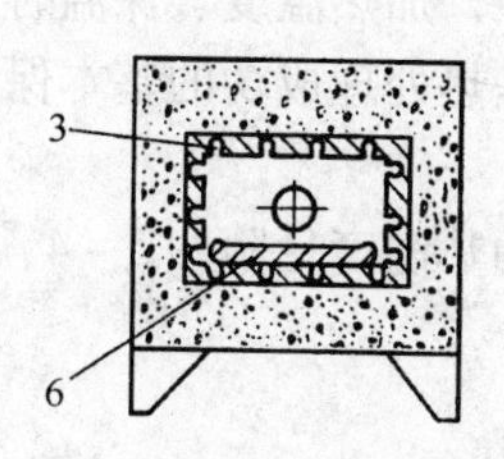

附图 5－1　箱式电阻炉结构示意图

1—隔热层；2—加热室；3—电热丝孔；4—测温孔；5—接线盒；
6—炉底板；7—试样；8—控制开关；9—炉门

2）控温装置

它包括热电偶和温度指示调节仪，是加热炉的配套仪器。热电偶的工作原理如附图5－2所示。热电偶4是由镍铬和镍铝两种合金丝构成，两合金丝的一端焊在一起作为热端5而插入炉内，另一端作为冷端3通过连接导线2接到温度指示调节仪1上。当热端在炉内受热与冷端之间由于温差而产生热电势时，驱动温度指示调节仪的温度指针偏转指示出相应的温度值。实验室箱式电阻加热炉上用的温度指示调节仪，一般采用XCT－101型，它的工作原理如附图5－3所示。调节控制部分主要由温度给定指针4、检测线圈5和控制继电器等组成。当电炉工作时，按加热温度要求，转动仪表前面左边的按钮使温度给定指针置于一定位置，温度上升时温度指示针3偏转向温度给定指针，当温度指示针与温度给定指针重合时，温度指示针上的铝片2也进入检测线圈的间隙内，由于铝片隔断了检测线圈之间的磁场作用，使振荡回路的电参数改变，此信号通过放大器使控制继电器动作，电炉电源被切断，炉温停止上升并随之下降，当炉温下降时，温度指示针又往回偏转，铝片离开检测线圈，振荡回路的参数又恢复到原来的数值，控制继电器又动作，电炉电源又接通，炉温又上升，以此达到自动控温的目的。

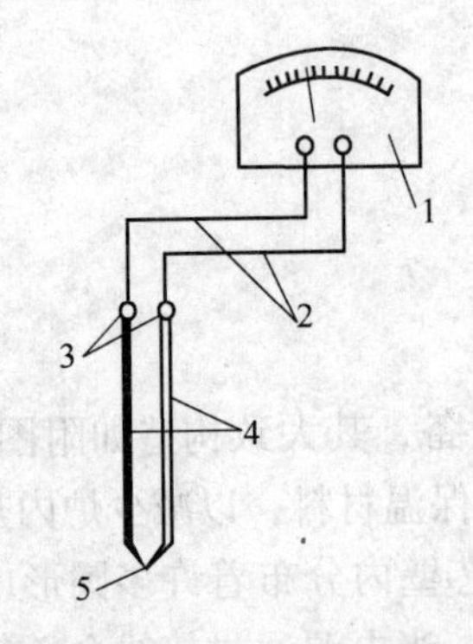

附图5－2　热电偶工作原理图

1—温度指示调节仪；2—连接导线；3—冷端；4—热电偶；5—热端保护

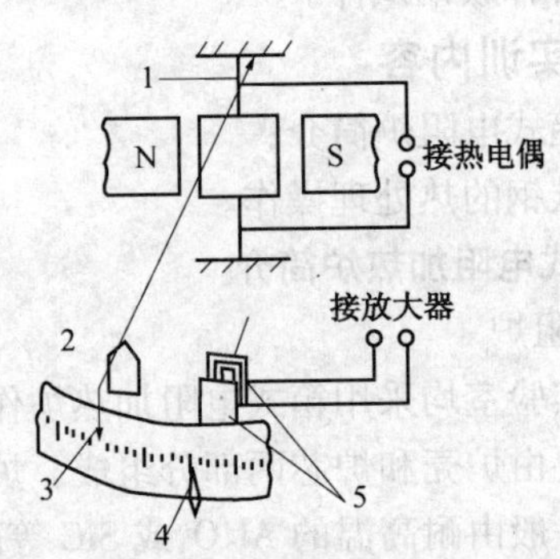

附图5－3　温度指示调节仪工作原理图

1—张丝；2—铝片；3—温度指示针；4—温度给定指针；5—检测线圈

2. 实验原理

钢的热处理就是通过加热、保温和冷却改变其内部组织，从而获得所要求的物理、化学、机械和工艺性能的一种操作方法。一般热处理的基本操作有退火、正火、淬火及回火等。

热处理操作中，加热温度、保温时间和冷却方式是最重要的三个基本工艺因素，正确选择它们的规范，是热处理成功的基本保证。

1）加热温度

退火、正火加热温度见附图5－4，淬火加热温度见附图5－5，各种碳钢的临界点见附表5－1。

2）保温时间

为了使工件各部分温度均匀化，完成组织转变，并使碳化物完全溶解和奥氏体成分均匀一致，必须在淬火加热温度下保温一定时间。通常将工件升温和保温所需时间计算在一起，并统称为加热时间。

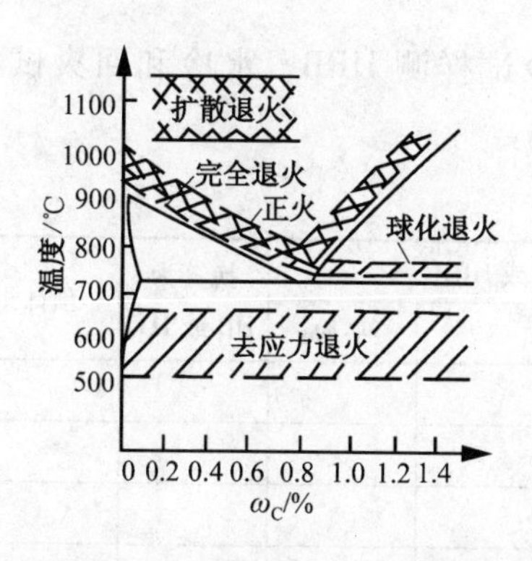

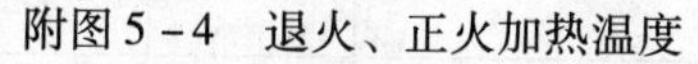
附图 5－4　退火、正火加热温度

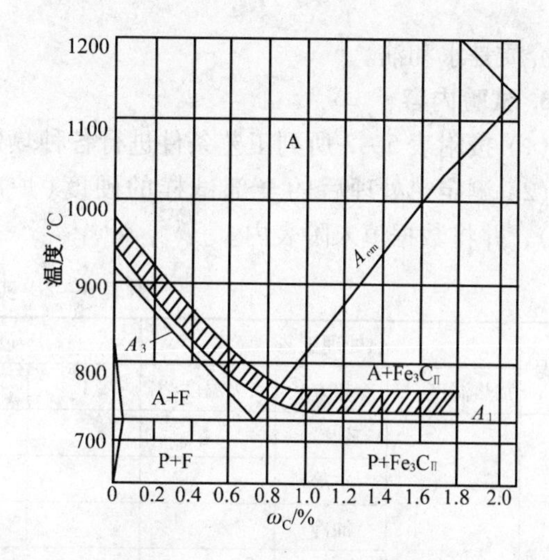

附图 5－5　淬火加热温度

附表 5－1　各种碳钢的临界点

材　料	临界温度			
	A_{c1}	A_{c3} 或 A_{ccm}	A_{r3} 或 A_{rcm}	A_{r1}
20 钢	735	855	835	680
30 钢	732	813	796	677
40 钢	724	790	760	680
45 钢	724	780	751	682
50 钢	725	760	721	690
60 钢	727	766	743	690
65Mn	726	765	741	689
T7	730	770	743	700
T8	730	—	—	700
T10	730	800	—	700
T11	730	810	—	700
T12	730	820	—	700

热处理加热时间必须考虑许多因素，例如工件的尺寸和形状、使用的加热设备及装炉量、装炉温度、钢的成分和原始组织、热处理的要求和目的等，具体时间可参考有关手册中的数据。

实际工作中多根据经验估算加热时间。一般规定，在空气介质中，升到规定温度后的保温时间，碳钢按工件厚度每毫米需一分至一分半钟估算；合金钢按每毫米两分钟估算。在盐溶炉中，保温时间可缩短 1 ~2 倍。

3）冷却方式

热处理的冷却方法必须适当，才能获得所要求的组织和性能。

退火一般采用随炉冷却。

正火（或常化）所采用空气冷却，大件常进行吹风冷却。

淬火的冷却方法非常重要。一方面冷却速度要大于临界冷却速度，以保证得到马氏体组织；另一方面冷却速度应当尽量缓慢，以减少内应力，避免变形和开裂。目前应用最广泛的淬火介质是水和油。

3. 试验内容

(1) 按附表5－2所列工艺条件进行各种热处理操作。

(2) 测定热处理后的全部试样的硬度(炉冷和空冷试样测 HRB，水冷和回火试样测HRC)，并将数据填入附表内。

附表5－2　实训任务表

钢　号	热处理工艺			硬度值/HRC或HRB				换算为HB或HV	预计组织
	加热温度/℃	冷却方法	回火温度/℃	1	2	3	平均		
45	860	炉冷							
		空冷							
		油冷							
		水冷							
		水冷	200						
		水冷	400						
		水冷	600						
	750	水冷							
T12	750	炉冷							
		空冷							
		油冷							
		水冷							
		水冷	200						
		水冷	400						
		水冷	600						
	860	水冷							

4. 实训步骤

(1) 全班分成两组，每组一套试样(45钢试样8块，T12试样8块)。

(2) 将同一温度加热的45钢和T12钢试样，分别放入860℃和750℃箱式电阻炉中加热，保温15～20min后，分别进行水冷、油冷或空冷的热处理操作。

(3) 从两种加热温度的水冷试样中各取出三块45钢和T12钢试样，分别放入200℃，400℃，600℃的炉内进行回火，回火保温时间为30min。

(4) 淬火时，试样用钳子夹好，出炉、入水迅速，并不断在水中或在油中搅动，以保证热处理质量。取、放试样时，炉子要先断电。

(5) 热处理后的试样用砂纸磨去两端面氧化皮，然后测定硬度(HRC或HRB)。每个试样测三点，取平均值，并将数据填入表内。

(6) 每个同学必须抄下全班试验数据，以便独立进行分析。

【注意事项】

(1) 注意远离电源、电线，小心触电；

(2) 注意开关电阻炉时，一定要把炉门转向后方，小心烫伤；

(3) 油冷时一定要注意，避免油溅落到地面上。

实训报告

日期：

<table>
<tr><td rowspan="2">评语</td><td colspan="5" rowspan="2">

教师签字：　　　日期：</td><td>成绩</td><td></td></tr>
<tr><td>项目编号</td><td></td></tr>
<tr><td>姓名</td><td></td><td>学号</td><td></td><td>班级</td><td></td><td>组别</td><td></td></tr>
<tr><td>实训名称</td><td colspan="3">钢的热处理综合实训</td><td>教材</td><td colspan="3"></td></tr>
</table>

一、实训目的

(1)

(2)

(3)

二、实训设备和仪器

(1)

(2)

(3)

三、实训结果与分析

把实验数据填入下表。

钢号	热处理工艺			硬度值/HRC 或 HRB				换算为HB 或 HV	预计组织
	加热温度/℃	冷却方法	回火温度/℃	1	2	3	平均		
45	860	炉冷							
		空冷							
		油冷							
		水冷							
		水冷	200						
		水冷	400						
		水冷	600						
	750	水冷							
T12	750	炉冷							
		空冷							
		油冷							
		水冷							
		水冷	200						
		水冷	400						
		水冷	600						
	860	水冷							

四、思考题

（1）说明 45 钢不同温度、不同冷速处理后硬度不同的原因。

（2）绘出回火温度和硬度的关系曲线图，并联系组织，分析其性能变化的原因。

（3）碳钢中碳的质量分数对淬火后硬度有何影响？

（4）45 钢工件常用的热处理是什么？T12 钢工件常用的热处理是什么？它们的组织和大致硬度怎样？

实训项目六　碳钢的热处理显微组织观察

一、实训目的

（1）观察碳钢经不同热处理后的显微组织；

（2）了解热处理工艺对钢组织和性能的影响；

（3）熟悉碳钢几种典型热处理组织（M、T、S、$M_{回火}$、$S_{回火}$等）的形态及特征。

二、实训设备、仪器及材料

（1）金相显微镜；

（2）碳钢热处理后的试样。

三、实训内容指导

碳钢经退火、正火可得到平衡或接近平衡的组织；经淬火得到的是非平衡组织。因此，研究热处理后的组织时，不仅要参考铁碳合金相图，而且更主要的是参考C曲线（钢的等温转变曲线）。

铁碳合金相图能说明缓慢冷却时合金的结晶过程和室温下的组织以及相的相对量，C曲线则能说明一定成分的钢在不同冷却条件下的结晶过程以及所得到的组织。

1. 共析钢连续冷却时的显微组织

为了简便起见，不用CCT曲线（连续冷却转变曲线）而用C曲线来分析。例如共析钢奥氏体，在慢冷时（相当于炉冷，见附图6－1中的V_1），应得到100%珠光体，与由铁碳相图所得的分析结果一致；当冷却速度增大到V_2时（相当于空冷），得到的是较细的珠光体，即索氏体或托氏体；当冷却速度增大到V_3时（相当于油冷），得到的是托氏体和马氏体；当冷却速度增大至V_4、V_5时（相当于水冷），很大的过冷度使奥氏体骤冷到马氏体转变始点（M_s），瞬时转变成马氏体。其中与C曲线鼻尖相切的冷却速度（V_4）称为淬火的临界冷却速度。

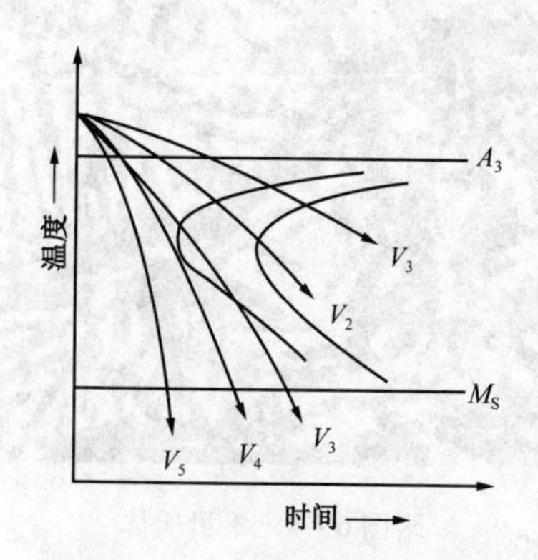

附图6－1　共析钢的C曲线

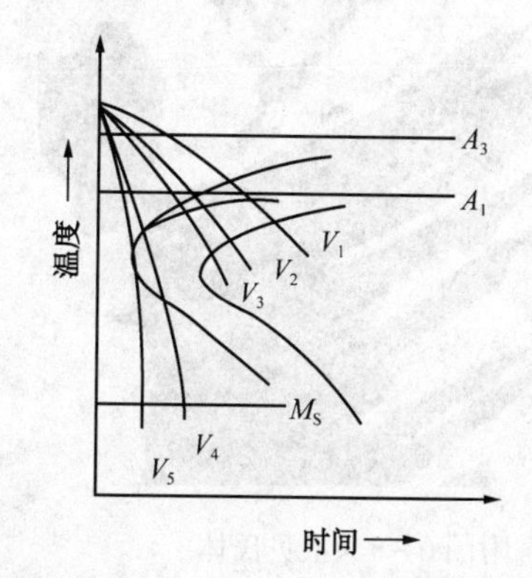

附图6－2　亚、过共析钢的C曲线

2. 亚共析和过共析钢连续冷却时的显微组织

亚共析钢的C曲线与共析钢的C曲线相比，在珠光体转变开始前多一条铁素体析出线，如附图6－2所示。

当钢缓慢冷却时，得到的组织为接近与平衡状态的铁素体加珠光体；随着冷却速度逐渐增加，由 $V_1 \rightarrow V_2 \rightarrow V_3$ 时，奥氏体的过冷程度增大，生成的过共析铁素体量减少，并主要沿晶界分布，同时珠光体量增多，含碳量下降，组织变得更细。因此，与 V_1、V_2、V_3 对应得组织将为：铁素体 + 珠光体、铁素体 + 索氏体、铁素体 + 托氏体。当冷却速度增大到 V_4 时，只析出很少量的网状铁素体和托氏体（有时可见很少量的贝氏体），奥氏体则主要转变为马氏体。当冷却速度 V_6 超过临界冷速时，钢全部转变为马氏体组织。

过共析钢的转变与亚共析钢相似，不同之处是后者先析出的是铁素体，而前者先析出的是渗碳体。

3. 基本组织的金相特征

（1）索氏体（S） 索氏体是铁素体与渗碳体的机械混合物，其片层比珠光体更细密，在显微镜的高倍（700 倍以上）放大时才能分辨。

（2）托氏体（T） 托氏体也是铁素体与渗碳体的机械混合物，其片层比索氏体还细密，在一般光学显微镜下也无法分辨，只能看到如墨菊状的黑色形态。当其少量析出时，沿晶界分布，成黑色网状，包围着马氏体；当析出量较多时，成大块黑色团状，只有在电子显微镜下才能分辨其中的片层。

（3）贝氏体（B） 贝氏体为奥氏体的中温转变产物，它也是铁素体与渗碳体的两相混合物。在金相形态上，主要有三种形态：

① 上贝氏体 上贝氏体是由成束平行排列的条状铁素体和条间断续分布的渗碳体所组成的非层状组织。当转变量不多时，在光学显微镜下为成束的铁素体条向奥氏体内伸展，具有羽毛状特征。在电镜下，铁素体以几度到十几度的小位向差相互平行，渗碳体则沿条的长轴方向排列成行（见附图 6－3）。

② 下贝氏体 下贝氏体是在片状铁素体内部沉淀有碳化物的两相混合物组织。它与淬火马氏体易受侵蚀，在显微镜下呈黑色针状（见附图 6－4）。在电镜下可以见到，在片状铁素体机体中分布有很细的碳化物片，它大致与铁素体片的长轴成 55°～60° 的角度。

附图 6－3 上贝氏体

附图 6－4 下贝氏体

（4）马氏体（M） 马氏体是碳在 α－Fe 中的过饱和固溶体。马氏体的形态按含碳量主要分两种，即板条状和针状（见附图 6－5、附图 6－6）

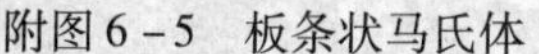

附图 6－5　板条状马氏体

附图 6－6　针状马氏体

板条状马氏体一般为低碳钢或低碳合金钢的淬火组织。其组织形态是：由尺寸大致相同的细马氏体平行排列，组成马氏体束或马氏体区，各束或区之间位间差较大，一个奥氏体晶粒内可有几个马氏体束或区。板条状马氏体的韧性较好。

针状马氏体是含碳量较高的钢淬火后得到的组织。在光学显微镜下，它呈竹叶状或针状，针与针之间成一定角度。最先形成的马氏体较粗大，往往横穿整个奥氏体晶粒，将其分割，使以后形成的马氏体针的大小受到限制。因此，马氏体针的大小不一，并使针间残留有奥氏体。针状马氏体的硬度较高，韧性较差。

（5）残余奥氏体（$A_{残}$）　残余奥氏体是含碳量大于 0.5% 的奥氏体淬火时被保留到室温不转变的那部分奥氏体。它不易受硝酸酒精溶液的浸蚀，在显微镜下呈白亮色，分布在马氏体之间，无固定形态。未经回火时，残余奥氏体与马氏体很难区分，都呈白亮色；只有马氏体回火变暗后，残余奥氏体才能被辨认，如附图 6－7 所示。

（6）回火马氏体　马氏体经低温回火（150～250℃）所得到的组织为回火马氏体。它仍具有原马氏体形态特征。针状马氏体由于由极细的碳化物析出，容易受浸蚀，在显微镜下为黑针状，如附图 6－8 所示。

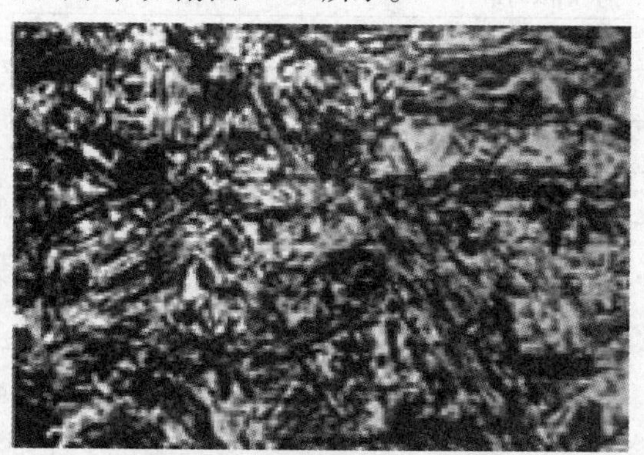

附图 6－7　淬火后的组织

附图 6－8　回火马氏体

（7）回火托氏体　马氏体经中温回火（350～500℃）所得到的组织为回火托氏体。它是铁素体与粒状渗碳体组成的极细的混合物。铁素体基体基本上保持原马氏体的形态（条状、粒状或针状），第二相渗碳体则析出在其中，呈极细颗粒状，用光学显微镜极难分辨，只有在电镜下才可观察到，如附图 6－9 所示。

（8）回火索氏体　马氏体经高温回火（500～650℃）所得到的组织为回火索氏体。它的金相特征是，铁素体上分布着粒状渗碳体。此时，铁素体已经再结晶，呈等轴细晶粒状，如附图 6－10 所示。

回火托氏体和回火索氏体是淬火马氏体的回火产物，它的渗碳体呈粒状，且均匀分布在铁素体基体上。而托氏体和索氏体是奥氏体过冷时直接形成的，它的渗碳体呈片状。所以，回火组织同直接冷却组织相比，在相同的硬度下具有较好的塑性及韧性。

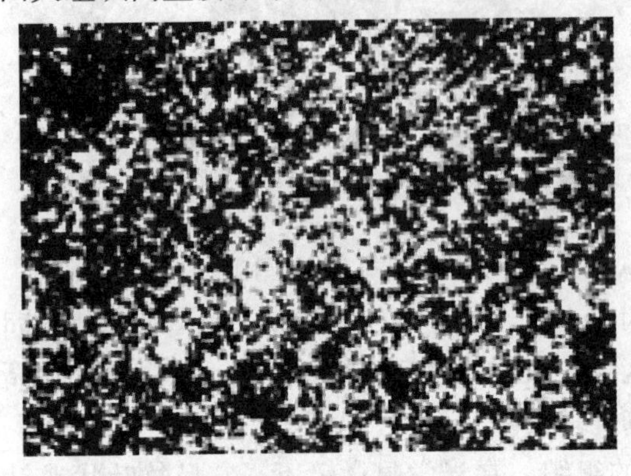

附图 6－9　回火托氏体

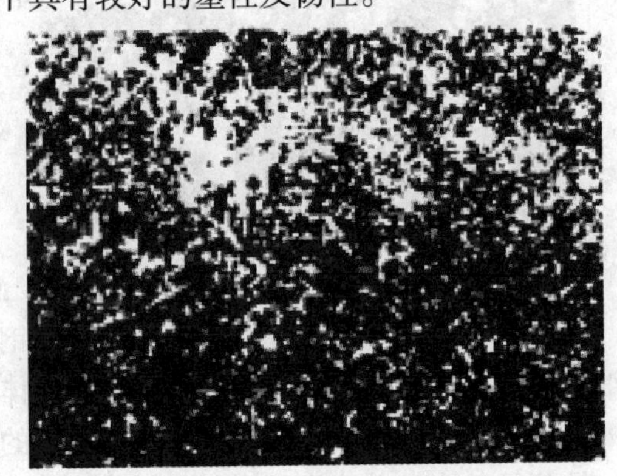

附图 6－10　回火索氏体

四、实训内容

（1）观察附表 6－1 所列的显微镜组织。

附表 6－1　实验要求观察的试样

序　号	材　料	热处理工艺	浸蚀剂	显微组织（参照金相图册）
1	20 钢	910℃水冷	4% 硝酸酒精	板条 M
2	45 钢	860℃水冷	4% 硝酸酒精	隐针 M
3	45 钢	860℃空冷	4% 硝酸酒精	F + S
4	45 钢	860℃油冷	4% 硝酸酒精	M + T
5	45 钢	860℃水冷 600℃回火	4% 硝酸酒精	$S_{回火}$
6	45 钢	750℃水冷	4% 硝酸酒精	M + F
7	T12	750℃水冷	4% 硝酸酒精	片状 M
8	T12	750℃水冷 200℃回火	4% 硝酸酒精	$M_{回火}$ + CmⅡ + $A_{残}$
9	T12	750℃球化退火	4% 硝酸酒精	F + Fe_3C（粒状）

（2）描述出所观察试样的显微组织示意图，并注明材料、放大倍数、组织名称、侵蚀剂等。

实训报告

日期：

评语	教师签字：　　日期：					成绩	
						项目编号	
姓名		学号		班级		组别	
实训名称	碳钢的热处理显微组织观察			教材			

一、实训目的

(1)

(2)

(3)

二、实训设备和仪器

(1)

(2)

三、实训结果与分析

根据观察的显微组织绘出下列材料的热处理显微组织示意图。

材料：
热处理工艺：
组织名称：
放大倍数：
浸蚀剂：

材料：
热处理工艺：
组织名称：
放大倍数：
浸蚀剂：

材料：
热处理工艺：
组织名称：
放大倍数：
浸蚀剂：

材料：
热处理工艺：
组织名称：
放大倍数：
浸蚀剂：

材料：
热处理工艺：
组织名称：
放大倍数：
浸蚀剂：

四、思考题

(1) 45 钢淬火后硬度不足，如果根据组织来分析其原因，是淬火加热不足，还是冷却速度不够？

(2) 比较并讨论直接冷却得到的 M、T、S 和淬火、回火得到的 $M_{回火}$、$T_{回火}$、$S_{回火}$的组织形态和性能差异。

实训项目七　铸铁及有色金属的显微组织观察

一、实训目的

（1）了解铸铁及有色金属的的显微组织特征；

（2）分析这些材料的组织和性能的关系。

二、实训设备、仪器及材料

（1）光学金相显微镜数台；

（2）铸铁及有色金属的显微组织试样数块；

（3）各类材料的金相图谱及放大照片。

三、实训内容指导

1. 铸铁的显微组织特征

含碳量 $\omega_C > 2.11\%$ 的铁碳合金称为铸铁。工业用铸铁的组织可以认为是在钢的基体上分布着不同形态、大小、数量的石墨。按其组织、性能与用途的不同，可把工业铸铁分为以下几类：

（1）灰口铸铁　石墨呈片状，基体有铁素体、铁素体十珠光体、珠光体三种，如附图 7－1所示。若在浇铸前向铁液中加入孕育剂，可细化石墨片，提高灰口铸铁的性能。这种铸铁叫孕育铸铁，基体多为珠光体。

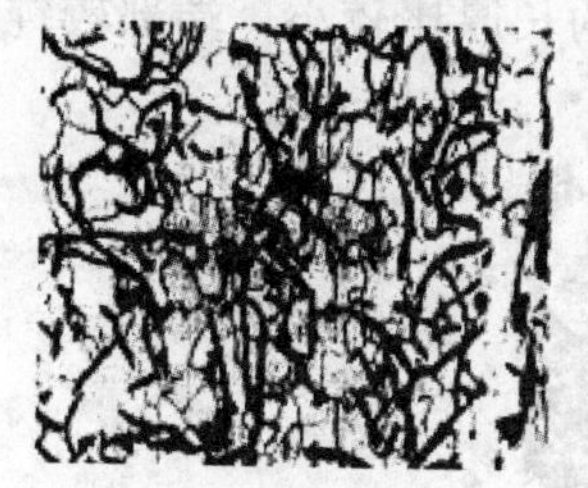

(a) 铁素体灰铸铁

(b) 珠光体灰铸铁

(c) 铁素体+珠光体灰铸铁

附图 7－1　灰铸铁的显微组织

（2）球墨铸铁　球墨铸铁是一种优质铸铁，在浇铸前加入球化剂和孕育剂，使石墨成球状析出。球状石墨对基体的割裂作用较片状石墨大大减轻，使球墨铸铁的力学性能大大提高。球墨铸铁的基体有铁素体、铁素体＋珠光体、珠光体，如附图 7－2 所示，图(a)为铁素体球墨铸铁，其中呈黑色球状的石墨分布在亮白色的铁素体基体上；图(b)为铁素体＋珠光体球墨铸铁，也称牛眼铸铁，其中亮白色的铁素体分布在球状的石墨周围；图(c)为珠光体球墨铸铁。

（3）可锻铸铁　可锻铸铁是由白口铸铁经高温长时间的石墨退化而得到的。其中的石墨呈团絮状析出，性能较灰口铸铁有明显提高，基体有铁素体和珠光体两种，生产中以铁素体基体的可锻铸铁应用较广，如附图 7－3 所示。

（4）蠕墨铸铁　蠕墨铸铁是近年来发展起来的一种新型工程材料。它是在一定成分的铁水中加入适量的蠕化剂而炼成的，其方法和程序与球墨铸铁基本相同。蠕化剂目前主要采用镁钛合金、稀土镁钛合金或稀土镁钙合金等。

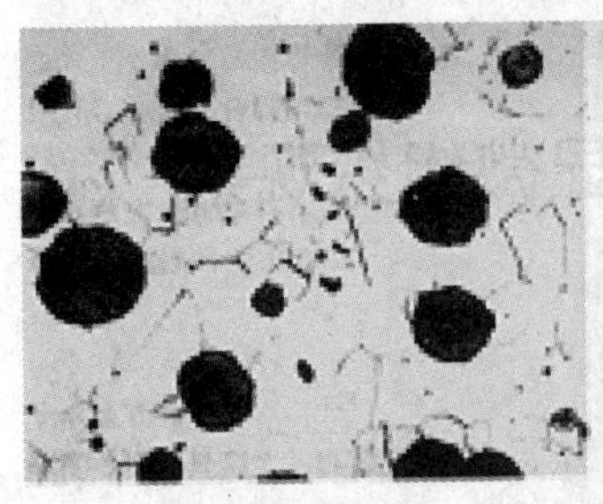

(a)铁素体球墨铸铁

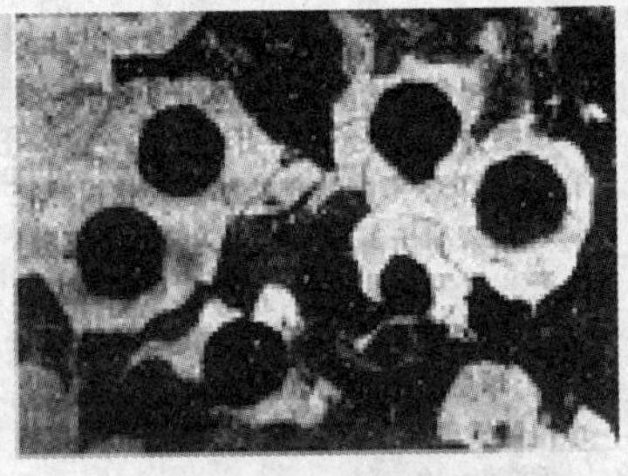

(b)铁素体+珠光体球墨铸铁

(c)珠光体球墨铸铁

附图7-2　球墨铸铁的显微组织

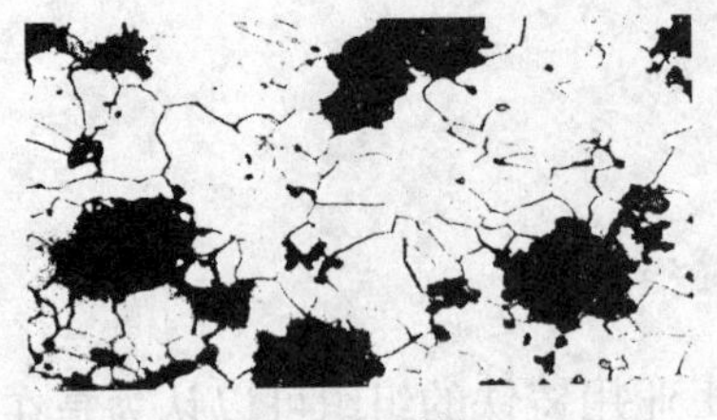

(a) 铁素体可锻铸铁

(b) 珠光体体可锻铸铁

附图7-3　可锻铸铁的显微组织

蠕墨铸铁的化学成分一般为：3.4%～3.6% C，2.4%～3.0% Si，0.4%～0.6% Mn，<0.06% S，<0.07% P。对于珠光体蠕墨铸铁，要加入珠光体稳定元素，使铸态珠光体量提高。蠕墨铸铁的石墨具有介于片状和球状之间的中间形态，在光学显微镜下为互不相连的短片，与灰铸铁的片状石墨类似，所不同的是，其石墨片的长厚比较小，端部较钝，如附图7-4所示。

附图7-4　蠕墨铸铁石墨的显微组织(200×)

2. 常用有色金属材料的显微组织特征

1）铝合金

铝合金的应用十分广泛，它可分为形变铝合金和铸造铝合金两种。在形变铝合金中，按成分还可分为可以热处理强化的铝合金和不能热处理强化的铝合金。

铝硅合金是广泛应用的一种铸造铝合金，俗称硅铝明，$\omega_{Si}=11\%\sim13\%$。从Ai－Si合金图可知，硅铝明的成分接近共晶成分，铸造性能好，铸造后得到的组织是粗大的针状硅和α固溶体组织的共晶体，如附图7-5(a)所示。硅本身很脆，又呈针状分布，因此这种组织的机械性能很差。为了改善合金的质量，工业中常用钠或钠盐于合金浇铸前加入，进行变质处理，经变质处理，可使硅晶体显著细化。变质处理后得到的组织已不是单纯的共晶组织，而是细小的共晶组织加上初晶α，即亚共晶组织，如附图7-5(b)所示。

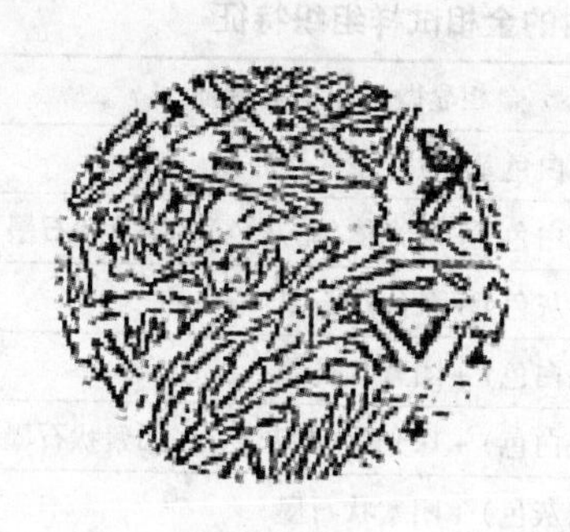

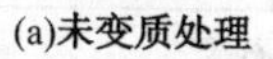

(a)未变质处理

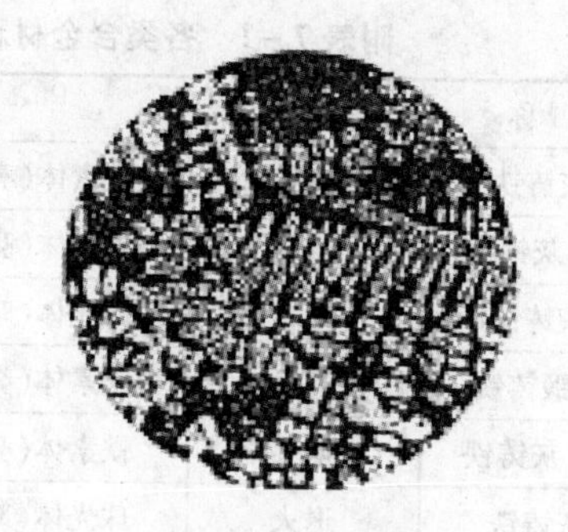

(b)变质处理后

附图 7－5　硅铝明合金组织

2）铜合金

最常用的铜合金为黄铜和青铜。黄铜为铜锌合金，其中 Zn 的含量对黄铜的组织和性能有重要影响。

根据 Cu－Zn 合金相图，含 $\omega_{Zn}=39\%$ 的黄铜，其显微组织为单相 α 固溶体，故称单项黄铜，其塑性和抗蚀性都很好，适于做各种深冲变形零件。常用的单项黄铜为 $\omega_{Zn}=30\%$ 左右的 H70，在铸态下的组织特征如附图 7－6 所示，经腐蚀后 α 相呈树枝状，变形并退火后则得到多边形的具有退火孪晶特征的 α 晶粒，因各个晶粒位向不同，所以具有不同的深浅颜色。

$\omega_{Zn}=39\%\sim45\%$ 的黄铜，其显微组织为 α＋β′（β′是 CuZn 为基的有序固溶体），故称双相黄铜。在低温时性能硬而脆，但高温时有较好的塑性，所以双黄铜适于进行热加工，可用于承受大载荷的零件，随 Zn 含量的增加，双黄铜中 β′相量增多。如附图 7－7 所示，β′相呈暗黑色，α 相为明亮色。α 相的形态及分布与合金的成分及冷速有关。

附图 7－6　单相黄铜的组织特征

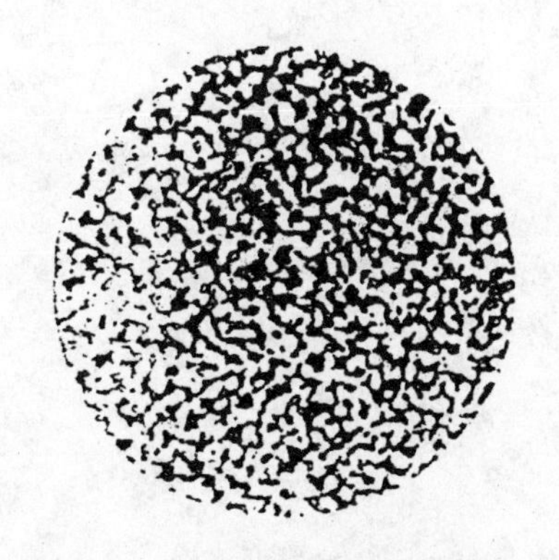

附图 7－7　双相黄铜的组织特征

四、实训内容

（1）观察本实验所提供的显微组织，了解其组织形态及特征（见附表 7－1）。观察的试样有：各种基体的灰口铸铁、可锻铸铁、球墨铸铁、蠕墨铸铁，硅铝明变质前后的组织以及黄铜的组织。

（2）画出下列组织示意图：铁素体基体灰口铸铁、铁素体基体可锻铸铁、铁素体十珠光体基体球墨铸铁、单项黄铜以及变质处理后的硅铝明。

附表 7－1　各类合金材料的金相试样组织特征

材料	编号	名　称	热处理状态	金相显微组织主要特征	
铸铁	1	F 灰铸铁	铸态	铁素体(亮白色基体)＋条片状石墨	硝酸酒精溶液
	2	F＋P 灰铸铁	铸态	铁素体(亮白色)＋珠光体(暗灰色)＋条片状石墨	
	3	P 灰铸铁	铸态	珠光体(暗灰色)＋条片状石墨	
	4	F 可锻铸铁	退火	铁素体(亮白色)＋团絮状石墨	
	5	F＋P 灰铸铁	退火	铁素体(亮白色)＋珠光体(暗灰色)＋团絮状石墨	
	6	P 灰铸铁	退火	珠光体(暗灰色)＋团絮状石墨	
	7	F 球墨铸铁	铸态	铁素体(亮白色)＋球状石墨	
	8	F＋P 球墨铸铁	铸态	铁素体(亮白色)＋珠光体(暗灰色)＋球状石墨	
	9	蠕墨铸铁	铸态	铁素体(亮白色)＋珠光体(暗灰色)＋蠕虫状石墨	
有色金属	15	硅铝明	铸态	初晶硅(针状)＋(α＋Si)共晶体(亮白色)	混合液
	16	硅铝明	变质处理	α(枝晶体)＋共晶体(细密基体)	
	17	单项黄铜	退火	α 固溶体(具有孪晶)	氯化铁盐酸水溶液
	18	双向黄铜	退火	α(亮白色)＋β(暗灰色)	
	19	轴承合金	铸态	α(暗灰色)＋β(白色块状)＋化合物(针状星形)	硝酸酒精溶液

实训报告

日期：

<table>
<tr><td rowspan="2">评语</td><td colspan="5" rowspan="2">教师签字：　　　日期：</td><td>成绩</td><td></td></tr>
<tr><td>项目编号</td><td></td></tr>
<tr><td>姓名</td><td></td><td>学号</td><td></td><td>班级</td><td></td><td rowspan="2">组别</td><td rowspan="2"></td></tr>
<tr><td>实训名称</td><td colspan="3">铸铁及有色金属的显微组织观察</td><td>教材</td><td></td></tr>
</table>

一、实训目的

(1)

(2)

二、实训设备和仪器

(1)

(2)

(3)

三、实训结果与分析

根据观察的显微组织绘出下列材料的显微组织示意图。

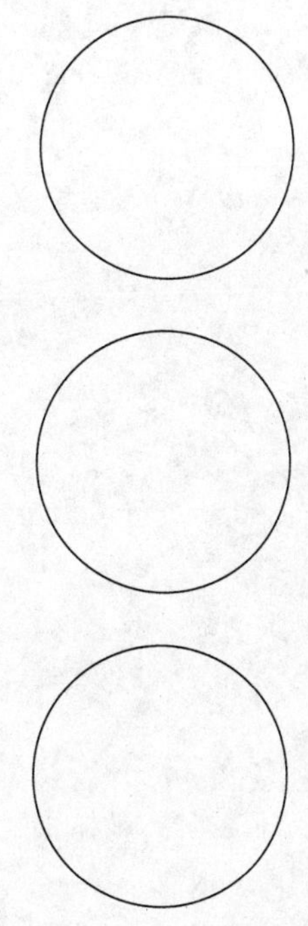

材料：铁素体灰铸铁
热处理工艺：铸态
组织名称：F + 片状石墨
放大倍数：400 倍
浸蚀剂：4% 硝酸酒精

材料：F 可锻铸铁
热处理工艺：退火
组织名称：铁素体 + 团絮状石墨
放大倍数：400 倍
浸蚀剂：4% 硝酸酒精

材料：F 球墨铸铁
热处理工艺：铸态
组织名称：铁素体 + 球状石墨
放大倍数：400 倍
浸蚀剂：4% 硝酸酒精

材料：单项黄铜
热处理工艺：退火
组织名称：α 固溶体(具有孪晶)
放大倍数：400 倍
侵蚀剂：氯化铁盐酸水溶液

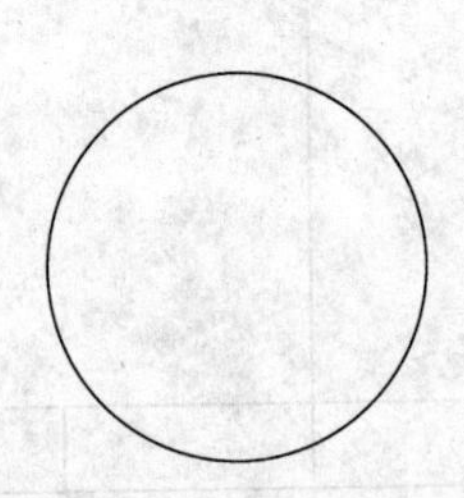

材料：轴承合金
热处理工艺：铸态
组织名称：α + β + 化合物(针状星形)
放大倍数：400 倍
浸蚀剂：4% 硝酸酒精

四、思考题

(1) 分析各种铸铁中的基体组织，以及石墨的大小、形状、数量、分布对铸铁性能的影响。

(2) 简述硅铝明变质前后显微组织的主要区别以及机械性能的不同点。

实训项目八　钢铁材料的火花鉴别

一、实训目的

（1）了解钢铁火花鉴别的实际意义；

（2）熟悉钢铁火花形成原理及火花的特征；

（3）根据常用钢的火花特征来鉴别钢铁材料。

二、实训设备及材料

（1）砂轮机一台；

（2）标准试样一套；

（3）试样的材料分别为碳钢 20 钢、45 钢、T10 钢及合金钢 40Cr 钢、9SiCr 钢和 W18Cr4V 钢等，其尺寸为 $\phi 20\text{mm}\times 150\text{mm} \sim \phi 20\text{mm}\times 200\text{mm}$ 的棒料。

三、实训内容指导

钢铁火花鉴别法是运用钢铁在磨削过程中产生的一种物理化学现象，即随着钢铁材料化学成分的不同，产生各种不同的火花特征（如火花爆裂的形态、流线、色泽和发光点）来鉴别钢铁的方法。此方法简便易行，它已成为一种具有一定实用价值的现场检验方法，是冶金、机械制造工厂常用的钢铁物理检验方法之一。

1. 火花形成原理

钢铁在砂轮磨削下呈粉末状被抛射于空中，高温的粉末微粒与空气中氧接触而激烈氧化，温度进一步升高，最后粉末处于熔融颗粒状态，这种熔融状态的颗粒在运行中形成了流线。而熔融钢粒中的碳与空气中的氧发生反应生成 CO 气体，当熔融钢粒中的 CO 气体的压力足以克服颗粒表面强度约束时，便发生爆裂产生火花。

2. 火花的主要名称

（1）火束　钢铁在砂轮机上磨削时产生的全部火花叫作火束。为了便于识别，又把整个束分为根部、中部、尾部三部分，如附图 8－1 所示。

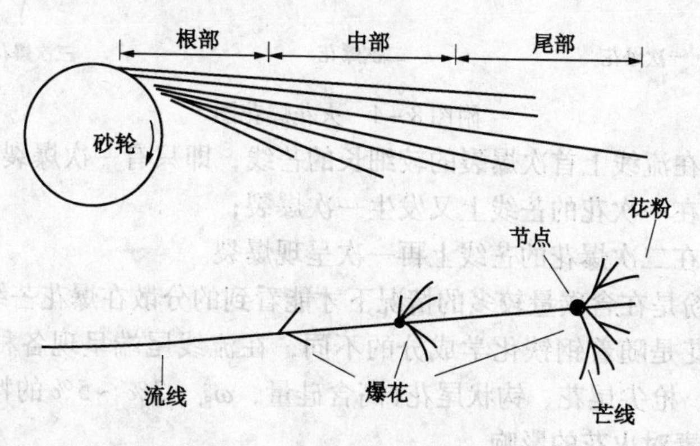

附图 8－1　火花束各部分名称

（2）流线　火束中的线条状光亮火流叫作流线。随着钢铁化学成分的不同将会产生三种不同形状的流线，如附图 8－2 所示。

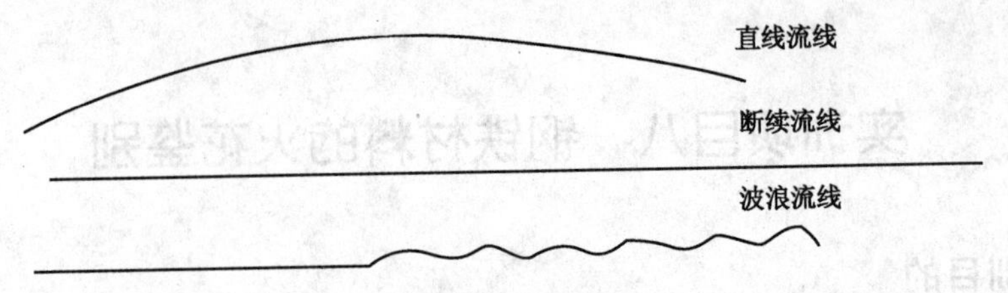

附图 8－2　火花流线图

① 直线流线　流线尾端到首端成一直线或抛物线，一般在结构钢及工具钢(合金元素量少)中常见；

② 断续流线　流线呈断续虚线状，一般在钨钢、高合金钢及铸铁中常见；

③ 波状流线　整个流线中的某一端成波浪形线条，一般不易见到，有时在火束中夹杂一条。

（3）节点　流线在途中爆裂的明亮而稍粗大的亮点为节点。节点的温度较流线任何部分温度都高。

（4）芒线　芒线是连在流线上的分叉直线。随着含碳量的不同有二根、三根、多根分叉之分，如附图 8－3 所示。

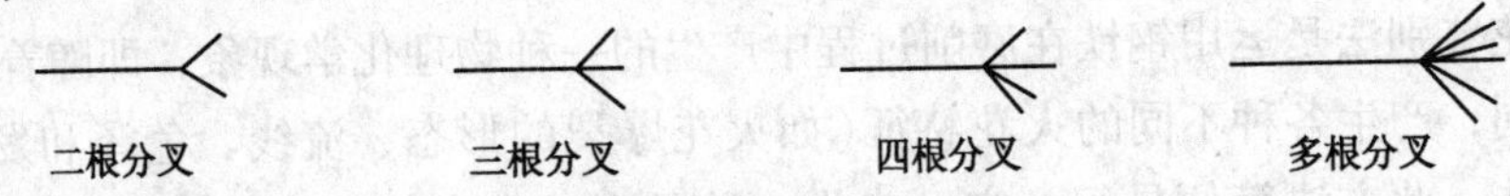

附图 8－3　火花芒线图

（5）爆花　爆花是碳元素专有的火花特征，是熔融颗粒在爆裂时在流线上由节点和芒线所组成的火花形状。爆花随着流线上芒线的爆裂情况有一次、二次、三次、多次之分，如附图 8－4 所示。

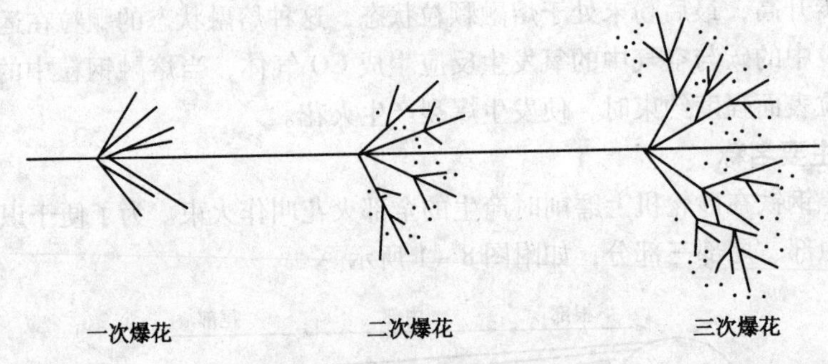

附图 8－4　火花爆花图

① 一次爆花　在流线上首次爆裂的较细长的芒线，即只有一次爆裂的芒线；

② 二次爆花　在一次花的芒线上又发生一次爆裂；

③ 三次爆花　在二次爆花的芒线上再一次呈现爆裂。

（6）花粉　花粉是在含碳量较多的情况下才能看到的分散在爆花芒线间的亮点。

（7）尾花　尾花是随着钢铁化学成分的不同，在流线尾端呈现各种特殊形式火花的名称。一般为狐尾花、枪尖尾花、钩状尾花(高含硅量，$\omega_{Si}=3\%\sim5\%$ 的特征)。

3. 各种合金元素对火花的影响

钢铁中由于各种合金元素的加入及加入量的多少都将会影响钢铁的火花特征。这些影响有助长、抑制和消灭火花爆裂几种情况。

（1）铬　该元素是助长火花爆裂的元素，火花爆裂甚为活泼，花型较大，分叉多而细，火束短，附有很多碎花粉。

（2）镍　该元素是较弱抑制火花爆裂的元素，发光点强裂闪目。

（3）钼　该元素是抑制火花爆裂的元素，流线尾端发生枪尖状的桔色尾花特征。

（4）钨　该元素是抑制火花爆裂的元素，细化流线，色泽呈暗红色，具有狐尾尾花的特征。

（5）锰　该元素是助长火花爆裂的元素，爆花心部有较大白亮色的节点，花形较大，芒线稍细而长。

（6）硅　该元素是抑制火花爆裂的元素，流线色泽呈红色光辉，火束颇短，流线较粗，有显著的白亮圆珠状闪光点，$\omega_{Si}=5\%$，流线尾端有短小而稍与流线脱离的钩状尾花特征。

（7）钒　该元素是助长火花爆裂的元素，火束呈黄亮色使流线芒线变细。

4. 常用钢的火花特征

1）碳钢的火花特征

碳钢的火花特征被认为是火花的基本形态，以此为基础可进一步了解合金元素对火花的影响。碳钢的火花是直线流线，火束呈草黄色。火花特征的变化规律是随着含碳量的增高，由挺直转向抛物线形，流线量逐渐增多，其长度缩短，线条变细，芒线逐渐细短，并由一次爆花转向多次爆花，花数、花粉逐渐增多，色泽随含碳量的增高砂轮附近的晦暗面积增大。

（1）纯铁　火束较长，尽头出现枪尖形尾花，流线细且少，火束根部有极不明显的波状流线与断续流线，呈草黄色。

（2）低碳钢　流线多、线条粗且较长，具有一次多分叉爆花，芒线稍粗，色泽较暗呈黄色，花量稍多，多根分叉爆裂，如附图 8－5 所示。

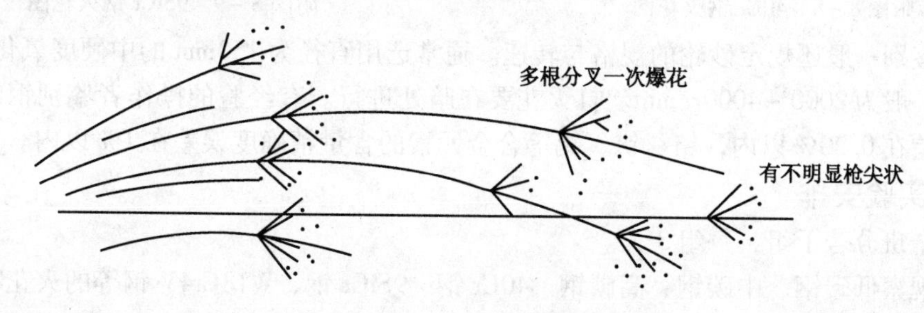

附图 8－5　20 号钢火花图

（3）中碳钢　流线多而稍细且长，尾部挺直具有二次爆花及三次爆花，芒线较粗，能清楚地看到爆花间有少量花粉，火束较明亮，如附图 8－6 所示。

（4）高碳钢　流线多且细密，火束短而粗，有三次和多次爆花，芒线细而长，其中花粉较多，整个火花束根部较暗，中部、尾部明亮，如附图 8－7 所示。

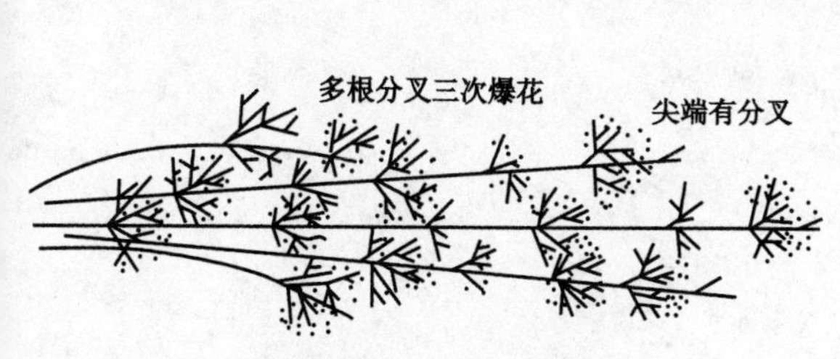

附图 8－6　45 号钢火花图

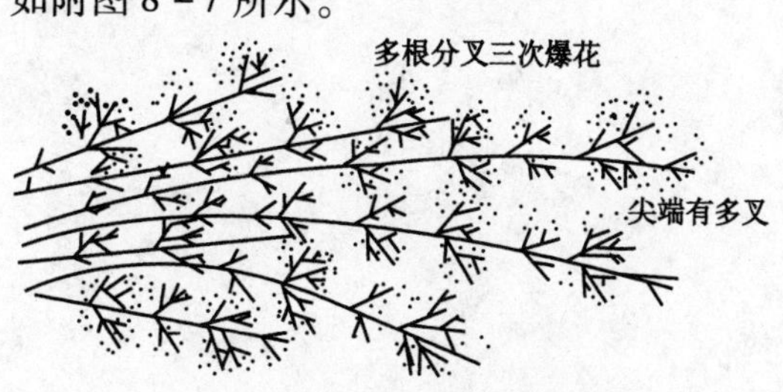

附图 8－7　T10 钢火花图

2）几种常见合金钢的火花特征

能够用火花鉴别的合金元素有钨、钼、锰、硅、镍、铬6种。钼、钨、硅、镍抑制火花产生；锰、铬(低铬)促进火花发生。合金钢中合金元素的加入由于相互作用的影响及含量的多少对火花特征的影响差异较大。一般来说钨元素的加入抑制了火花爆裂，流线色泽为橙红色，随着钨含量的增加变成红色并逐渐变暗，爆花逐渐消失，首端出现断续流线，尾花呈狐尾状。铬元素的加入，助长了火花爆裂，火束色泽明亮，呈大星形，分叉多而细，花粉增多，流线缩短。在合金结构钢中，爆花附近有明亮的节点等。少量的钼元素的加入抑制了火花爆裂，如出现枪尖尾花，火束色泽转向橙红色。

(1) 40Cr 钢　火束白亮，流线稍粗量多，二次多根分叉爆花，爆花附近有明亮节点，芒线较长明晰可分，花形较大，与 45 钢相比，芒线较长，有明亮的节点，如附图 8－8 所示。

(2) 9SiCr 钢　火束细长，多量三次花，多根分叉，爆花分布在尾端附近，尾端流线稍有膨胀呈狐尾花，整个火束呈橙黄色，如附图 8－9 所示。

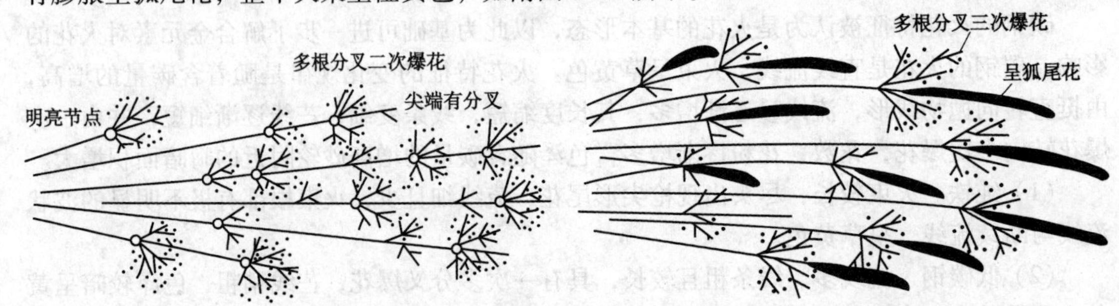

附图 8－8　40Cr 钢火花图　　附图 8－9　9SiCr 钢火花图

火花鉴别一般还规定砂轮的规格与转速。通常选用直径为 150mm 的中硬度氧化铝砂轮，砂轮转速一般为 2000～4000r/min。打火花要在暗处进行。有经验的操作者鉴别钢的成分的精确度误差在 0.20% 以内，铬、钒、钨等合金元素的含量精确度误差在 1% 以内。

四、实验安排

(1) 全班分若干组，每组 3 人。

(2) 观察低碳钢、中碳钢、高碳钢、40Cr 钢、9SiCr 钢、W18Cr4V 钢等的火花特征。

(3) 观察铬、钨元素对钢铁火花的影响。

(4) 用比较法进行火花鉴别，将已知化学成分的标准试样与欲鉴别的材料进行火花鉴别判断其成分。

(5) 打火花时要在暗处进行，用力要均匀适中，火束平行并与目光垂直以利于观察(要戴上保护眼镜)。

实训报告

日期：

<table>
<tr><td rowspan="2">评语</td><td colspan="5" rowspan="2">教师签字：　　　　日期：</td><td>成绩</td><td></td></tr>
<tr><td>项目编号</td><td></td></tr>
<tr><td>姓名</td><td></td><td>学号</td><td></td><td>班级</td><td></td><td>组别</td><td></td></tr>
<tr><td>实训名称</td><td colspan="3">钢铁材料的火花鉴别</td><td>教材</td><td colspan="3"></td></tr>
</table>

一、实训目的

（1）

（2）

（3）

二、实训设备、仪器及材料

（1）

（2）

（3）

三、实训结果与分析

（1）简述实验原理。

（2）试画出 20 钢火花图。

（3）试画出 45 钢火花图。

（4）试画出 T10 钢火花图。

（5）试画出 40Cr 钢火花图。

（6）试画出 W18Cr4V 钢火花图。

（7）分析实训中存在的问题和实验体会。

附录二 金属材料及热处理常用数据表格

附表一 压痕直径与布氏硬度对照表

压痕直径（d10、2d5或4d2.5/mm	布氏硬度(HB)在下列载荷P(N)下			压痕直径（d10、2d5或4d2.5	布氏硬度(HB)在下列载荷P(N)下		
	$30D^2/$ 0.102	$10D^2/$ 0.102	$2.5D^2/$ 0.102		$30D^2/$ 0.102	$10D^2/$ 0.102	$2.5D^2/$ 0.102
2.00	(945)	(316)	—	3.50	302	101	25.2
2.05	(899)	(300)	—	3.52	298	99.5	24.9
2.10	(856)	(286)	—	3.54	295	98.3	24.6
2.15	(817)	(272)	—	3.56	292	97.2	24.3
2.20	(780)	(260)	—	3.58	288	96.1	24.0
2.25	(745)	(248)	—	3.60	285	95.0	23.7
2.30	(712)	(238)	—	3.62	282	93.5	23.5
2.35	(682)	(228)	—	3.64	278	92.8	23.2
2.40	(653)	(218)	—	3.66	275	91.8	22.9
2.45	(627)	(208)	—	3.68	272	90.7	22.7
2.50	601	200	—	3.70	269	89.7	22.4
2.55	578	193	—	3.72	266	88.7	22.2
2.60	555	185	—	3.74	263	87.7	21.9
2.65	534	178	—	3.76	260	86.8	21.7
2.70	515	171	—	3.78	257	85.8	21.5
2.75	495	165	—	3.80	255	84.9	21.2
2.80	477	159	—	3.82	252	84.0	21.0
2.85	461	154	—	3.84	249	83.0	20.8
2.90	444	148	—	3.86	246	82.1	20.5
2.95	429	143	—	3.88	244	81.3	20.3
3.00	415	138	34.6	3.90	241	80.4	20.1
3.02	409	136	34.1	3.92	239	79.6	19.9
3.04	404	134	33.7	3.94	236	78.7	19.7
3.06	398	133	33.2	3.96	234	77.9	19.5
3.08	393	131	32.7	3.98	231	77.1	19.3
3.10	388	129	32.3	4.00	229	76.3	19.1
3.12	383	128	31.9	4.02	226	75.5	18.9
3.14	378	126	31.5	4.04	224	74.7	18.7
3.16	373	124	31.1	4.06	222	73.9	18.5
3.18	368	123	30.9	4.08	219	73.2	18.3
3.20	363	121	30.3	4.10	217	72.4	18.1
3.22	359	120	29.9	4.12	215	71.7	17.9
3.24	354	118	29.5	4.14	213	71.0	17.7
3.26	350	117	29.2	4.16	211	70.2	17.6
3.28	345	115	28.8	4.18	209	69.5	17.4

续表

压痕直径（$d10$、$2d5$ 或 $4d2.5$/mm	布氏硬度（HB）在下列载荷 P(N)下			压痕直径（$d10$、$2d5$ 或 $4d2.5$	布氏硬度（HB）在下列载荷 P(N)下		
	$30D^2$/ 0.102	$10D^2$/ 0.102	$2.5D^2$/ 0.102		$30D^2$/ 0.102	$10D^2$/ 0.102	$2.5D^2$/ 0.102
3.30	341	114	28.4	4.20	207	68.8	17.2
3.32	337	112	28.1	4.22	204	68.2	17.0
3.34	333	111	27.7	4.24	202	67.5	16.9
3.36	329	110	27.4	4.26	200	66.8	16.7
3.38	325	108	27.1	4.28	198	66.2	16.5
3.40	321	107	26.7	4.30	197	65.5	16.4
3.42	317	106	26.4	4.32	195	64.9	16.2
3.44	313	104	26.1	4.34	193	64.2	16.1
3.46	309	103	25.8	4.36	191	63.6	15.9
3.48	306	102	25.5	4.38	189	63.0	15.8
4.40	187	62.4	15.6	5.00	144	47.5	11.9
4.42	185	61.8	15.5	5.05	140	46.5	11.6
4.44	184	61.2	15.3	5.10	137	45.5	11.4
4.46	182	60.6	15.2	5.15	134	44.6	11.2
4.48	180	60.1	15.0	5.20	131	43.7	10.9
4.50	179	59.5	14.9	5.25	128	42.8	10.7
4.52	177	59.0	14.7	5.30	126	41.9	10.5
4.54	175	58.4	14.6	5.35	123	41.0	10.3
4.56	174	57.9	14.5	5.40	121	40.2	10.1
4.58	172	57.3	14.3	5.45	118	39.4	9.9
4.60	170	56.8	14.2	5.50	116	38.6	9.7
4.62	169	56.3	14.1	5.55	114	37.9	9.5
4.64	167	55.8	13.9	6.60	111	37.1	9.3
4.66	166	55.3	13.8	5.65	109	35.4	9.1
4.68	164	54.8	13.7	5.70	107	35.7	8.9
4.70	163	54.3	13.6	5.75	105	35.0	8.8
4.72	161	53.8	13.4	5.80	103	34.3	8.6
4.74	160	53.3	13.3	5.85	101	33.7	8.4
4.76	158	52.8	13.2	5.90	99.2	33.1	8.3
4.78	157	52.3	13.1	5.95	97.3	32.4	8.1
4.80	156	51.9	13.0	6.00	(95.5)	31.8	8.0
4.82	154	51.4	12.9	6.05	(93.7)	—	—
4.84	153	51.0	12.8	6.10	(92.0)	—	—
4.86	152	50.5	12.6	6.15	(90.3)	—	—
4.88	150	50.1	12.5	6.20	(88.7)	—	—
4.90	149	49.6	12.4	6.25	(87.1)	—	—
4.92	148	49.2	12.3	6.30	(85.5)	—	—
4.94	146	48.8	12.2	6.35	(84.0)	—	—
4.96	145	48.4	12.1	6.40	(82.5)	—	—
4.98	144	47.9	12.0	6.45	(81.0)	—	—

注：① 表中压痕直径为 ϕ10mm 钢球试验数值，如用 ϕ5mm 或 ϕ2.5mm 钢球试验时，则所的压痕直径应分别增加 2 倍或 4 倍。例如用 ϕ5mm 钢球在 7355N 载荷下所的压痕直径为 1.65mm，则查表时应采用 3.30mm（即 $1.65 \times 2 = 3.30$），而其相应硬度为 341。

② 压痕直径的大小应在 $0.25D < d < 0.6D$ 范围内，故表中对此范围以外的硬度值均加“（ ）”，仅供参考。

③ 表中未列出压痕直径的 HB 可根据其上下两数值用内插法计算求得。

附表二 HB 与 σ_b 的关系

材 料	硬度值/HB	HB - σ_b 近似换算值
钢	125 ~ 175	$\sigma_b \approx 3.36HB(MPa)$
钢	>175	$\sigma_b \approx 3.55HB(MPa)$
铸铝合金	—	$\sigma_b \approx 2.55HB(MPa)$
退火黄铜、青铜	—	$\sigma_b \approx 5.39HB(MPa)$
冷加工后黄铜、青铜	—	$\sigma_b \approx 3.92HB(MPa)$

附表三 布氏、维氏、洛氏硬度值的换算表

（以布氏硬度试验时测得的压痕直径为准）

D = 10mm、P = 29420N 时的压痕直径/mm	硬度					D = 10mm、P = 29420N 时的压痕直径/mm	硬度				
	HB	HV	HRB	HRC	HRA		HB	HV	HRB	HRC	HRA
2.20	780	1220	—	72	89	4.05	223	221	97	21	61
2.25	745	1114	—	69	87	4.10	217	217	97	20	61
2.30	712	1021	—	67	85	4.15	212	213	96	19	60
2.35	682	940	—	65	84	4.20	207	209	95	18	60
2.40	653	867	—	63	83	4.25	201	201	94	—	59
2.45	627	803	—	61	82	4.30	197	197	93	—	58
2.5	601	746	—	59	81	4.30	192	190	92	—	58
2.55	578	694	—	58	80	4.40	187	186	91	—	57
2.60	555	649	—	56	79	4.45	183	183	89	—	56
2.65	534	606	—	54	78	4.50	179	179	88	—	56
2.70	514	587	—	52	77	4.55	174	174	87	—	55
2.75	495	551	—	51	76	4.60	171	171	86	—	55
2.80	477	534	—	49	76	4.65	165	165	85	—	54
2.85	461	502	—	48	75	4.70	162	162	84	—	53
2.90	444	474	—	47	74	4.75	159	159	83	—	53
2.95	429	460	—	45	73	4.80	156	154	82	—	52
3.00	415	435	—	44	73	4.85	152	152	81	—	52
3.05	401	423	—	43	72	4.90	149	149	80	—	51
3.10	388	401	—	41	71	4.95	146	147	78	—	50
3.15	375	390	—	40	71	5.00	143	144	77	—	50
3.20	363	380	—	39	70	5.05	140	—	76	—	—
3.25	352	361	—	38	69	5.10	137	—	75	—	—
3.30	341	344	—	37	69	5.15	134	—	74	—	—
3.35	331	333	—	36	68	5.20	131	—	72	—	—
3.40	321	320	—	35	68	5.25	128	—	71	—	—
3.45	311	312	—	34	67	5.30	126	—	69	—	—
3.50	302	305	—	33	67	5.35	123	—	69	—	—
3.55	293	291	—	31	66	5.40	121	—	67	—	—
3.60	285	285	—	30	66	5.45	118	—	66	—	—
3.65	277	278	—	29	65	5.50	116	—	65	—	—
3.70	269	272	—	28	65	5.55	114	—	64	—	—
3.75	262	261	—	27	64	5.60	111	—	62	—	—
3.80	255	255	—	26	64	5.70	107	—	59	—	—
3.85	248	250	—	25	63	5.80	103	—	57	—	—
3.90	241	246	100	24	63	5.90	99	—	54	—	—
3.95	235	235	99	23	62	6.00	95.5	—	52	—	—
4.00	225	220	98	22	62						

附表四 常用结构钢退火及正火工艺规范

钢 号	临界点/℃			退 火			正 火	
	A_{c1}	A_{c3}	A_{r1}	加热温度/℃	冷却	HB	加热温度/℃	HB
35	724	802	680	850～880	炉冷	≤187	860～890	≤191
45	724	780	682	800～840	炉冷	≤197	840～870	≤226
45Mn2	715	770	640	810～840	炉冷	≤217	820～860	187～241
40Cr	743	782	693	830～850	炉冷	≤207	850～870	≤250
35CrMo	755	800	695	830～850	炉冷	≤229	850～870	≤241
40MnB	730	780	650	820～860	炉冷	≤207	850～900	197～207
40CrNi	731	769	660	820～850	炉冷＜600℃	–	870～900	≤250
40CrNiMoA	732	774	—	840～880	炉冷	≤229	890～920	—
65Mn	726	765	689	780～840	炉冷	≤229	820～860	≤269
60Si2Mn	755	810	700	—	—	—	830～860	≤245
50CrV	752	788	688	—	—	—	850～880	≤288
20	735	855	680	—	—	—	890～920	≤156
20Cr	766	838	702	860～890	炉冷	≤179	870～900	≤270
20CrMnTi	740	825	650	—	—	—	950～970	156～207
20CrMnMo	710	830	620	850～870	炉冷	≤217	870～900	—
38CrMoA1A	800	940	730	840～870	炉冷	≤229	930～970	—

附表五 常用工具钢退火及正火工艺规范

钢 号	临界点/℃			退 火			正 火	
	A_{c1}	A_{c3}	A_{r1}	加热温度/℃	冷却	HB	加热温度/℃	HB
T8A	730	—	700	740～760	650～680	≤187	760～780	241～302
T10A	730	800	700	750～770	680～700	≤197	800～850	255～321
T12A	730	820	700	750～770	680～700	≤207	850～870	269～341
9Mn2V	736	765	652	760～780	670～690	≤229	870～880	—
9SiCr	770	870	730	790～810	700～720	197～241	—	—
CrWMn	750	940	710	770～790	680～700	207～255	—	—
GCr15	745	900	700	790～810	710～720	207～229	900～950	270～390
Cr12MoV	810	—	760	850～870	720～750	207～255	—	—
W18Cr4V	820	—	760	850～880	730～750	207～255	—	—
W6Mo5Cr4V2	845～880	—	805～740	850～870	740～750	≤255	—	—
5CrMnMo	710	760	650	850～870	～680	197～241	—	—
5CrNiMo	710	770	680	850～870	～680	197～241	—	—
3Cr2W8	820	1100	790	850～860	720～740	—	—	—

附表六　常用钢种的回火温度与硬度对照表

钢种	钢号	淬火规范			回火温度/℃												备注
		加热温/℃	冷却剂	硬度	180 ± 10	240 ± 10	280 ± 10	320 ± 10	360 ± 10	380 ± 10	420 ± 10	480 ± 10	540 ± 10	580 ± 10	620 ± 10	650 ± 10	
碳结构钢	35	860 ± 10	水	HRC > 50	51 ± 2	47 ± 2	45 ± 2	43 ± 2	40 ± 2	38 ± 2	35 ± 2	33 ± 2	28 ± 2				
	45	830 ± 10	水	HRC > 55	56 ± 2	53 ± 2	51 ± 2	48 ± 2	45 ± 2	43 ± 2	38 ± 2	34 ± 2	30 ± 2	HB 250 ± 20	HB 220 ± 20		
碳工具钢	T8，T8A	790 ± 10	水 - 油	HRC > 62	62 ± 2	58 ± 2	56 ± 2	54 ± 2	51 ± 2	49 ± 2	45 ± 2	39 ± 2	34 ± 2	29 ± 2	25 ± 2		
	T10，T10A	780 ± 10	水 - 油	HRC > 62	63 ± 2	59 ± 2	57 ± 2	55 ± 2	52 ± 2	50 ± 2	46 ± 2	41 ± 2	36 ± 2	30 ± 2	26 ± 2		
合金钢	40Cr	850 ± 10	油	HRC > 55	54 ± 2	53 ± 2	52 ± 2	50 ± 2	49 ± 2	47 ± 2	44 ± 2	41 ± 2	36 ± 2	31 ± 2	HB260		具有回火脆性的钢（40Cr、65Mn、30CrMnSi等），在中温或高温回火后用清水或油冷却
	50CrVA	850 ± 10	油	HRC > 60	58 ± 2	56 ± 2	54 ± 2	53 ± 2	51 ± 2	49 ± 2	47 ± 2	43 ± 2	40 ± 2	36 ± 2		30 ± 2	
	60Si2MnA	870 ± 10	油	HRC > 60	60 ± 2	58 ± 2	56 ± 2	55 ± 2	54 ± 2	52 ± 2	50 ± 2	44 ± 2	35 ± 2	30 ± 2			
	65Mn	820 ± 10	油		58 ± 2	56 ± 2	54 ± 2	52 ± 2	50 ± 2	47 ± 2	44 ± 2	40 ± 2	34 ± 2	32 ± 2	28 ± 2		
	5CrMnMo	840 ± 10	油	HRC > 52	55 ± 2	53 ± 2	52 ± 2	48 ± 2	45 ± 2	44 ± 2	44 ± 2	43 ± 2	38 ± 2	36 ± 2	34 ± 2	32 ± 2	
	30CnMnSi	860 ± 10	油	HRC > 48	48 ± 2	48 ± 2	47 ± 2		43 ± 2	42 ± 2			36 ± 2		30 ± 2	26 ± 2	
	GCr15	850 ± 10	油	HRC > 62	61 ± 2	59 ± 2	58 ± 2	55 ± 2	53 ± 2	52 ± 2	50 ± 2		41 ± 2		30 ± 2		
	9SiCr	850 ± 10	油	HRC > 62	62 ± 2	60 ± 2	58 ± 2	57 ± 2	56 ± 2	55 ± 1	52 ± 2	51 ± 2	45 ± 2				
	CrWMn	830 ± 10	油	HRC > 62	61 ± 2	58 ± 2	57 ± 2	55 ± 2	54 ± 2	52 ± 2	50 ± 2	46 ± 2	44 ± 2				
	9Mn2V	800 ± 10	油	HRC > 62	60 ± 2	58 ± 2	56 ± 2	54 ± 2	51 ± 2	49 ± 1	41 ± 2						
高合金钢	3Cr2W8	1100	分级，油	HRC≃48								46 ± 2	48 ± 2	48 ± 2	43 ± 2	41 ± 2	一般采用560 ~ 580℃回火二次
	Cr12	980 ± 10	分级，油	HRC > 62	62	59 ± 2		57 ± 2			55 ± 2		52 ± 2			45 ± 2	一般采用低温回火
	Cr12Mo	1030 ± 10	分级，油	HRC > 62	62	62	60		57 ± 2				53 ± 2			45 ± 2	
	Cr12Mo	1120 ± 10	分级，油	HRC > 44	44	45			48	48		51 ± 2	63 ± 2	52 ± 2			一般采用500 ~ 520℃回火二次 560℃三次回火，每次1h
	W18Cr4V	1270 ± 10	分级，油	HRC > 64													

注：① 水冷却钢为10% NaCl水溶液。
② 淬火加热在盐熔炉内进行，回火在井式炉内进行。
③ 回火保温时间碳钢一般采用60 ~ 90min，合金钢采用90 ~ 120min。

参 考 文 献

1 许德珠主编．机械工程材料．北京：高等教育出版社，2001
2 于永泗，齐民主编．机械工程材料．大连：大连理工大学出版社，2007
3 何世禹，金晓鸥主编．机械工程材料．哈尔滨：哈尔滨工业大学出版社，2006
4 刘天模，徐幸梓主编．工程材料．北京：机械工业出版社，2001
5 朱张校．工程材料主编．北京：清华大学出版社，2001
6 朱征主编．机械工程材料．北京：国防工业出版社，2007
7 付廷龙，陈凌主编．程材料与机加工概论．北京：北京理工大学出版社，2007
8 王忠主编．机械工程材料．北京：清华大学出版社，2005
9 徐自立主编．工程材料．武汉：华中科技大学出版社，2003
10 付广艳主编．工程材料．北京：中国石化出版社，2007
11 闫康平主编．工程材料．北京：化学工业出版社，2008
12 王爱珍．工程材料及成形技术．北京：机械工业出版社，2003
13 束德林主编．工程材料力学性能．北京：机械工业出版社，2003
14 申荣华，丁旭主编．工程材料及其成形技术基础．北京：北京大学出版社，2008
15 刘云主编．工程材料应用基础．北京：国防工业出版社，2008
16 戈晓岚，许晓静主编．工程材料与应用．西安：西安电子科技大学出版社，2007
17 李春胜，黄德彬主编．机械工程材料手册．北京：电子工业出版社，2007
18 崔占全，邱平善主编．工程材料．哈尔滨：哈尔滨工程大学出版社，2005
19 郑明新，等．工程材料．北京：清华大学出版社，1983
20 戴枝荣，等．工程材料．北京：高等教育出版社，1992
21 高为国．机械工程材料基础．长沙：中南大学出版社，2004
22 梁耀能．工程材料及加工工程．北京：机械工业出版社，2004
23 郑子樵．材料科学基础．长沙：中南大学出版社，2005
24 张洁，王建中，戈晓岚．金属热处理及检验．北京：化学工业出版社，2005
25 左禹，熊金平编著．工程材料及其耐蚀性．北京：中国石化出版社，2008
26 徐晓刚主编．化工腐蚀与防护．北京：中国石化出版社，2009